职业技能鉴定国家题库石化分库试题选编

机泵维修钳工

中国石油化工集团公司职业技能鉴定指导中心　编

U0808524

中国石化出版社

内 容 提 要

《机泵维修钳工》为《职业技能鉴定国家题库石化分库试题选编》丛书之一，由中国石油化工集团公司职业技能鉴定指导中心按照《国家职业标准》和《职业技能鉴定国家题库开发技术规程》组织编写。内容包括：机泵维修钳工初级工、中级工、高级工、技师和高级技师的石油化工行业职业标准、鉴定要素细目表、理论知识试题和技能操作试题，是机泵维修钳工进行职业技能鉴定的必备学习资料。

图书在版编目(CIP)数据

机泵维修钳工/中国石油化工集团公司职业技能鉴定指导中心编.
—北京:中国石化出版社,2006(2023.7重印)
(职业技能鉴定国家题库石化分库试题选编)
ISBN 978-7-80229-164-5

Ⅰ.机… Ⅱ.中… Ⅲ.油泵-维修-钳工-职业技能鉴定-习题
Ⅳ.TH380.7-44

中国版本图书馆CIP数据核字(2006)第107740号

中国石化出版社出版发行
地址:北京市东城区安定门外大街58号
邮编:100011 电话:(010)57512500
发行部电话:(010)57512575
http://www.sinopec-press.com
E-mail:press@sinopec.com
北京艾普海德印刷有限公司印刷
全国各地新华书店经销

*

787×1092毫米 16开本 21印张 507千字
2023年7月第1版第10次印刷
定价:65.00元

职业技能鉴定国家题库
石化分库开发领导小组

组　长： 刘根元

副组长： 傅兴顺　高　滨　孙祖岭　孙金瑜

顾　问： 袁　芳　李钰年

成　员（以姓氏笔画为序）：

丁新兴　王凤维　王运才　王虎刚　王瑞萍　石惟理
刘子才　刘文玉　刘忠华　向守源　朱长根　朱正建
朱立群　江毅平　汤　豪　许立明　许　坚　曲子洲
吴　云　何　波　邱　颖　张云燕　张月娥　张全胜
张佐军　张树忠　陈建国　陈若平　周志明　郑洵美
钟文标　徐洪源　贾铁成　郭为民　顾甬明　崔　昶
曹宗祥　黄　进　彭连军　温振丽　童子飞　谢学民
韩　伟　雷建忠　靳良成　潘　慧　穆晓秋　魏洪大
魏根兴

特邀专家（以姓氏笔画为序）：

尤宝英　王　权　丛新泽　刘　欧　刘孝祖
李荣兴　沈洪源　陆　勇　巫建忠　徐　燕
黄世文　黄劲松

编辑出版负责人：

王子康　王力健　邓敦夏

前　　言

受劳动和社会保障部职业技能鉴定中心委托，按照中国石油天然气集团公司、中国石油化工集团公司职业技能鉴定工作协议，中国石油化工集团公司职业技能鉴定指导中心组织有关专家，依据《职业技能鉴定国家题库开发技术规程》和《国家职业标准》，开发了32个职业95个工种的职业技能鉴定国家题库石化分库，并于2006年5月正式启用。

为满足员工学习专业知识、提高操作技能的需要，我们选编了石化分库的部分试题，按职业(工种)出版《职业技能鉴定国家题库石化分库试题选编》套书。该套书内容包括国家职业标准、鉴定要素细目表、理论知识试题和技能操作试题等，其中，理论知识试题约占分库中该职业(工种)试题的50%，技能操作试题约占70%。

《机泵维修钳工》分册由茂名石化主编，上海石化、齐鲁石化等单位参编。主要执笔人：杨国伟、黄超荣、许铭正、陈觉民、严治祥、张伟军、杨玉辉、林荣雄、费志雄、黎志、金锁英、梁飞华、曹晖。参审人员：石惟理、林昌基、白德荣。

由于水平有限，书中难免有遗漏或欠妥之处，敬请谅解并提出宝贵意见。

职业技能鉴定国家题库

石化分库开发领导小组办公室

目录

第四部分　技师/高级技师

第一部分

初 级 工

一、石油化工行业职业标准（初级工工作要求）

职业功能	工作内容	技能要求	相关知识
机泵维修安装	（一）机泵维护	1. 钳工基本技能 a. 划线、錾切、锯割、锉削 b. 矫正、铆接、钻孔、攻（套）丝、研磨、刮削 c. 零件（带、齿、链、轴承）的装配 2. 能处理一般机泵运行中的常见故障 a. 性能指标不稳 b. 机泵振动 c. 轴承故障 d. 密封泄漏	1. 钳工工艺学知识 2. 公差配合、机械零件、机械基础知识
	（二）机泵检修	1. 能对普通机泵进行小、中修 2. 能对普通机泵的零件进行检查	1. 机泵零件修复基础知识 2. 机泵检修技术规范 3. 金属材料基础知识 4. 静、动密封材料性能、应用知识 5. 轴承基础知识 6. 摩擦、润滑基础知识 7. 静平衡基本知识
	（三）机泵安装	能安装小型机泵达到标准	1. 机泵检修、安装技术规范 2. 机泵拆卸、调整、试车知识
工具、量具、辅助设备的使用与维护	（一）工具、量具、辅助设备的使用	能使用所需种类工具、测量器具和钳工设备	1. 常用辅助设备的名称、性能、结构与操作知识 2. 普通工具与专用工具的名称、规格、性能、结构、操作知识 3. 常用量具和仪器的名称、规格、性能、结构、原理与操作知识
	（二）工具、量具、辅助设备的维护	1. 能保养维护各类工具、量具 2. 能处理普通工具、量具的一般故障	1. 常用工具、辅助设备的保养维护知识 2. 常用量具的保养维护知识
	（三）工具、量具、辅助设备的改进与制作	能制作简单工具、测量用具	常用金属材料选择的知识
绘图计算	（一）绘图	能绘制简单零件图，看懂机泵装配机械制图基础知识	
	（二）计算	常用数学计算	工厂常规数学计算知识
管理	（一）质量管理	1. 机泵检修文明施工 2. 能调整、控制设备零部件配合尺寸和间隙，能作施工记录和检验记录	设备维护检修规程，工序质量管理知识
	（二）HSE 管理	1. 石化行业安全生产制度 2. 机泵检修安全技术 3. 能使用配备的安全防护器材和采用相应的环保措施	1. 检修安全生产管理制度 2. 环境保护管理制度

续表

职业功能	工作内容	技能要求	相关知识
相关工种	（一）机加工	能操作普通车床、刨床、钻床	车床、刨床、钻床操作基本知识
	（二）热处理	能对一般工具进行简单的热处理	普通热处理工艺
	（三）起重工	会简单的起重操作	起重基本知识

二、理论知识鉴定要素细目表

行业通用理论知识鉴定要素细目表

鉴定范围						鉴定点		
一级		二级		三级		代码	名称	重要程度
代码	名称	代码	名称	代码	名称			
A	基本要求	B	基础知识	A	记录填写基础知识	001	运行记录的种类	X
						002	运行记录的填写要求	X
				B	识图基础知识	001	工艺流程图管线的表示方法	X
						002	工艺流程图管件的表示方法	X
						003	工艺流程图阀门的表示方法	X
						004	工艺流程图仪表电气控制点的表示方法	X
				C	安全环保基础知识	001	石化行业生产的不安全因素	X
						002	国家安全生产的方针	X
						003	三级安全教育的内涵	X
						004	头部的防护	X
						005	眼睛和面部的防护	X
						006	脚部的防护	X
						007	手部的防护	X
						008	耳部的防护	X
						009	口鼻的防护	X
						010	皮肤的防护	X
						011	机械设备对人体伤害的防护	X
						012	厂内交通安全知识	X
						013	石化行业防火防爆十大禁令的内容	X
						014	尘毒物质的分类	X
						015	职业中毒的种类	X
						016	急性中毒的现场抢救	X
						017	高处作业的防护措施	X
						018	石化行业污染的来源	X
						019	石化行业污染的途径	X
						020	石化行业污染的特点	X

续表

鉴定范围						鉴定点		
一级		二级		三级		代码	名称	重要程度
代码	名称	代码	名称	代码	名称			
						021	清洁生产的定义	X
						022	清洁生产的内容	X
						023	燃烧的三要素	X
						024	干粉灭火器的适用范围	X
						025	泡沫灭火器的适用范围	X
						026	1211 灭火器的适用范围	X
						027	ISO 14000 系列标准的含义	X
						028	HSE 管理体系的概念	X
						029	建立 HSE 管理体系的意义	X
						030	石化行业事故处理的原则	X
				D	质量基础知识	001	标准化的概念	X
						002	标准等级划分的类别	X
						003	标准的使用范围	X
						004	ISO 9000 族标准的特点	X
				E	计算机基础知识	001	计算机硬件的组成	X
						002	计算机的安全防护	X
						003	Word 文档的录入与排版	X
						004	计算机浏览器的使用	X
						005	电子邮件的收发	X
				F	法律常识	001	《劳动法》关于劳动者权益的规定	X
						002	劳动合同包含的条款	X
						003	劳动争议解决的途径	X
						004	《劳动法》关于劳动者工作时间的规定	X
						005	《劳动法》关于劳动安全卫生的规定	X
						006	《产品质量法》关于生产者的产品质量责任	X
						007	《产品质量法》关于生产者的产品质量义务	X
						008	《安全生产法》对从业人员的规定	X
						009	《消防法》关于对公民责任的规定	X
B	相关知识	F	培训与指导	B	鉴定与考评	001	职业技能鉴定的定义	X
						002	职业技能鉴定的目的	X
						003	职业资格等级的划分	X
						004	职业资格证书的用途	X
						005	职业、岗位与工种的关系	X

工种理论知识鉴定要素细目表

鉴定范围						鉴定点		
一级		二级		三级		代码	名称	重要程度
代码	名称	代码	名称	代码	名称			
A	基本要求	B	基础知识	F	公差配合	001	基本尺寸的含义	Y
						002	极限尺寸的含义	X
						003	公差的定义	X
						004	基本偏差的含义	X
						005	配合的种类	X
						006	基孔制的定义	Y
						007	基轴制的含义	Y
						008	形位公差的项目	X
						009	形位公差的代号	X
						010	表面粗糙度的定义	Z
						011	表面粗糙度的符号	X
				G	材料	001	铸铁的概念	Z
						002	铸铁的分类	X
						003	碳钢的分类	X
						004	碳素结构钢的分类	Y
						005	常用有色金属的种类	Y
						006	合金钢的分类	X
						007	金属材料的分类	X
						008	非金属材料的分类	X
						009	应力的概念	X
						010	硬度的概念	X
				H	热处理	001	回火的定义	X
						002	回火的目的	Y
						003	淬火的定义	X
						004	淬火的目的	Y
						005	退火的定义	X
						006	退火的目的	Y
						007	正火的定义	X
						008	正火的目的	Y
B	相关知识	A	钳工工艺	A	基本操作知识	001	划线的种类	X
						002	划线基准的选择方法	X
						003	划线借料的目的	Y
						004	錾削的方法	X
						005	锉削的方法	X

续表

鉴定范围						鉴定点		
一级		二级		三级		代码	名称	重要程度
代码	名称	代码	名称	代码	名称			
						006	锯条选用的方法	X
						007	锯割的方法	X
						008	钻孔的方法	X
						009	铰削的方法	X
						010	攻丝前底孔直径的确定	X
						011	攻丝的方法	X
						012	丝锥损坏的原因	X
						013	套丝前圆杆直径的确定	X
						014	套丝的方法	X
				B	工量器具	001	钳工通用工具	X
						002	划线工具	X
						003	划线平台使用的注意事项	Y
						004	分度头的用途	Z
						005	錾子的种类	X
						006	錾子的几何角度要求	X
						007	锉刀的种类	X
						008	钻孔的机具	X
						009	麻花钻的角度要求	X
						010	刮刀的种类	Y
						011	丝锥的种类	X
						012	台虎钳的结构	Y
						013	台虎钳使用的注意事项	X
						014	游标卡尺的基本原理	X
						015	游标卡尺的使用方法	X
						016	深度游标卡尺的使用方法	X
						017	外径千分尺的原理	X
						018	外径千分尺的使用方法	X
						019	百分表的结构	Z
						020	百分表的使用方法	X
						021	塞尺的使用要求	X
						022	常用量具的维护保养方法	X
						023	水平仪的种类	X
						024	水平仪的使用方法	X

续表

鉴定范围						鉴定点		
一级		二级		三级		代码	名称	重要程度
代码	名称	代码	名称	代码	名称			
				C	装配工艺	001	标准螺纹的代号	X
						002	标准螺纹的种类	X
						003	螺纹的要素	X
						004	螺纹联接的种类	X
						005	螺纹联接的特点	Y
						006	螺纹联接的防松措施	X
						007	螺纹联接损坏的形式	X
						008	螺纹联接损坏的修理方法	X
						009	键联接的种类	X
						010	花键联接装配的要点	X
						011	紧键联接装配的要点	X
						012	键联接损坏的形式	X
						013	链传动装配的技术要求	X
						014	传动带张紧力调整的方法	X
						015	带传动的分类	Y
						016	皮带元件的种类	Z
						017	带传动装配的技术要求	X
						018	带传动损坏的形式	X
						019	带传动损坏的修理方法	X
						020	齿轮传动的类型	X
						021	齿轮传动的特点	Z
						022	齿轮传动装配的内容	X
						023	装配的一般方法	X
						024	滚动轴承的代号	X
						025	滚动轴承的特点	X
						026	滚动轴承的种类	X
						027	滚动轴承的配合制度	X
						028	滚动轴承的安装要求	Y
						029	滑动轴承的种类	X
						030	滑动轴承的特点	X
		B	绘图与计算	A	绘图	001	绘制图线的注意事项	Y
						002	常用的投影方法	X
						003	正投影的特点	Y
						004	正投影的基本原理	X

续表

鉴定范围						鉴定点		
一级		二级		三级		代码	名称	重要程度
代码	名称	代码	名称	代码	名称			
						005	常用零件代号的标注方法	X
						006	常用零件的规定画法	X
						007	几何作图的方法	X
						008	零件图的作用	X
						009	剖面图的要求	Y
						010	视图的分类	X
						011	剖视图的分类	X
						012	剖视图的目的	Z
						013	三视图的特点	X
						014	三视图的作图方法	X
						015	斜视图的定义	Z
		C	机泵维修与安装	A	机泵通用技术	001	摩擦的种类	Y
						002	磨损的基本类型	X
						003	润滑剂的种类	X
						004	润滑剂的作用	X
						005	润滑剂的性能	X
						006	润滑剂选用的方法	X
						007	填料密封的结构	X
						008	填料密封的工作原理	X
						009	填料密封的特点	Y
						010	填料函结构的形式	X
						011	填料密封的安装要求	X
						012	填料密封温度高的原因	X
						013	机械密封的定义	X
						014	机械密封的分类	X
						015	平衡型机械密封的定义	X
						016	非平衡型机械密封的定义	X
						017	机械密封的构造	X
						018	机械密封的工作原理	X
						019	机械密封的特点	X
						020	机械密封安装的注意事项	X
						021	机械密封端面泄漏的原因	X
						022	波纹管密封的特点	X
						023	迷宫密封的分类	X

续表

鉴定范围						鉴定点		
一级		二级		三级		代码	名称	重要程度
代码	名称	代码	名称	代码	名称			
						024	迷宫密封的工作原理	X
						025	迷宫密封的特点	Y
						026	迷宫密封间隙的检查方法	X
						027	联轴器的种类	X
						028	联轴器的作用	X
						029	静不平衡的定义	X
						030	泵轴的检查内容	X
						031	机泵安装对地脚螺栓的要求	X
						032	机泵安装垫铁的规格	X
						033	机泵地脚螺栓尺寸的确定	X
						034	机泵安装垫铁放置的要求	X
						035	机泵安装灌浆的要求	Y
						036	基础验收的要求	X
				B	离心泵	001	离心泵的工作原理	X
						002	离心泵比转数的定义	X
						003	离心泵口环的作用	X
						004	离心泵口环的间隙要求	X
						005	离心泵叶轮结构的形式	X
						006	离心泵叶轮的作用	Y
						007	离心泵弹性圆柱销联轴器安装的技术要求	X
						008	离心泵安装同心度允许偏差标准	X
						009	离心泵冷却水管的安装要求	Y
						010	离心泵密封泄漏的标准	X
						011	离心泵拆装的注意事项	X
						012	离心泵滚动轴承运行温度的要求	X
						013	离心泵滑动轴承运行温度的要求	X
						014	离心泵基础标高的技术要求	Y
						015	离心泵基础纵横中心线的技术要求	X
						016	离心泵安装的水平度要求	X
						017	离心泵试运前的要求	X
						018	离心泵试车的注意事项	Y
						019	离心泵运转中的检查内容	X
						020	离心泵的振动标准	X
						021	离心泵叶轮静平衡的检查方法	X
						022	离心泵平衡管堵塞的危害	X
						023	离心泵填料密封温度高的原因	X
						024	离心泵冷却水堵塞的原因	X

续表

鉴定范围						鉴定点		
一级		二级		三级		代码	名称	重要程度
代码	名称	代码	名称	代码	名称			
				C	蒸汽往复泵	001	蒸汽往复泵的分类	X
						002	蒸汽往复泵的组成	X
						003	蒸汽往复泵的工作原理	X
						004	蒸汽往复泵的优点	X
						005	蒸汽往复泵配汽机构的种类	X
						006	蒸汽往复泵进出口阀的工作原理	X
						007	蒸汽往复泵活塞环安装的技术要求	X
						008	蒸汽往复泵的完好标准	X
						009	蒸汽往复泵进出口阀安装的技术要求	X
						010	蒸汽往复泵三点定中的内容	X
						011	蒸汽往复泵注油系统故障的原因	X
						012	蒸汽往复泵填料密封泄漏的原因	X
						013	蒸汽往复泵活塞杆过热的原因	X
				D	磁力驱动泵 屏蔽泵	001	屏蔽泵的结构	X
						002	屏蔽泵的工作原理	Y
						003	屏蔽泵的特点	X
						004	磁力驱动泵的结构	X
						005	磁力驱动泵的特点	Y
				E	计量泵	001	隔膜计量泵的结构	X
						002	隔膜计量泵的工作原理	X
						003	隔膜计量泵的特点	Y
						004	柱塞计量泵偏心轴的工作原理	X
						005	柱塞计量泵的完好标准	Z
				F	螺杆泵 齿轮泵	001	齿轮泵的工作原理	X
						002	齿轮泵轴向间隙的要求	X
						003	齿轮泵的完好标准	Y
						004	螺杆泵的工作原理	X
						005	螺杆泵结构的特点	X
						006	螺杆泵安全调节阀的作用	Y
				G	风机	001	轴流式风机的结构	X
						002	轴流式风机的特点	X
						003	轴流式风机的工作原理	X
						004	轴流式风机皮带的调整要求	X
						005	离心式风机的结构	Z

续表

鉴定范围						鉴定点		
一级		二级		三级		代码	名称	重要程度
代码	名称	代码	名称	代码	名称			
				J	往复式压缩机	001	往复式压缩机的分类	X
						002	往复式压缩机的结构	X
						003	往复式压缩机的工作原理	X
						004	往复式压缩机的特点	X
						005	往复式压缩机活塞的分类	Y
						006	往复式压缩机级差式活塞的结构	X
						007	往复式压缩机填料密封的结构	X
						008	往复式压缩机填料密封的工作原理	X
						009	往复式压缩机气阀的组成	X
						010	往复式压缩机气阀安装的注意事项	X
						011	往复式压缩机活塞环开口间隙的作用	Z
						012	往复式压缩机汽缸内部润滑的作用	X
						013	往复式压缩机润滑的方式	X
						014	往复式压缩机吸排气阀的区别	X
						015	往复式压缩机循环油油压降低的原因	X
		D	相关工种	A	机加工	001	基准的种类	X
						002	刀具的材料	Y
						003	机械加工表面质量的含义	Y
						004	切削的种类	Y
						005	切削用量的三要素	X
				B	起重工	001	起重绳索的种类	Y
						002	麻绳使用的注意事项	X
						003	钢丝绳的分类	X
						004	钢丝绳使用的基本要求	X
						005	钢丝绳卡正确使用的方法	Z
						006	千斤顶的使用方法	X

三、理论知识试题

行业通用理论知识试题

判断题

1. 岗位交接班记录不属于运行记录。 (√)

2. 填写记录要求及时、准确、客观真实、内容完整、字迹清晰。 (√)

3. 工艺流程图中，主要物料(介质)的流程线用细实线表示。 (×)

正确答案：工艺流程图中，主要物料(介质)的流程线用粗实线表示。

4. 在工艺流程图中，表示法兰堵盖的符号是。 (√)

5. 在工艺流程图中，符号表示的是减压阀。 (×)

正确答案：在工艺流程图中，符号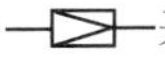表示的是减压阀。

6. 带控制点的工艺流程图中，表示压力调节阀的符号是。 (×)

正确答案：带控制点的工艺流程图中，表示压力调节阀的符号是。

7. 石化生产中存在诸多不安全因素。事故多，损失大。 (√)

8. 防护罩、安全阀等不属于安全防护设施。 (×)

正确答案：防护罩、安全阀等均属于安全防护装置。

9. 安全检查的任务是发现和查明各种危险和隐患，督促整改；监督各项安全管理规章制度的实施；制止违章指挥、违章作业。 (√)

10. 女工在从事转动设备作业时必须将长发或发辫盘卷在工作帽内。 (√)

11. 从事化工作业人员必须佩戴防护镜或防护面罩。 (×)

正确答案：从事对眼睛及面部有伤害危险作业时必须佩戴有关的防护镜或面罩。

12. 穿用防护鞋时应将裤脚插入鞋筒内。 (×)

正确答案：穿用防护鞋的职工禁止将裤脚插入鞋筒内。

13. 对于从事在生产过程中接触能通过皮肤侵入人体的有害尘毒作业人员，只需发放防护服。 (×)

正确答案：对于从事在生产过程中接触能通过皮肤侵入人体的有害尘毒作业人员，需发放防护服，并需有工业护肤用品，涂在手臂、脸部，以保护职工健康。

14. 在超过噪声标准的岗位工作的职工，要注意保护自己的听力，可戴上企业发给的各种耳塞、耳罩等。 (×)

正确答案：在超过噪声标准的岗位工作的职工，要注意保护自己的听力，一定要戴上企业发给的各种耳塞、耳罩等。

15. 口鼻的防护即口腔和鼻腔的防护。 (×)

正确答案：口鼻的防护即呼吸系统的防护。

16. 人体皮肤是化工生产中有毒有害物质侵入人体的主要途径。 (√)

17. 一般情况下，应将转动、传动部位用防护罩保护起来。 (√)

18. 在设备一侧的转动、传动部位要做好外侧及内侧的防护。 (×)

正确答案：在设备一侧的转动、传动部位要做好外侧及周边的防护。

19. 各种皮带运输机、链条机的转动部位，除装防护罩外，还应有安全防护绳。 (√)

20. 在传动设备的检修工作中，只需在电气开关上挂有“有人作业，禁止合闸”的安全警告牌。 (×)

正确答案：在传动设备的检修工作中，电气开关上应挂有“有人作业，禁止合闸”的安全警告牌，并设专人监护。

21. 限于厂内行驶的机动车不得用于载人。 (√)

22. 严禁在生产装置罐区及易燃易爆装置区内用有色金属工具进行敲打撞击作业。 (×)

正确答案：严禁在生产装置罐区及易燃易爆装置区内用黑色金属工具进行敲打撞击作业。

23. 烟、雾、粉尘等物质是气体，易进入呼吸系统，危害人体健康。 (×)

正确答案：烟、雾、粉尘等物质是气溶胶，易进入呼吸系统，危害人体健康。

24. 烟尘的颗粒直径在 0.1μm 以下。 (√)

25. 职业中毒是指在生产过程中使用的有毒物质或有毒产品，以及生产中产生的有毒废气、废液、废渣引起的中毒。 (√)

26. 毒物进入人体就叫中毒。 (×)

正确答案：毒物对有机体的毒害作用叫中毒。

27. 低毒物质进入人体所引发的病变称慢性中毒。 (×)

正确答案：低浓度的毒物长期作用于人体所引发的病变称慢性中毒。

28. 急性中毒患者呼吸困难时应立即吸氧。停止呼吸时，立即做人工呼吸，气管内插管给氧，维持呼吸通畅并使用兴奋剂药物。 (√)

29. 急性中毒患者心跳骤停应立即做胸外挤压术，每分钟 30~40 次。 (×)

正确答案：急性中毒患者心跳骤停应立即做胸外挤压术，每分钟 60~70 次。

30. 休克病人应平卧位，头部稍高。昏迷病人应保持呼吸道畅通，防止咽下呕吐物。 (×)

正确答案：休克病人应平卧位，头部稍低。昏迷病人应保持呼吸道畅通，防止咽下呕吐物。

31. 高处作业人员应系用与作业内容相适应的安全带，安全带应系挂在施工作业处上方的牢固挂件上，不得系挂在有尖锐的棱角部位。 (√)

32. 高处作业可以上下投掷工具和材料，所用材料应堆放平稳，必要时应设安全警戒区，并设专人监护。 (×)

正确答案：高处作业严禁上下投掷工具和材料，所用材料应堆放平稳，必要时应设安全警戒区，并设专人监护。

33. 高处作业人员不得站在不牢固的结构物上进行作业，可以在高处休息。 (×)

正确答案：高处作业人员不得站在不牢固的结构物上进行作业，不得在高处休息。

34. 燃烧产生的废气是石化行业污染的主要来源之一。 (√)

35. 工艺过程排放是造成石化行业污染的主要途径。 (√)

36. 成品或副产品不会造成石化行业的污染。 (×)

正确答案：成品或副产品的夹带也会造成石化行业的污染。

37. 石化行业污染的特点之一是污染物种类多、危害大。 (√)

38. 清洁生产通过末端治理污染来实现。 (×)

正确答案：清洁生产通过应用专门技术，改进工艺、设备和改变管理态度来实现。

39. 清洁的服务不属于清洁生产的内容。 (×)

正确答案：清洁的服务属于清洁生产的内容之一。

40. 引起闪燃的最高温度称为闪点。 (×)

正确答案：引起闪燃的最低温度称为闪点。

41. 燃点是指可燃物质在空气充足条件下，达到某一温度时与火源接触即行着火，并在移去火源后继续燃烧的最低温度。 (√)

42. 自燃点是指可燃物在没有火焰、电火花等火源直接作用下，在空气或氧气中被加热而引起燃烧的最高温度。 (×)

正确答案：自燃点是指可燃物在没有火焰、电火花等火源直接作用下，在空气或氧气中被加热而引起燃烧的最低温度。

43. 干粉灭火器能迅速扑灭液体火焰，同时泡沫能起到及时冷却作用。 (√)

44. 抗溶性泡沫灭火剂可以扑灭一般烃类液体火焰，但不能扑救水溶性有机溶剂的火灾。 (×)

正确答案：抗溶性泡沫灭火剂可以扑灭一般烃类液体火焰，同时能扑救水溶性有机溶剂的火灾。

45. 1211 灭火器仅适用于扑灭易燃、可燃气体或液体，不适用于扑灭一般易燃固体物质的火灾。 (×)

正确答案：1211 灭火器不仅适用于扑灭易燃、可燃气体或液体，也适用于扑灭一般易燃固体物质的火灾。

46. ISO 14000 系列环境管理标准是国际标准化组织(ISO)第 207 技术委员会(ISO/TC207)组织制定的环境管理体系标准，其标准号从 14001 到 14100，共 100 个标准号，统称为 ISO 14000 系列标准。 (√)

47. HSE 管理体系是指实施安全、环境与健康管理的组织机构、职责、做法、程序、过程和资源等而构成的整体。 (√)

48. HSE 中的 S(安全)是指在劳动生产过程中，努力改善劳动条件、克服安全因素，使劳动生产在保证劳动者健康、企业财产不受损失、人民生命安全的前提下顺利进行。 (×)

正确答案：HSE 中的 S(安全)是指在劳动生产过程中，努力改善劳动条件、克服不安全因素，使劳动生产在保证劳动者健康、企业财产不受损失、人民生命安全的前提下顺利进行。

49. 建立 HSE 管理体系可改善企业形象，取得经济效益和社会效益。 (√)

50. 建立 HSE 管理体系不能控制 HSE 风险和环境影响。 (×)

正确答案：建立 HSE 管理体系可有效控制 HSE 风险和环境影响。

51. 对工作不负责任，不严格执行各项规章制度，违反劳动纪律造成事故的主要责任者应严肃处理。 (√)

52. 标准化是指在经济、技术、科学及管理等社会实践中，对事物和概念通过制订、发布和实施标准达到统一，以获最佳秩序和社会效益。 (×)

正确答案：标准化是指在经济、技术、科学及管理等社会实践中，对重复性事物和概念通过制订、发布和实施标准达到统一，以获最佳秩序和社会效益。

53. 任何标准，都是在一定条件下的“统一规定”，标准化的统一是相对的。 (√)

54. 对已有国家标准、行业标准或地方标准的，鼓励企业制订低于国家标准、行业标准或地方标准要求的企业标准。 (×)

正确答案：对已有国家标准、行业标准或地方标准的，鼓励企业制订高于国家标准、行业标准或地方标准要求的企业标准。

55. 按约束力分，国家标准、行业标准可分为强制性标准、推荐性标准和指导性技术文件。 (√)

56. 只要企业活动和要素具有“重复性”，都可以进行标准化。 (√)

57. 2000 版 ISO 9000 族标准可适用于所有产品类型、不同规模和各种类型的组织，并可根据实际需要增加某些质量管理要求。（×）

正确答案：2000 版 ISO 9000 族标准可适用于所有产品类型、不同规模和各种类型的组织，并可根据实际需要减少某些质量管理要求。

58. ISO 9000 族标准是质量保证模式标准之一，用于合同环境下的外部质量保证。可作为供方质量保证工作的依据，也是评价供方质量体系的依据。（√）

59. 计算机内存是可以由 CPU 直接存取数据的地方。（√）

60. 杀毒软件对于病毒来说永远是落后的，也就是说，只有当一种病毒出现后，才能产生针对这种病毒的消除办法。（√）

61. 在计算机应用软件 Word 中输入文字，当打满一行时，必须按一下 Enter 键换到下一行继续输入。（×）

正确答案：在 Word 中输入文字，当打满一行时，不需按一下 Enter 键，系统可自动换到下一行继续输入。

62. 中国大陆地区的顶级域名是“cn”。（√）

63. 使用应用程序 Outlook Express 可以同时向多个地址发送电子邮件，也可以把收到的邮件转发给第三者。（√）

64.《劳动法》规定，对劳动者基本利益的保护是最基本的保护，不应由于用人单位所有制的不同或组织形式不同而有所差异。（√）

65. 依据《劳动法》的规定，劳动争议当事人对仲裁裁决不服的，可以自收到仲裁裁决书之日起三十日内向人民法院提起诉讼。一方当事人在法定期限内不起诉又不履行仲裁裁决的，另一方当事人可申请人民法院强制执行。（√）

66. 劳动安全卫生工作“三同时”是指：新建工程的劳动安全卫生设施必须与主体工程同时设计、同时施工、同时投入生产和使用。（×）

正确答案：劳动安全卫生工作“三同时”是指：新建、改建或扩建工程的劳动安全卫生设施必须与主体工程同时设计、同时施工、同时投入生产和使用。

67.《产品质量法》规定，生产者不得生产国家明令淘汰的产品；不得伪造或者冒用认证标志等质量标志。（√）

68. 产品质量义务分为积极义务和消极义务，“生产者不得伪造产地，不得伪造或者冒用他人的厂名、厂址”属于产品生产者的积极义务。（×）

正确答案：产品质量义务分为积极义务和消极义务，“生产者不得伪造产地，不得伪造或者冒用他人的厂名、厂址”属于产品生产者的消极义务。

69. 从业人员在发现直接危及人身安全的紧急情况时，有权停止作业或者在采取可能的应急措施后撤离作业场所。（√）

70.《消防法》第四十八条规定：埋压、圈占消火栓或者占用防火间距、堵塞消防通道的，或者损坏和擅自挪用、拆除、停用消防设施、器材的，处警告、罚款或者十日以下拘留。（×）

正确答案：《消防法》第四十八条规定：埋压、圈占消火栓或者占用防火间距、堵塞消防通道的，或者损坏和擅自挪用、拆除、停用消防设施、器材的，处警告或者罚款。

71. 职业技能鉴定是按照国家规定的职业标准，通过政府授权的考核鉴定机构对劳动者

的专业知识和技能水平进行客观、公正、科学规范地评价与认证的活动。 （√）

72. 职业技能鉴定是为劳动者颁发职业资格证书。 （×）

正确答案：职业技能鉴定是为劳动者持证上岗和用人单位就业准入提供资格认证的活动。

73. 职业技能鉴定考试是以社会劳动者的职业技能为对象，以规定的职业标准为参照系统，通过相关知识和实际操作的考核作为综合手段，为劳动者持证上岗和用人单位就业准入提供资格认证的活动。 （√）

74. 职业资格证书分一级、二级、三级、四级、五级五个级别。 （√）

75. 职业资格证书是劳动者的专业知识和职业技能水平的证明。 （√）

76. 职业资格证书是劳动者持证上岗和用人单位录用员工的资格认证。 （√）

77. 职业是指从业人员为获取主要生活来源所从事的社会工作类别。 （√）

78. 一个职业可以包括一个或几个工种，一个工种又可以包括一个或几个岗位，它们是一种包含与被包含的关系。 （√）

单选题

1. 运行记录填写错误需要更正时，必须采用（ C ）。

A. 撕页重写　　B. 用刀片刮去重写　　C. 划改　　D. 涂改

2. 化工管路图中，表示蒸汽伴热管道的规定线型是（ C ）。

A. 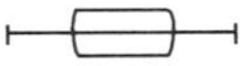　B. 　C. 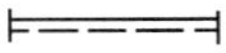　D. 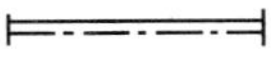

3. 化工管路图中，表示热保温管道的规定线型是（ A ）。

A. 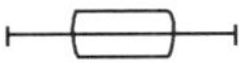　B. 　C. 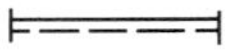　D. 

4. 在工艺流程图中，下列符号表示活接头的是（ C ）。

A. 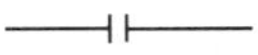　B. 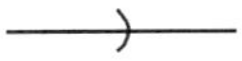　C. 　D. 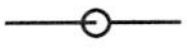

5. 在工艺流程图中，表示法兰联接的符号是（ D ）。

A. 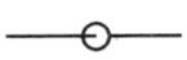　B. 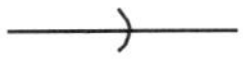　C. 　D. 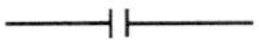

6. 在工艺流程图中，表示闸阀的符号是（ B ）。

A. 　B. 　C. 　D. 

7. 在工艺流程图中，表示球阀的符号是（ D ）。

A. 　B. 　C. 

D. 

8. 在工艺流程图中，表示截止阀的符号是（ A ）。

A. 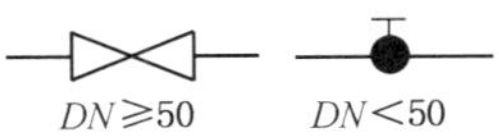

B. 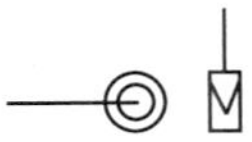

C. 
D. 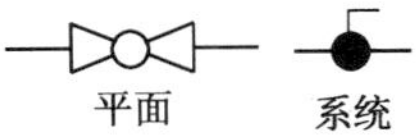

9. 带控制点的工艺流程图中，仪表控制点以（ A ）在相应的管路上用代号、符号画出。

A. 细实线　　B. 粗实线　　C. 虚线　　D. 点划线

10. 带控制点的工艺流程图中，表示指示的功能符号是（ C ）。

A. T　　B. J　　C. Z　　D. X

11. 带控制点的工艺流程图中，表示电磁流量计的符号是（ B ）。

A. 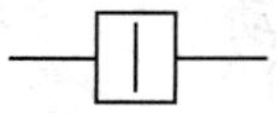　　B. 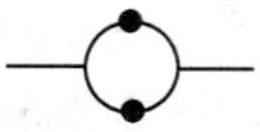

C. 　　D. 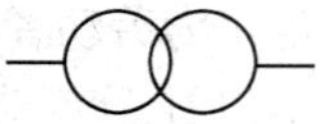

12. 石化生产存在许多不安全因素，其中易燃、易爆、有毒、有(A)的物质较多是主要的不安全因素之一。

A. 腐蚀性　　B. 异味　　C. 挥发性　　D. 放射性

13. 石化生产的显著特点是工艺复杂、(C)要求严格。

A. 产品　　B. 原料　　C. 操作　　D. 温度

14. 我国安全生产的方针是“(C)第一，预防为主”。

A. 管理　　B. 效益　　C. 安全　　D. 质量

15. “防消结合，以(D)为主”。

A. 管　　B. 消　　C. 人　　D. 防

16. “三级安全教育”即厂级教育、车间级教育、(A)级教育。

A. 班组　　B. 分厂　　C. 处　　D. 工段

17. 工人的日常安全教育应以“周安全活动”为主要阵地进行，并对其进行(B)的安全教育考核。

A. 每季一次　　B. 每月一次　　C. 每半年一次　　D. 一年一次

18. 为保护头部不因重物坠落或其他物件碰撞而伤害头部的防护用品是(A)。

A. 安全帽　　B. 防护网　　C. 安全带　　D. 防护罩

19. 从事(B)作业时，作业人员必须穿好专用的工作服。

A. 电焊　　B. 酸碱　　C. 高空　　D. 气焊

20. 从事计算机、焊接及切割作业、光或其他各种射线作业时，需佩戴专用(C)。

A. 防护罩　　B. 防护网　　C. 防护镜　　D. 防护服

21. 从事有(B)、热水、热地作业时应穿相应胶鞋。

A. 硬地　　B. 腐蚀性　　C. 检修作业　　D. 机床作业

22. 从事(A)作业时应穿耐油胶鞋。

A. 各种油类　　B. 酸碱类　　C. 机加工　　D. 检查维护

23. 从事酸碱作业时，作业人员需戴(C)手套。

A. 布　　B. 皮

C. 耐酸碱各种橡胶　　D. 塑料

24. 线手套或(B)手套只可作为一般的劳动防护用品。

A. 皮　　B. 布　　C. 橡胶　　D. 塑料

25. 耳的防护即(A)的保护。

A. 听力　　B. 耳廓　　C. 头部　　D. 面部

26. 工作地点有有毒的气体、粉尘、雾滴时，为保护呼吸系统，作业人员应按规定携带戴好(A)。

A. 过滤式防毒面具　　B. 防护服

C. 口罩　　D. 防护面罩

27. 从事易燃、易爆岗位的作业人员应穿(B)工作服。

A. 腈纶　　B. 防静电　　C. 涤纶　　D. 防渗透

28. 从事苯、石油液化气等易燃液体作业人员应穿(D)工作服。

A. 耐腐蚀　　B. 阻燃　　C. 隔热　　D. 防静电

29. 各种皮带运输机、链条机的转动部位，除安装防护罩外，还应有(A)。

A. 安全防护绳　　B. 防护线　　C. 防护人　　D. 防护网

30. 厂内行人要注意风向及风力，以防在突发事故中被有毒气体侵害。遇到情况时要绕行、停行、(C)。

A. 顺风而行　　B. 穿行　　C. 逆风而行　　D. 快行

31. 不能用于擦洗设备的是(D)。

A. 肥皂　　B. 洗衣粉　　C. 洗洁精　　D. 汽油

32. 不属于有毒气体的是(C)。

A. 氯气　　B. 硫化氢　　C. 二氧化碳　　D. 一氧化碳

33. 属于气体物质的是(A)。

A. 氯气　　B. 烟气　　C. 盐酸雾滴　　D. 粉尘

34. 引起慢性中毒的毒物绝大部分具有(A)。

A. 蓄积作用　　B. 强毒性　　C. 弱毒性　　D. 中强毒性

35. 急性中毒现场抢救的第一步是(C)。

A. 迅速报警　　B. 迅速拨打 120 急救

C. 迅速将患者转移到空气新鲜处　　D. 迅速做人工呼吸

36. 酸烧伤时，应用(B)溶液冲洗。

A. 5%碳酸钠　　B. 5%碳酸氢钠　　C. 清水　　D. 5%硼酸

37. 高处作业是指在坠落高度基准面(含)(A)m 以上，有坠落可能的位置进行的作业。

A. 2　　B. 2.5　　C. 3　　D. 5

38. 一般不会造成环境污染的是(B)。

A. 化学反应不完全　　B. 化学反应完全

C. 装置的泄漏　　D. 化学反应中的副反应

39. 不属于石化行业污染主要途径的是(C)。

A. 工艺过程的排放　　B. 设备和管线的滴漏

C. 成品运输　　D. 催化剂、助剂等的弃用

40. 不属于石化行业污染特点的是(B)。

A. 毒性大　　B. 毒性小　　C. 有刺激性　　D. 有腐蚀性

41. 清洁生产是指在生产过程、产品寿命和(A)领域持续地应用整体预防的环境保护战略，增加生态效率，减少对人类和环境的危害。

A. 服务　　B. 能源　　C. 资源　　D. 管理

42. 清洁生产的内容包括清洁的能源、(D)、清洁的产品、清洁的服务。

A. 清洁的原材料　　B. 清洁的资源

C. 清洁的工艺　　D. 清洁的生产过程

43. 不属于燃烧三要素的是(C)。

A. 点火源　B. 可燃性物质　C. 阻燃性物质　D. 助燃性物质

44. 气体测爆仪测定的是可燃气体的(D)。

A. 爆炸下限　B. 爆炸上限　C. 爆炸极限范围　D. 浓度

45. MF4 型手提式干粉灭火器的灭火参考面积是(B)m^2。

A. 1.5　B. 1.8　C. 2.0　D. 2.5

46. MF8 型手提式干粉灭火器的喷射距离大于等于(B)m。

A. 3　B. 5　C. 6　D. 7

47. MFT70 型推车式干粉灭火器的灭火射程在(D)m。

A. 8~10　B. 17~20　C. 30~35　D. 10~13

48. MPT100 型推车式干粉灭火器的灭火射程在(A)m。

A. 16~18　B. 14~16　C. 12~14　D. 18~20

49. MY2 型手提式 1211 灭火器的灭火射程是(C)m。

A. 1　B. 2　C. 3　D. 4

50. MY0.5 型手提式 1211 灭火器的灭火射程在(D)m。

A. 3　B. 4.5　C. 2.5　D. 2

51. ISO 14000 系列标准的核心是(B)标准。

A. ISO 14000　B. ISO 14001　C. ISO 14010　D. ISO 14100

52. HSE 管理体系是指实施安全、环境与(C)管理的组织机构、职责、做法、程序、过程和资源等而构成的整体。

A. 生命　B. 过程　C. 健康　D. 资源

53. 建立 HSE 管理体系可提高企业安全、环境和健康(A)。

A. 管理水平　B. 操作水平　C. 使用水平　D. 能源水平

54. 事故处理要坚持(C)不放过的原则。

A. 二　B. 三　C. 四　D. 五

55. 违章作业、违反纪律等造成的一般事故，对责任者应给予(D)。

A. 警告处分　B. 记过处分　C. 行政处分　D. 处罚

56. 标准化包括(C)的过程。

A. 研究、制定及颁布标准　B. 制定、修改及使用标准

C. 制定、发布及实施标准　D. 研究、公认及发布标准

57. 根据《中华人民共和国标准化法》的规定，我国的标准分为(B)四级。

A. 国际标准、国家标准、地方标准和企业标准

B. 国家标准、行业标准、地方标准和企业标准

C. 国家标准、地方标准、行业标准和企业标准

D. 国际标准、国家标准、行业标准和地方标准

58. 我国在国家标准管理办法中规定国家标准的有效期一般为(C)年。

A. 3　B. 4　C. 5　D. 7

59. 2000 版 ISO 9000 族标准适用的范围是(D)。

A. 小企业　B. 大中型企业

C. 制造业　　　　　　　　　　　　D. 所有行业和各种规模的组织

60. 在电脑的存储设备中，数据存取速度从快到慢的顺序是(B)。

A. 软盘、硬盘、光盘、内存　　　　B. 内存、硬盘、光盘、软盘

C. 软盘、硬盘、内存、光盘　　　　D. 光盘、软盘、内存、硬盘

61. 计算机硬件系统最核心的部件是(C)。

A. 内存储器　　B. 主机　　C. CPU　　D. 主板

62. 键盘是计算机的一种(D)设备。

A. 控制　　B. 存储　　C. 输出　　D. 输入

63. 计算机病毒会给计算机造成的损坏是(B)。

A. 只损坏软件　　　　　　　　　　B. 损坏硬件、软件或数据

C. 只损坏硬件　　　　　　　　　　D. 只损坏数据

64. 一张加了写保护的软磁盘(C)。

A. 不会向外传染病毒，但是会感染病毒

B. 不会向外传染病毒，也不会感染病毒

C. 不会再感染病毒，但是会向外传染病毒

D. 既向外传染病毒，又会感染病毒

65. 计算机防病毒软件可(B)。

A. 永远免除计算机病毒对计算机的侵害

B. 具有查病毒、杀病毒、防病毒的功能

C. 消除全部已发现的计算机病毒

D. 对已知病毒产生免疫力

66. 在计算机应用软件 Word 编辑中，以下键盘命令中执行复制操作的命令是(B)。

A. Ctrl+A　　B. Ctrl+C　　C. Ctrl+X　　D. Ctrl+V

67. 在计算机应用软件 Word 中常用工具栏中的“格式刷”用于复制文本和段落的格式，若要将选中的文本或段落格式重复用多次，应进行(A)操作。

A. 双击格式刷　　　　　　　　　　B. 拖动格式刷

C. 右击格式刷　　　　　　　　　　D. 单击格式刷

68. 使用 IE 浏览某网站时，出现的第一个页面称为网站的(C)。

A. WEB 页　　B. 网址　　C. 主页　　D. 网页

69. 在浏览 WEB 网页的过程中，如果你发现自己喜欢的网页并希望以后多次访问，应当使用的方法是(A)。

A. 放到收藏夹中　　B. 建立浏览　　C. 建立地址簿　　D. 用笔抄写到笔记本上

70. 发送电子邮件时，不可作为附件内容的是(B)。

A. 可执行文件　　B. 文件夹　　C. 压缩文件　　D. 图像文件

71. 某电子邮件地址为 new@ public. bta. net. cn，其中 new 代表(A)。

A. 用户名　　B. 主机名　　C. 本机域名　　D. 密码

72.《劳动法》规定，所有劳动者的合法权益一律平等地受我国劳动法的保护，不应有任何歧视或差异。这体现了对劳动者权益(B)的保护。

A. 最基本　　B. 平等　　C. 侧重　　D. 全面

73.《劳动法》规定，(A)的保护是对劳动者的最低限度保护，是对劳动者基本利益的保护，对劳动者的意义最重要。

A. 最基本　B. 全面　C. 侧重　D. 平等

74. 依据《劳动法》规定，劳动合同可以约定试用期。试用期最长不超过(C)个月。

A. 12　B. 10　C. 6　D. 3

75. 能够认定劳动合同无效的机构是(B)。

A. 各级人民政府　B. 劳动争议仲裁委员会

C. 各级劳动行政部门　D. 工商行政管理部门

76. 我国劳动法律规定，集体协商职工一方代表在劳动合同期内，自担任代表之日起(A)年以内，除个人严重过失外，用人单位不得与其解除劳动合同。

A. 5　B. 4　C. 3　D. 2

77. 依据《劳动法》的规定，发生劳动争议时，提出仲裁要求的一方应当自劳动争议发生之日起(D)日内向劳动争议仲裁委员会提出书面申请。

A. 三十　B. 四十　C. 五十　D. 六十

78. 依据《劳动法》的规定，用人单位与劳动者发生劳动争议，当事人可以依法(B)，也可以协商解决。

A. 提起诉讼　B. 申请调解、仲裁、提起诉讼

C. 申请仲裁　D. 申请调解

79. 我国《劳动法》规定，安排劳动者延长劳动时间的，用人单位应支付不低于劳动者正常工作时间工资的(B)的工资报酬。

A. 100%　B. 150%　C. 200%　D. 300%

80. 我国劳动法律规定的最低就业年龄是(C)周岁。

A. 18　B. 17　C. 16　D. 15

81. 依据《劳动法》的规定，用人单位必须为劳动者提供符合国家规定的劳动安全卫生条件和必要的劳动防护用品，对从事有(B)危害作业的劳动者应当定期进行健康检查。

A. 身体　B. 职业　C. 潜在　D. 健康

82.《产品质量法》规定，因产品存在缺陷造成人身、缺陷产品以外的其他财产损害的，应当由(D)承担赔偿责任。

A. 生产者和销售者共同　B. 销售者

C. 消费者　D. 生产者

83. 产品质量义务中的行为人必须为一定质量行为或不为一定质量行为的(C)性，是义务区别于权利的质的差异和主要特征。

A. 必然　B. 重要　C. 必要　D. 强制

84.《安全生产法》规定，从业人员有获得符合(A)的劳动防护用品的权利。

A. 国家标准、行业标准　B. 行业标准、企业标准

C. 国家标准、地方标准　D. 企业标准、地方标准

85. 不属于《安全生产法》规定的从业人员安全生产保障知情权的一项是(D)。

A. 有权了解其作业场所和工作岗位存在的危险因素

B. 有权了解防范措施

C. 有权了解事故应急措施

D. 有权了解事故后赔偿情况

86. 下列说法不正确的是(C)。

A. 任何单位和个人不得损坏或者擅自挪用、拆除、停用消防设备、器材

B. 任何单位和个人不得占有防火间距、不得堵塞消防通道

C. 营业性场所不能保障疏散通道、安全出口畅通的，责令限期改正；逾期不改正的，对其直接负责的主管人员和其他直接责任人员依法给予行政处分或者处警告

D. 阻拦报火警或者谎报火警的，处警告、罚款或者十日以下拘留

87. 以机动车驾驶技能为例，个人日常生活中驾驶是属于(B)。

A. 职业技能　　B. 生活技能　　C. 操作技能　　D. 肢体技能

88. 职业技能鉴定考试的主要目的是(A)。

A. 为劳动者持证上岗和用人单位就业准入资格提供依据

B. 为劳动者提供就业证书

C. 检验劳动者的技能水平

D. 测量劳动者职业技能的等级

89. 职业技能鉴定考试属于(D)。

A. 常模参照考试　　B. 上岗考试

C. 取证考试　　D. 标准参照考试

90. 职业资格证书初级、中级、高级、技师、高级技师对应的级别分别是(A)。

A. 五 、四、三、二、一　　B. 一、二、三、四、五

C. 二、三、四、五、六　　D. 六、五、四、三、二

91. 职业资格证书是由(B)机构印制。

A. 各级教育部门　　B. 劳动保障部门

C. 劳动者所在的劳资部门　　D. 职业技能鉴定部门

92. 可以作为劳动者就业上岗和用人单位准入就业的主要依据是(C)。

A. 毕业证书　　B. 介绍信

C. 职业资格证书　　D. 成绩单

93. 职业具有社会性、稳定性、规范性、群体性和(A)等特点。

A. 目的性　　B. 开放性　　C. 先进性　　D. 实用性

工种理论知识试题

判断题

1. $\Phi 20_{0}^{+0.02}$mm 的孔与 $\Phi 20_{-0.04}^{+0.01}$mm 的轴相配合，其基本尺寸是 20mm。(√)

2. 上偏差与下偏差统称为极限尺寸。(×)

正确答案：上偏差与下偏差统称为极限偏差。

3. 允许尺寸的变动量称为尺寸公差，简称公差。(√)

4. 精度为 0.01mm 的外径千分尺，微分筒旋转一格则测微螺杆就推进 0.01mm。(√)

5. 基本偏差的代号用拉丁字母表示，大写代表轴，小写代表孔。(×)

正确答案：基本偏差的代号用拉丁字母表示，大写代表孔，小写代表轴。

6. 按孔与轴公差带之间的相对位置关系，配合可分为间隙配合和过盈配合两种。（×）

正确答案： 按孔与轴公差带之间的相对位置关系，配合可分为间隙配合、过渡配合和过盈配合三种。

7. 在基孔制中，孔是基准件，轴是非基准件，有各种不同的配合符号。（√）

8. 基孔制的孔为基准孔，其上偏差为零。（×）

正确答案： 基孔制的孔为基准孔，其下偏差为零。

9. 基轴制是基本偏差为一定的轴的公差带与不同基本偏差的孔的公差带形成各种配合的一种制度。（√）

10. 定位位置公差包括同轴度、位置度和圆柱度。（×）

正确答案： 定位位置公差包括同轴度、位置度和对称度。

11. 符号“◎”表示圆度。（×）

正确答案： 符号“◎”表示同轴度。

12. 符号“$\Large\checkmark$”表示工件表面是用去除材料的方法获得的粗糙度。（×）

正确答案： 符号“$\Large\checkmark$”表示工件表面是用不去除材料的方法获得的粗糙度。

13. 可锻铸铁中的石墨是呈球状存在。（×）

正确答案： 可锻铸铁中的石墨是呈团絮状存在。

14. 灰口铸铁根据其基体组织不同，可分为铁素体、珠光体+铁素体以及奥氏体铸铁。（×）

正确答案： 灰口铸铁根据其基体组织不同，可分为铁素体、珠光体+铁素体以及珠光体铸铁。

15. 以碳在铸铁中呈现的形态来讲，球墨铸铁和可锻铸铁均属于灰口铸铁。（√）

16. 中碳钢的含碳量为0.60%~1.2%。（×）

正确答案： 中碳钢的含碳量为0.25%~0.60%。

17. 常用的铜基轴承合金有锡青铜和铅青铜。（√）

18. 机械制造中应用较多的特殊性能钢有不锈钢、耐磁钢、耐磨钢以及弹簧钢。（×）

正确答案： 机械制造中应用较多的特殊性能钢有不锈钢、耐磁钢、耐磨钢以及耐热钢。

19. 金属通常分为黄色金属和灰色金属两大类。（×）

正确答案： 金属通常分为有色金属和黑色金属两大类。

20. 材料的极限应力小于材料的许用应力。（×）

正确答案： 材料的极限应力大于材料的许用应力。

21. 用一个锥顶角120°的金刚石圆锥体或一定直径的钢球为压头，通过测量金属表面压痕深度得到的硬度值是布氏硬度。（×）

正确答案： 用一个锥顶角120°的金刚石圆锥体或一定直径的钢球为压头，通过测量金属表面压痕深度得到的硬度值是洛氏硬度。

22. 布氏硬度、洛氏硬度与维氏硬度之间有理论的换算关系。（×）

正确答案： 布氏硬度、洛氏硬度与维氏硬度之间没有理论的换算关系，因为它们的试验条件不同。

23. 高温回火时要将钢件加热到350~500℃。（×）

正确答案： 高温回火时要将钢件加热到500~650℃。

24. 回火决定了钢件的加工性能与寿命。 （×）

正确答案：回火决定了钢件的使用性能与寿命。

25. 淬火是将钢件加热到 A_{C3} 或 A_{C1} 点以上某一温度，保温一定时间使其奥氏体化后，以大于奥氏体临界冷却速度进行快速冷却，从而发生马氏体转变的热处理过程。 （×）

正确答案：淬火是将钢件加热到 A_{C3} 或 A_{C1} 点以上某一温度，保温一定时间使其奥氏体化后，以大于马氏体临界冷却速度进行快速冷却，从而发生马氏体转变的热处理过程。

26. 改进淬火方法，是为了既能将钢件淬硬，又能减少淬火内应力。 （√）

27. 去应力退火的工艺是将钢件缓慢加热到 A_{C1} 以下 100～200℃（一般为 500～600℃），保温一定时间，然后随炉缓慢冷却至 200℃，再出炉冷却。 （√）

28. 均匀化退火目的主要是消除铸钢中的枝晶偏析。 （√）

29. 去应力退火主要用于消除铸钢、锻钢的应力集中。 （×）

正确答案：去应力退火主要用于消除铸钢、锻钢的残余应力。

30. 正火是将铸铁加热到相变点 A_{C3}、A_{Cm} 以上完全奥氏体化后，再直接出炉空冷，获得以较细珠光体为主要组织的热处理工艺。 （×）

正确答案：正火是将钢件加热到相变点 A_{C3}、A_{Cm} 以上完全奥氏体化后，再直接出炉空冷，获得以较细珠光体为主要组织的热处理工艺。

31. 立体划线就是复杂零件的划线。 （×）

正确答案：立体划线是在工件的几个不同方向的表面上进行的划线。

32. 选择划线基准时，要使划线基准与安装基准尽量一致。 （×）

正确答案：选择划线基准时，要使划线基准与设计基准尽量一致。

33. 划线借料主要是为了保证各加工表面都有最低限度的加工余量，又要尽可能保证加工后工件外观匀称美观。 （√）

34. 在曲面上錾油槽，錾子倾斜情况应随着曲面而变动，使錾削时的后角保持不变，保证錾削顺利进行。 （√）

35. 顺向锉法锉痕正直，整齐美观，用于锉削小平面和最后的精锉。 （√）

36. 锯削小而薄的型钢，一般选用粗齿锯条。 （×）

正确答案：锯削小而薄的型钢，一般选用细齿锯条。

37. 锯削时，为了提高效率，锯条往返均需施加压力，因为回锯时也产生一定的切削量。 （×）

正确答案：推锯时，锯齿起切削作用，要给以适当压力，回锯时不切削，应将锯稍微提起，减少锯齿的磨损。

38. 在斜面上钻孔时，先在斜面上铣出（或錾出）一个与钻孔中心线相垂直的浅平窝，然后再钻出孔来。 （√）

39. 在工件上钻小孔，开始钻时，进给力要大，以防钻头滑移。 （×）

正确答案：在工件上钻小孔，开始钻时，进给力要小，以防钻头弯曲和滑移

40. 手工铰削过程中，两手用力要平衡，旋转铰刀的速度要逐渐加快，铰刀不得偏摆。 （×）

正确答案：手工铰削过程中，两手用力要平衡，旋转铰刀的速度要均匀，铰刀不得偏摆。

41. 攻丝前的底孔直径应比螺纹中径大。（×）

正确答案： 攻丝前的底孔直径应比螺纹标准中规定的螺纹小径大。

42. 攻盲孔螺纹时，要经常退出排屑，以避免丝锥折断。（√）

43. 攻丝时，底孔直径大，易造成丝锥崩牙。（×）

正确答案： 攻丝时，底孔直径小，易造成丝锥崩牙。

44. 套丝前，需对圆杆直径进行确定。（√）

45. 套螺纹开始时，为了使板牙切入工件，要在转动板牙时施加轴向压力。（√）

46. 呆扳手只可用于装卸六角头螺栓，不可装卸方头螺栓。（×）

正确答案： 呆扳手可用于装卸六角头和方头螺栓。

47. 梅花扳手分为乙字型、扁梗型和短颈型三种。（√）

48. 高度游标尺属于划线工具。（√）

49. 样冲不属于划线工具。（×）

正确答案： 样冲属于划线工具。

50. 划线质量与平台的平整性无关。（×）

正确答案： 划线质量与平台的平整性有关。

51. 万能分度头可以使工件绕本身轴线旋转，还可以使工件轴线相对于平板扳成一定角度。（√）

52. 分度头只可以安装在水平、垂直的位置上，但不能安装在倾斜位置上划基准线。（×）

正确答案： 分度头可以安装在水平、垂直或倾斜的位置上划基准线。

53. 扁錾的切削部分扁平，切削刃较宽并略带圆弧形。（√）

54. 錾子的前角愈大，切削愈费力。（×）

正确答案： 錾子的前角愈大，切削愈省力。

55. 按其断面形状钳工锉可分为平锉、方锉、圆锉、三角锉、半圆锉。（√）

56. 钻孔的机具主要有手电钻、台钻、立站、摇臂钻等。（√）

57. 当麻花钻后角大时，横刃斜角减小、长度增大。（√）

58. 平面刮刀只能用来刮削平面，不能刮削外曲面。（×）

正确答案： 平面刮刀既能用来刮削平面，也可刮削外曲面。

59. 丝锥有左旋和右旋及粗牙和细牙之分。（√）

60. 丝锥只有手用丝锥，没有机用丝锥。（×）

正确答案： 丝锥有手用丝锥和机用丝锥之分。

61. 台虎钳是通过摇动手柄使丝杆旋转，带动活动钳身相对固定钳身作进退移动，起夹紧或放松作用。（√）

62. 在台虎钳上工作时，左右两个转座手柄必须扳松，保证钳身松动，以免损坏台虎钳。（×）

正确答案： 在台虎钳上工作时，左右两个转座手柄必须扳紧，保证钳身没有松动现象，以免损坏台虎钳。

63. 游标卡尺主尺一格与副尺一格的差值即是刻尺的最大读数值。（×）

正确答案： 游标卡尺主尺一格与副尺一格的差值即是刻尺的最小读数值。

64. 深度游标卡尺测量时，应先将主尺插到底部，再将卡尺底座推向工件表面，最后读数。（×）

正确答案：深度游标卡尺测量时，应先将卡尺底座紧贴工件表面，再将主尺插到底部，最后读数。

65. 深度游标卡尺主要用于测量孔的深度、槽的深度和台阶的高度等。(√)

66. 外径千分尺测微螺杆的端面为固定测量面。(×)

正确答案：外径千分尺测微螺杆的端面为移动测量面。

67. 百分表盘面有长短两支指针，短指针一格表示 0.1mm。(×)

正确答案：百分表盘面有长短两支指针，短指针一格表示 1mm。

68. 用百分表测量时，测量杆应能平稳、灵活地移动，无卡涩现象。(√)

69. 塞尺可以测量温度较高的工件。(×)

正确答案：塞尺不能测量温度较高的工件。

70. 游标卡尺当做划规使用时，应将锁紧螺钉拧紧。(×)

正确答案：游标卡尺不能当做划规使用。

71. 常用水平仪有齿式水平仪、框式水平仪、光学合像水平仪和电子水平仪。(×)

正确答案：常用水平仪有条式水平仪、框式水平仪、光学合像水平仪和电子水平仪。

72. 条式水平仪的水准气泡永远停在玻璃管内的最低点。(×)

正确答案：条式水平仪的水准气泡永远停在玻璃管内的最高点。

73 . M10-5g6g 表示螺纹底径和顶径的公差代号分别为 5g、6g，公称直径为 10mm 的普通粗牙螺纹。(×)

正确答案：M10-5g6g 表示螺纹中径和顶径的公差代号分别为 5g、6g，公称直径为 10mm 的普通粗牙螺纹。

74. 螺距是相邻两牙在顶径线上对应两点间的距离。(√)

75. 紧定螺钉联接是利用螺钉的末端顶住另一被联接件表面或顶入另一被联接件的凹坑中，以固定两零件的相对位置。(√)

76. 采用防松垫片的螺纹联接中，垫片折边以固定螺母，另一折边固定在被联接零件的相对位置。(√)

77. 锁紧螺母利用两螺母的对顶作用，受到附加拉力和摩擦力以达到锁紧防松。(√)

78. 螺纹磨损导致螺栓或螺柱与螺孔配合间隙过小。(×)

正确答案：螺纹磨损导致螺栓或螺柱与螺孔配合间隙过大。

79. 如果螺栓折断在螺孔内不易取出时，一般可用在螺栓上钻孔的方法将其取出。(√)

80. 松键联接的特点是靠键的正面来传递转矩，只对轴上的零件做周向固定。(×)

正确答案：松键联接的特点是靠键的侧面来传递转矩，只对轴上的零件做周向固定。

81. 花键联接装配时，用打表法检查并修整它们的配合，以达到技术要求。(×)

正确答案：花键联接装配时，用涂色法检查并修整它们的配合，以达到技术要求。

82. 安装钩头楔键时，要使钩头紧贴套件的端面，以保证安装要求。(×)

正确答案：安装钩头楔键时，不能使钩头紧贴套件的端面，必须留有一定的距离，以便拆卸。

83. 键间隙过大，主要是长期磨损所造成的，在检修时应测一下轴槽与轮毂的实际尺寸，按实际尺寸重新配键。(√)

84. 发生滚键，主要原因是键的配合精度不高，键与键槽间隙较大，而轴与孔的配合太紧所造成的。 (×)

正确答案： 发生滚键，主要原因是键的配合精度不高，键与键槽间隙较大，轴与孔的配合太松造成的。

85. 平型皮带采用张紧轮装置会使皮带得到张紧，但也会使带轮包角减小，降低了传动能力。 (×)

正确答案： 平型皮带采用张紧轮装置不但会使皮带得到张紧，而且会使带轮包角增大，提高了传动能力。

86. 带传动依靠摩擦力来传递运动和扭矩，常用的为 V 带传动与同步齿形带传动。 (×)

正确答案： 带传动依靠摩擦力来传递运动和扭矩，常用的为 V 带传动与平带传动。

87. 带传动主要由主动带轮、从动带轮和传动带组成。 (√)

88. 带传动的张紧力要合适。张紧力过大，会造成带、轴和轴承迅速磨损。 (√)

89. V 带安装在相应的轮槽内，与轮槽的两侧及槽底应接触良好。 (×)

正确答案： V 带安装在相应的轮槽内，仅与轮槽的两侧接触，而不与槽底接触。

90. 轴颈弯曲、带轮孔与轴配合松动、带轮槽磨损是带传动机构的主要损坏形式。 (√)

91. 相交轴齿轮传动用于相交轴传动的齿轮有人字齿圆柱齿轮、斜齿锥齿轮和曲线齿锥齿轮。 (×)

正确答案： 相交轴齿轮传动用于相交轴传动的齿轮有直齿锥齿轮、斜齿锥齿轮和曲线齿锥齿轮。

92. 齿轮传动具有承载能力大的特点。 (√)

93. 齿形合格的渐开线圆柱齿轮，安装后接触印痕在齿顶部，这是由于两轴歪斜引起的。 (×)

正确答案： 齿形合格的渐开线圆柱齿轮，安装后接触印痕在齿顶部，这是由于两轴中心距过大引起的。

94. 装配的一般方法有完全互换法、不完全互换法、分组选配法、调整法和修配法。 (√)

95. 代号为“42607”的滚动轴承，其内径为 42mm。 (×)

正确答案： 代号为“42607”的滚动轴承，其内径为 35mm。

96. 滚动轴承比滑动轴承互换性差。 (×)

正确答案： 滚动轴承比滑动轴承互换性好。

97. 调心滚子轴承对轴承内外圈轴线偏斜一定角度也能自动调心并正常工作。 (√)

98. 滚动轴承内孔与轴的配合采用基轴制，轴承外圈与轴承箱采用基孔制。 (×)

正确答案： 滚动轴承内孔与轴的配合采用基孔制，轴承外圈与轴承箱采用基轴制。

99. 当滚动轴承的内圈与轴过盈配合，外圈与壳体为间隙配合时，可先将轴承装在壳体上。 (×)

正确答案： 当滚动轴承的内圈与轴过盈配合，外圈与壳体为间隙配合时，可先将轴承装在轴上。

100. 虚线为粗实线的延长线时，不得以长画相接，应留有空隙，以表示两种图线的分界处。 (×)

正确答案： 虚线为粗实线的延长线时，不得以短画相接，应留有空隙，以表示两种图线的分界处。

101. 若一平面与投影面垂直，则该平面的投影为一直线。 (√)

102. 正投影法中，投影线互相平行且与投影面垂直。 (√)

103. 在机械制图中的三视图和轴测图都是用正投影法绘制的。 (×)

正确答案： 在机械制图中的三视图和正轴测图都是用正投影法绘制的，而斜轴测图都是用斜投影法绘制的。

104. 某轴类零件图中有一轴段的直径尺寸为 Φ50h8，h8 表示 Φ50 轴段的形位公差。 (×)

正确答案： 某轴类零件图中有一轴段的直径尺寸为 Φ50h8，h8 表示 Φ50 轴段的尺寸公差。

105. 国标关于销的画法规定：圆柱销和圆锥销用于联接和定位时，有较高的装配要求，所以在加工销孔时，一般把有关零件装配在一起加工，且在零件图中注明。 (√)

106. 如图所示，因联接圆弧的半径太小而两圆距离太远，无法作出与两圆同时相外切的半径为 30mm 的联接圆弧。 (√)

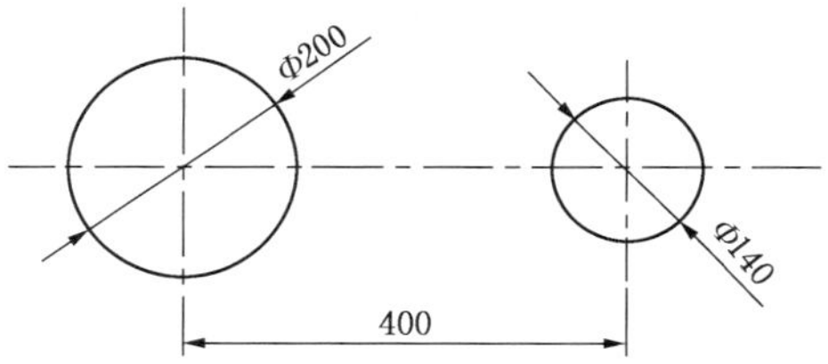

107. 移出剖面的轮廓线用粗实线绘制，重合剖面的轮廓线用细实线绘制。 (√)

108. 只将机件的某一部分向基本投影面投影所得的视图称为局部视图。 (√)

109. 用剖切平面局部地剖开机件所得的剖视图称为半剖视。 (×)

正确答案： 用剖切平面局部地剖开机件所得的剖视图称为局部剖视。

110. 当机件的内部结构较复杂时，视图中就会出现很多虚线，影响视图的清晰。为清楚地表达机件的内外结构形状，可采用剖视的方法。 (√)

111. 机械制图中只用一个视图就可表达任何三维物体的空间形状。 (×)

正确答案： 只用一个视图不足以表达三维物体的空间形状，需用两个或两个以上的视图才能正确表达三维物体的空间形状。

112. 绘制机件的三视图时，应先确定机件的主视图方向，且一般以能全面地反映机件形状特征的那一面投影作为主视图。 (√)

113. 在机械制图中，三视图是用正投影的方法绘制的，而斜视图是用斜投影的方法绘制的。 (×)

正确答案： 三视图和斜视图都是用正投影的方法绘制的。

114. 在干燥状态下，滑动摩擦的摩擦系数要比滚动摩擦的摩擦系数小。 (×)

正确答案： 在干燥状态下，滑动摩擦的摩擦系数要比滚动摩擦的摩擦系数大。

115. 事故磨损是指机器零件在不正常的工作条件下，在很长的时间内产生的磨损。 (×)

正确答案： 事故磨损是指机器零件在正常的工作条件下，在很短时间内产生的磨损。

116. 目前生产的二硫化钼润滑剂有粉剂、水剂、油剂、油膏、润滑脂、蜡笔等固体成膜剂等。 (√)

117. 润滑剂能降低磨损，减少动力消耗，提高机械设备的效率。（√）

118. 润滑油的油性除了与极性物质的存在有关以外，还与润滑油表面张力以及摩擦表面的物理化学性质等有关，又与黏度有关。（×）

正确答案： 润滑油的油性除了与极性物质的存在有关以外，还与润滑油表面张力以及摩擦表面的物理化学性质等有关，但与黏度无关。

119. 滴点表示润滑脂的抗热特性，它是润滑脂重要的质量指标之一。（√）

120. 选用润滑脂时，高转速的摩擦表面应选用针入度小的润滑脂。（×）

正确答案： 选用润滑脂时，高转速的摩擦表面应选用针入度大的润滑脂。

121. 为了改善摩擦性能，使填料密封有足够的使用寿命，不允许介质有泄漏现象。（×）

正确答案： 为了改善摩擦性能，使填料密封有足够的使用寿命，允许介质有一定的泄漏量。

122. 填料密封密封性能好，功耗大。（×）

正确答案： 填料密封密封性能差，功耗大。

123. 带节流套填料函结构形式的密封能使高压介质经过节流套后即降压，使填料处于中压状态下工作。（×）

正确答案： 带节流套填料函结构形式的密封能使高压介质经过节流套后即降压，使填料处于低压状态下工作。

124. 填料密封安装后，对称地压紧压盖螺栓，避免填料压偏，用手盘动轴或柱塞使其稍能转动即可。（√）

125. 在安装填料密封填料时，对填料密封的清洁要求不高，即使填料带有一些砂粒，对填料密封温度也影响不大。（×）

正确答案： 在安装填料密封填料时，要搞好填料清洁，如填料带有一些砂粒，则会损伤轴，引起填料密封温度的升高。

126. 机械密封按弹簧装于密封端面的内侧或外侧，分为内流式机械密封和外流式机械密封。（×）

正确答案： 机械密封按弹簧装于密封端面的内侧或外侧，分为内装式机械密封和外装式机械密封。

127. 由介质压力变化引起的端面比压的增量小于介质压力的增量，称为平衡型密封。（√）

128. 在平衡型机械密封中，其密封端面上的作用力随密封流体压力变化较大，因此它适用于低压。（×）

正确答案： 在平衡型机械密封中，其密封端面上的作用力随密封流体压力变化较小，因此它适用于高压。

129. 非平衡型机械密封其密封端面上的作用力随密封流体压力升高而降低，因此它适用于高压。（×）

正确答案： 非平衡型机械密封其密封端面上的作用力随密封流体压力升高而增大，因此它适用于低压。

130. 机械密封的辅助密封圈部分，只有静环密封圈。（×）

正确答案： 机械密封的辅助密封圈部分，有动环密封圈和静环密封圈。

131. 机械密封中使密封端面紧密贴合的是缓冲补偿机构。（√）

132. 机械密封两端面间的液膜能起到润滑端面的作用。(√)

133. 在正常使用情况下，机械密封可以做到不泄漏或很小泄漏。(√)

134. 机械密封安装好后，一定要手动盘车检查，轴应有轻松感。(√)

135. 机械密封动、静环与轴套间形成水垢不能补偿磨损位移，会造成密封泄漏。(√)

136. 机械密封的动、静环由于材料及加工原因产生的残余变形，对密封性影响不大。(×)

正确答案：机械密封的动、静环由于材料及加工原因产生的残余变形，容易造成密封端面泄漏。

137. 焊接金属波纹管密封，轴向尺寸大，内外径有少许残余应力集中，允许有较大的弯曲挠度，应用较广。(×)

正确答案：焊接金属波纹管密封，轴向尺寸小，内外径无残余应力集中，允许有较大的弯曲挠度，应用较广。

138. 直齿迷宫密封的密封性能比斜齿迷宫密封性能好，但车削困难。(×)

正确答案：斜齿迷宫密封的密封性能比直齿迷宫密封性能好，但车削困难。

139. 为了使气流的动能尽可能转化为热能，迷宫密封要尽量加厚迷宫齿片，使齿顶角尖锐，并背向气体方向。(×)

正确答案：为了使气流的动能尽可能转化为热能，迷宫密封要尽量减薄迷宫齿片，使齿顶角尖锐，并朝向气体方向。

140. 盘绕弹簧联轴器有恒刚度和变刚度两种。(√)

141. 齿轮联轴器有较少的齿同时工作，传递较小的扭矩。(×)

正确答案：齿轮联轴器有较多的齿同时工作，所以可以传递较大的扭矩。

142. 更换离心泵轴时，必须对轴的外形尺寸、弯曲度、圆度进行检查，确认合格后，方可使用。(√)

143. 机泵安装时，地脚螺栓上的油污和氧化皮等应清除干净，螺纹部分的油脂也应清除干净。(×)

正确答案：机泵安装时，地脚螺栓上的油污和氧化皮等应清除干净，螺纹部分应涂少量油脂。

144. 在机泵安装过程中，地脚螺栓长度应根据螺栓直径选定，其长度取螺栓直径的15～30倍。(×)

正确答案：在机泵安装过程中，地脚螺栓长度应根据螺栓直径选定，其长度取螺栓直径的25～30倍。

145. 机泵安装时，垫铁放置应平正，斜垫铁成对使用，平垫铁应放在斜垫铁组上面。(×)

正确答案：机泵安装时，垫铁放置应平正，斜垫铁成对使用，斜垫铁组应放在平垫铁上面。

146. 当灌浆层与设备底座面接触要求较低时，宜采用无收缩混凝土。(×)

正确答案：当灌浆层与设备底座面接触要求较高时，宜采用无收缩混凝土。

147. 离心泵在启动前，先向泵体内灌充过半以上被输送的液体。(×)

正确答案：离心泵在启动前，必须先向泵体内充满被输送的液体。

148. 比转数是一个用来判断两台以上离心泵在几何和运动两方面是否相似的相似准数。(√)

149. 离心泵的口环具有防止低压侧的介质渗透到高压侧的作用。（×）

正确答案：离心泵的口环具有防止高压侧的介质倒流回低压侧的作用。

150. 离心式热油泵的口环直径≥100mm 时，壳体口环与叶轮口环的间隙为 0.60～0.80mm。（×）

正确答案：离心式热油泵的口环直径≥100mm 时，壳体口环与叶轮口环的间隙为0.80～1.00mm。

151. 离心泵叶轮弯曲方向与叶轮旋转方向相同时，称后弯式叶片。（×）

正确答案：离心泵叶轮弯曲方向与叶轮旋转方向相反时，称后弯式叶片。

152. 叶轮是离心泵直接做功的部件，依靠它高速旋转对液体做功而实现液体的输送。（√）

153. 离心泵安装弹性圆柱销联轴器时，其弹性圈与柱销应为间隙配合。（×）

正确答案：离心泵安装弹性圆柱销联轴器时，其弹性圈与柱销应为过盈配合，并有一定的紧力。

154. 离心泵密封介质为轻质油时，机械密封泄漏量不得超过 5 滴/min，填料密封的泄漏量不得超过 10 滴/min。（×）

正确答案：离心泵密封介质为轻质油的机械密封泄漏量不得超过 10 滴/min，填料密封的泄漏量不得超过 20 滴/min。

155. 在拆卸离心泵的机械密封时，不得损坏动环、静环和密封圈。（√）

156. 离心泵轴中心标高的偏差过大时，可利用永久垫铁来调整。（×）

正确答案：离心泵轴中心标高的偏差过大时，可利用临时垫铁来调整。

157. 离心泵安装就位时，泵与基础纵向中心线允许偏差应不大于 10mm，横向中心线允许偏差应不大于 20mm。（×）

正确答案：离心泵安装就位时，泵与基础纵向、横向中心线允许偏差应不大于 10mm。

158. 离心泵解体安装时，应在泵的水平中分面、泵轴的外露部分或底座的水平加工面上进行水平度测量。（√）

159. 离心泵轴承箱内的润滑油位一般应高于滚动体。（×）

正确答案：离心泵轴承箱内的润滑油位一般应在滚动体的 1/2～2/3 为好。

160. 离心泵试车前要检查填料密封是否有压得过紧过松现象。（√）

161. 离心泵启动前需检查润滑油、封油、冷却水等系统是否正常。（√）

162. 在一定的频段内，振动速度均方根值相同的振动被认为具有相同的烈度。（√）

163. 离心泵平衡管堵塞会使入口压力降低。（×）

正确答案：离心泵平衡管堵塞会使泵的轴向力增大。

164. 离心泵泵体振动是造成填料密封温度高的主要原因。（×）

正确答案：离心泵泵体振动不是造成填料密封温度高的主要原因。

165. 蒸汽往复泵属于容积式泵，它是靠液缸内的活塞或柱塞做往复运动，来改变工作室的容积，从而进行液体输送的。（√）

166. 蒸汽往复泵的排出压力越高，其流量也越大。（×）

正确答案：蒸汽往复泵的流量与排出压力无关，在任何排出压力下，其流量基本上是不变的。

167. 蒸汽往复泵的配汽机构分为平板式配汽阀、活塞式配汽阀及滑阀配汽阀。（×）

正确答案：蒸汽往复泵的配汽机构分为平板式配汽阀及活塞式配汽阀。

168. 蒸汽往复泵的阀靠上、下的压差关闭，靠自重和弹簧力开启。 (×)

正确答案：蒸汽往复泵的阀靠上、下压差开启，靠自重和弹簧力关闭。

169. 蒸汽往复泵的汽缸活塞环的厚度应小于活塞槽深 0.50~1.50mm。 (×)

正确答案：蒸汽往复泵的汽缸活塞环的厚度应小于活塞槽深 0.50~1.00mm。

170. 蒸汽往复泵运行平稳，允许有少许杂音，冲程次数在规定范围内。 (×)

正确答案：蒸汽往复泵要运行平稳，且无杂音，冲程次数在规定范围内。

171. 蒸汽往复泵的阀盖与阀座不得有腐蚀、坑痕、损坏和严重径向沟槽等。 (√)

172. 蒸汽往复泵“三点定中”时，蒸汽往复泵的配汽活塞处于汽缸的中心位置。 (×)

正确答案：蒸汽往复泵“三点定中”时，蒸汽往复泵的配汽活塞处于配汽室汽道的中心位置。

173. 蒸汽往复泵活塞杆表面粗糙，对填料密封影响不大。 (×)

正确答案：蒸汽往复泵活塞杆表面粗糙，会引起填料密封泄漏。

174. 蒸汽往复泵的填料压盖没上紧，会引起填料密封泄漏。 (√)

175. 蒸汽往复泵盘根过紧，可引起拉杆过热。 (√)

176. 屏蔽泵是通过润滑油来润滑轴承。 (×)

正确答案：屏蔽泵轴承与介质接触，不依靠润滑油来润滑。

177. 磁力驱动泵与屏蔽泵一样，叶轮直接装在电机轴上。 (×)

正确答案：磁力驱动泵与屏蔽泵不一样，叶轮装在泵轴上。

178. 隔膜计量泵泵体进出口单向阀安装时要分清方向，保证进口阀与进口管相对应。 (√)

179. 隔膜计量泵的柱塞行程由电机转速快慢来调整。 (×)

正确答案：隔膜计量泵的柱塞行程由调节冲程机构来调整。

180. 隔膜计量泵不适合输送剧毒介质。 (×)

正确答案：隔膜计量泵适合输送剧毒介质。

181. 柱塞计量泵常采用曲轴连杆机构，曲轴做往复运动，通过连杆带动柱塞连续带动介质做功。 (×)

正确答案：柱塞计量泵常采用曲轴连杆机构，曲轴做旋转运动，通过连杆带动柱塞连续给介质做功。

182. 柱塞计量泵进出口阀组装好后用煤油试漏，应 5min 内不发生泄漏。 (√)

183. 齿轮泵工作时，是靠上齿轮带动下齿轮。 (×)

正确答案：齿轮泵工作时，是靠主动齿轮带动从动齿轮。

184. 为了解决齿轮泵的困油问题，应在齿轮啮合处两端的侧面端盖板上开两个不对称于两齿轮连心线的卸荷槽。 (√)

185. 齿轮泵留有径向间隙主要是补偿齿轮和齿轮箱的热变形。 (×)

正确答案：齿轮泵留有轴向间隙主要是补偿齿轮和齿轮箱的热变形。

186. 为了达到轴向平衡，三螺杆泵往往在出口端处安装平衡活塞。 (×)

正确答案：为了达到轴向平衡，三螺杆泵往往在入口端处安装平衡活塞。

187. 三螺杆泵在工作过程中，从动螺杆是由主动螺杆驱动。 (×)

正确答案：三螺杆泵在工作过程中，从动螺杆不是由主动螺杆驱动，而是依靠液体压力来驱动。

188. 螺杆泵压力超高时，安全阀弹簧打开，出口压力返回入口。 (√)

189. 在可变径三角皮带轮的传动中，通过放开主动皮带轮盘的方法提高从动轴的转速。 (×)

正确答案： 在可变径三角皮带轮的传动中，通过收缩主动皮带轮盘的方法提高从动轴的转速。

190. 转子组件是离心式风机的主要部件，其形式均为悬臂式。 (×)

正确答案： 转子组件是离心式风机的主要部件，其形式有悬臂式和双支撑式两种。

191. 往复式压缩机按轴功率和排气量大小分为小型、中型、大型。 (×)

正确答案： 往复式压缩机按轴功率和排气量大小分微型、小型、中型、大型。

192. 一台完整的大型往复式压缩机组主要由主机、驱动机两大部分组成。 (×)

正确答案： 一台完整的大型往复式压缩机组主要由主机、辅机、驱动机三大部分组成。

193. 往复式压缩机工作部分主要由气缸和转子等组成。 (×)

正确答案： 往复式压缩机工作部分主要由气缸、活塞、气阀等组成。

194. 往复式压缩机压缩气体的工作过程可分为膨胀、吸入、压缩和排出四个阶段。 (√)

195. 往复式压缩机在实际生产中气体的压缩过程均属等变压缩过程。 (×)

196. 往复式压缩机往复惯性力较大，转速不能太高，排气压力平稳。 (×)

正确答案： 往复式压缩机往复惯性力较大，转速不能太高，排气压力脉动。

197. 盘形活塞多用于低压、中压往复式压缩机气缸中。 (√)

198. 往复式压缩机级差式活塞中，高压级活塞的轴心线与低压级活塞的轴心线要重合，不能移动。 (×)

正确答案： 往复式压缩机级差式活塞中，高压级活塞的轴心线对低压级活塞的轴心线可作微量的径向平移或摆动。

199. 往复式压缩机三六瓣密封圈由两个靠镯形弹簧箍紧在活塞杆上的开口环组成。 (√)

200. 往复式压缩机三六瓣密封环工作时只借助于弹簧力的作用，被紧密地套贴在活塞杆上，阻止气体轴向泄漏。 (×)

正确答案： 往复式压缩机三六瓣密封环工作时借助于弹簧力和气体压力的作用，被紧密地套贴在活塞杆上，阻止气体轴向泄漏。

201. 往复式压缩机三六瓣密封环各环的轴向间隙是为了补偿密封环的磨损与热膨胀。 (×)

正确答案： 往复式压缩机三六瓣密封环各环的径向缝隙是为了补偿密封环的磨损与热膨胀。

202. 现代往复式压缩机使用的气阀都是随着气缸内气体压力的变化而自行开、闭的自动阀。 (√)

203. 往复式压缩机的气阀在安装时，首先要确定排气阀和吸气阀的位置。 (√)

204. 往复式压缩机靠开口活塞环的弹力，使其外圆面与气缸内表面贴合产生一定的预紧压力。 (√)

205. 往复式压缩机气缸内部润滑方式大致有三种：飞溅式润滑、吸油式润滑和压力式润滑。 (√)

206. 当气阀装上气缸后，若用螺丝刀从阀的外侧顶不开阀片，则该阀是吸气阀。 （×）

正确答案： 当气阀装上气缸后，若用螺丝刀从阀的外侧顶不开阀片，则该阀是排气阀。

207. 往复式压缩机运动机件磨损严重或间隙太大会引起油压下降。 （√）

208. 设计基准是测量工件加工面的位置或尺寸时所根据的工件上的面、线或点。 （×）

正确答案： 测量基准是测量工件加工面的位置或尺寸时所根据的工件上的面、线或点。

209. 9SiCr 适用于制作刀刃细薄的低速工具，如丝锥、板牙等。 （√）

210. 切削加工按其所用切削工具的类型可分为刀具切削加工和磨削加工。 （×）

正确答案： 切削加工按其所用切削工具的类型可分为刀具切削加工和磨料切削加工。

211. 切削用量三要素是切削宽度、进给量、切削速度。 （×）

正确答案： 切削用量三要素是切削深度、进给量、切削速度。

212. 链条是起重绳索中的一种。 （√）

213. 在普通钢丝绳中，按其捻制形式来说，性能最好的是交互捻。 （×）

正确答案： 在普通钢丝绳中，按其捻制形式来说，性能最好的是混合捻。

214. 使用钢丝绳过程中，要经常注意避免打结、压扁、漆伤、电弧打伤、化学介质侵蚀和长时间被水浸泡现象。 （√）

215. 将钢丝绳卡放好后，应先拧紧中间的绳卡，然后再拧紧首尾的两个。 （×）

正确答案： 将钢丝绳卡放好后，应先拧紧首尾的两个绳卡，然后再拧紧其他的绳卡。

216. 液压千斤顶可以垂直、水平、倾斜等方向使用。 （×）

正确答案： 液压千斤顶只允许垂直方向使用。

单选题

1. 设计给定的尺寸叫（ A ）。

A. 基本尺寸　　B. 实际尺寸　　C. 极限尺寸　　D. 尺寸偏差

2. 对于尺寸 $\Phi25^{+0.05}_{+0.02}$mm，它的最大极限尺寸是（ D ）mm。

A. 0.02　　B. 0.05　　C. 25.02　　D. 25.05

3.（ C ）是允许尺寸变化的两个界定值，它以基本尺寸为基数来确定。

A. 测量尺寸　　B. 实际尺寸　　C. 极限尺寸　　D. 设计尺寸

4. 上偏差等于最大极限尺寸减其（ B ）所得的代数差。

A. 实际尺寸　　B. 基本尺寸　　C. 最小极限尺寸　　D. 设计尺寸

5. 对于尺寸 $\Phi30^{+0.05}_{+0.02}$mm，它的上偏差是（ B ）mm。

A. 30　　B. 0.05　　C. 0.02　　D. 30.05

6. 不论哪类配合，配合公差均等于相配合的孔公差与轴公差之（ B ）。

A. 差　　B. 和　　C. 积　　D. 商

7. 基孔制的基准孔，其下偏差等于（ A ）。

A. 0　　B. 1　　C. 2　　D. 3

8. 下列配合中，（ C ）是属于基轴制配合。

A. H7/k6　　B. H7/js6　　C. F7/h6　　D. H8/k7

9. 基轴制是基本偏差为一定的轴的公差带与(B)的孔的公差带形成各种配合的一种制度。

A. 相同基本偏差　B. 不同基本偏差　C. 相同下偏差　D. 不同下偏差

10. 下列选项中，属于定向位置公差的是(C)。

A. 同轴度　B. 对称度　C. 垂直度　D. 直线度

11. 下列选项中，用以控制被测要素相对基准要素的方向成 0°的公差是(B)。

A. 垂直度　B. 平行度　C. 倾斜度　D. 对称度

12. 符号“⊥”表示(D)。

A. 同轴度　B. 对称度　C. 位置度　D. 垂直度

13. 表面粗糙度是加工零件表面加工时留下的属于(A)误差的痕迹。

A. 微观几何形状　B. 宏观几何形状　C. 微观尺寸　D. 宏观尺寸

14. 评定表面粗糙度时所规定的一段基准线长度叫(B)

A. 评定长度　B. 取样长度　C. 评定基准　D. 评定参数

15. 符号“√”表示工件表面是用(A)法获得的粗糙度。

A. 去除材料　B. 不去除材料　C. 热轧　D. 冷轧

16. 铸铁是以铁、(A)硅为主要组成元素。

A. 碳　B. 锰　C. 硫　D. 钨

17. 球墨铸铁是在浇铸前，向一定成分的铁液中加入适量使石墨球化的球化剂和促进石墨化的(D) 从而获得具有球状石墨的铸铁。

A. 阻聚剂　B. 固化剂　C. 抗氧化剂　D. 孕育剂

18. 合金铸铁按其使用性能可分为耐热铸铁、耐蚀铸铁以及(B)铸铁。

A. 耐磁　B. 耐磨　C. 耐低温　D. 可锻

19. 碳素钢按其用途可分为碳素结构钢和碳素(A)钢。

A. 工具　B. 模具　C. 合金　D. 高速钢

20. 碳素结构钢分为普通碳素结构钢和(C)碳素结构钢。

A. 高级　B. 中级　C. 优质　D. 低级

21. 下列不属于碳素结构钢的是(D)。

A. 黑铁皮　B. 白铁皮　C. 马口铁　D. 不锈钢

22. 下列选项中，不属于有色金属材料的是(A)。

A. 不锈钢　B. 青铜　C. 铝基轴承合金　D. 工业纯铝

23. 黄铜是以(B)为主要合金元素的铜合金。

A. 铝　B. 锌　C. 锡　D. 铅

24. 合金钢按用途分可分为合金结构钢、特殊性能钢以及(D)三大类。

A. 高速钢　B. 轴承钢　C. 弹簧钢　D. 合金工具钢

25. 合金工具钢按主要用途分可分为刃具钢、模具钢以及(A)三种。

A. 量具钢　B. 不锈钢　C. 弹簧钢　D. 耐磨钢

26. 下列金属材料中，属于有色金属材料的是(C)。

A. 不锈钢　B. 灰口铸铁　C. 铝　D. 高速钢

27. 下列金属材料中，不属于黑色金属材料的是(D)。

A. 球墨铸铁　B. 不锈钢　C. 弹簧钢　D. 铝基轴承合金

28. 塑料的种类很多，按树脂的热性能可分为(B)和热固性塑料。

A. ABS 塑料 B. 热塑性塑料 C. 耐高温塑料 D. 工程塑料

29. 机械工业中使用的非金属材料分为陶瓷、复合材料以及(A)三大类。

A. 高分子合成材料 B. 胶粘剂

C. 合成橡胶 D. 聚丙烯

30. 常用的浸渍石墨有浸树脂石墨和浸(C)石墨两种。

A. 氮气 B. 碳 C. 金属 D. 氢气

31. 应力是单位面积上的(A)。

A. 内力 B. 作用力 C. 拉力 D. 压力

32. (A)是衡量金属材料软硬程度的指标。

A. 硬度 B. 强度 C. 刚度 D. 塑性

33. 将钢加热到(D)某一温度，保温一定时间，然后随炉冷却到室温的热处理工艺，称为回火。

A. A_{C1}以上 B. A_1 以上 C. A_{C1}以下 D. A_1 以下

34. 中温回火时要将钢件加热到(B)℃。

A. 150~250 B. 350~500 C. 500~650 D. 650~800

35. 低温回火的目的是降低钢的淬火内应力和(B)。

A. 弹性 B. 脆性 C. 塑性 D. 刚性

36. 中温回火的目的是使钢件获得高的屈服强度与(D)。

A. 冲击韧性 B. 塑性极限 C. 刚性极限 D. 弹性极限

37. 淬火是将钢件加热到A_{C3}或A_{C1}点以上某一温度，保温一定时间使其(B)后，以大于马氏体临界冷却速度进行快速冷却，从而发生马氏体转变的热处理过程。

A. 珠光体化 B. 奥氏体化 C. 马氏体化 D. 贝氏体化

38. 钢件的淬火可获得较高的耐磨性和(A)。

A. 硬度 B. 抗拉强度 C. 疲劳强度 D. 抗腐蚀强度

39. 预冷淬火法可在不降低钢件(C)与淬硬层深度的条件下，使淬火内应力大大减小。

A. 塑性 B. 弹性 C. 硬度 D. 许用应力

40. 完全退火工艺是将亚共析碳钢加热到A_{C3}以上(B)℃，保温一定时间，随炉缓慢冷却到600℃以下。

A. 50~100 B. 30~50 C. 100~150 D. 150~200

41. 球化退火工艺是将共析碳钢加热到A_{C1}以上(A)℃，保温一定时间，随炉缓慢冷却到600℃以下。

A. 10~20 B. 50~100 C. 100~150 D. 150~200

42. 等温退火的目的主要是(B)。

A. 提高硬度 B. 钢件内外都获得均匀组织

C. 提高力学性能 D. 强化钢材

43. 正火是将钢件加热到相变点A_{C3}、A_{Cm}以上完全(C)后，再直接出炉空冷，获得以较细珠光体为主要组织的热处理工艺。

A. 马氏体化 B. 珠光体化 C. 奥氏体化 D. 贝氏体化

44. 钢件经正火后，提高了钢的(A)。

A. 强度　B. 线膨胀系数　C. 残余应力　D. 延伸率

45. 高碳钢常用正火来作为(C)的准备。

A. 去应力退火　B. 完全退火　C. 球化退火　D. 等温退火

46. 划线分为(A)。

A. 平面划线和立体划线　B. 直接划线和间接划线

C. 立体划线和辅助划线　D. 立体划线和直接划线

47. 毛坯上只有一个表面是加工面，则以该面做(C)。

A. 水平面　B. 垂直面　C. 基准面　D. 平面

48. 划线时，都应从(C)开始。

A. 中心线　B. 基准面　C. 划线基准　D. 设计基准

49. 测量毛坯件的各尺寸，找出偏移部位及确定(A)是借料工作的第一步。

A. 偏移量　B. 多余量　C. 偏移位置　D. 中心位置

50. 錾削时，操作者的眼睛应注视(C)，这样才能保证錾削质量。

A. 錾子顶部　B. 手部　C. 在錾刃与工件之间　D. 工件

51. 在锉削加工余量较小或者在修正尺寸时，可采用(C)。

A. 普通锉法　B. 交叉锉法　C. 推锉法　D. 横圆弧锉法

52. 粗齿锯条一般适用锯削(D)。

A. 硬性金属　B. 薄壁管子　C. 薄板料　D. 软厚材料

53. 硬性金属的锯削，一般选用(B)锯条。

A. 粗齿　B. 细齿　C. 中齿　D. 中细

54. 锯割(D)时，锯割速度可以比平常快些。

A. 淬钢　B. 钢板　C. 厚壁管子　D. 紫铜

55. 铰削带键槽的孔，应选择(C)铰刀，以防止刀齿卡在槽内。

A. 锥度　B. 硬质合金　C. 螺旋槽　D. 机用

56. 手工铰孔时，铰刀(B)反转。

A. 可以　B. 不可以

C. 只有在退出时可以　D. 只有在开始时可以

57. 加工钢和塑性较大的内螺纹工件时，底孔直径等于(A)。

A. 螺纹外径减螺距　B. 螺纹内径加螺距

C. 螺纹外径减牙高　D. 螺纹内径加牙高

58. 在铸铁和塑性小的材料上攻丝，底孔应按(B)公式确定，其中 D_0 为底孔直径，D 为螺纹外径，t 为螺距。

A. $D_0=D-t$　B. $D_0=D-(1.05\sim1.1)t$

C. $D_0=D+t$　D. $D_0=D+(1.05\sim1.1)t$

59. 攻盲孔螺纹时，底孔深度要(C)所需的螺孔深度。

A. 等于　B. 小于　C. 大于　D. 2 倍于

60. 下列选项中，不是造成丝锥损坏的原因是(D)。

A. 攻不通孔时，丝锥已攻到底，仍用力扳丝锥扳手

B. 攻韧性大的材料，未加润滑液，致工件与丝锥卡住
C. 丝锥磨损变钝，材料又硬，丝锥受力增大
D. 润滑液添加过多

61. 套螺纹时，若螺纹公称直径为20mm，螺距为2.5，则可选用的圆杆直径为(C)mm。
A. 19.3　B. 19.5　C. 19.7　D. 19.9

62. 套螺纹过程中应经常反向旋转，以防(B)
A. 螺纹歪斜　B. 螺纹乱扣　C. 螺纹牙深不够　D. 切屑断碎

63. 套丝时，应保持板牙的端面与圆杆轴线成(D)位置。
A. 水平　B. 平行　C. 倾斜　D. 垂直

64. 适用于拆装旋动空间狭小或尺寸小且凹陷很深的六角头螺母的工具是(C)。
A. 呆扳手　B. 内六角扳手　C. 套筒扳手　D. 活动扳手

65. 用于划线的工具是(C)。
A. 木箱　B. 铁箱　C. 方箱　D. 圆箱

66. 划线平台是划线工作的(C)面。
A. 水平　B. 垂直　C. 基准　D. 倾斜

67. 狭錾的切削刃较短，刃口两侧(D)，目的是防止錾削时錾子被卡死。
A. 较高　B. 较宽　C. 较平直　D. 有倒锥

68. 狭錾的切削刃比较(C)。
A. 宽　B. 长　C. 短　D. 大

69. 錾子前角刀面与基面之间的夹角称(A)。
A. 前角　B. 后角　C. 楔角　D. 顶角

70. 选择錾子楔角时，在保证足够强度的前提下，尽量取(A)数值。
A. 较小　B. 较大　C. 最大　D. 中等

71. 錾子的几何角度不包括(D)。
A. 楔角　B. 后角　C. 前角　D. 顶角

72. 钳工锉按其断面形状分类，不包括(D)。
A. 方锉　B. 圆锉　C. 三角锉　D. 椭圆锉

73. 携带方便，使用灵活，在检修工作中广泛使用的机具是(C)。
A. 手摇钻　B. 手扳钻　C. 手电钻　D. 台钻

74. 麻花钻的前角越(A)，切削越省力。
A. 大　B. 小　C. 尖　D. 锋利

75. 麻花钻前角的大小在主切削刃的各点是不同的，越靠近(C)，前角越大。
A. 中心　B. 中间　C. 外径　D. 顶部

76. 三角刮刀的断面成三角形，其三条尖棱就是三个成(C)的切削刀。
A. 直线　B. 圆形　C. 弧形　D. 菱形

77. 管螺纹丝锥分圆锥管螺纹丝锥和(B)管螺纹丝锥。
A. 圆周　B. 圆柱　C. 圆管　D. 圆形

78. 台虎钳的(A)通过导轨与固定钳身的导轨孔作滑动配合。
A. 活动钳身　B. 丝杆　C. 转座　D. 手柄

79. 台虎钳须保持清洁，要常对(B)和其他活动表面加油润滑。

A. 钳口　　B. 丝杆　　C. 手柄　　D. 钳身

80. 台虎钳夹紧工件时，只允许(A)对丝杆的手柄用力。

A. 用手的力量　　B. 用锤子敲击　　C. 套上长管子　　D. 两人同时

81. 读数值为 0.02mm 的游标卡尺的读数原理是将尺身上(C)mm 等于游标 50 格刻线宽度。

A. 20　　B. 50　　C. 49　　D. 19

82. 用游标卡尺测量孔时，若量爪测量不通过孔心，则卡尺读数值比实际尺寸(B)。

A. 大　　B. 小　　C. 相等　　D. 不确定

83. 游标卡尺使用前，须检查主尺与(C)的零线对齐。

A. 直尺　　B. 卡尺　　C. 副尺　　D. 角尺

84. 当精度为 0.02mm 的游标卡尺读数为 0.06mm 时，游标上第(B)格与主尺刻线对齐。

A. 0　　B. 3　　C. 6　　D. 12

85. 深度游标卡尺向下推动主尺测量时，要一手压住卡尺底座，一手推动主尺的力要(B)。

A. 轻而快　　B. 轻而慢　　C. 重而快　　D. 重而慢

86. 外径千分尺上设有(B)装置。

A. 压力　　B. 测力　　C. 动力　　D. 耐力

87. 精度为 0.01mm 的外径千分尺的微分筒旋转一周时，测微螺杆就推进(C)mm。

A. 0.1　　B. 0.2　　C. 0.5　　D. 1.0

88. 在外径千分尺上读尺寸的正确方法是先读出微分筒边缘在固定套筒的尺寸，然后再读出微分筒上某一条与固定套筒上的基准线相重合的读数，最后两读数相(A)。

A. 加　　B. 减　　C. 乘　　D. 除

89. 校对 25~50mm 外径千分尺的零位，应(B)。

A. 使两个测量合拢　　B. 使用 25mm 标准样棒

C. 使用 50mm 标准样棒　　D. 使用 25mm 或 50mm 标准样棒

90. 百分表中游丝的作用是(D)。

A. 控制测量力　　B. 带动长指针转动

C. 带动短指针转动　　D. 消除齿轮间隙

91. 百分表大指针旋转一周，则齿杆上升或下降(C)mm。

A. 0.01　　B. 0.10　　C. 1.00　　D. 10

92. 用百分表测量平面时，测头应与平面成(B)。

A. 60°　　B. 90°　　C. 120°　　D. 180°

93. 用百分表测量时，测量杆应预先压缩一定量，以保证一定的初始测力，以免(D)测不出来。

A. 尺寸　　B. 公差　　C. 正偏差　　D. 负偏差

94. 用塞尺测量时，如果没有合适厚度的塞尺片，(C)进行测量。

A. 不能组合　　B. 只能组合 2 片

C. 尽量组合少的片数　　D. 尽量组合多的片数

95. 百分表每次使用完毕后，要将测量杆擦净，放入盒内保管，应(C)。

A. 涂上油脂　　B. 上机油

C. 让测量杆处于自由状态　　D. 卸掉测量杆，以免变形

96. 常用的水平仪中，不包括(C)水平仪。

A. 条式　　B. 框式　　C. 自准式　　D. 光学合像

97. 框式水平仪放在倾斜面上，管内的液体向(B)流。

A. 高处　　B. 低处　　C. 中间　　D. 高低处来回

98. 测量前，应检查水平仪的(A)是否准确。

A. 零位　　B. 高位　　C. 低位　　D. 单位

99. M10-7H-L 中的“L”表示的意思是(C)。

A. 左旋　　B. 右旋　　C. 旋合长度　　D. 螺距

100. ZG3/4″表示的含义是(B)。

A. 公称直径为 3/4″的管螺纹　　B. 公称直径为 3/4″的圆锥管螺纹

C. 公称直径为 3/4″的梯形螺纹　　D. 公称直径为 3/4″的锯齿形螺纹

101. 公制普通螺纹牙型的角度为(A)。

A. 60°　　B. 55°　　C. 50°　　D. 40°

102. 标准螺纹不包括(D)。

A. 三角螺纹　　B. 管螺纹　　C. 梯形螺纹　　D. 特殊螺纹

103. 螺纹要素的内容包括牙型、螺纹直径、线数、螺距及(D)。

A. 旋合长度　　B. 中径　　C. 底径　　D. 旋向

104. 起吊中小型工件时，适用的联接方式为(D)。

A. 螺栓联接　　B. 双头螺柱联接　　C. 螺钉联接　　D. 吊环螺钉

105. 不用填料即能保证紧密性，且可迅速旋紧放松，适用于密封要求较高的管路联接是(B)。

A. 普通螺纹　　B. 管螺纹　　C. 梯形螺纹　　D. 锯齿形螺纹

106. 螺纹联接中利用低碳钢丝穿入各螺纹头部的孔内，将螺钉串联起来的防松方法是利用(B)。

A. 摩擦防松　　B. 机械防松　　C. 永久防松　　D. 冲点防松

107. 螺栓联接时，由于联接件支承面的偏斜很容易会使螺杆产生附加的(A)应力，降低螺栓强度。

A. 弯曲　　B. 拉伸　　C. 横向　　D. 剪切

108. 螺孔滑牙较严重时，可采用(C)的方法来修复

A. 更换新螺栓　　B. 修复丝杆　　C. 扩大螺纹直径　　D. 缩小螺纹直径

109. 键联接根据结构特点和用途不同，可分为松键联接、紧键联接和(B)。

A. 平键联接　　B. 花键联接　　C. 滑键联接　　D. 楔键联接

110. 固定在轮壳上，轴上零件能带键作轴向移动，用于轴上零件轴向移动量较大的场合的是(C)。

A. 普通平键　　B. 导向平键　　C. 滑键　　D. 切向健

111. 过盈较大的花键联接配合，可用(B)的方法进行装配。

A. 冷却　　B. 加热　　C. 保温　　D. 油冷

112. 紧键装配时，应用涂色法检查键与轮毂槽的(C)情况，否则套件会发生歪斜。

A. 硬度　　B. 强度　　C. 斜度　　D. 高度

113. 如果链传动是水平或稍微倾斜(45°以内)的，其下垂度以不大于(D)L 为宜(设 L 为二链轮的中心距)。

A. 5%　　B. 6%　　C. 4%　　D. 2%

114. 两链轮之间轴向偏移量不能太大，当中心距大于 500mm 时，轴向偏移量应小于(D)mm。

A. 0.5　　B. 1.0　　C. 1.5　　D. 2.0

115. 实践生产中三角带的张紧程度以大拇指能按下(B)mm 左右为合适。

A. 5　　B. 15　　C. 25　　D. 35

116. 在带传动中，不会产生打滑的皮带是(C)。

A. 平带　　B. 三角带　　C. 齿形带　　D. 可调节三角带

117. 在带轮装配过程中，要保证两带轮相互位置的正确性，否则，由于两带轮错位或倾斜而引起皮带张紧力不均，导致皮带(B)。

A. 断裂　　B. 磨损　　C. 老化　　D. 打滑

118. 带传动使用一段时间后，传动带陷入槽底，主要是(C)造成的。

A. 轴弯曲　　B. 传动带拉长　　C. 传动带磨损　　D. 轮轴配合松动

119. 两带轮在使用过程中，发现轮上的三角带张紧程度不等，主要是(A)的原因造成的。

A. 轴颈弯曲　　B. 带拉长

C. 带磨损　　D. 带轮与轴配合松动

120. 带传动中的传动带陷入槽底，如果是带轮槽磨损造成的，此时的修复方法是(D)。

A. 更换带轮　　B. 更换三角带　　C. 带轮槽镀铬　　D. 车削加深轮槽

121. 带传动机构中，轴颈弯曲，可采取的措施有(D)。

A. 更换带　　B. 放松带　　C. 轴镀铬　　D. 更换轴

122. 齿轮传动根据传动轴线的相对位置不同，不包括(C)。

A. 平行轴传动　　B. 相交轴传动　　C. 垂直轴传动　　D. 交错轴传动

123. 齿轮传动的优点是(A)。

A. 效率高　　B. 制造工艺简单

C. 寿命短　　D. 适用于轴间矩大的传动

124. 齿轮传动的缺点是(C)。

A. 传动比误差大　　B. 承载能力差　　C. 制造工艺复杂　　D. 效率低

125. 齿轮传动装配后，对啮合质量的检验主要是进行(C)和接触斑点的检验。

A. 齿厚　　B. 齿宽　　C. 侧间隙　　D. 齿高

126. 轴承标号末尾两位数大于或等于 04 时，轴承内径的尺寸为该值乘以(B)。

A. 4　　B. 5　　C. 6　　D. 7

127. 滚动轴承的特点是(D)。

A. 承受冲击能力较好　　B. 旋转精度低

C. 安装要求较低　　D. 维修方便

128. 下列选项中，(B)适用于多支点和挠曲变形比较大的传动轴，以及难于对中的轴。

A. 深沟球轴承　　B. 调心滚子轴承　　C. 滚针轴承　　D. 角接触球轴承

129. 下列有关滚动轴承配合制度的说法，正确的是(A)。

A. 内径与轴采用基孔制，外圈与轴承箱采用基轴制

B. 内径与轴采用基轴制，外圈与轴承箱采用基孔制

C. 内径与轴、外圈与轴承箱采用基孔制

D. 内径与轴、外圈与轴承箱采用基轴制

130. 对于小型滚动轴承，过盈量较大时，一般用(D)安装。

A. 敲击法　　B. 轴冷缩　　C. 保暖法　　D. 温差法

131. 选择滚动轴承配合时，当负荷方向不变时，转动套圈应比固定套圈的配合(A)。

A. 紧　　B. 松　　C. 稍松些　　D. 松紧都可

132. 滑动轴承按结构分类，其结构简单、只能从轴颈端拆装、间隙不可调的轴承是(A)。

A. 整体轴承　　B. 剖分轴承　　C. 自位轴承　　D. 椭圆轴承

133. 下列选项中，按结构形式分类的滑动轴承是(B)。

A. 无油润滑轴承　　B. 剖分轴承　　C. 多油楔轴承　　D. 液体动压轴承

134. 滑动轴承具有工作可靠，能承受较大的冲击载荷、(C)的特点。

A. 结构复杂　　B. 振动大　　C. 噪音小　　D. 噪音大

135. (D)具有承载能力大、抗振性好、工作平稳且回转精度高的特点，广泛应用在高精度、重载、低速、难于形成油膜的场合。

A. 整体式滑动轴承　　B. 气体动压轴承

C. 尼龙轴承　　D. 静压滑动轴承

136. 绘制图线中，点画线相交时，应以(C)相交。

A. 点画　　B. 短画　　C. 长画　　D. 虚画

137. 在常用的投影法中，平行投影法的所有投影线之间相互(D)。

A. 相交　　B. 交叉　　C. 垂直　　D. 平行

138. 若一直线与投影面垂直，则该直线的投影为(B)。

A. 一条直线　　B. 一个点　　C. 一个圆　　D. 一个平面

139. 如图所示，直线 *ab* 在水平面上的投影反映实长，该特性称为(C)。

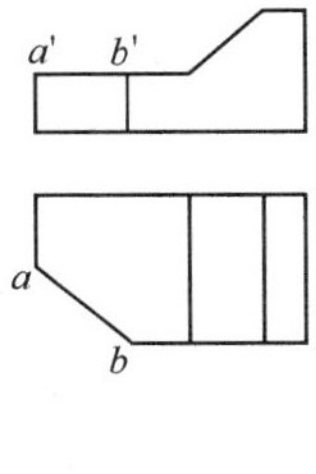

A. 类似性　　B. 平行性

C. 真实性　　D. 积聚性

140. “螺栓 GB 897—87-M10×50”表示该螺栓两端的螺纹为(A)。

A. 粗牙普通螺纹　　B. 细牙普通螺纹

C. 英制管螺纹　　D. 锯齿形螺纹

141. 下列选项中，是国标关于螺纹紧固件联接装配图的画法规定，其中(D)为错误陈述。

A. 两零件的接触面只画一条线，不接触面应画两条线

B. 在剖视图中，若剖切平面通过螺纹紧固件的轴线时，这些标准件均按不剖处理，仍画其外形

C. 相邻的两金属零件，其剖面线方向应相反，同一零件的所有剖面线的方向和间隔都应一致

D. 两零件邻接处不管是接触面还是不接触面都应画两条线

142. 机械制图中，根据不同的已知条件，椭圆有除(D)外的各种不同的近似画法。

A. 同心圆法　　B. 八点法　　C. 共轭直径法　　D. 渐开线法

143. 几何作图中，锥面素线对其回转面的倾斜程度称为(A)。

A. 锥度　　B. 斜度　　C. 角度　　D. 回转度

144. 表达单个零件的形状、尺寸和技术要求的图样称为(B)。

A. 装配图　　B. 零件图　　C. 机械图　　D. 剖视图

145. 在轴的主视图中，通孔处标注了 A-A 剖面图的剖切符号，下图中(B)为正确的 A-A 剖面图。

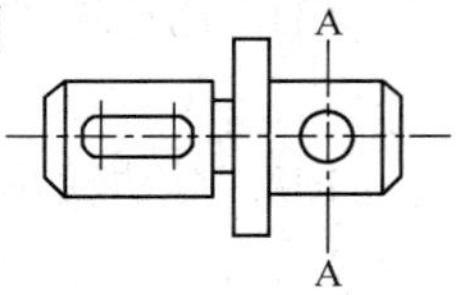

A. 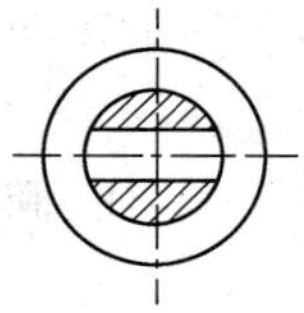

B. 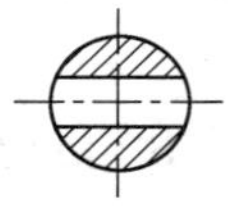

C. 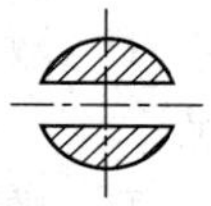

D. 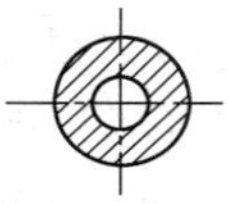

146. 对应如下主、俯视图，正确的局部视图为(B)。

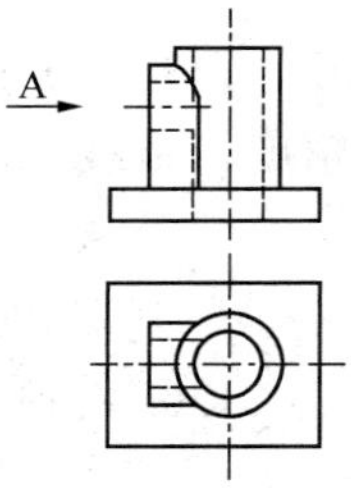

A. 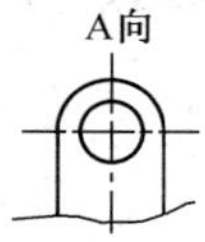

B. 

C. 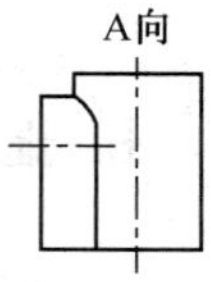

D. 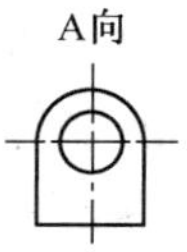

147. 当一个机件的外形简单而内部结构复杂，为表达其内部结构，应采用(C)的剖视图画法。

A. 局部剖视　　B. 半剖视　　C. 全剖视　　D. 阶梯剖视

148. 当一个机件具有对称平面，且内外部结构都比较复杂，为同时表达其内外形状，应采用(B)的剖视图画法。

A. 局部剖视　　B. 半剖视　　C. 全剖视　　D. 阶梯剖视

149. 对机件采用剖视方法的目的是(D)。

A. 为了将其分成两个零件，使绘图变得简单

B. 节省绘图时间

C. 节省材料

D. 为了清晰表达机件的内部结构

150. 三视图中的左视图能反映物体的(A)。

A. 高度和宽度　B. 长度和高度　C. 长度和宽度　D. 高度

151. 对应如下主、俯视图，正确的左视图应为(D)。

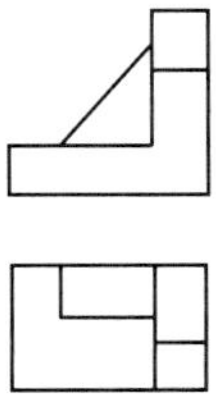

A. 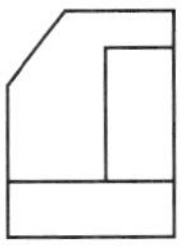　B. 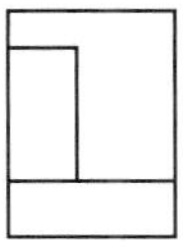

C. 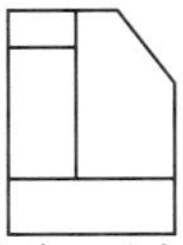　D. 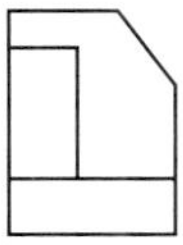

152. 对应如下主、俯视图，正确的左视图应为(A)。

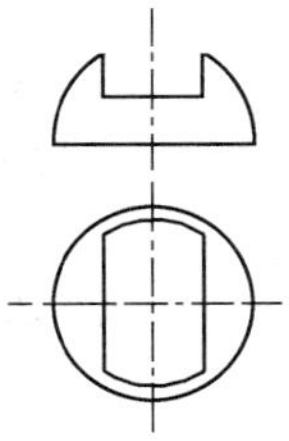

A. 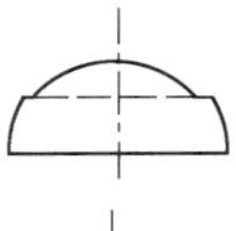　B. 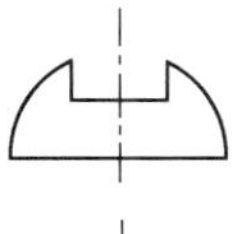

C. 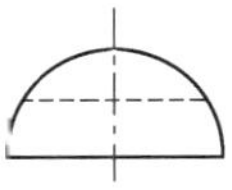　D. 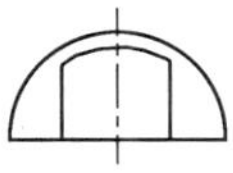

153. 如图所示，机件的"A 向旋转"视图所采用的视图类型为(C)。

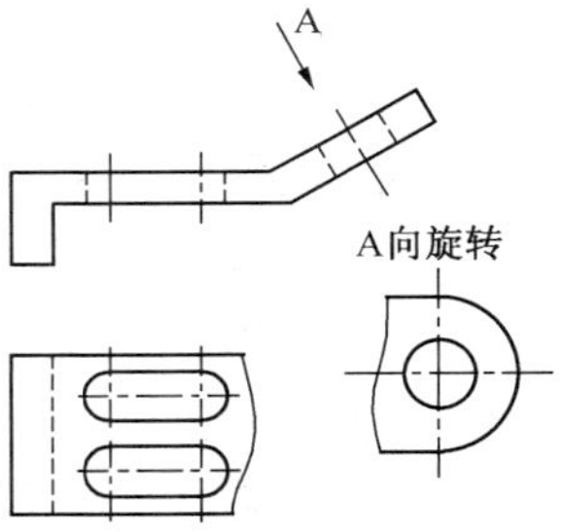

A. 旋转视图　B. 局部视图

C. 斜视图　D. 俯视图

154. 根据摩擦物体的表面润滑程度，摩擦可分为干摩擦、(B)摩擦、边界摩擦、半干摩擦和半液体摩擦等五种。

A. 湿　B. 液体

C. 固体　D. 滑动

155. 在实际使用中，当机器在启动和制动时，摩擦表面间都可能发生(A)摩擦。

A. 边界　B. 静　C. 滚动　D. 动

156. 自然磨损是指机器零件在(D)工作条件下，在相当长的时间内逐渐产生的磨损。

A. 异常　B. 冲击　C. 高温　D. 正常

157. 自然磨损可分为(C)磨损、氧化磨损和腐蚀磨损等三种。

A. 事故　B. 不正常　C. 机械　D. 正常

158. 常用润滑油的品种有高速机械油、齿轮油、变压器油和(D)等。

A. 轻质油　B. 重质油　C. 防锈油　D. 汽轮机油

159. 润滑剂分为润滑油、润滑脂和(A)三种。

A. 固体润滑剂　B. 试剂石墨粉　C. 工业用凡士林　D. 二硫化钼粉剂

160. 机械设备的摩擦部位，使用润滑剂进行润滑后，就可以(C)摩擦抗力。

A. 消除　B. 完全吸收　C. 减少　D. 增加

161. 润滑油黏度是指液体内部分子与分子之间发生相对运动时所产生的(D)阻力。

A. 相对　B. 运动　C. 移动　D. 摩擦

162. 润滑油选用时，在充分保证摩擦零件安全运转的条件下，为了减少能量的损耗，应优先选用(B)的润滑油。

A. 黏度最大　B. 黏度最小　C. 凝固点低　D. 凝固点高

163. 填料密封主要由密封压盖、螺栓和(D)三部分组成。

A. 静环　B. 动环　C. 浮环　D. 填料

164. 填料密封是通过填料压盖将填料压紧在(D)表面的。

A. 压盖和填料函外　B. 压盖

C. 填料函外　D. 轴

165. 填料密封的填料是弹塑性体，当受到轴向压紧后，产生摩擦力致使压紧力沿轴向(A),同时所产生的径向压紧力使填料贴于轴表面而阻止介质外漏。

A. 逐渐减少　B. 逐渐增大　C. 突减　D. 突增

166. 填料密封是一种(D)密封。

A. 迷宫　B. 非接触式　C. 浮环　D. 接触式

167. 浮动填料函包括内圆浮动式填料函和(B)填料函。

A. 旋转　B. 外圆浮动式　C. 锥形　D. 带节流套

168. 清理填料密封函时，对填料函内已损的填料(A)掏清。

A. 必须　B. 部分　C. 不一定　D. 不用

169. 在安装填料密封时，由于安装不当，密封压盖发生倾斜，压盖与轴(B)，会引起填料密封温度偏高。

A. 间隙变小　B. 发生摩擦现象　C. 间隙变大　D. 不垂直

170. 填料密封老化，自润滑性差，轴与填料(C)，易造成填料密封温度偏高。

A. 间隙变大　B. 间隙变小　C. 摩擦力增大　D. 摩擦力减少

171. 机械密封又叫(B)密封。

A. 浮环　B. 端面　C. 迷宫　D. 螺旋

172. 机械密封是依靠(D)使动、静环端面紧密贴合的。

A. 密封圈　B. 压盖　C. 介质　D. 弹性元件

173. 机械密封按作用于密封端面液体压力为卸荷或不卸荷，可分为(D)机械密封。

A. 非平衡型和全平衡型　B. 内流式和外流式

C. 背面低压式和背面高压式　D. 非平衡型和平衡型

174. 平衡型机械密封中，密封端面内径 d_1 与轴径 d 的关系是(A)。

A. $d_1<d$　B. $d_1=d$　C. $d_1\geqslant d$　D. 无直接关系

175. 载荷系数 K(D)的密封称为非平衡型密封。

A. <1.0　B. $\geqslant 2.0$　C. $\leqslant 1.0$　D. $\geqslant 1.0$

176. 非平衡型机械密封中，密封端面内径 d_1 与轴径 d 的关系是(C)。

A. $d_1<d$　B. $d_1=d$　C. $d_1\geqslant d$　D. 无直接关系

177. 下列选项中，不是离心泵机械密封组件的是(A)。

A. 盘根　B. 静环　C. 动环　D. 密封压盖

178. 机械密封工作时，在(A)之间形成一层很薄的液膜。

A. 动环与静环　B. 动环与密封圈

C. 静环与密封圈　D. 静环与压盖

179. 机械密封的主要特点是动密封面垂直于旋转轴线，并具有弹性元件、辅助密封圈等构成的(B)补偿机构。

A. 径向磨损　B. 轴向磨损　C. 窜动　D. 径向和轴向磨损

180. 为了确保机械密封的安装质量，必须使动环处于(D)状态，以保证密封面工作时能良好贴合。

A. 倾斜　B. 固定　C. 静止　D. 浮动

181. 机械密封的(B)，不易造成机械密封端面泄漏。

A. 端面比压过小　B. 动环浮动性好

C. 密封圈过紧　D. 弹簧比压过小

182. 焊接金属波纹管密封在高速下对轴的振动和振摆适应性(C)，有很好的补偿能力。

A. 弱　B. 较弱　C. 较强　D. 差

183. 迷宫密封按结构形状可分平齿型、高低齿型和(A)型。

A. 阶梯　B. 三角　C. 方型　D. 螺旋

184. 迷宫密封按密封齿的结构分为迷宫片密封、(C)及斜齿密封、直齿密封。

A. 平齿迷宫密封　B. 蜂窝迷宫密封　C. 迷宫环密封　D. 径向迷宫密封

185. 迷宫密封由一组环状的(B)组成，它与轴之间形成了一组节流间隙与膨胀空腔。

A. 齿片　B. 密封齿片　C. 螺旋槽　D. 叶片

186. 迷宫密封是(B)密封。

A. 机械　B. 非接触　C. 接触　D. 浮环

187. 下列选项中，具有无需润滑特点的密封是(D)。

A. 填料密封　B. 机械密封　C. 浮环密封　D. 迷宫密封

188. 用压胶布测量方法来检查迷宫密封径向间隙时，通过检查胶布上接触红丹印痕的(D)来判断间隙值的大小。

A. 宽度　B. 长短　C. 面积大小　D. 轻重

189. 迷宫密封径向间隙通常不采用(C)来测量。

A. 塞尺法　B. 假轴法　C. 抬轴法　D. 压胶布法

190. 弹性联轴器包括弹性圈圆柱销联轴器、尼龙柱销联轴器、弹性块式联轴器和(B)联轴器。

A. 齿轮　B. 盘绕弹簧　C. 浮动　D. 套筒

191. 联轴器可用于(C)和其他回转件之间的联接。

A. 螺栓　B. 键　C. 轴　D. 销

192. 当转子静止时，质心位置总是在(B)，这种不平衡称为静不平衡。

A. 正上方　B. 正下方　C. 左方　D. 右方

193. 当转子存在静不平衡时，转子的质心(B)。

A. 在轴线上　B. 不在轴线上　C. 在轴线中间　D. 在轴线的两端

194. 离心泵大修时，由于泵轴运转了一定时间，应进行(A)检查。

A. 弯曲度　B. 强度　C. 刚度　D. 硬度

195. 离心泵轴的(C)因长期使用而容易变宽、拉毛和歪斜，检修时应对其进行检查。

A. 轴颈　B. 螺纹部分　C. 键槽　D. 表面

196. 机泵安装时，地脚螺栓(A)不应碰孔底和孔壁。

A. 弯钩部分　B. 上部　C. 中部　D. 螺纹部分

197. 机泵安装时，应在预留孔中的混凝土达到设计强度的(C)以上时拧紧地脚螺栓，各螺栓的拧紧力应均匀。

A. 60%　B. 70%　C. 75%　D. 80%

198. 机泵安装所用斜垫铁斜度宜为(B)。

A. 1/15~1/20　B. 1/10~1/20　C. 1/10~1/30　D. 1/15

199. 机泵安装所用的钢制平垫铁的厚度最小为(B)mm。

A. 15　B. 10　C. 20　D. 8

200. 机泵地脚螺栓的直径应根据设备底座上的地脚螺栓孔径，按(C)D 选定。(其中 D 是地脚螺栓孔直径)

A. 0.5　B. 0.75~0.8　C. 0.85~0.95　D. 1

201. 机泵安装时在每个地脚螺栓两侧应各有(A)组垫铁。

A. 1　B. 2　C. 3　D. 4

202. 机泵安装放置垫铁时，垫铁组伸入底面的长度应(A)地脚螺栓中心。

A. 超过　B. 接近　C. 齐平　D. 超过或接近

203. 机泵安装时，灌浆宜采用细碎石混凝土，其强度应比基础或地坪的混凝土强度(A)。

A. 高一级　B. 低一级　C. 相同　D. 高二级

204. 基础混凝土的强度应符合设计要求，并要经过(B)的实验结果来检验。

A. 水泥　B. 混凝土试件　C. 沙石　D. 混凝土

205. 基础混凝土强度应达到设计强度的(B)以上，机泵才能就位安装。

A. 75%　B. 80%　C. 85%　D. 90%

206. 设备安装的基础预留孔的(C)应符合规定要求。

A. 平面度　B. 水平度　C. 垂直度　D. 粗糙度

207. 机泵灌浆层厚度不应小于(C)mm。

A. 20　B. 30　C. 25　D. 15

208. 离心泵主要是依靠叶轮转动时产生(D)而工作的。

A. 压力　B. 推力　C. 向心力　D. 离心力

209. 离心泵依靠叶轮中心旋转时产生(C)，从而使叶轮不停地吸入和排出液体。

A. 高压　B. 正压　C. 负压　D. 大气压

210. (B)相似的离心泵，在工况相似时，有相同的比转数。

A. 扬程　B. 几何　C. 流量　D. 转速

211. 离心泵的比转数大小与输送液体的性质无关，而与(A)和泵的性能曲线形状却有密切关系。

A. 叶轮形状　B. 功率因素　C. 温度　D. 工艺

212. 离心泵口环的作用之一是防止壳体与(A)相对运动部分受到磨损。

A. 叶轮　B. 轴套　C. 压盖　D. 定位套

213. 离心式冷油泵的口环直径<100mm 时，壳体口环与叶轮口环间隙为(C)mm。

A. 0.30~0.40　B. 0.40~0.60　C. 0.60~0.70　D. 0.80~1.00

214. 离心泵闭式叶轮效率较高，应用最广，适用于输送(C)。

A. 污水　　B. 含沙的泥水

C. 纯净的液体　　D. 含固体颗粒的液体

215. 离心泵闭式叶轮有单吸和双吸两种类型，双吸叶轮与单吸叶轮的输液量比较，(A)。

A. 双吸叶轮大　　B. 单吸叶轮大　　C. 基本相同　　D. 无法比较

216. 离心泵弹性圆柱销联轴器与轴的配合为(A)。

A. H7/js6　　B. H6/js8　　C. H5/js7　　D. H6/js6

217. 电机与离心泵之间的联接为刚性联轴器时，其轴向倾斜和径向位移分别不大于(A)。

A. 0.05mm/m，0.03mm　　B. 0.05mm/m，0.05mm

C. 0.10mm/m，0.05mm　　D. 0.20mm/m，0.08mm

218. 电机与离心泵之间的联接为弹性圆柱销式联轴器时，其轴向倾斜和径向位移分别不大于(D)。

A. 0.05mm/m，0.03mm　　B. 0.05mm/m，0.05mm

C. 0.10mm/m，0.05mm　　D. 0.20mm/m，0.08mm

219. 用作离心泵冷却水管时，不能焊接的是(C)。

A. 无缝钢管　　B. 不锈钢　　C. 镀锌管　　D. 合金钢管

220. 离心泵冷却水管安装时，需符合(A)的要求。

A. 低进高出　　B. 高进低出　　C. 左进右出　　D. 右进左出

221. 离心泵密封介质为轻质油时，填料密封的泄漏量不得超过(C)滴/min。

A. 10　　B. 15　　C. 20　　D. 2

222. 离心泵密封介质为轻质油时，机械密封的泄漏量不得超过(A)滴/min。

A. 10　　B. 15　　C. 20　　D. 25

223. 拆卸离心泵的滚动轴承时，一般应根据其与轴配合的(B)来选择不同的拆卸方法和工具。

A. 粗糙度　　B. 过盈量大小　　C. 材质　　D. 接触面

224. 离心泵滚动轴承运行时，其温度应低于(C)℃。

A. 55　　B. 65　　C. 75　　D. 85

225. 离心泵滑动轴承运行时，其温度应低于(C)℃。

A. 55　　B. 60　　C. 70　　D. 75

226. 离心泵安装就位时，泵与基础纵横中心线允许偏差应不大于(C)mm。

A. 3　　B. 6　　C. 10　　D. 15

227. 整体安装离心泵找水平时，其纵向水平度允差为(B)mm/m。

A. 0.05　　B. 0.10　　C. 0.15　　D. 0.20

228. 离心泵整体安装时，应在泵的(C)上进行水平度测量。

A. 泵座　　B. 进出口管线　　C. 进出口法兰　　D. 泵体

229. 热油离心泵在启动前应对泵进行(C)。

A. 快速预热　　B. 保温　　C. 预热　　D. 冷却

230. 离心泵试车时，转子各部位不能有(B)。

A. 间隙　B. 杂音　C. 轴向跳动　D. 径向跳动

231. 离心泵运转中不必检查的内容是(D)。

A. 轴承温度　B. 轴承振动　C. 电流值　D. 电阻值

232. 离心泵运转中，当转速为3000r/min时，轴承的振动值应小于(C)μm。

A. 15　B. 20　C. 25　D. 50

233. 转动件找静平衡的导轨应有足够的刚性，其水平度偏差不大于(A)mm/m。

A. 0.02　B. 0.04　C. 0.06　D. 0.08

234. 当用去重法在离心泵叶轮上锉削或钻削去一定量的金属，使其达到静平衡，且叶轮盖板减薄量不能大于(B)厚度。

A. 1/2　B. 1/3　C. 1/4　D. 1/5

235. 离心泵平衡管堵塞将会造成(C)的危害。

A. 出口压力升高　B. 入口压力降低

C. 推力轴承负荷增大　D. 泵抽空

236. 离心泵填料密封温度过高的原因之一是(C)。

A. 流量大　B. 扬程高　C. 填料压盖过紧　D. 出口开度大

237. 离心泵冷却水堵塞的主要原因是(D)。

A. 水管弯头多　B. 冷却管线长　C. 水压高　D. 水含污垢

238. 蒸汽往复泵按作用方式不同，分为(B)往复泵两种。

A. 单缸和双缸　B. 单作用和双作用

C. 活塞式和柱塞式　D. 立式和卧式

239. 蒸汽往复泵按输送介质温度，可分为(D)。

A. 250℃以上为热油泵，250℃以下为冷油泵

B. 150℃以上为热油泵，150℃以下为冷油泵

C. 300℃以上为热油泵，300℃以下为冷油泵

D. 200℃以上为热油泵，200℃以下为冷油泵

240. 蒸汽往复泵主要由汽缸、联接体、填料箱及(A)四部分组成。

A. 液缸　B. 活塞　C. 吸入阀、排出阀　D. 配汽滑阀

241. 蒸汽往复泵的联接体主要由(B)组成。

A. 配汽滑阀、拉杆　B. 摇臂、拉杆和联接器

C. 摇臂、十字头　D. 拉杆联接器

242. 蒸汽往复泵当活塞自左向右移动时，液缸左侧工作室容积扩大，压力降低，则左侧的(C)。

A. 出口阀打开　B. 吸入阀关闭

C. 吸入阀打开，出口阀关死　D. 吸入阀关闭，出口阀打开

243. 蒸汽往复泵是以(B)为动能的一种抽液设备。

A. 电力　B. 蒸汽　C. 液压油　D. 压缩空气

244. 蒸汽往复泵的排出压力理论上说可以无限高，只要(B)足够高、泵本身及管道材料强度足够。

A. 电压　　B. 蒸汽压力　　C. 液压油　　D. 空气压力

245. 蒸汽往复泵配汽机构有活塞式和(A)两种。

A. 平板式　　B. 平滑式　　C. 平移式　　D. 平行式

246. 蒸汽往复泵的泵阀由(B)、阀盘、导向螺柱、弹簧及弹簧座等主要零件组成。

A. 限位　　B. 阀座　　C. 轮盘　　D. 传动销

247. 蒸汽往复泵的活塞环表面不允许有严重纵向沟槽，其圆周与缸壁接触良好，用(A)mm塞尺不允许塞入。

A. 0.05　　B. 0.10　　C. 0.15　　D. 0.20

248. 蒸汽往复泵填料无明显泄漏，轻质油允许泄漏量不超过(D)滴/min。

A. 50　　B. 40　　C. 30　　D. 20

249. 蒸汽往复泵的进出口阀与阀座的接触应(B)。

A. 呈线状接触　　B. 光滑严密　　C. 平整　　D. 平滑

250. 蒸汽往复泵"三点定中"时，汽缸的(B)处于汽缸的中心位置。

A. 活塞环　　B. 活塞　　C. 活塞锁紧螺母　　D. 活塞杆

251. 蒸汽往复泵注油器的视油罩内滴油管有油排出，而注油阀出口无油排出，是由于(B)。

A. 凸轮轴不转　　B. 柱塞与柱塞套磨损

C. 过滤网堵塞　　D. 柱塞卡住

252. 蒸汽往复泵注油器的注油点发热，并漏汽是由于(A)。

A. 注油孔接头密封垫圈没压住　　B. 油位低

C. 油管穿孔　　D. 油管堵塞

253. 蒸汽往复泵填料密封泄漏的主要原因是(D)。

A. 流量大　　B. 压力高　　C. 填料切口错位　　D. 活塞杆严重磨损

254. 下列选项中，造成蒸汽往复泵的拉杆过热的原因是(A)。

A. 拉杆与填料函装配时产生偏斜　　B. 压力波动过大

C. 汽缸活塞磨损过大　　D. 汽缸活塞环磨损过大

255. 下列因素中，(D)一般不会造成蒸汽往复泵拉杆发热。

A. 拉杆与填料函配合间隙不合适　　B. 拉杆与填料函的润滑油脏

C. 填料函润滑油不足　　D. 压力波动大

256. (C)是屏蔽泵所具有的部件之一。

A. 合金轴瓦轴承　　B. 机械密封　　C. 叶轮　　D. 联轴节

257. 屏蔽泵的轴承监测器能够监测(C)。

A. 压力　　B. 温度　　C. 轴串动量　　D. 轴跳动

258. 屏蔽泵轴承润滑的方式有自润和(D)。

A. 强制式　　B. 飞溅式　　C. 润滑脂润滑　　D. 依靠介质润滑

259. 屏蔽泵的特点之一是(A)。

A. 消除动密封点　　B. 可控制流量　　C. 流量大　　D. 扬程高

260. 屏蔽泵与电机的关系是(B)。

A. 通过联轴节联接　　B. 电机与泵体合二为一

C. 通过皮带联接　　D. 通过齿轮联接

261. 下列选项中，属于磁力驱动泵零件之一的是(D)。

A. 机械密封　　B. 注油器　　C. 单向阀　　D. 合金轴瓦

262. 磁力驱动泵在结构上与屏蔽泵的不同之处在于是否设置有(B)。

A. 永磁体　　B. 联轴节　　C. 叶轮　　D. 轴承

263. 磁力驱动泵的特点是(B)。

A. 功率较大　　B. 不存在动态泄漏点

C. 机泵找正要求低　　D. 适用于输送易燃、易爆的气体

264. 隔膜计量泵依靠(A)将电机的圆周运动转变为往复运动。

A. 曲轴连杆机构　　B. 调节机构　　C. 联轴器　　D. 柱塞杆

265. 隔膜计量泵的脉冲调节器装在出口管上，用来降低泵输出液体时产生的(C)。

A. 高压　　B. 高温　　C. 振动　　D. 位移

266. 隔膜计量泵经(A)推动膜片来回鼓动而做功。

A. 液压油　　B. 水　　C. 柱塞杆　　D. 曲轴连杆

267. 隔膜计量泵的柱塞杆向后运动时，液压油腔空间变大，油压减小，隔膜(B)。

A. 向前鼓起　　B. 向后凹进　　C. 变大　　D. 变小

268. 如果隔膜计量泵膜片未穿孔，介质不会从(D)处泄漏。

A. 出口阀接头　　B. 入口阀接头　　C. 泵盖结合面　　D. 填料密封

269. 柱塞计量泵的轴带动偏心轮旋转，在偏心距最大处轮缘推动柱塞杆后部使柱塞杆(B),带动介质做功。

A. 旋转运动　　B. 向前运动　　C. 向后运动　　D. 停止运动

270. N 轴传动机构在柱塞计量泵中也较常见，它的主要构件有 N 形曲轴和(A)，利用上述构件相配合，将原动机的旋转运动转换为从动机的往复运动。

A. 偏心轮　　B. 伞形齿轮　　C. 蜗轮　　D. 蜗杆

271. 齿轮泵齿坑内液体排出后，封闭空间逐渐增大，形成负压区，入口液体在(B)或入口压力下被吸入。

A. 齿轮旋转力　　B. 大气压力　　C. 液体能量　　D. 液体流速

272. 齿轮泵留有轴向间隙的目的主要是(A)。

A. 补偿齿轮和齿轮箱的热变形　　B. 预防啮合不均匀

C. 调节运行平稳性　　D. 提高接触精度

273. 齿轮泵填料密封泄漏不得大于(B)滴/min。

A. 5　　B. 10　　C. 15　　D. 20

274. 齿轮泵的振动烈度应小于(C)mm/s。

A. 0.5　　B. 1.0　　C. 1.12　　D. 1.5

275. 螺杆泵随着螺杆旋转，螺杆相互啮合，液体受挤压，做(A)前进运动，达到输送流体作用。

A. 轴向　　B. 径向　　C. 离心　　D. 往复

276. 螺杆泵是一种(C)，它是靠两根或几根相互啮合的螺杆来输送液体的。

A. 计量泵　B. 往复泵　C. 容积泵　D. 离心泵

277. 双螺杆泵具有寿命长、(C)等特点。

A. 流量大　B. 压力小　C. 磨损小　D. 磨损大

278. 螺杆泵安全阀弹簧力不足，会造成(B)。

A. 流量过大　B. 流量不足　C. 电流过大　D. 气体进入泵体

279. 大型凉水塔轴流式风机的风筒形状一般不采用(B)。

A. 双曲线形　B. 椭圆形　C. 圆锥形　D. 抛物线形

280. 一般小型轴流式风机主要由外壳、支架及(C)等组成。

A. 机械密封　B. 活塞　C. 转子　D. 气阀

281. 大型凉水塔轴流式风机的叶片形状有扭曲形和(B)形。

A. 正方　B. 非扭曲　C. 圆　D. 正六边

282. 轴流式风机与罗茨风机相比具有结构简单及(C)的特点。

A. 噪音大　B. 压力高　C. 噪音小　D. 流量小

283. 轴流式风机的叶片类似飞机翼，当叶片旋转时产生(C)，使气体沿轴向上升。

A. 离心力　B. 径向力　C. 轴向推力　D. 扭力

284. 轴流式风机皮带的张紧程度要求(B)。

A. 越紧越好　B. 张紧适度　C. 越松越好　D. 松紧都行

285. 安装轴流式风机 V 形皮带时，要求皮带轮槽中心偏移差不大于(B)mm/100mm。

A. 0.5　B. 0.05　C. 5　D. 50

286. 离心式风机的机壳结构形式有水平中分式和(C)。

A. 垂直中分式　B. 筒式

C. 端盖与蜗壳组合式　D. 半蜗式

287. 往复式压缩机辅助机构不包括(C)。

A. 冷却系统　B. 润滑油系统　C. 轴向力平衡装置　D. 缓冲装置

288. 当往复式压缩机活塞做往复运动时，压缩机的工作(A)便同期性变化。

A. 容积　B. 压力　C. 温度　D. 效率

289. 往复式压缩机具有(B)的特点。

A. 气流速度高　B. 压力范围广

C. 外形尺寸及重量较小　D. 结构简单

290. (A)活塞用于小型无十字头形式的往复式压缩机。

A. 筒形　B. 盘形　C. 级差式　D. 组合式

291. 往复式压缩机级差式活塞用在(B)两个以上的级差式气缸中。

A. 并联　B. 串联　C. 组合联接　D. 直联

292. 往复式压缩机级差式活塞为两个以上不同(B)活塞的组合。

A. 材料　B. 直径　C. 厚度　D. 形状

293. 往复式压缩机级差式活塞的(B)活塞直径应当比气缸直径小 0.8~1.5mm。

A. 低压级　B. 高压级　C. 中间级　D. 高压级和中间级

294. 往复式压缩机填料密封圈主要有平面和(B)两类。

A. 柱形　B. 锥形　C. 球形　D. 台阶形

295. 往复式压缩机平面填料密封根据切口分瓣结构，分为(C)和三六瓣填料。

A. 直口三瓣　B. 直口六瓣　C. 斜口三瓣　D. 斜口六瓣

296. 往复式压缩机平面密封环的圆柱销是为了防止三六瓣密封环(C)的。

A. 转动　B. 轴向移动　C. 错位　D. 浮动

297. 往复式压缩机环状阀由阀座、阀片、弹簧、联接螺栓和(C)等零件组成。

A. 密封盒　B. 弹簧盒　C. 升程限制器　D. 压盖

298. 往复式压缩机环状阀制造简单，工作可靠，可改变(B)来适应各种气量要求。

A. 环形　B. 环数　C. 环厚　D. 环大小

299. 往复式压缩机气阀初装入气阀室内，在气阀室内应能(A)。

A. 自由转动　B. 自由摆动　C. 左右摆动　D. 上下摆动

300. 往复式压缩机气阀装配时，检查阀片升程限制器的(C)锁紧装置是否可靠。

A. 侧面　B. 中间　C. 端面　D. 圆周

301. 往复式压缩机活塞环上有开口，在(B)时，其直径大于气缸的直径。

A. 工作状态　B. 自由状态　C. 压缩状态　D. 膨胀状态

302. 往复式压缩机活塞环开口间隙的主要作用是考虑(B)。

A. 增加密封　B. 热膨胀　C. 安装方便　D. 便于生产

303. 往复式压缩机气缸润滑可以减小摩擦，降低压缩机(C)消耗。

A. 机油　B. 冷却水　C. 功率　D. 压力

304. 往复式压缩机气缸润滑不宜采用(C)的形式。

A. 飞溅润滑　B. 吸油润滑　C. 浸油润滑　D. 压力注油润滑

305. 在超高压压缩机中，采用在(A)注油，并由气体把油带到气缸中去的方法，称为喷油法。

A. 吸入阀前　B. 吸入阀后　C. 排出阀前　D. 排出阀后

306. 当气阀装上气缸时，用螺丝刀可从阀的(C)，则该阀是吸气阀。

A. 内侧顶开阀片　B. 内侧顶开阀座　C. 外侧顶开阀片　D. 外侧顶开阀座

307. 往复式压缩机(A)会引起油压下降。

A. 滤芯堵塞　B. 滤芯破裂　C. 出口油管堵塞　D. 出口油管破裂

308. 往复式压缩机润滑系统的溢流阀(C)不是油压下降的原因。

A. 弹簧变软　B. 磨损　C. 装反　D. 弹簧折断

309. 机加工中，根据作用的不同基准可分为(A)两大类。

A. 设计基准和工艺基准　B. 定位基准和测量基准

C. 测量基准和装配基准　D. 工序基准和测量基准

310. 工件在机床夹具上进行某一道工序加工时，确定被加工表面位置的点、线、面或其组合称为(B)。

A. 定位基准　B. 工序基准　C. 测量基准　D. 装配基准

311. 钳工常用的刀具材料有(C)。

A. 合金工具钢、高速钢、铸铁

B. 硬质合金、优质钢、青铜

C. 合金工具钢、硬质合金、高速钢、碳素工具钢

D. 高速钢、优质钢铝合金

312. 下列材料中，(C)用于不受冲击而要求高硬度、高耐磨性的工具，如钻头、刮刀等。

A. T7　　B. T8　　C. T13　　D. ZG45

313. 机器零件的工作精度保持性，主要取决于零件工作表面的(D)。

A. 耐蚀性　　B. 粗糙度　　C. 塑性　　D. 耐磨性

314. 零件的表面粗糙度越大，(D)也越低。

A. 硬度　　B. 厚度　　C. 剪切强度　　D. 疲劳强度

315. 下列选项中，属于刀具切削加工方式的是(A)。

A. 钻削　　B. 磨削　　C. 研磨　　D. 珩磨

316. 工件的待加工面在一分钟内对车刀所经过的路径叫(D)。

A. 切削深度　　B. 切削量　　C. 进给量　　D. 切削速度

317. 在切削加工中，对刀具耐用度影响最大的是(C)。

A. 切削深度　　B. 切削量　　C. 切削速度　　D. 进给量

318. 下列选项中，不属于常用起重绳索的是(C)。

A. 尼龙绳　　B. 棕绳　　C. 胶绳　　D. 链条

319. 下列选项中，(D)禁止使用。

A. 新麻绳　　B. 旧麻绳　　C. 打结麻绳　　D. 断丝麻绳

320. 麻绳使用后，正确的存放方法是 (B)。

A. 放在潮湿处　　B. 放在干燥处

C. 用干燥油干燥存放　　D. 用亚麻仁油干燥存放

321. 根据结构形式，钢丝绳大致可分为普通型、复合型和(B)。

A. 杂合型　　B. 闭合型　　C. 混合型　　D. 结合型

322. 使用钢丝绳吊装物品，启动和制动的要求是(D)。

A. 启动时快速，制动时缓慢　　B. 启动时缓慢，制动时快速

C. 启动和制动要快速　　D. 启动和制动要缓慢

323. 在起重作业中，最常用的钢丝绳卡为标准的(C)。

A. 马鞍式　　B. 抱合式　　C. 骑马式　　D. 混合式

324. 在下列种类的千斤顶中，任何情况下都可使用的是(A)。

A. 螺旋千斤顶和齿条千斤顶　　B. 螺旋千斤顶和液压千斤顶

C. 齿条千斤顶和液压千斤顶　　D. 螺旋千斤顶、齿条千斤顶和液压千斤顶

325. 对于尺寸 $\Phi10^{+0.01}_{-0.05}$mm，它的公差是(C)mm。

A. 0.01　　B. 0.05　　C. 0.06　　D. −0.06

四、技能操作鉴定要素细目表

鉴定范围						鉴定点	
一级		二级		三级		代码	名称
代码	名称	代码	名称	代码	名称		
A	技能要求	A	钳工工艺	A	工件制作	001	刀口形90°角尺的制作
A	技能要求	A	钳工工艺	A	工件制作	002	方块工件的制作
A	技能要求	A	钳工工艺	A	工件制作	003	凹形块的制作
A	技能要求	A	钳工工艺	A	工件制作	004	六角体工件的制作
A	技能要求	A	钳工工艺	B	工量器具	001	錾子的制作
A	技能要求	A	钳工工艺	B	工量器具	002	千斤顶的使用
A	技能要求	A	钳工工艺	B	工量器具	003	手动葫芦的使用
A	技能要求	A	钳工工艺	B	工量器具	004	千分尺的使用
A	技能要求	A	钳工工艺	B	工量器具	005	游标卡尺的使用
A	技能要求	A	钳工工艺	B	工量器具	006	螺纹规的使用
A	技能要求	A	钳工工艺	B	工量器具	007	塞尺的使用
A	技能要求	A	钳工工艺	B	工量器具	008	水平仪的使用
A	技能要求	A	钳工工艺	C	装配工艺	001	螺纹联接的装配
A	技能要求	A	钳工工艺	C	装配工艺	002	普通平键联接的装配
A	技能要求	A	钳工工艺	C	装配工艺	003	普通楔键联接的装配
A	技能要求	A	钳工工艺	C	装配工艺	004	花键联接的装配
A	技能要求	A	钳工工艺	C	装配工艺	005	圆柱销联接的装配
A	技能要求	A	钳工工艺	C	装配工艺	006	过盈联接的压入装配
A	技能要求	A	钳工工艺	C	装配工艺	007	带传动的装配
A	技能要求	A	钳工工艺	C	装配工艺	008	链传动的装配
A	技能要求	A	钳工工艺	C	装配工艺	009	骨架密封装配
A	技能要求	B	绘图	A	绘图	001	简单零件图的绘制
A	技能要求	C	机泵维修与安装	A	离心泵	001	离心泵机械密封安装前的准备工作
A	技能要求	C	机泵维修与安装	A	离心泵	002	离心泵地脚螺栓的制作
A	技能要求	C	机泵维修与安装	A	离心泵	003	离心泵安装垫铁的放置
A	技能要求	C	机泵维修与安装	A	离心泵	004	悬臂式离心泵的拆卸步骤
A	技能要求	C	机泵维修与安装	A	离心泵	005	离心泵轴弯曲的检测
A	技能要求	C	机泵维修与安装	A	离心泵	006	离心泵弹性圆柱销联轴器的装配
A	技能要求	C	机泵维修与安装	A	离心泵	007	离心泵向心推力球轴承的装配
A	技能要求	C	机泵维修与安装	A	离心泵	008	离心泵径向滚动轴承的装配
A	技能要求	C	机泵维修与安装	A	离心泵	009	离心泵填料密封的安装
A	技能要求	C	机泵维修与安装	A	离心泵	010	小型离心泵整体就位调整
A	技能要求	C	机泵维修与安装	A	离心泵	011	离心泵双表法对中调整

续表

鉴定范围						鉴定点	
一级		二级		三级		代码	名称
代码	名称	代码	名称	代码	名称		
						012	热油离心泵机械密封温度高的处理
						013	离心泵弹性联轴器异响的处理
						014	离心泵轴承箱漏油的处理
						015	离心泵轴承温度过高的处理
				B	蒸汽往复泵	001	蒸汽往复泵活塞环的装配
						002	蒸汽往复泵缸体的检测
						003	蒸汽往复泵进出口阀故障排除
						004	蒸汽往复泵填料密封泄漏的处理
						005	蒸汽往复泵注油器故障的处理
						006	蒸汽往复泵活塞杆过热的处理
				D	计量泵	001	柱塞计量泵无法启动的处理
						002	柱塞计量泵流量不稳定的处理
				E	螺杆泵 齿轮泵	001	齿轮泵端面间隙的调整
						002	齿轮泵流量不足的处理
						003	齿轮泵转动不灵活的处理
						004	螺杆泵机械密封泄漏的处理
				F	风机	001	轴流式风机皮带张紧力的调整
						002	轴流式风机风叶角度的调节
				I	往复式 压缩机	001	往复式压缩机吸排气阀的区分
						002	往复式压缩机气阀的装配
						003	往复式压缩机中间冷却器效率低的处理
						004	往复式压缩机冷却水故障的处理
						005	往复式压缩机润滑油压力低的处理

五、技能操作试题

试题 1：刀口形 90°角尺的制作

（考核时间：120min）

序号	考核内容	考核要点	配分	评分标准	检测结果	扣分	得分	备注
1	准备工作	穿戴劳保用品	3	不符合要求扣 3 分				
		工、量、器具准备	2	选择不正确扣 2 分				
2	锉削	15±0.02mm	6	每超差 0.02mm 扣 1 分				
3		15±0.01mm	8	每超差 0.02mm 扣 1 分				
4		70±0.1mm	4	每超差 0.02mm 扣 1 分				

续表

序号	考核内容	考核要点	配分	评分标准	检测结果	扣分	得分	备注
5		$50^{0}_{-0.05}$mm	6	每超差 0.02mm 扣 1 分				
6		1±0.1mm（2 处）	7	每超差 0.02mm 扣 1 分				
7		60°±10′（2 处）	4	每超差 10′扣 1 分				
8		$\parallel$ 0.01 A	10	每超差 0.02mm 扣 1 分				
9		$\perp$ 0.02 A	10	每超差 0.01mm 扣 1 分				
10		$\perp$ 0.02 B	10	每超差 0.01mm 扣 1 分				
11		*Ra*0.8μm（4 处）	4	每升高一级扣 1 分				
12		*Ra*1.6μm（6 处）	6	每升高一级扣 1 分				
13	钻孔	$2—\Phi5^{+0.05}_{0}$	2	每超差 0.02mm 扣 1 分				
14		10±0.20	3	每超差 0.02mm 扣 1 分				
15		7.5±0.02	3	每超差 0.02mm 扣 1 分				
16		30±0.20mm	4	每超差 0.02mm 扣 1 分				
17		*Ra*6.3μm（2 处）	3	每升高一级扣 1 分				
18	使用工、量、器具	使用工、量、器具	3	工、量、器具使用不正确扣 3 分				
		维护工、量、器具	2	工、量、器具乱摆乱放扣 2 分				
19	安全及其他	按国家法规或企业规定		违规一次从总分扣 5 分；严重违规停止操作			—	
		未注公差尺寸的按 IT14 要求		每超差 1 处扣 2 分			—	
		考件局部无缺陷		有缺陷酌情扣 1～5 分，严重者扣 30 分			—	
		在规定时间内完成		超时 1min 从总分中扣 5 分，超时 3min 停止操作			—	
合计			100					

否定项说明：若出现发生事故等情况，该题为零分。

试题 2：凹形块的制作

（考核时间：120min）

序号	考核内容	考核要点	配分	评分标准	检测结果	扣分	得分	备注
1	准备工作	穿戴劳保用品	3	不符合要求扣 3 分				
		工、量、器具准备	2	选择不正确扣 2 分				
2	锉削	60±0.05	7	每超差 0.02mm 扣 1 分				
3		24±0.04mm	10	每超差 0.02mm 扣 1 分				
4		$20^{+0.15}_{0}$mm	10	每超差 0.02mm 扣 1 分				
5		*Ra*3.2μm（7 处）	7	每升高一级扣 1 分				

续表

序号	考核内容	考核要点	配分	评分标准	检测结果	扣分	得分	备注
6		⌯ | 0.06 | B	12	每超差 0. 02mm 扣 1 分				
7		⊥ | 0.05 | A	7	每超差 0. 02mm 扣 1 分				
8	钻削	2—$\Phi 8_{0}^{+0.05}$	3	每超差 0. 02mm 扣 1 分				
9		*Ra*6. 3μm(2 处)	2	每升高一级扣 0. 5 分				
10		35±0. 15mm	8	每超差 0. 05mm 扣 1 分				
11		30±0. 20mm(2 处)	5	每超差 0. 05mm 扣 1 分				
12	锯削	40±0. 5mm	8	每超差 0. 05mm 扣 1 分				
13		*Ra*25μm	3	每升高一级扣 1 分				
14		▱ | 0.30	2	每超差 0. 1mm 扣 1 分				
15		⊥ | 0.35 | A	2	每超差 0. 1mm 扣 1 分				
16		// | 0.35 | C	4	每超差 0. 1mm 扣 2 分				
17	使用工、量、器具	使用工、量、器具	3	工、量、器具使用不正确扣 3 分				
		维护工、量、器具	2	工、量、器具乱摆乱放扣 2 分				
18	安全及其他	按国家法规或企业规定		违规一次从总分扣 5 分；严重违规停止操作			—	
		未注公差尺寸的按 IT14 要求		每超差 1 处扣 2 分			—	
		考件局部无缺陷		有缺陷酌情扣 1～5 分，严重者扣 30 分			—	
		在规定时间内完成		超时 1min 从总分中扣 5 分，超时 3min 停止操作			—	
	合　　计		100					

否定项说明：若出现发生事故等情况，该题为零分。

试题 3：六角体工件的制作

（考核时间：120min）

序号	考核内容	考核要点	配分	评分标准	检测结果	扣分	得分	备注
1	准备工作	穿戴劳保用品	3	不符合要求扣 3 分				
		工、量、器具准备	2	选择不正确扣 2 分				

续表

序号	考核内容	考核要点	配分	评分标准	检测结果	扣分	得分	备注
2	锉削	36±0.04mm（3处）	15	每超差0.02mm扣1分				
3		120°±30′（6处）	15	每超差30′扣1分				
4		Ra3.2μm（6处）	10	每升高一级扣1分				
5		⏥ 0.03（6处）	6	每超差0.05mm扣1分				
6		⊥ 0.04 A（6处）	9	每超差0.05mm扣1分				
7		// 0.05 C（3处）	9	每超差0.02mm扣1分				
8	锯削	20±0.20mm	6	每超差0.05mm扣1分				
9		// 0.05 A	6	每超差0.05mm扣1分				
10	钻削	$\Phi10_{0}^{+0.05}$mm	3	每超差0.01mm扣1分				
11		⌯ 0.05 B（3处）	8	每超差0.01mm扣1分				
12		Ra6.3μm	3	每升高一级扣1.5分				
13	使用工、量、器具	使用工、量、器具	3	工、量、器具使用不正确扣3分				
		维护工、量、器具	2	工、量、器具乱摆乱放扣2分				
14	安全及其他	按国家法规或企业规定		违规一次从总分扣5分；严重违规停止操作			—	
		未注公差尺寸的按IT14要求		每超差1处扣2分			—	
		考件局部无缺陷		有缺陷酌情扣1~5分，严重者扣30分			—	
		在规定时间内完成		超时1min从总分中扣5分，超时3min停止操作			—	
合计			100					

否定项说明：若出现发生事故等情况，该题为零分。

试题4：錾子的制作

（考核时间：20min）

序号	考核内容	考核要点		配分	评分标准	检测结果	扣分	得分	备注
		步骤	技术要求						
1	准备工作	穿戴劳保用品		3	不符合要求扣3分				
		工、量、器具准备		2	选择不正确扣2分				
2	步骤及技术要求	材料选择	T7、T7A、T8	10	选择材料不正确扣10分				
3		錾子毛坯制作	按要求锻打成型	15	毛坯比例不符合要求扣5分；操作错误扣10分				
4		錾子的刃磨	切削刃高于砂轮水平中心线；左右平稳，均匀移动；蘸水冷却，防止退火；刃磨錾子各部尺寸符合要求	15	刃磨操作方法不正确每项扣3分，尺寸不符合要求扣6分				

续表

序号	考核内容	考核要点		配分	评分标准	检测结果	扣分	得分	备注
		步骤	技术要求						
5		錾子加热	切削部分约 20mm 长，加热至 750～780℃，錾子颜色为樱红色	10	加热长度不正确扣 5 分；加热温度不符合要求扣 5 分				
6		錾子的淬火	垂直把錾子放入冷水中，深度约 5～6mm；錾子露出水面部分为黑色时取出空冷	20	操作错误每项扣 10 分				
7		錾子回火	利用余热回火，錾子刃口颜色由白色→黄色→紫色→蓝色时再放入水中冷却。当黄色时放入水中冷却称“黄火”，当蓝色时放入水中冷却称“蓝火”。一般錾子应在黄火和蓝火之间，即紫色放入水中冷却为好	20	回火颜色判断不清扣 10 分，冷却时机把握不准确扣 10 分				
8	维护	维护工、量、器具		5	维护不当扣 5 分				
9	安全及其他	按国家法规或企业规定			违规一次从总分扣 5 分；严重违规停止操作			—	
		在规定时间内完成			超时 1min 从总分中扣 5 分，超时 3min 停止操作			—	
合计				100					

否定项说明：若出现发生事故等情况，该题为零分。

试题 5：千斤顶的使用

（考核时间：12min）

序号	考核内容	考核要点		配分	评分标准	检测结果	扣分	得分	备注
		步骤	技术要求						
1	准备工作	穿戴劳保用品		3	不符合要求扣 3 分				
		工、量、器具准备		2	选择不正确扣 2 分				
2	步骤及技术要求	选用千斤顶	千斤顶不能超负荷使用	10	超负荷使用扣 10 分				
3		检查千斤顶	液压千斤顶要保持足够的油位；各活动部分要加注润滑油	14	达不到要求每项扣 7 分				
4		放置千斤顶	液压千斤顶不能水平方向放置；摆平立正、顶住重心；千斤顶应安置在结实或垫有硬板的基础上；工件与千斤顶的顶杆要加防滑垫	40	达不到要求每项扣 10 分				
5		使用千斤顶	液压千斤顶起升时，要拧紧开关；下降时应缓慢放松回油开关；千斤顶的手柄不允许随意接长；每次升起不能超过警戒线	26	达不到要求每项扣 9 分				

续表

序号	考核内容	考核要点		配分	评分标准	检测结果	扣分	得分	备注
		步　骤	技术要求						
6	维护	维护工、量、器具		5	维护不当扣5分				
7	安全及其他	按国家法规或企业规定			违规一次从总分扣5分；严重违规停止操作			—	
		在规定时间内完成			超时1min从总分中扣5分，超时3min停止操作			—	
合　计				100					

否定项说明：若出现发生事故等情况，该题为零分。

试题6：千分尺的使用

（考核时间：12min）

序号	考核内容	考核要点		配分	评分标准	检测结果	扣分	得分	备注
		步　骤	技术要求						
1	准备工作	穿戴劳保用品		3	不符合要求扣3分				
		工、量、器具准备		2	选择不正确扣2分				
2	步骤及技术要求	确定量具的使用期限	量具必须在检验期限内使用	10	超期使用扣10分				
3		清洗量具、检验对零、确定误差	用擦布擦净测量面和标准量棒端面，进行校验对零并记录误差	20	达不到要求扣20分				
4		清洁测量表面	被测表面应无毛刺、油污，并保持洁净	10	达不到要求扣10分				
5		使用千分尺	选择准确的测量位置	10	选择不准确扣10分				
			径向取最大值，轴向取最小值	20	不符合要求扣20分				
6		确定尺寸	先读出固定套筒的尺寸，再看微分筒上与固定套筒相重合的读数，两读数相加即可	20	读数每偏差0.01mm扣5分				
7	维护	维护工、量、器具		5	维护不当扣5分				
8	安全及其他	按国家法规或企业规定			违规一次从总分扣5分；严重违规停止操作			—	
		在规定时间内完成			超时1min从总分中扣5分，超时3min停止操作			—	
合　计				100					

否定项说明：若出现发生事故等情况，该题为零分。

试题7：游标卡尺的使用

（考核时间：10min）

序号	考核内容	考核要点		配分	评分标准	检测结果	扣分	得分	备注
		步　骤	技术要求						
1	准备工作	穿戴劳保用品		3	不符合要求扣3分				
		工、量、器具准备		2	选择不正确扣2分				

续表

序号	考核内容	考核要点		配分	评分标准	检测结果	扣分	得分	备注
		步骤	技术要求						
2	步骤及技术要求	确定量具的使用期限	量具必须在检验期限内使用	10	超期使用扣10分				
3		清洁量爪校对“0”位	量爪无油污、杂物；合拢量爪主副尺“0”线对齐	10	达不到要求扣10分				
4		使用游标卡尺	右手四指正确握尺，拇指移动游标	10	达不到要求扣10分				
			径向取最大值，轴向取最小值	20	达不到要求扣20分				
			测量紧力适中	10	达不到要求扣10分				
5		读取数值	将游标卡尺端平，眼睛正视刻度线部分，整数取主尺刻度，小数取游标刻度，两读数相加即可	30	读取数值每误差0.02mm扣10分				
6	维护	维护工、量、器具		5	维护不当扣5分				
7	安全及其他	按国家法规或企业规定			违规一次从总分扣5分；严重违规停止操作			—	
		在规定时间内完成			超时1min从总分中扣5分，超时3min停止操作			—	
合计				100					

否定项说明：若出现发生事故等情况，该题为零分。

试题8：塞尺的使用

（考核时间：10min）

序号	考核内容	考核要点		配分	评分标准	检测结果	扣分	得分	备注
		步骤	技术要求						
1	准备工作	穿戴劳保用品		3	不符合要求扣3分				
		工、量、器具准备		2	选择不正确扣2分				
2	步骤及技术要求	清洁塞尺表面和被测间隙内部位	塞尺表面和被测工件的部位不得有油污和杂物	20	达不到要求每项扣10分				
3		选择塞尺厚度	一般不超过三片，以选择片数最少为原则，特殊情况除外	20	塞尺选择不当扣20分				
4		测量间隙	塞尺插入间隙内，其松紧要适度；测量时不可用力过大、过猛以免塞尺弯折；严禁用塞尺测量发热的工件	35	测量方法不正确每项扣20分				
5		数据确定	塞尺各片厚度之和即为测量间隙	15	数据不准确扣15分				

续表

序号	考核内容	考核要点		配分	评分标准	检测结果	扣分	得分	备注
		步骤	技术要求						
6	维护	维护工、量、器具		5	维护不当扣5分				
7	安全及其他	按国家法规或企业规定			违规一次从总分扣5分；严重违规停止操作			—	
		在规定时间内完成			超时1min从总分中扣5分，超时3min停止操作			—	
合计				100					

否定项说明：若出现发生事故等情况，该题为零分。

试题9：水平仪的使用

（考核时间：10min）

序号	考核内容	考核要点		配分	评分标准	检测结果	扣分	得分	备注
		步骤	技术要求						
1	准备工作	穿戴劳保用品		3	不符合要求扣3分				
		工、量、器具准备		2	选择不正确扣2分				
2	步骤及技术要求	确定水平仪的使用期限	水平仪必须在检验期限内使用	10	超期使用扣10分				
3		检验水平仪精确度	对调水平仪180°“0”位相同	25	使用前不检验扣25分				
4		清洁水平仪和工件被测表面	测量表面必须清洁无尘	15	清洁不合格扣15分				
5		测量方法	水平仪的工作面紧贴被测量的表面；纵向、横向放置正确；测量时，要等气泡稳定后再读数；避免温度变化对水平仪的影响	20	测量方法不正确每项扣5分				
6		数据确定	倾斜高度差=水平仪精度×水泡格数×被测件长度	20	数据不准确扣20分				
7	维护	维护工、量、器具		5	维护不当扣5分				
8	安全及其他	按国家法规或企业规定			违规一次从总分扣5分；严重违规停止操作			—	
		在规定时间内完成			超时1min从总分中扣5分，超时3min停止操作			—	
合计				100					

否定项说明：若出现发生事故等情况，该题为零分。

试题 10：螺纹联接的装配

（考核时间：20min）

序号	考核内容	考核要点		配分	评分标准	检测结果	扣分	得分	备注
		步　骤	技术要求						
1	准备工作	穿戴劳保用品		3	不符合要求扣 3 分				
		工、量、器具准备		2	选择不正确扣 2 分				
2	步骤及技术要求	1. 确定螺纹拧紧力	按螺栓的强度选择合适的拧紧力矩	20	达不到要求扣 20 分				
3		2. 按一定的顺序紧固，并做到分几次逐步拧紧（一般分三次拧紧）	长方形布置的拧紧顺序：先从中央开始，向两边对称扩展；圆形布置的拧紧顺序：按一字交叉方向拧紧；方形布置的拧紧顺序：对称拧紧	35	达不到要求每项扣 12 分				
4		3. 螺栓的防松措施	加弹簧垫圈；用双螺帽锁紧；用止推垫圈锁定；穿钢丝绑紧；用保险圈锁定；用开口销锁紧	35	防松措施不符合要求每项扣 6 分				
5	使用工、量、器具	使用工、量、器具		3	工、量、器具使用不正确扣 3 分				
		维护工、量、器具		2	工、量、器具乱摆乱放扣 2 分				
6	安全及其他	按国家法规或企业规定			违规一次从总分扣 5 分；严重违规停止操作			—	
		在规定时间内完成			超时 1min 从总分中扣 5 分，超时 3min 停止操作			—	
合　计				100					

否定项说明：若出现发生事故等情况，该题为零分。

试题 11：普通平键联接的装配

（考核时间：20min）

序号	考核内容	考核要点		配分	评分标准	检测结果	扣分	得分	备注
		步　骤	技术要求						
1	准备工作	穿戴劳保用品		3	不符合要求扣 3 分				
		工、量、器具准备		2	选择不正确扣 2 分				
2	步骤及技术要求	清除毛刺	键边、角、尖不得有翻边、毛刺	10	达不到要求扣 10 分				
3		配合件尺寸测量处理	键与轴槽采用过渡配合；键与毂槽为间隙配合；键顶隙为 0.30~0.50mm；键头与轴槽间应留有 0.10mm 的间隙	50	达不到要求每项扣 15 分				
4		装配	在配合面涂上润滑油；采用敲击或压入法装配；装配要到位	30	达不到要求每项扣 10 分				

续表

序号	考核内容	考核要点		配分	评分标准	检测结果	扣分	得分	备注
		步　骤	技术要求						
5	使用工、量、器具	使用工、量、器具		3	工、量、器具使用不正确扣3分				
		维护工、量、器具		2	工、量、器具乱摆乱放扣2分				
6	安全及其他	按国家法规或企业规定			违规一次从总分扣5分；严重违规停止操作			—	
		在规定时间内完成			超时1min从总分中扣5分，超时3min停止操作			—	
合　计				100					

否定项说明：若出现发生事故等情况，该题为零分。

试题12：花键联接的装配

（考核时间：25min）

序号	考核内容	考核要点		配分	评分标准	检测结果	扣分	得分	备注
		步　骤	技术要求						
1	准备工作	穿戴劳保用品		3	不符合要求扣3分				
		工、量、器具准备		2	选择不正确扣2分				
2	步骤及技术要求	清洗、去毛刺	轴和套件的端部要倒棱	10	达不到要求扣10分				
3		测量检查数据	零件的加工质量、尺寸形状、位置偏差和表面粗糙度要符合图纸要求	20	达不到要求每项扣3分				
4		动配合的联接装配	要保证精确的间隙，套件在花键轴上应滑动自如，但不能过松	30	不符合要求扣30分				
5		过渡配合的联接装配	联接允许有少量过盈，不得过紧，过盈较大的可将套件加热(80~120℃)后进行装配	30	达不到要求每项扣15分				
6	使用工、量、器具	使用工、量、器具		3	工、量、器具使用不正确扣3分				
		维护工、量、器具		2	工、量、器具乱摆乱放扣2分				
7	安全及其他	按国家法规或企业规定			违规一次从总分扣5分；严重违规停止操作			—	
		在规定时间内完成			超时1min从总分中扣5分，超时3min停止操作			—	
合　计				100					

否定项说明：若出现发生事故等情况，该题为零分。

试题 13：过盈联接的压入装配

（考核时间：20min）

序号	考核内容	考核要点		配分	评分标准	检测结果	扣分	得分	备注
		步骤	技术要求						
1	准备工作	穿戴劳保用品		3	不符合要求扣 3 分				
		工、量、器具准备		2	选择不正确扣 2 分				
2	步骤及技术要求	清洗配合面去毛刺	配合面无杂物、毛刺	10	达不到要求扣 10 分				
3		测量配合尺寸	配合尺寸、形位公差和表面粗糙度符合装配要求	30	达不到要求每项扣 10 分				
4		装配	压入时加垫保护；工件不能歪斜压；压入过程中，用力均匀，速度一致，并不得中途停止；过盈量大时，可采用加热方法压入	50	达不到要求每项扣 20 分				
5	使用工、量、器具	使用工、量、器具		3	工、量、器具使用不正确扣 3 分				
		维护工、量、器具		2	工、量、器具乱摆乱放扣 2 分				
6	安全及其他	按国家法规或企业规定			违规一次从总分扣 5 分；严重违规停止操作			—	
		在规定时间内完成			超时 1min 从总分中扣 5 分，超时 3min 停止操作			—	
合计				100					

否定项说明：若出现发生事故等情况，该题为零分。

试题 14：带传动的装配

（考核时间：30min）

序号	考核内容	考核要点		配分	评分标准	检测结果	扣分	得分	备注
		步骤	技术要求						
1	准备工作	穿戴劳保用品		3	不符合要求扣 3 分				
		工、量、器具准备		2	选择不正确扣 2 分				
2	步骤及技术要求	清洗去油污、毛刺	各部件应无裂纹、变形	10	达不到要求每项扣 5 分				
3		测量配合尺寸	配合尺寸、形位公差和表面粗糙度符合要求	15	达不到要求每项扣 5 分				
4		带轮和轴装配	带轮和轴采用过渡配合	10	达不到要求扣 10 分				
			带轮径向、轴向跳动值符合要求	10	按要求每超 0.10mm 扣 5 分				
			主、从动带轮对称面的轴向偏移量符合要求	10	按要求每超 0.50mm 扣 5 分				
			带轮轴中心线的平行度符合要求	10	按要求每超 0.05mm 扣 5 分				

续表

序号	考核内容	考核要点		配分	评分标准	检测结果	扣分	得分	备注
		步　骤	技术要求						
5		皮带安装	皮带与轮槽的配合符合要求；皮带先套上小带轮，后转动大带轮拔入皮带；皮带张紧力用手能压下 15mm 为好	25	达不到要求每项扣10分				
6	使用工、量、器具	使用工、量、器具		3	工、量、器具使用不正确扣3分				
		维护工、量、器具		2	工、量、器具乱摆乱放扣2分				
7	安全及其他	按国家法规或企业规定			违规一次从总分扣5分；严重违规停止操作			—	
		在规定时间内完成			超时 1min 从总分中扣 5 分，超时 3min 停止操作			—	
合　计				100					

否定项说明：若出现发生事故等情况，该题为零分。

试题 15：链传动的装配

（考核时间：30min）

序号	考核内容	考核要点		配分	评分标准	检测结果	扣分	得分	备注
		步　骤	技术要求						
1	准备工作	穿戴劳保用品		3	不符合要求扣3分				
		工、量、器具准备		2	选择不正确扣2分				
2	步骤及技术要求	清洗、去油污毛刺	各部件应无裂纹、变形	10	达不到要求每项扣5分				
3		测量配合尺寸	配合尺寸、形位公差和表面粗糙度符合要求	15	达不到要求每项扣5分				
4		链轮和轴装配	组装后用螺钉或圆锥销固定	10	未定位扣10分				
			链轮的两轴心线平行度符合要求	10	每超差 0.05mm 扣5分				
			两链轮轴向偏移量符合要求	15	每超差 0.20mm 扣5分				
5		链条的安装	偶数链节，用开口销或弹簧片将活动销轴固定；奇数链节，用过渡链节联接固定	15	达不到要求每项扣10分				
			链条的下垂度一般≤两链轮中心距的2%为好	15	达不到要求扣15分				
6	使用工、量、器具	使用工、量、器具		3	工、量、器具使用不正确扣3分				
		维护工、量、器具		2	工、量、器具乱摆乱放扣2分				

续表

序号	考核内容	考核要点		配分	评分标准	检测结果	扣分	得分	备注
		步　骤	技术要求						
7	安全及其他	按国家法规或企业规定			违规一次从总分扣5分；严重违规停止操作			—	
		在规定时间内完成			超时1min从总分中扣5分，超时3min停止操作			—	
合　计				100					

否定项说明：若出现发生事故等情况，该题为零分。

试题16：抄绘轴

（考核时间：45min）

序号	考核内容	考核要点	配分	评分标准	检测结果	扣分	得分	备注
1	准备工作	工、量、器具准备	5	选择不正确扣5分				
2	图框、标题栏	图框格式正确、加粗	2	不符合要求每项扣1分				
		标题栏格式、线型正确、项目填写齐全	3	不符合要求每项扣1分				
3	图形	主视图图形完整、比例正确	15	不符合要求每项扣7.5分				
		两断面图剖切符号、剖面线正确完整	15	不符合要求每项扣7.5分				
4	尺寸	数值、位置正确	20	不符合要求每项扣3分				
5	技术要求	公差、粗糙度注写完整正确	10	不符合要求每项扣2分				
6	标题栏字体及字高	字体、字高符合要求	5	不符合要求每项扣2.5分				
		字迹清晰、规范	5	不符合要求每项扣2.5分				
7	图线	线型正确、粗细分明	10	不符合要求每项扣5分				
8	图面质量	排布合理，卷面清晰	5	排布不合理扣2.5分				
				卷面涂改扣2.5分				
9	使用工、量、器具	使用工、量、器具	3	工、量、器具使用不正确扣3分				
		维护工、量、器具	2	工、量、器具乱摆乱放扣2分				
10	考试时限	在规定时间内完成		按规定时间完成，超时1min从总分中扣5分。超时3min停止答题				
合　计			100					

试题 17：离心泵地脚螺栓的制作

（考核时间：30min）

序号	考核内容	考核要点		配分	评分标准	检测结果	扣分	得分	备注
		步　骤	技术要求						
1	准备工作	穿戴劳保用品		3	不符合要求扣 3 分				
		工、量、器具准备		2	选择不正确扣 2 分				
2	步骤及技术要求	螺栓直径选择	按要求选择 $d=(0.85\sim0.95)D$ D—螺栓孔直径 d—螺纹直径	20	尺寸选择不正确扣 20 分				
3		螺栓总长确定	按要求选择 $L=(25\sim30)d$ L—螺栓长度	20	尺寸选择不正确扣 20 分				
4		螺纹实长确定	$L_0=(2\sim3)d$ L_0—螺栓螺纹实长	20	达不到要求扣 20 分				
5		螺栓弯曲高度确定	$h=(5\sim6)d$ h—螺栓弯曲高度	20	达不到要求扣 20 分				
6		螺栓钩部制作	一般用加热法弯曲	10	达不到要求扣 10 分				
7	使用工、量、器具	使用工、量、器具		3	工、量、器具使用不正确扣 3 分				
		维护工、量、器具		2	工、量、器具乱摆乱放扣 2 分				
8	安全及其他	按国家法规或企业规定			违规一次从总分扣 5 分；严重违规停止操作			—	
		在规定时间内完成			超时 1min 从总分中扣 5 分，超时 3min 停止操作			—	
合　计				100					

否定项说明：若出现发生事故等情况，该题为零分。

试题 18：离心泵安装垫铁的放置

（考核时间：15min）

序号	考核内容	考核要点		配分	评分标准	检测结果	扣分	得分	备注
		步　骤	技术要求						
1	准备工作	穿戴劳保用品		3	不符合要求扣 3 分				
		工、量、器具准备		2	选择不正确扣 2 分				
2	步骤及技术要求	确定每组垫铁数量	每组一般为 3 块（一平两斜），最多不超过 4 块	10	每误差一块扣 10 分				

续表

序号	考核内容	考核要点		配分	评分标准	检测结果	扣分	得分	备注
		步　骤	技术要求						
3		垫铁放置	垫铁与地脚螺栓单边距离要求 10～15mm	20	每组每误差 5mm 扣 10 分				
4			相邻两垫铁间距要求 500～1000mm	20	两组之间间距超 50mm 扣 5 分				
5			平垫铁端面露出泵底座面外缘 10～30mm	10	每组误差 5mm 扣 5 分				
6			斜垫铁端面露出泵底座面外缘 10～50mm	10	每组误差 5mm 扣 5 分				
7			垫铁与底座、垫铁与垫铁之间的间隙≤0.05mm；接触面积>65%	20	每组接触面每少 5%扣 10 分				
8	使用工、量、器具	使用工、量、器具		3	工、量、器具使用不正确扣 3 分				
		维护工、量、器具		2	工、量、器具乱摆乱放扣 2 分				
9	安全及其他	按国家法规或企业规定			违规一次从总分扣 5 分；严重违规停止操作			—	
		在规定时间内完成			超时 1min 从总分中扣 5 分，超时 3min 停止操作			—	
合　计				100					

否定项说明：若出现发生事故等情况，该题为零分。

试题 19：离心泵轴弯曲的检测

（考核时间：30min）

序号	考核内容	考核要点		配分	评分标准	检测结果	扣分	得分	备注
		步　骤	技术要求						
1	准备工作	穿戴劳保用品		3	不符合要求扣 3 分				
		工、量、器具准备		2	选择不正确扣 2 分				
2	步骤及技术要求	清洗、去毛刺、除锈蚀	无沟痕、无损伤	10	不符合要求每项扣 5 分				
3		轴放置	在平台上用两 V 形铁水平放置	10	不符合要求扣 10 分				
4		确定测量部位	联轴节、轴承、叶轮、轴套等与轴的配合处	10	测量部位每选错一个扣 2 分				
5		测量部位等分划分	一般按 4 等份（或更多偶数）划分	10	等分划分不正确扣 10 分				
6		百分表放置	将百分表正确装在测量位置上，测量头垂直于轴线	10	装表不正确每个部位扣 2.5 分				
7		测量记录	将轴按同一方向缓慢地转动，依次测出各点读数并做好记录	20	每误差 0.01mm 扣 1 分				
					记录不正确扣 10 分				
8		确定弯曲值	根据记录算出各截面弯曲值	20	数值错误每项扣 5 分				

续表

序号	考核内容	考核要点		配分	评分标准	检测结果	扣分	得分	备注
		步　骤	技术要求						
9	使用工、量、器具	使用工、量、器具		3	工、量、器具使用不正确扣3分				
		维护工、量、器具		2	工、量、器具乱摆乱放扣2分				
10	安全及其他	按国家法规或企业规定			违规一次从总分扣5分；严重违规停止操作			—	
		在规定时间内完成			超时1min从总分中扣5分，超时3min停止操作			—	
合　计				100					

否定项说明：若出现发生事故等情况，该题为零分。

试题20：离心泵弹性圆柱销联轴器的装配

（考核时间：20min）

序号	考核内容	考核要点		配分	评分标准	检测结果	扣分	得分	备注
		步　骤	技术要求						
1	准备工作	穿戴劳保用品		3	不符合要求扣3分				
		工、量、器具准备		2	选择不正确扣2分				
2	步骤及技术要求	清洗、去毛刺、除锈蚀	应无沟痕、无损伤	5	不符合要求每项扣1分				
3		检测半联轴器与轴的配合尺寸	配合制度为H7/js6	25	不符合要求扣25分				
4		半联轴器组装	在配合面上涂上润滑油；采用敲击法或热装法	15	操作不当每项扣10分				
5		中间短接组装	弹性圈与柱销为过盈配合	15	不符合要求扣15分				
			弹性圈与联轴器孔直径间隙为0.40~0.60mm	15	每超差0.10mm扣5分				
			联轴器两端面轴向间隙2~6mm	15	每超差1mm扣5分				
6	使用工、量、器具	使用工、量、器具		3	工、量、器具使用不正确扣3分				
		维护工、量、器具		2	工、量、器具乱摆乱放扣2分				
7	安全及其他	按国家法规或企业规定			违规一次从总分扣5分；严重违规停止操作			—	
		在规定时间内完成			超时1min从总分中扣5分，超时3min停止操作			—	
合　计				100					

否定项说明：若出现发生事故等情况，该题为零分。

试题21：离心泵向心推力球轴承的装配

（考核时间：30min）

序号	考核内容	考核要点 步骤	考核要点 技术要求	配分	评分标准	检测结果	扣分	得分	备注
1	准备工作	穿戴劳保用品		3	不符合要求扣3分				
		工、量、器具准备		2	选择不正确扣2分				
2	步骤及技术要求	清洗、去毛刺、锈蚀	应无沟痕、无损伤	5	不符合要求每项扣1分				
3		配合尺寸测量、处理	轴承与轴配合为H7/js6	15	配合不符合要求扣15分				
			轴承外圈与轴承箱内壁配合为Js7/h6	15	配合不符合要求扣15分				
4		在配合面涂上润滑油	润滑油要洁净	5	不符合要求扣5分				
5		轴承与轴的装配	不能敲击轴承外圈；轴承要装到轴肩	15	达不到要求每项扣10分				
6		轴承与轴承箱装配	不能敲击轴承内圈；轴承要装到位	15	达不到要求每项扣10分				
7		轴承外圈的轴向间隙测量调整	间隙值应在0.02~0.06mm内	20	间隙每超差0.01mm扣5分				
8	使用工、量、器具	使用工、量、器具		3	工、量、器具使用不正确扣3分				
		维护工、量、器具		2	工、量、器具乱摆乱放扣2分				
9	安全及其他	按国家法规或企业规定			违规一次从总分扣5分；严重违规停止操作			—	
		在规定时间内完成			超时1min从总分中扣5分，超时3min停止操作			—	
合计				100					

否定项说明：若出现发生事故等情况，该题为零分。

试题22：离心泵径向滚动轴承的装配

（考核时间：20min）

序号	考核内容	考核要点 步骤	考核要点 技术要求	配分	评分标准	检测结果	扣分	得分	备注
1	准备工作	穿戴劳保用品		3	不符合要求扣3分				
		工、量、器具准备		2	选择不正确扣2分				
2	步骤及技术要求	清洗、去毛刺、锈蚀	应无沟痕、损伤	5	不符合要求每项扣1分				
3		配合尺寸测量处理	轴承与轴配合为H7/k6	20	不符合要求扣20分				
			轴承外圈与轴承箱内壁配合为Js7/h6	20	不符合要求扣20分				

续表

序号	考核内容	考核要点		配分	评分标准	检测结果	扣分	得分	备注
		步骤	技术要求						
4		在配合面涂上润滑油	润滑油要洁净	5	不符合要求扣5分				
5		轴承内圈与轴装配	轴承内圈应装到轴肩	15	达不到要求扣15分				
6		轴承外圈与轴承箱装配	装配到合适位置	25	达不到要求扣25分				
7	使用工、量、器具	使用工、量、器具		3	工、量、器具使用不正确扣3分				
		维护工、量、器具		2	工、量、器具乱摆乱放扣2分				
8	安全及其他	按国家法规或企业规定			违规一次从总分扣5分；严重违规停止操作			—	
		在规定时间内完成			超时1min从总分中扣5分，超时3min停止操作			—	
合计				100					

否定项说明：若出现发生事故等情况，该题为零分。

试题23：离心泵填料密封的安装

（考核时间：20min）

序号	考核内容	考核要点		配分	评分标准	检测结果	扣分	得分	备注
		步骤	技术要求						
1	准备工作	穿戴劳保用品		3	不符合要求扣3分				
		工、量、器具准备		2	选择不正确扣2分				
2	步骤及技术要求	填料选择	材料、规格正确	15	不符合要求扣15分				
3		填料函及部件清洗检查	清洗干净，零部件完好无损	15	未达到要求每项扣7.5分				
4		填料尺寸确定	长度准确；接口角度45°	30	不符合要求每项扣15分				
5		填料组装	相邻两填料切口至少错开90°；每条填料预紧力要均匀、适度	30	不符合要求每点扣15分				
6	使用工、量、器具	使用工、量、器具		3	工、量、器具使用不正确扣3分				
		维护工、量、器具		2	工、量、器具乱摆乱放扣2分				

续表

序号	考核内容	考核要点		配分	评分标准	检测结果	扣分	得分	备注
		步骤	技术要求						
7	安全及其他	按国家法规或企业规定			违规一次从总分扣5分；严重违规停止操作			—	
		在规定时间内完成			超时1min从总分中扣5分，超时3min停止操作			—	
合计				100					

否定项说明：若出现发生事故等情况，该题为零分。

试题24：小型离心泵整体就位调整(现场模拟)

(考核时间：10min)

序号	考核内容	考核要点		配分	评分标准	检测结果	扣分	得分	备注
		步骤	技术要求						
1	准备工作	穿戴劳保用品		3	不符合要求扣3分				
		工、量、器具准备		2	选择不正确扣2分				
2	步骤及技术要求	泵支承	三点支承方法	15	支承方法错误扣15分				
3		调整泵与基础纵、横轴线	允许偏差±10mm	20	每超差5mm扣10分				
4		调整泵标高	允许偏差±10mm	20	每超差5mm扣10分				
5		调整泵水平度	以泵进出口法兰面或其他水平面为基准	10	测量位置错误扣10分				
			允许偏差：纵向0.10mm/m，横向0.20mm/m	25	纵向每超0.02mm扣10分				
					横向每超0.05mm扣10分				
6	使用工、量、器具	使用工、量、器具		3	工、量、器具使用不正确扣3分				
		维护工、量、器具		2	工、量、器具乱摆乱放扣2分				
7	安全及其他	按国家法规或企业规定			违规一次从总分扣5分；严重违规停止操作			—	
		在规定时间内完成			超时1min从总分中扣5分，超时3min停止操作			—	
合计				100					

试题25：离心泵双表法对中调整

(考核时间：60min)

序号	考核内容	考核要点		配分	评分标准	检测结果	扣分	得分	备注
		步骤	技术要求						
1	准备工作	穿戴劳保用品		3	不符合要求扣3分				
		工、量、器具准备		2	选择不正确扣2分				

续表

序号	考核内容	考核要点		配分	评分标准	检测结果	扣分	得分	备注
		步　　骤	技术要求						
2	步骤及技术要求	安装找正表架及百分表	百分表安装在泵或电机侧；表架应牢固	10	不符合要求每项扣5分				
3		水平方向偏差调整	符合规范	15	每误差0.02mm扣5分				
4		垂直方向偏差调整	用合适的公式计算	15	结果错误扣15分				
5			驱动机支脚每组垫片数量不得超过4块	10	每超一块扣5分				
6		复核对中数据	径向、轴向数据准确；符合规范	40	每点每误差0.02mm扣5分，结果不符合规范扣40分				
7	使用工、量、器具	使用工、量、器具		3	工、量、器具使用不正确扣3分				
		维护工、量、器具		2	工、量、器具乱摆乱放扣2分				
8	安全及其他	按国家法规或企业规定			违规一次从总分扣5分；严重违规停止操作			—	
		在规定时间内完成			超时1min从总分中扣5分，超时3min停止操作			—	
合　　计				100					

否定项说明：若出现发生事故等情况，该题为零分。

试题26：离心泵轴承箱漏油的处理（现场模拟）

（考核时间：10min）

序号	考核内容	考核要点		配分	评分标准	检测结果	扣分	得分	备注
		故　　障	排除方法						
1	准备工作	穿戴劳保用品		3	不符合要求扣3分				
		工、量、器具准备		2	选择不正确扣2分				
2	故障及排除方法	轴承箱有砂眼或裂纹	补焊或选用金属填补剂进行填补	20	填补达不到要求扣20分				由有关工种人员完成
3		轴承箱油位过高	调整合适油位	10	达不到要求扣10分				
4		轴承箱端盖油封磨损或回油孔堵塞	更换油封或处理端盖回油孔	20	达不到要求扣20分				
5		轴承箱端盖垫片损坏	更换垫片	20	达不到要求扣20分				
6		油标或密封点损坏	更换油标或处理油标密封点	20	达不到要求扣20分				

续表

序号	考核内容	考核要点		配分	评分标准	检测结果	扣分	得分	备注
		故　障	排除方法						
7	使用工、量、器具	使用工、量、器具		3	工、量、器具使用不正确扣3分				
		维护工、量、器具		2	工、量、器具乱摆乱放扣2分				
8	安全及其他	按国家法规或企业规定			违规一次从总分扣5分；严重违规停止操作			—	
		在规定时间内完成			超时1min从总分中扣5分，超时3min停止操作			—	
合　计				100					

否定项说明：若出现发生事故等情况，该题为零分。

试题27：离心泵轴承温度过高的处理(现场模拟)

(考核时间：10min)

序号	考核内容	考核要点		配分	评分标准	检测结果	扣分	得分	备注
		故　障	排除方法						
1	准备工作	穿戴劳保用品		3	不符合要求扣3分				
		工、量、器具准备		2	选择不正确扣2分				
2	故障及排除方法	转动部件平衡破坏	检查消除	25	达不到要求扣25分				
3		轴承箱内润滑油过少	按规定添加润滑油	15	达不到要求扣15分				由有关工种人员完成
4		轴承和口环磨损过多形成转子偏心	更换并重新校正轴线	20	达不到要求扣20分				
5		润滑油变质或太脏	更换润滑油	15	达不到要求扣15分				由有关工种人员完成
6		轴承冷却效果不好	疏通或调整冷却水量	15	达不到要求扣15分				
7	使用工、量、器具	使用工、量、器具		3	工、量、器具使用不正确扣3分				
		维护工、量、器具		2	工、量、器具乱摆乱放扣2分				
8	安全及其他	按国家法规或企业规定			违规一次从总分扣5分；严重违规停止操作			—	
		在规定时间内完成			超时1min从总分中扣5分，超时3min停止操作			—	
合　计				100					

否定项说明：若出现发生事故等情况，该题为零分。

试题28：蒸汽往复泵活塞环的装配

（考核时间：30min）

序号	考核内容	考核要点		配分	评分标准	检测结果	扣分	得分	备注
		步　骤	技术要求						
1	准备工作	穿戴劳保用品		3	不符合要求扣3分				
		工、量、器具准备		2	选择不正确扣2分				
2	步骤及技术要求	清洗、去油污、毛刺	应无砂眼、气孔，活塞环具有足够的弹力	5	达不到要求每项扣1分				
3		配合尺寸测量、处理	活塞环厚度与活塞槽深配合应符合规范要求	15	测量每误差0.02mm扣3分				
			活塞环侧间隙应符合规范要求	15	达不到要求每超差0.02mm扣5分				
			活塞环对口间隙应符合规范要求	15	达不到要求每超差0.10mm扣5分				
			活塞环与缸壁接触良好，间隙不大于0.05mm	15	测量每误差0.01mm扣5分				
4		组装活塞环	活塞环对口位置应相互错开120°；活塞环在活塞槽内应灵活无卡涩	25	达不到要求每项扣15分				
5	使用工、量、器具	使用工、量、器具		3	工、量、器具使用不正确扣3分				
		维护工、量、器具		2	工、量、器具乱摆乱放扣2分				
6	安全及其他	按国家法规或企业规定			违规一次从总分扣5分；严重违规停止操作			—	
		在规定时间内完成			超时1min从总分中扣5分，超时3min停止操作			—	
合　计				100					

否定项说明：若出现发生事故等情况，该题为零分。

试题29：蒸汽往复泵缸体的检测

（考核时间：30min）

序号	考核内容	考核要点		配分	评分标准	检测结果	扣分	得分	备注
		步　骤	技术要求						
1	准备工作	穿戴劳保用品		3	不符合要求扣3分				
		工、量、器具准备		2	选择不正确扣2分				
2	步骤及技术要求	清洗、去毛刺、锈蚀	确认缸体无裂纹、砂眼、沟槽等缺陷	10	达不到要求每项扣2分				
3		确定测量部位	沿缸体工作长度，分前、中、后三个截面测量圆度、圆柱度	10	划分测量面不正确扣10分				
4		测量圆度及圆柱度数据	用内径千分尺或内径百分表测量圆度和圆柱度	30	测量点不正确扣10分；测量数值每误差0.02mm每点扣5分				

续表

序号	考核内容	考核要点		配分	评分标准	检测结果	扣分	得分	备注
		步　骤	技术要求						
5		确定缸体圆度、圆柱度	每截面的最大尺寸与最小尺寸之差为圆度	20	圆度值计算不正确每点扣20分				
6			截面与截面间最大尺寸与最小尺寸之差为圆柱度	20	圆柱度值计算错误扣20分				
7	使用工、量、器具	使用工、量、器具		3	工、量、器具使用不正确扣3分				
		维护工、量、器具		2	工、量、器具乱摆乱放扣2分				
8	安全及其他	按国家法规或企业规定			违规一次从总分扣5分；严重违规停止操作			—	
		在规定时间内完成			超时1min从总分中扣5分，超时3min停止操作			—	
合　计				100					

否定项说明：若出现发生事故等情况，该题为零分。

试题30：蒸汽往复泵填料密封泄漏的处理(现场模拟)

（考核时间：12min）

序号	考核内容	考核要点		配分	评分标准	检测结果	扣分	得分	备注
		故　障	排除方法						
1	准备工作	穿戴劳保用品		3	不符合要求扣3分				
		工、量、器具准备		2	选择不正确扣2分				
2	故障及排除方法	活塞杆磨损严重	更换活塞杆	25	达不到要求扣25分				
3		填料损坏	更换填料，接口错开120°	25	达不到要求扣25分				
4		填料不足	加填料	15	达不到要求扣15分				
5		填料压盖过松	均匀对称拧紧压盖螺栓	10	达不到要求扣10分				
6		填料压盖端面与填料箱端面不平行	均匀对称拧紧填料压盖	15	达不到要求扣15分				
7	使用工、量、器具	使用工、量、器具		3	工、量、器具使用不正确扣3分				
		维护工、量、器具		2	工、量、器具乱摆乱放扣2分				
8	安全及其他	按国家法规或企业规定			违规一次从总分扣5分；严重违规停止操作			—	
		在规定时间内完成			超时1min从总分中扣5分，超时3min停止操作			—	
合　计				100					

否定项说明：若出现发生事故等情况，该题为零分。

试题31：蒸汽往复泵活塞杆过热的处理(现场模拟)

（考核时间：8min）

序号	考核内容	考核要点 故障	考核要点 排除方法	配分	评分标准	检测结果	扣分	得分	备注
1	准备工作	穿戴劳保用品		3	不符合要求扣3分				
		工、量、器具准备		2	选择不正确扣2分				
2	故障及排除方法	注油器不上油	修理或更换	20	达不到要求扣20分				
3		盘根过紧	均匀松开盘根压盖螺栓	15	达不到要求扣15分				
4		注油孔堵塞	清理疏通	20	达不到要求扣20分				
5		活塞杆弯曲	矫直或更换	20	达不到要求扣20分				
6		盘根选型不符合要求	重新选用	15	达不到要求扣15分				
7	使用工、量、器具	使用工、量、器具		3	工、量、器具使用不正确扣3分				
		维护工、量、器具		2	工、量、器具乱摆乱放扣2分				
8	安全及其他	按国家法规或企业规定			违规一次从总分扣5分；严重违规停止操作			—	
		在规定时间内完成			超时1min从总分中扣5分，超时3min停止操作			—	
合计				100					

否定项说明：若出现发生事故等情况，该题为零分。

试题32：柱塞计量泵无法启动的处理(现场模拟)

（考核时间：10min）

序号	考核内容	考核要点 故障	考核要点 排除方法	配分	评分标准	检测结果	扣分	得分	备注
1	准备工作	穿戴劳保用品		3	不符合要求扣3分				
		工、量、器具准备		2	选择不正确扣2分				
2	故障及排除方法	N轴组件严重磨损	更换N轴组件	25	达不到要求扣25分				
3		齿轮副严重磨损	更换齿轮副	25	达不到要求扣25分				
4		轴承严重磨损	更换轴承	15	达不到要求扣15分				
5		电机损坏	检查处理电机	10	未能提出排除方法扣10分				由有关工种人员完成
6		十字头与导轨卡住或销脱落	检查处理	15	达不到要求扣15分				

续表

序号	考核内容	考核要点		配分	评分标准	检测结果	扣分	得分	备注
		故　障	排除方法						
7	使用工、量、器具	使用工、量、器具		3	工、量、器具使用不正确扣3分				
		维护工、量、器具		2	工、量、器具乱摆乱放扣2分				
8	安全及其他	按国家法规或企业规定			违规一次从总分扣5分；严重违规停止操作			—	
		在规定时间内完成			超时1min从总分中扣5分，超时3min停止操作			—	
合　计				100					

否定项说明：若出现发生事故等情况，该题为零分。

试题33：齿轮泵端面间隙的调整(实际操作)

(考核时间：30min)

序号	考核内容	考核要点		配分	评分标准	检测结果	扣分	得分	备注
		步　骤	技术要求						
1	准备工作	穿戴劳保用品		3	不符合要求扣3分				
		工、量、器具准备		2	选择不正确扣2分				
2	步骤及技术要求	清洗、去毛刺	拆端盖清洗部件，表面无油污、杂物	5	达不到要求每项扣1分				
3		铅丝放置	把齿轮装上泵体内，在泵盖端面和齿轮端面分别对称摆放4条合适的铅丝	15	铅丝摆放不符合要求扣15分				
4		压铅丝	装回泵压盖，对称均匀把紧螺栓压铅丝	15	紧固螺丝方法不正确扣15分				
5		测量数据	取出铅丝量取厚度、确定端面间隙调整值	30	测量数据，每误差0.02mm扣10分；间隙确定错误扣10分				
6		调整间隙	根据数据及端盖垫片厚度使端面间隙达到要求	25	按规范调整，每超差0.02mm扣10分				
7	使用工、量、器具	使用工、量、器具		3	工、量、器具使用不正确扣3分				
		维护工、量、器具		2	工、量、器具乱摆乱放扣2分				
8	安全及其他	按国家法规或企业规定			违规一次从总分扣5分；严重违规停止操作			—	
		在规定时间内完成			超时1min从总分中扣5分，超时3min停止操作			—	
合　计				100					

否定项说明：若出现发生事故等情况，该题为零分。

试题34：螺杆泵机械密封泄漏的处理(现场模拟)

(考核时间：15min)

序号	考核内容	考核要点		配分	评分标准	检测结果	扣分	得分	备注
		故　障	排除方法						
1	准备工作	穿戴劳保用品		3	不符合要求扣3分				
		工、量、器具准备		2	选择不正确扣2分				
2	故障及排除方法	密封安装不良	按要求重新装配	15	达不到要求扣15分				
3		密封零件损坏	更换已损坏的零件	15	达不到要求扣15分				
4		轴颈密封处磨损或有缺陷	修复或更换	20	达不到要求扣20分				
5		联轴器对中不良	重新对中	10	按规范每超差0.02mm扣3分				
6		轴承损坏	更换轴承	20	达不到要求扣20分				
7		封油压力太低	调整封油压力	10	未能提出排除方法扣10分				由有关工种人员完成
8	使用工、量、器具	使用工、量、器具		3	工、量、器具使用不正确扣3分				
		维护工、量、器具		2	工、量、器具乱摆乱放扣2分				
9	安全及其他	按国家法规或企业规定			违规一次从总分扣5分；严重违规停止操作			—	
		在规定时间内完成			超时1min从总分中扣5分，超时3min停止操作			—	
合　计				100					

试题35：轴流式风机风叶角度的调节(实际操作)

(考核时间：45min)

序号	考核内容	考核要点		配分	评分标准	检测结果	扣分	得分	备注
		步　骤	技术要求						
1	准备工作	穿戴劳保用品		3	不符合要求扣3分				
		工、量、器具准备		2	选择不正确扣2分				
2	步骤及技术要求	确定测量部位	从风叶尖端向轴心方向量出25mm为基准线	15	基准线每超差2mm扣5分				
3		拆松风叶锁紧螺栓	螺栓组件松紧度适当	15	达不到要求扣15分				
4		角度调整	一般取12°~15°，每片风叶角度允许偏差±0.5°	30	每超差0.5°扣5分				
5		风叶标高调整确定	以调整好的风叶作为基准并作好标记，其余各风叶按此标记确定，叶尖高度差小于8mm	30	标高每超差1mm扣10分				

续表

序号	考核内容	考核要点		配分	评分标准	检测结果	扣分	得分	备注
		步　骤	技术要求						
6	使用工、量、器具	使用工、量、器具		3	工、量、器具使用不正确扣 3 分				
		维护工、量、器具		2	工、量、器具乱摆乱放扣 2 分				
7	安全及其他	按国家法规或企业规定			违规一次从总分扣 5 分；严重违规停止操作			—	
		在规定时间内完成			超时 1min 从总分中扣 5 分，超时 3min 停止操作			—	
合　计				100					

否定项说明：若出现发生事故等情况，该题为零分。

试题 36：往复式压缩机吸排气阀的区分

（考核时间：10min）

序号	考核内容	考核要点	配分	评分标准	检测结果	扣分	得分	备注
1	准备工作	穿戴劳保用品	3	不符合要求扣 3 分				
		工、量、器具准备	2	选择不正确扣 2 分				
2	吸排气阀区别	吸气阀： 阀体在未装入气缸前，阀杆锁紧螺母压住阀座；组装时阀座在气缸外侧；用螺丝刀检查时，可以从缸的外侧顶开阀片	45	每判断错误一项扣 15 分				
3		排气阀： 阀体在未装入气缸前，阀杆锁紧螺母压住升程限制器；组装时阀座在气缸内侧；用螺丝刀检查时，可以从安装内侧方向顶开阀片	45	每判断错误一项扣 15 分				
4	使用工、量、器具	使用工、量、器具	3	工、量、器具使用不正确扣 3 分				
		维护工、量、器具	2	工、量、器具乱摆乱放扣 2 分				
5	安全及其他	按国家法规或企业规定		违规一次从总分扣 5 分；严重违规停止操作			—	
		在规定时间内完成		超时 1min 从总分中扣 5 分，超时 3min 停止操作			—	
合　计			100					

否定项说明：若出现发生事故等情况，该题为零分。

试题 37：往复式压缩机气阀的装配

（考核时间：30min）

序号	考核内容	考核要点		配分	评分标准	检测结果	扣分	得分	备注
		步　骤	技术要求						
1	准备工作	穿戴劳保用品		3	不符合要求扣 3 分				
		工、量、器具准备		2	选择不正确扣 2 分				

续表

序号	考核内容	考核要点		配分	评分标准	检测结果	扣分	得分	备注
		步　骤	技术要求						
2	步骤及技术要求	气阀零件清洗	用煤油清洗，禁用汽油清洗，氧压机气阀必须脱脂	10	达不到要求每项扣5分				
3		检查阀片与阀座及限制器的配合	阀座与阀片接触良好，不得有断痕；限制器与阀片径向间隙为0.2~0.25mm	20	每少检查一项扣10分				
4		检查阀座及限制器配合	固定销不许有歪斜和卡阻现象	20	达不到要求扣20分				
5		阀组装	阀片浮动自如，弹簧高低、刚性一致，升程高度符合图纸要求	20	达不到要求每项扣5分				
6		阀片组装后试漏	一般用煤油试漏：一分钟不超5滴。氧压机气阀用水试漏：一分钟不超5滴	20	试漏不符合要求扣20分				
7	使用工、量、器具	使用工、量、器具		3	工、量、器具使用不正确扣3分				
		维护工、量、器具		2	工、量、器具乱摆乱放扣2分				
8	安全及其他	按国家法规或企业规定			违规一次从总分扣5分；严重违规停止操作			—	
		在规定时间内完成			超时1min从总分中扣5分，超时3min停止操作			—	
合　计				100					

否定项说明：若出现发生事故等情况，该题为零分。

试题38：往复式压缩机冷却水故障的处理(现场模拟)

(考核时间：10min)

序号	考核内容	考核要点		配分	评分标准	检测结果	扣分	得分	备注
		故　障	排除方法						
1	准备工作	穿戴劳保用品		3	不符合要求扣3分				
		工、量、器具准备		2	选择不正确扣2分				
2	故障及排除方法	冷却水压力过低	提高水系统压力	10	未能提出排除方法扣10分				由有关工种人员完成
3		冷却水入口温度偏高	降低水温	10	未能提出排除方法扣10分				
4		冷却水管结垢或有异物	清除水管结垢、异物	20	达不到要求扣20分				
5		机体冷却水路不畅通或堵塞	调整疏通管路	20	达不到要求扣20分				
6		密封函组件装配不良，堵塞冷却水路	重新装配密封函组件	20	达不到要求扣20分				
7		冷却水泄漏	拆卸修理更换水管	10	达不到要求扣10分				

续表

序号	考核内容	考核要点		配分	评分标准	检测结果	扣分	得分	备注
		故　障	排除方法						
8	使用工、量、器具	使用工、量、器具		3	工、量、器具使用不正确扣3分				
		维护工、量、器具		2	工、量、器具乱摆乱放扣2分				
9	安全及其他	按国家法规或企业规定			违规一次从总分扣5分；严重违规停止操作			—	
		在规定时间内完成			超时1min从总分中扣5分，超时3min停止操作			—	
合　计				100					

试题39：往复式压缩机润滑油压力低的处理(现场模拟)

(考核时间：12min)

序号	考核内容	考核要点		配分	评分标准	检测结果	扣分	得分	备注
		故　障	排除方法						
1	准备工作	穿戴劳保用品		3	不符合要求扣3分				
		工、量、器具准备		2	选择不正确扣2分				
2	故障及排除方法	吸油管不严，内有空气	堵漏、排空气	5	达不到要求扣5分				
3		油泵故障	检修油泵	15	达不到要求扣15分				
4		吸油管路堵塞	管路异物清除	15	达不到要求扣15分				
5		油箱内润滑油太少	加注润滑油	5	未能提出排除方法扣5分				
6		滤油器堵塞	清洗过滤网	15	达不到要求扣15分				
7		润滑油牌号不符，油温过高	选择合适牌号或调整油温	10	未能提出排除方法每项扣5分				选择润滑油由有关工种人员完成
8		转动部件配合间隙过大，漏油严重	更换超标零部件	25	达不到要求扣25分				
9	使用工、量、器具	使用工、量、器具		3	工、量、器具使用不正确扣3分				
		维护工、量、器具		2	工、量、器具乱摆乱放扣2分				
10	安全及其他	按国家法规或企业规定			违规一次从总分扣5分；严重违规停止操作			—	
		在规定时间内完成			超时1min从总分中扣5分，超时3min停止操作			—	
合　计				100					

否定项说明：若出现发生事故等情况，该题为零分。

第二部分

中 级 工

一、石油化工行业职业标准(中级工工作要求)

职业功能	工作内容	技能要求	相关知识
机泵维修与安装	(一)机泵维护	1. 能进行机泵整机性能一般检测、评定 2. 能消除机泵的一般故障	1. 机泵完好标准 2. 中小型机泵检修规程 3. 中小型机泵安装规程 4. 机泵的工作原理、结构、检修、安装知识 5. 机泵常见故障排除知识 6. 零件修复知识 7. 常用金属材料应用知识
	(二)机泵检修	1. 能按技术要求,检修调试中小型机泵 2. 能进行机泵较复杂零部件的修配、调整 3. 能正确选用机泵常用配件的材料	
	(三)机泵安装	1. 能按技术要求,安装和调试中小型机泵 2. 能进行大型机泵的一般部件的装配	
工具、量具、辅助设备的使用与维护	(一)工具、量具、辅助设备的使用	1. 能使用复杂工具、量具 2. 使用钳工通用及专用设备 3. 能使用机泵常用检测仪器	1. 各种复杂工具的名称、构造、使用与调整知识 2. 常用量具、仪器的名称、性能、结构、原理、使用与调整知识 3. 钳工常用辅助设备的使用与保养知识,常见故障排除知识
	(二)工具、量具、辅助设备的维护	1. 能维护、保养各种工具、量具 2. 能维护、保养钳工通用、专用工具,并排除简单故障	
	(三)工具、量具、辅助设备的改进与制作	能设计、制作普通的专用工具、夹具	
绘图计算	(一)绘图	1. 能看懂机械装配图,传动系统图 2. 能绘制零件图	机械制图知识
	(二)计算	1. 能进行较复杂工件各部位尺寸计算 2. 能进行常用的机泵检修、安装、调整的计算	相关数学知识
管理	(一)质量管理	能进行施工过程基本的质量控制	ISO 9000族标准质量体系的基本知识
	(二)HSE管理	能按安全规程正确施工	1. 本岗位常见事故的预防与救护知识 2. 安全管理体系知识 3. 企业的安全管理制度 4. 国家安全生产法规基本知识
相关工种	(一)机加工	能操作大中型摇臂钻床	金属切削基本知识
	(二)热处理	能进行一般工件的简单热处理	热处理的原理与应用知识
	(三)起重工	能进行小型机泵的吊装	起重操作知识

二、理论知识鉴定要素细目表

行业通用理论知识鉴定要素细目表

鉴定范围						鉴定点		
一级		二级		三级		代码	名称	重要程度
代码	名称	代码	名称	代码	名称			
A	基本要求	B	基础知识	A	记录填写基础知识	001	岗位交接班记录的填写要求	X
						002	关键设备巡检记录的填写要求	X
				B	识图基础知识	001	正投影的特点	X
						002	三视图的特点	X
						003	三视图的作图方法	X
						004	零件图的作用	X
				C	安全环保基础知识	001	石化行业安全检查的内容	X
						002	尘毒物质危害人体的主要因素	X
						003	化工污染的控制方法	X
						004	清洁生产的理论基础	X
						005	清洁生产审计的目的	X
						006	灭火的机理	X
						007	ISO 14001 标准的特点	X
						008	ISO 14001 环境因素识别的状态、时态和类型	X
						009	ISO 14001 环境因素识别的步骤	X
						010	ISO 14001 识别环境因素的方法	X
						011	HSE 审核的概念	X
						012	HSE 审核的目的	X
						013	HSE 危害的概念	X
						014	废水治理的常识	X
						015	废气治理的常识	X
						016	废渣处理的常识	X
						017	防冻防凝的知识	X
						018	夏季四防的知识	X
						019	职业病的概念	X
						020	职业病的种类	X
						021	石化行业事故的分类	X
						022	石化行业事故分级的规定	X
						023	HSE 不符合的概念	X
						024	HSE 事故的定义	X

续表

鉴定范围						鉴定点		
一级		二级		三级		代码	名称	重要程度
代码	名称	代码	名称	代码	名称			
				D	质量基础知识	001	标准化的意义	X
						002	质量认证的概念	X
						003	全面质量管理的特点	X
						004	ISO 9000 质量管理体系基础的内容	X
						005	质量管理 PDCA 动态循环的意义	X
						006	ISO 9000 族标准的核心标准	X
						007	ISO 9000 族标准“质量”的意义	X
						008	ISO 9001 标准的八项管理原则	X
				E	计算机基础知识	001	Word 文字处理软件基础知识	X
						002	Word 表格处理知识	X
						003	Excel 工作表的建立	X
						004	Excel 的排版	X
				F	法律常识	001	合同的形式	X
						002	合同法关于无效合同的规定	X

工种理论知识鉴定要素细目表

鉴定范围						鉴定点		
一级		二级		三级		代码	名称	重要程度
代码	名称	代码	名称	代码	名称			
A	基本要求	B	基础知识	F	公差配合	001	配合代号的含义	X
						002	形位公差的注法	X
						003	表面粗糙度的标注方法	X
						004	表面粗糙度的选择原则	X
				G	材料	001	灰口铸铁的组织类型	X
						002	铸铁性能的特点	Y
						003	铸铁牌号的表示方法	X
						004	碳素结构钢牌号的表示方法	X
						005	优质结构钢的表示方法	X
						006	常用有色金属牌号的表示方法	Y
						007	合金钢牌号的表示方法	X
						008	常用硬质合金的种类	X
						009	常用硬质合金牌号的表示方法	X
						010	扁铲的材质	X
						011	填料密封材料的种类	X
						012	填料密封材料的选择原则	Y

续表

鉴定范围						鉴定点		
一级		二级		三级		代码	名称	重要程度
代码	名称	代码	名称	代码	名称			
				H	热处理	001	钢调质处理的目的	X
						002	渗氮的作用	X
						003	渗碳的作用	X
						004	时效处理的作用	X
B	相关知识	A	钳工工艺	A	基本操作知识	001	矫正的概念	X
						002	矫正的类别	X
						003	弯曲的方法	X
						004	刮削的概念	Y
						005	刮削显示剂的种类	X
						006	刮削的方法	X
						007	研磨的概念	Y
						008	研磨的方法	X
				B	工具器具	001	拉拔器的使用要求	X
						002	钻床的构造	Y
						003	钻床的用途	X
						004	钻床的使用方法	X
						005	手电钻的使用要求	X
						006	电磨头的使用要求	X
						007	角向磨光机的使用要求	X
						008	砂轮机的使用要求	X
						009	砂轮机的维护保养方法	X
						010	卡钳的使用要求	X
						011	块规的用途	X
						012	内径千分尺的使用方法	X
						013	内径百分表的使用方法	X
						014	万能游标量角器的构造	Z
						015	万能游标量角器的使用方法	Y
				C	装配工艺	001	铆接的方法	X
						002	螺纹联接的预紧要求	X
						003	键联接损坏的修理方法	X
						004	销联接损坏的形式	X
						005	销联接损坏的修理方法	X
						006	链传动损坏的形式	X
						007	齿轮传动的装配要点	X

续表

鉴定范围						鉴定点		
一级		二级		三级		代码	名称	重要程度
代码	名称	代码	名称	代码	名称			
						008	齿轮传动损坏的形式	X
						009	蜗杆传动的类型	X
						010	蜗杆传动的特点	Y
						011	蜗杆传动装配的技术要求	X
						012	滚动轴承密封装置的类型	Z
						013	滚动轴承的热装要求	X
						014	滚动轴承轴向游隙的检测方法	X
						015	滑动推力轴承的分类	X
						016	滑动轴承油膜涡动的概念	Y
		B	绘图与计算	A	绘图	001	常用零件的规定画法	X
						002	尺寸标注原则	X
						003	画零件草图的要求	Y
						004	零件图的内容	X
						005	轴测图的画法	Y
						006	装配图的内容	Y
						007	装配图特殊画法的种类	X
						008	作图的一般步骤	Y
						009	剖视图的画法	X
		C	机泵维修与安装	A	机泵通用技术	001	滚动轴承异响的原因	X
						002	蜂窝密封的工作原理	X
						003	蜂窝密封的结构	X
						004	蜂窝密封的特点	Y
						005	碳环密封的特点	Y
						006	浮环密封的工作原理	X
						007	浮环密封的特点	Y
						008	螺旋密封的工作原理	X
						009	螺旋密封的特点	X
						010	干气密封的结构	X
						011	干气密封的工作原理	X
						012	干气密封的特点	X
						013	振动的概念	Z
						014	刚性轴与挠性轴的区别	X
						015	联轴器对中偏差的类型	X
						016	手工矫正轴的方法	X

续表

鉴定范围						鉴定点		
一级		二级		三级		代码	名称	重要程度
代码	名称	代码	名称	代码	名称			
						017	机械矫正轴的方法	X
						018	火焰矫正轴的方法	X
						019	找静平衡的方法	X
						020	机泵开箱检查项目	Y
						021	API 标准引用的主要标准	Y
						022	API 标准对轴承的要求	X
				B	离心泵	001	离心泵的完好标准	Y
						002	离心泵联轴器安装的技术要求	X
						003	离心泵联合底座安装的要求	X
						004	离心泵的安装程序	X
						005	离心泵安装工程交工时应具备的技术文件	Z
						006	离心泵轴向力平衡的种类	X
						007	离心泵叶轮平衡孔堵塞的危害	X
						008	离心泵转子静不平衡的校正方法	X
						009	离心泵转子跳动的技术要求	X
						010	离心泵检修时转子的检查内容	X
						011	离心泵反转的危害	X
						012	离心泵平衡型密封与非平衡型密封的区别	X
						013	离心泵机械密封泄漏的原因	X
						014	离心泵滑动轴承安装的技术要求	X
						015	离心泵轴承温度高的原因	X
						016	离心泵轴承磨损的原因	X
						017	离心泵推力瓦磨损的原因	X
						018	离心泵流量降低的原因	X
						019	离心泵产生气蚀的原因	X
						020	离心泵电流增大的原因	X
						021	离心泵泵体发热的原因	X
						022	离心泵扬程小的原因	X
						023	离心泵抽空的原因	X
						024	多级离心泵装配的注意事项	X
				C	蒸汽往复泵	001	蒸汽往复泵的配汽原理	Y
						002	蒸汽往复泵配汽机构装配的技术要求	X
						003	蒸汽往复泵试车的技术要求	Y
						004	蒸汽往复泵装配调整的要点	X

续表

鉴定范围						鉴定点		
一级		二级		三级		代码	名称	重要程度
代码	名称	代码	名称	代码	名称			
						005	蒸汽往复泵撞缸的原因	X
						006	蒸汽往复泵突然停泵的原因	X
						007	蒸汽往复泵流量不足的原因	X
						008	蒸汽往复泵抽空的原因	X
				D	磁力驱动泵屏蔽泵	001	屏蔽泵扬程达不到要求的原因	Y
						002	屏蔽泵轴承损坏的原因	X
						003	屏蔽泵流量不足的原因	X
						004	磁力驱动泵的驱动原理	X
						005	磁力驱动泵介质端噪音大的原因	X
				E	计量泵	001	隔膜计量泵出口压力低的原因	X
						002	隔膜计量泵流量不足的原因	X
						003	柱塞计量泵流量不足的原因	X
						004	柱塞计量泵电机过载的原因	Y
						005	柱塞计量泵噪声的原因	X
				F	螺杆泵齿轮泵	001	齿轮泵电机超负荷的原因	X
						002	齿轮泵密封泄漏的原因	X
						003	齿轮泵输出压力低的原因	X
						004	齿轮泵泵体过热的原因	X
						005	螺杆泵配合间隙的技术要求	X
						006	螺杆泵的完好标准	Y
						007	螺杆泵密封泄漏的原因	X
						008	螺杆泵电机过载的原因	X
						009	螺杆泵螺杆卡住的原因	X
				G	风机	001	轴流风机电流过大的原因	X
						002	轴流风机轴承温度高的原因	X
						003	轴流风机风量过小的原因	X
						004	轴流风机噪声大的原因	X
				H	螺杆压缩机	001	螺杆压缩机的结构	X
						002	螺杆压缩机的工作原理	X
						003	螺杆压缩机轴封漏油的原因	X
				I	变速机	001	变速机齿轮间隙的检查方法	X
						002	变速机齿轮接触面积的要求	X
						003	变速机两齿轮中心距的技术要求	X
						004	变速机两齿轮轴平行度的技术要求	X

续表

鉴定范围						鉴定点		
一级		二级		三级		代码	名称	重要程度
代码	名称	代码	名称	代码	名称			
						005	变速机的完好标准	Y
						006	变速机试车技术要求	Z
				J	往复式压缩机	001	往复式压缩机空运转的目的	X
						002	往复式压缩机开车前盘车的目的	X
						003	往复式压缩机连杆螺栓更换的条件	X
						004	往复式压缩机连杆的检查内容	X
						005	往复式压缩机薄壁瓦的装配要求	X
						006	往复式压缩机气阀安装的技术要求	X
						007	往复式压缩机活塞环安装的技术要求	X
						008	往复式压缩机气缸余隙的技术要求	X
						009	往复式压缩机密封填料安装的技术要求	X
						010	往复式压缩机对润滑油的要求	Y
						011	往复式压缩机活塞圆周间隙的要求	X
						012	往复式压缩机的完好标准	Y
						013	往复式压缩机试车前的准备	Y
						014	往复式压缩机刮油环带油的原因	X
						015	往复式压缩机填料密封的故障原因	X
						016	往复式压缩机气阀故障的原因	X
						017	往复式压缩机气缸温度高的原因	X
						018	往复式压缩机气缸有突然冲击声的原因	Z
						019	往复式压缩机活塞杆过热的原因	X
				K	离心式压缩机	001	离心式压缩机的分类	X
						002	离心式压缩机的工作原理	X
						003	离心式压缩机的特点	X
						004	离心式压缩机主体结构的组成	X
						005	离心式压缩机临界转速的概念	X
						006	离心式压缩机叶轮结构的形式	X
						007	离心式压缩机轴封的种类	Y
						008	离心式压缩机喘振的危害	X
						009	离心式压缩机径向轴承顶间隙的检测方法	X
				L	汽轮机	001	汽轮机的分类	Y
						002	汽轮机的工作原理	X
						003	汽轮机的特点	Y
						004	汽轮机调速器的分类	X

续表

鉴定范围						鉴定点		
一级		二级		三级		代码	名称	重要程度
代码	名称	代码	名称	代码	名称			
						005	汽轮机叶片的类型	X
						006	汽轮机转子的类型	X
						007	汽轮机供油系统辅助油泵的类型	X
						008	汽轮机汽封的类型	X
						009	汽轮机汽封系统的作用	X
						010	汽轮机汽缸的作用	Z
						011	汽轮机喷嘴的作用	X
						012	汽轮机滑销系统的作用	X
						013	汽轮机凝汽设备的组成	X
						014	凝汽式汽轮机与背压式汽轮机的区别	X
						015	汽轮机的主要配汽方式	X
						016	汽轮机调节系统试验的目的	Z
				M	烟气轮机	001	烟气轮机的结构	X
						002	烟气轮机的工作原理	X
						003	烟气轮机的特点	X
						004	烟气轮机轴封的形式	X
						005	烟气轮机安装施工前技术资料的准备	Z
		D	相关工种	A	机加工	001	工件定位的基本原理	Y
						002	机械加工精度的内容	X
						003	外圆切削的方法	Z
				B	起重工	001	钢丝绳扣的常用拴接形式	Y
						002	手拉葫芦使用的注意事项	Y
						003	卷扬机的分类	Z
						004	起重吊装的指挥信号	X
						005	卸扣的使用要点	Y

三、理论知识试题

行业通用理论知识试题

判断题

1. 交接班记录需要领导审阅签字。 (√)
2. 设备巡检包括设备停机过程中的检查。 (√)
3. 投影线都相互平行的投影称为中心投影。 (×)

正确答案：投影线都相互平行的投影称为平行投影。

4. 在三视图中，能够反映物体上下、左右位置关系的视图为俯视图。 (×)

正确答案：在三视图中，能够反映物体上下、左右位置关系的视图为主视图。

5. 画三视图时，左视图和俯视图的关系是长对正。（×）

正确答案：画三视图时，左视图和俯视图的关系是宽相等。

6. 零件图的作用是读零件图与装配图关系。（×）

正确答案：零件图的作用是直接指导制造零件和检验零件的图样。

7. 零件图是直接指导制造零件和检验零件的图样。（√）

8. 综合性季度检查中，安全生产不仅是重要内容，还实行一票否决权。（√）

9. 尘毒物质对人体的危害与个人体质因素无关。（×）

正确答案：尘毒物质对人体的危害与个人年龄、身体健康状况等因素有关。

10. 因为环境有自净能力，所以轻度污染物可以直接排放。（×）

正确答案：虽然环境有自净能力，轻度污染物也不可以直接排放。

11. 目前清洁生产审计中应用的理论主要是物料平衡和能量守恒原理。（√）

12. 清洁生产审计的目的是：通过清洁生产审计判定生产过程中不合理的废物流和物、能耗部位，进而分析其原因，提出削减它的可行方案并组织实施，从而减少废弃物的产生和排放，达到实现本轮清洁生产目标。（√）

13. 根据燃烧三要素，采取除掉可燃物、隔绝氧气(助燃物)、将可燃物冷却至燃点以下等措施均可灭火。（√）

14. 在HSE管理体系中，评审是高层管理者对安全、环境与健康管理体系的适应性及其执行情况进行正式评审。（√）

15. 第二方审核是直属企业作为受审方，由取得相应资格的单位进行HSE体系审核。（×）

正确答案：第三方审核是直属企业作为受审方，由取得相应资格的单位进行HSE体系审核。

16. 含汞、铬、铅等的工业废水不能用化学沉淀法治理。（×）

正确答案：含汞、铬、铅等的工业废水可以用化学沉淀法治理。

17. 一级除尘又叫机械除尘。（√）

18. 废渣处理首先考虑综合利用的途径。（√）

19. 陆地填筑法可避免造成火灾或爆炸。（×）

正确答案：陆地填筑法有可能造成火灾或爆炸。

20. 在防冻防凝工作中，严禁用高压蒸汽取暖、严防高压蒸汽窜入低压系统。（√）

21. 对已冻结的铸铁管线、阀门等可以用高温蒸汽迅速解冻。（×）

正确答案：对已冻结的铸铁管线、阀门等不得急剧加热，只允许温水或少量蒸汽缓慢解冻，以防骤然受热损坏。

22. 进入夏季，工业园区应对所有地沟、排水设施进行检查，清除排水障碍。备足防汛物资，遇到险情时能满足需求。（√）

23. 从事办公室工作的人员不会形成职业病。（×）

正确答案：从事办公室工作的人员也会形成相应的职业病。

24. 职业中毒不属于职业病。（×）

正确答案：职业中毒属于职业病之一。

25. 急慢性中毒皆属于人身事故。（×）

正确答案：急性中毒属于人身事故。

26. 在 HSE 管理体系中，一般不符合项是指能使体系运行出现系统性失效或区域性失效的问题。 (×)

正确答案：在 HSE 管理体系中，一般不符合项是指个别的、偶然的、孤立的、性质轻微的问题或者是不影响体系有效性的局部问题。

27. HSE 管理体系规定，公司应建立事故报告、调查和处理管理程序，所制定的管理程序应保证能及时地调查、确认事故(未遂事故)发生的根本原因。 (√)

28. 标准化的重要意义是提高产品、过程或服务的质量，防止贸易壁垒，并促进技术合作。 (×)

正确答案：标准化的重要意义是改进产品、过程或服务的适用性，防止贸易壁垒，并促进技术合作。

29. 企业应当具备法人的资格或是法人的一部分，才可以申请质量体系认证。 (√)

30. 全面质量管理的核心是强调提高产品质量。 (×)

正确答案：全面质量管理的核心是强调提高工作质量。

31. 生产制造过程的质量管理是全面质量管理的中心环节。 (√)

32. 质量管理体系是指在质量方面指挥和控制组织的管理体系，它是组织若干管理体系的一个。 (√)

33. PDCA 循环是全面质量管理的科学方法，可用于企业各个方面、各个环节的质量管理活动。 (√)

34. ISO 9004：2000 标准是“指南”，可供组织作为内部审核的依据，也可用于认证和合同目的。 (×)

正确答案：ISO 9004：2000 标准提供了超出 ISO 9001 要求的指南和建议，不用于认证或合同的目的。

35. ISO 9000 族标准中，质量仅指产品质量。 (√)

36. ISO 9000 族标准质量管理八项原则是一个组织在质量管理方面的总体原则。 (√)

37. 计算机应用软件 Word 字处理软件不仅可以进行文字处理，还可以插入图片、声音等，但不能输入数学公式。 (×)

正确答案：Word 字处理软件不仅可以进行文字处理，还可以插入图片、声音等，也能输入数学公式。

38. 在应用软件 Word 表格操作中选定整个表格后，按格式工具栏上的左、右、居中对齐等按钮则单元格中的文字内容进行左、右、居中对齐。 (×)

正确答案：选定整个表格后，按格式工具栏上的左、右、居中对齐等按钮则单元格中的文字内容不会进行左、右、居中对齐，整个工作表整体在页面中进行左、右、居中对齐。

39. 在应用软件 Word 表格操作中利用表格工作栏还可对表格内容进行垂直对齐。 (√)

40. 在计算机应用软件 Excel 中选中不连续单元格的功能键是 Alt。 (×)

正确答案：在计算机应用软件 Excel 中选中不连续单元格的功能键是 Ctrl。

41. 在计算机应用软件 Excel 中清除合并居中的格式可以通过键盘的删除(Delete)键来实现。 (×)

正确答案：在计算机应用软件 Excel 中清除合并居中的格式可以通过编辑菜单中的清除格式来实现。

42. 在计算机应用软件 Excel 中的打印可实现放大或缩小比例打印。 (√)

43. 不动产的买卖合同一般采用登记形式。 (√)

44. 在实践中，口头形式是当事人最为普遍采用的一种合同约定形式。 (×)

正确答案：在实践中，书面形式是当事人最为普遍采用的一种合同约定形式。

单选题

1. 不允许在岗位交接班记录中出现(C)。
A. 凭旧换新　B. 划改内容　C. 撕页重写　D. 双方签字

2. 投影线都通过中心的投影称为(A)投影法。
A. 中心　B. 平行　C. 斜　D. 正

3. 在工程制图中应用较多的投影法是(D)投影法。
A. 中心　B. 平行　C. 斜　D. 正

4. 剖视图的剖切符号为断开的(D)线。
A. 细实　B. 点划　C. 虚　D. 粗实

5. 在三视图中，反映物体前后、左右位置关系的视图为(B)。
A. 主视图　B. 俯视图
C. 左视图　D. 在三个视图中都有可能

6. 在三视图中，反映物体前后、上下位置关系的视图为(C)。
A. 主视图　B. 俯视图
C. 左视图　D. 在三个视图中都有可能

7. 画三视图时，主视图和俯视图的关系是(A)。
A. 长对正　B. 高平齐　C. 宽相等　D. 无关系

8. 零件图的主要作用之一是(B)。
A. 指导读零件的结构　B. 直接指导制造零件
C. 读零件图与装配图关系　D. 读零件之间的配合情况

9. 毒物的沸点是(C)。
A. 越低毒性越小　B. 越高毒性越大　C. 越低毒性越大　D. 与毒性无关

10. 污染物的回收方法包括(D)。
A. 蒸发　B. 干燥　C. 排放　D. 吸收

11. 清洁生产涵盖有深厚的理论基础，但其实质是(A)。
A. 最优化理论　B. 测量学基本理论
C. 环境经济学基本理论　D. 资源经济学基本理论

12. 液体有机物的燃烧可以采用(C)灭火。
A. 水　B. 沙土　C. 泡沫　D. 以上均可

13. ISO 14001 标准其主要特点有强调(D)，强调法律，法规的符合性，强调系统化管理，强调文件化，强调相关方的观点。
A. 污染预防　B. 持续改进
C. 末端治理　D. 污染预防、持续改进

14. 在 ISO 14001 标准体系中，为了确保环境因素评价的准确性，在识别环境因素时应考虑的三种状态是(C)。
A. 开车、停机和检修状态　B. 连续、间歇和半连续状态

C. 正常、异常和紧急状态　　D. 上升、下降和停止状态

15. 公司 HSE 管理体系的审核分为内部审核、(C)。

A. 第一方审核　B. 第二方审核　C. 第三方审核　D. 第四方审核

16. HSE 评审的目的是检验 HSE 管理体系的适宜性、(B)和有效性。

A. 充分性　B. 公平性　C. 权威性　D. 必要性

17. 废水治理的方法有物理法、(A)法和生物化学法等。

A. 化学　B. 过滤　C. 沉淀　D. 结晶

18. 可直接用碱液吸收处理的废气是(A)。

A. 二氧化硫　B. 甲烷　C. 氨气　D. 一氧化氮

19. 废渣的处理大致采用(D)、固化、陆地填筑等方法。

A. 溶解　B. 吸收　C. 粉碎　D. 焚烧

20. 为了作好防冻防凝工作，停用的设备、管线与生产系统联接处要加好(B)，并把积水排放吹扫干净。

A. 阀门　B. 盲板　C. 法兰　D. 保温层

21. “夏季四防”包括防暑降温、防汛、(A)、防倒塌。

A. 防雷电　B. 防霉变　C. 防跌滑　D. 防干旱

22. 属于石化行业职业病的是(B)。

A. 近视　B. 尘肺病　C. 肩周炎　D. 哮喘

23. 与化工生产密切相关的职业病是(B)。

A. 耳聋　B. 职业性皮肤病　C. 关节炎　D. 眼炎

24. 在 HSE 管理体系中，(A)是指组织在职业健康安全绩效方面所达到的目的。

A. 目标　B. 事件　C. 不合格　D. 不符合

25. 在 HSE 管理体系中，(B)是指与组织的职业健康安全绩效有关的或受其职业健康安全绩效影响的个人或团体。

A. 目标　B. 相关方　C. 事件　D. 不符合

26. 在 HSE 管理体系中，造成死亡、职业病、伤害、财产损失或环境破坏的事件称为(C)。

A. 灾害　B. 毁坏　C. 事故　D. 不符合

27. 标准化的重要意义是改进产品、过程或服务的(C)，防止贸易壁垒，并促进技术合作。

A. 品质　B. 性能　C. 适用性　D. 功能性

28. 产品质量认证活动是(D)开展的活动。

A. 生产方　B. 购买方

C. 生产和购买双方　D. 独立于生产方和购买方之外的第三方机构

29. 全面质量管理强调以(B)质量为重点的观点。

A. 产品　B. 工作　C. 服务　D. 工程

30. 质量管理体系要求企业除应有(A)上的保证能力以外，还应有资源上的保证能力。

A. 管理　B. 质量计划　C. 质量政策与程序　D. 质量文件

31. 企业的质量方针是由(D)决策的。

A. 全体员工　B. 基层管理人员　C. 中层管理人员　D. 最高管理层人员

32. PDCA 循环的四个阶段八个步骤的第四个步骤是(B)。

A. 总结　　B. 拟订对策并实施

C. 分析问题原因　　D. 效果的确认

33. ISO 9001 和 ISO 9004 的区别在于(D)。

A. 采用以过程为基础的质量管理体系模式

B. 建立在质量管理八项原则的基础之上

C. 强调与其他管理标准的相容性

D. 用于审核和认证

34. 下列各项中属于产品固有特性的是(B)。

A. 价格　　B. 噪音　　C. 保修期　　D. 礼貌

35. PDCA 循环是实施 ISO 9000 族标准(B)原则的方法。

A. 系统管理　　B. 持续改进　　C. 过程方法　　D. 以事实为决策依据

36. 在计算机应用软件 Word 中，不能进行的字体格式设置是(C)。

A. 文字的缩放　　B. 文字的下划线　　C. 文字的旋转　　D. 文字的颜色

37. 计算机应用软件 Word 的菜单中，经常有一些命令是灰色的，这表示(B)。

A. 应用程序本身有故障　　B. 这些命令在当前状态不起作用

C. 系统运行故障　　D. 这些命令在当前状态下有特殊的效果

38. 在计算机应用软件 Word 中，可用于计算表格中某一数值列平均值的函数是(C)。

A. Abs(　)　　B. Count(　)　　C. Average(　)　　D. Total(　)

39. 在计算机应用软件 Excel 工作表中，可按需拆分窗口，一张工作表最多拆分为(B)个窗口。

A. 3　　B. 4　　C. 5　　D. 任意多

40. 在计算机应用软件 Excel 中如图所示页面中的斜杠是通过(B)菜单中单元格里的边框来实现。

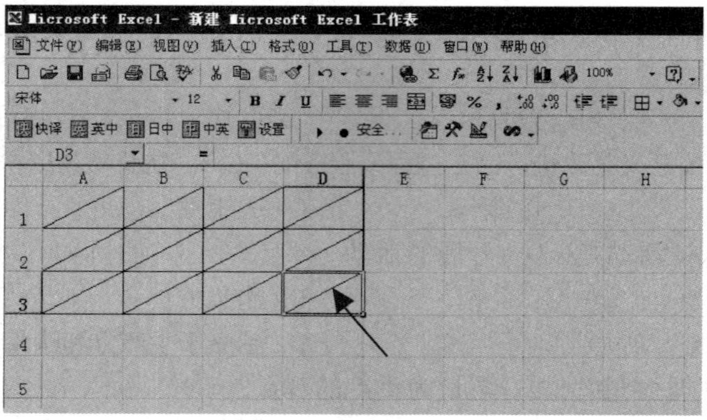

A. 编辑　　B. 格式　　C. 工具　　D. 窗口

41. 当事人采用合同书形式订立合同的，自双方当事人(C)时合同成立。

A. 制作合同书　　B. 表示受合同约束

C. 签字或者盖章　　D. 达成一致意见

42. 下列各种合同中，必须采取书面形式的是(D)合同。
A. 保管　B. 买卖　C. 租赁　D. 技术转让

多选题

1. 设备巡检时域分为(A，B，C，D)等检查。
A. 设备运行期间　B. 设备停机过程中
C. 设备停运期间　D. 设备开机过程中
2. 在三视图中，能够反映物体前后位置关系的视图为(B，C)。
A. 主视图　B. 俯视图
C. 左视图　D. 在三个视图中都有可能
3. 在三视图中，能够反映物体上下位置关系的视图为(A，C)。
A. 主视图　B. 俯视图
C. 左视图　D. 在三个视图中都有可能
4. 在三视图中，与高度有关的视图是(A，C)。
A. 主视图　B. 俯视图　C. 左视图　D. 三个视图都有关系
5. 在三视图中，与宽度有关的视图是(B，C)。
A. 主视图　B. 俯视图　C. 左视图　D. 三个视图都有关系
6. 零件图的主要作用是(A，C)。
A. 直接指导制造零件　B. 指导读零件的结构
C. 检验零件的图样　D. 读零件图与装配图关系
7. 安全检查中的“月查”由车间领导组织职能人员进行月安全检查，查领导、查思想、(A，B，D)。
A. 查隐患　B. 查纪律　C. 查产量　D. 查制度
8. 尘毒物质对人体的危害与工作环境的(A，B，C)等条件有关。
A. 温度　B. 湿度　C. 气压　D. 高度
9. 改革生产工艺是控制化工污染的主要方法，包括(A，B，C)等。
A. 改革工艺　B. 改变流程
C. 选用新型催化剂　D. 更新设备
10. 着火点较大时，有利于灭火措施的是(A，C，D)。
A. 抑制反应量　B. 用衣服、扫帚等扑打着火点
C. 减少可燃物浓度　D. 减少氧气浓度
11. 在 ISO 14001 标准体系中，为了确保环境因素评价的准确性，在识别环境因素时应考虑土地污染、对社区的影响、原材料与自然资源的使用、其他地方性环境问题外，还应考虑(A，B，C)问题。
A. 大气排放　B. 水体排放　C. 废物管理　D. 材料的利用
12. 在 ISO 14001 标准体系中，环境因素识别的步骤包括(A，B，D)。
A. 划分和选择组织过程　B. 确定选定过程中存在的环境因素
C. 初始环境评审　D. 明确每一环境因素对应的环境影响
13. 在 ISO 14001 标准体系中，识别环境因素的方法除问卷调查、专家咨询、现场观察和面谈、头脑风暴、查阅文件及记录、测量、水平对比、纵向对比等方法外，还有

(A，B，C)方法。

A. 过程分析法　　B. 物料衡算

C. 产品生命周期　　D. 最优化理论

14. 在 HSE 管理体系中，审核是判别管理活动和有关的过程(A，B)，并系统地验证企业实施安全、环境与健康方针和战略目标的过程。

A. 是否符合计划安排　　B. 是否得到有效实施

C. 是否已经完成　　D. 是否符合标准

15. HSE 管理体系中，危害主要包括(A，B，C，D)等方面。

A. 物的不安全状态　　B. 人的不安全行为

C. 有害的作业环境　　D. 安全管理缺陷

16. 工业废水的生物处理法包括(B，D)法。

A. 过滤　　B. 好氧　　C. 结晶　　D. 厌氧

17. 对气态污染物的治理主要采取(B，C)法。

A. 蒸馏　　B. 吸附　　C. 吸收　　D. 过滤

18. 可用于废渣处理方法的是(A，B，C)。

A. 陆地填筑　　B. 固化　　C. 焚烧　　D. 粉碎

19. 为了做好防冻防凝工作，应注意(A，B，C)。

A. 加强报告制度　　B. 加强巡检力度

C. 有情况向上级或领导汇报　　D. 独立解决问题

20. 不属于夏季四防范畴的是(A，B，D)。

A. 防滑　　B. 防冰雹　　C. 防雷电　　D. 防干旱

21. HSE 管理体系规定，事故的报告、(A，B，C)、事故的调查、责任划分、处理等程序应按国家的有关规定执行。

A. 事故的分类　　B. 事故的等级　　C. 损失计算　　D. 事故的赔偿

22. 标准化的重要意义可概括为(A，B，C，D)。

A. 改进产品、过程或服务的适用性　　B. 防止贸易壁垒，促进技术合作

C. 在一定范围内获得最佳秩序　　D. 有一个或多个特定目的，以适应某种需要

23. 企业质量体系认证(A，C，D)。

A. 是一种独立的认证制度

B. 依据的标准是产品标准

C. 依据的标准是质量管理标准

D. 是第三方对企业的质量保证和质量管理能力依据标准所做的综合评价

24. 产品的质量特性包括(A，B，C，D)。

A. 性能　　B. 寿命　　C. 可靠性　　D. 安全性

25. PDCA 循环中，处置阶段的主要任务是(B，D)。

A. 明确目标并制订实现目标的行动方案

B. 总结成功经验

C. 对计划实施过程进行各种检查

D. 对质量问题进行原因分析，采取措施予以纠正

26. 下列哪些标准应用了以过程为基础的质量管理体系模式的结构(B，C)。

A. ISO 9000：2000《质量管理体系基础和术语》

B. ISO 9001：2000《质量管理体系要求》

C. ISO 9004：2000《质量管理体系业绩改进指南》

D. ISO 19011：2002《质量和环境管理体系审核指南》

27. ISO 9000 族标准中，质量具有(B，C)性等性质。

A. 适用　　B. 广义　　C. 相对　　D. 标准

28. 在计算机应用软件 Word 的“页面设置”对话框中，可以设置的选项为(B，C，D)。

A. 字体　　B. 位置　　C. 纸型　　D. 纸张大小

29. 在计算机应用软件 Word 表格中，关于数据排序的叙述，不正确的是(A，B，C)。

A. 表格中数据的排序只能按升序进行　　B. 表格中数据的排序只能按降序进行

C. 表格中数据的排序依据只能是行　　D. 表格中数据的排序依据可以是列

30. 在计算机应用软件 Excel 工作表中，选定某单元格，单击“编辑”菜单下的“删除”选项，可能完成的操作是(A，B，C)。

A. 删除该行　　B. 右侧单元格左移

C. 删除该列　　D. 左侧单元格右移

31. 在 Excel 工作簿中，对工作表可以进行的打印设置是(A，B，D)。

A. 打印区域　　B. 打印标题　　C. 打印讲义　　D. 打印顺序

32. 合同可以以(A，B，C，D)形式存在。

A. 口头　　B. 批准　　C. 登记　　D. 公正

33. 下列说法中属于无效合同特征的有(A，B，C，D)。

A. 无效合同自合同被确认无效时起无效

B. 对无效合同要进行国家干预

C. 无效合同具有不得履行性

D. 无效合同的违法性

工种理论知识试题

判断题

1. 相互配合的孔和轴，其配合代号用分数形式：分子为孔的公差带代号，分母为轴的公差带代号。 (√)

2. 符号“$\overset{3.2}{\surd}$”表示是用去除材料的方法获得的表面粗糙度，R_a 的最大允许值为 3.2μm。(×)

正确答案：符号“$\overset{3.2}{\surd}$”表示是用任何方法获得的表面粗糙度，R_a 的最大允许值为 3.2μm。

3. 灰口铸铁若在第二阶段石墨化过程中仅部分进行，则获得的组织是马氏体加铁素体的基体组织上分布片状石墨。 (×)

正确答案：灰口铸铁若在第二阶段石墨化过程中仅部分进行，则获得的组织是珠光体加铁素体的基体组织上分布片状石墨。

4. 灰口铸铁的过冷倾向较大，易产生白口现象，而且铸件也容易产生缩松等缺陷。 (×)

正确答案：球墨铸铁的过冷倾向较大，易产生白口现象，而且铸件也容易产生缩松等缺陷。

5. 碳素结构钢牌号中表示脱氧方法的符号是 A、B、C、D。（×）

正确答案：碳素结构钢牌号中表示脱氧方法的符号是 F、b、Z、TZ。

6. 变形铝合金 2A11 是以铜为主要合金元素的变形铝合金。（√）

7. 高速工具钢的牌号表示方法类似合金工具钢，在牌号中必须标出含碳量的多少。（×）

正确答案：高速工具钢的牌号表示方法类似合金工具钢，在牌号中无论含碳量多少，都不予标出。

8. 制作扁铲的工具钢含碳量越大越好，必须在 1.2%以上。（×）

正确答案：制作扁铲的工具钢含碳量不是越大越好，一般平均含碳量为 0.7%~0.8%。

9. 渗碳可提高钢件的表面弹性。（×）

正确答案：渗碳可提高钢件的表面硬度。

10. 用锤子敲打材料的适当部位，使之局部伸长和展开，来达到矫正复杂变形的目的的矫正方法叫伸张法。（×）

正确答案：用锤子敲打材料的适当部位，使之局部伸长和展开，来达到矫正复杂变形的目的的矫正方法叫延展法。

11. 工件弯曲的方法有冷弯和热弯两种。（√）

12. 研磨狭长平面或有台阶的平面，应采用直线运动轨迹。（√）

13. 角向磨光机使用切割片切割工件时，需保持切割角度，对切割片不要施加径向压力。（×）

正确答案：角向磨光机使用切割片切割工件时，需保持切割角度，对切割片不要施加侧向压力。

14. 外卡钳用于测量工件的外形尺寸。（√）

15. 块规的长度是计量器具的长度标准。（√）

16. 测量孔的圆度，应在孔的几个径向截面内的同一方向上测量。（×）

正确答案：测量孔的圆度，应在孔的同一径向截面内的几个不同方向上测量。

17. 用游标量角器测量时，应使角度尺的两个测量面的全长与被测表面保持良好接触，这样可以减少测量误差。（√）

18. 空心铆钉用圆凸冲头将其头部铆成时，要一下锤打铆成。（×）

正确答案：空心铆钉用圆凸冲头将其头部铆成时，要分几下锤打铆成，以免大力快铆出现裂纹。

19. 作为安全销使用的销子，配制新销时，材料加工方法及热处理要求应与旧销相同。（√）

20. 作为传送扭矩的销子受剪断裂后，应将断销取下，进行焊接修复，再重新使用。（×）

正确答案：作为传送扭矩的销子受剪断裂后，应将断销取下后，按实际尺寸配制新销。

21. 链传动中，链轮齿逐渐磨损而节距增加，链条磨损加快，严重时要更换链条和链轮。（√）

22. 为了减少摩擦、提高耐磨性和抗胶合能力，蜗轮往往选用贵重的不锈钢来制造，因而成本较高。（×）

正确答案：为了减少摩擦、提高耐磨性和抗胶合能力，蜗轮往往选用贵重的青铜来制造，因而成本较高。

23. 蜗杆传动机构啮合后齿面上的正确触斑点长度，轻载时为齿宽的 25%～50%，满载时为齿宽的 70%左右。 (×)

正确答案：蜗杆传动机构啮合后齿面上的正确触斑点的长度，轻载时为齿宽的 25%～50%，满载时为齿宽的 90%左右。

24. 金斯伯雷型轴承是一种错叠式三层结构的推力轴承，其结构复杂、受力均匀、承载能力大，不允许有对中偏差和偏斜现象。 (×)

正确答案：金斯伯雷轴承是一种错叠式三层结构的推力轴承，其结构复杂、受力均匀、承载能力大，允许一定的不对中及偏斜。

25. 油膜涡动中，轴心涡动的方向和转子的旋转方向相反。 (×)

正确答案：油膜涡动中，轴心涡动的方向和转子的旋转方向相同。

26. 在零件图中，尺寸标注的合理性是指在进行尺寸标注时，应考虑零件在加工制造和检验过程中的要求，使所注尺寸符合生产实际的需要。 (√)

27. 零件草图和零件图的内容是相同的，它们之间的主要区别在于作图方法的不同。 (√)

28. 立体表面上与轴测投影面平行的圆，在斜二等轴测图中应画成椭圆。 (×)

正确答案：立体表面上与轴测投影面平行的圆，在斜二等轴测图中还是圆。

29. 在装配图中，零件的工艺结构，如拔模斜度、小圆角、倒角、退刀槽等，也应像在零件图中一样，详细、准确地画出，不允许省略。 (×)

正确答案：在装配图中，零件的工艺结构，如拔模斜度、小圆角、倒角、退刀槽等，允许采用简化画法——省略不画。

30. 画装配图之前，首先要对机器或部件进行全面的了解和分析，通过有关的资料和实物，了解该机器或部件的用途、性能、工作状况、装配关系和结构特点等。这是绘制装配图必要的一个步骤。 (√)

31. 判断图中的 A-A 剖视是否正确。 (√)

32. 润滑油过多会令滚动轴承在运转中产生异响。 (×)

正确答案：润滑油过少会令滚动轴承在运转中产生异响。

33. 蜂窝密封可以使气流的动能充分向压力能转换，可有效地减小透气效应所带来的泄漏。 (×)

正确答案：蜂窝密封可以使气流的动能充分向热能转换，可有效地减小透气效应所带来的泄漏。

34. 蜂窝密封是特殊的浮环密封。 (×)

正确答案：蜂窝密封是特殊的的迷宫式密封。

35. 蜂窝密封可以抑制转子气流激振，有降温效果。 (×)

正确答案：蜂窝密封可以抑制转子气流激振，有减振效果。

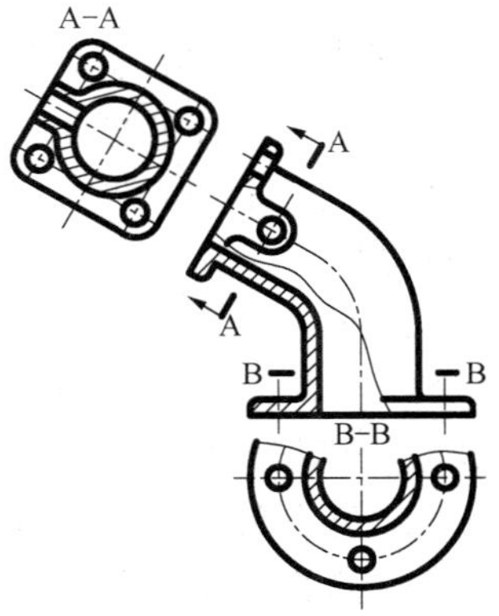

31 题图

36. 浮环密封靠液膜工作，有时也称为液膜密封。 (√)

37. 浮环密封的内外侧密封环依靠介质的压力使端面与密封盘壁面贴紧。 (×)

正确答案：浮环密封的内外侧密封环依靠弹簧的预紧力(或橡胶 O 形密封圈的弹力)使端面与密封盘壁面贴紧。

38. 浮环密封有一个明显优于迷宫密封之处，就是单位密封长度上的泄漏率比较低。 (√)

39. 螺旋密封的间隙内充满黏性流体，当轴转动时，螺旋顶部对黏性流体施加推进力，进行能量交换。 (×)

正确答案：螺旋密封的间隙内充满黏性流体，当轴转动时，螺旋侧壁对黏性流体施加推进力，进行能量交换。

40. 干气密封中单端面机封只可以单独使用不可以串级使用。 (×)

正确答案：干气密封中单端面机封既可以单独使用，也可以串级使用。

41. 双向槽干气密封比单向槽干气密封具有较大的流体动压效应和气膜稳定性。 (×)

正确答案：单向槽干气密封比双向槽干气密封具有较大的流体动压效应和气膜稳定性。

42. 振动是物体运动的一种形式，它是指物体经过平衡位置而往复运动的过程。 (√)

43. 刚性轴与挠性轴的区别在于：刚性轴的转速高于一阶临界转速，而挠性轴的转速低于一阶临界转速。 (×)

正确答案：刚性轴与挠性轴的区别在于：刚性轴的工作转速处在低于一阶临界转速状态，而挠性轴的工作转速处在高于一阶临界转速状态。

44. 机泵联轴器对中找正过程中，表架固定在泵体上，轴向表和径向表的上读数皆为0，下读数皆为负值时，则表示(在外径表测点位置)电机比泵高、上开口。 (×)

正确答案：机泵联轴器对中找正过程中，表架固定在泵体上，轴向表和径向表的上读数皆为0，下读数皆为负值时，则表示(在外径表测点位置)电机比泵高、下开口。

45. 手工矫正轴时，使轴凸曲部向下。 (×)

正确答案：手工矫正轴时，使轴凸曲部向上。

46. 火焰矫正轴时，加热点温度要缓慢上升，加热点面积要大。 (×)

正确答案：火焰矫正轴时，加热点温度要迅速上升，加热点面积要小。

47. 在静平衡装置上对旋转零、部件进行静平衡，要先对装置的平行导轨进行水平调整，以防止平衡心轴产生轴向倾斜或沿斜坡滚动。 (√)

48. 热油离心泵初次安装，预热升温正常后，不必校核联轴器的对中。 (×)

正确答案：热油离心泵初次安装，预热升温正常后，应校核联轴器的对中。

49. 安装离心泵联合底座前，混凝土基础应完全固化，基础表面应平整光滑。 (×)

正确答案：安装离心泵联合底座前，混凝土基础应完全固化，基础表面应凿掉10～25mm厚度，使其变得粗糙。

50. 采用平衡管平衡轴向力的方法一般适用于多级离心泵。 (√)

51. 找离心泵叶轮的静不平衡时，让叶轮自由转动，如叶轮稳定后某一点总是在最下面的位置，则该点就是偏重的位置。 (√)

52. 离心泵检修时，需检查泵轴的外形尺寸、圆度、直线度等。 (√)

53. 离心泵反转会导致电机电流过大。 (×)

正确答案：离心泵反转会导致电机电流降低。

54. 离心泵轴承箱润滑油油位过低或过高均会导致滚动轴承温度高。 (√)

55. 离心泵轴弯曲将会引起振动，但不会导致推力瓦磨损。 (×)

正确答案：离心泵轴弯曲不仅会引起振动，而且会导致推力瓦磨损。

56. 产生汽蚀的主要原因是叶轮入口处的压力高于泵工作条件下液体的饱和蒸汽压。 (×)

正确答案：产生汽蚀的主要原因是叶轮入口处的压力低于泵工作条件下液体的饱和蒸汽压。

57. 离心泵口环间隙过大将会造成流量和电机电流降低。 (×)

正确答案：离心泵口环间隙过大将会造成流量降低和电机电流增大。

58. 离心泵的进口压力小于或接近于介质汽化压力是泵体发热的原因之一。 (√)

59. 离心泵反转将会使其扬程降低，流量增加。 (×)

正确答案：离心泵反转将会使其扬程、流量均降低。

60. 蒸汽往复泵配汽活塞与配汽表面应光滑、无裂纹。 (√)

61. 双缸蒸汽往复泵试车时两缸冲程可以不一致，但运行应平稳。 (×)

正确答案：双缸蒸汽往复泵试车时两缸冲程应一致，运行应平稳。

62. 往复泵的行程是由配汽机构来控制，故调整活塞的行程需要调整配汽机构，控制蒸汽进入汽缸的快慢和多少。 (√)

63. 蒸汽往复泵的液缸活塞环损坏，会引起泵异常响声和流量不足。 (√)

64. 磁力驱动泵中的磁力驱动是旋转磁场带动磁体旋转。 (√)

65. 隔膜计量泵调节冲程机构与泵排量没有直接关系。 (×)

正确答案：隔膜计量泵调节冲程机构与泵排量有直接关系。

66. 柱塞计量泵进口管有空气将会造成电机过载。 (×)

正确答案：柱塞计量泵进口管有空气不会造成电机过载。

67. 齿轮泵联轴器的同轴度超差，往往会引起电机电流超负荷。 (√)

68. 齿轮泵轴承间隙过大与密封泄漏无关。 (×)

正确答案：齿轮泵轴承间隙过大会引起振动超标，造成密封泄漏。

69. 轴承间隙过大将引起齿轮泵发热，而间隙过小则不会。 (×)

正确答案：轴承间隙过大或过小都将引起齿轮泵发热。

70. 螺杆泵滚动轴承与轴的配合一般采用 H7/k6。 (√)

71. 螺杆泵空负荷试车时，各项技术指标必须达到完好标准。 (×)

正确答案：螺杆泵不允许空负荷试车

72. 螺杆泵入口管线堵塞会造成电机过载。 (×)

正确答案：螺杆泵出口管线堵塞会造成电机过载。

73. 螺杆泵的螺杆与泵体间隙要符合标准，过小将造成严重摩擦，导致电流过高。 (√)

74. 螺杆泵更换填料时，压盖拧得太紧会引起螺杆被卡住。 (√)

75. 轴流式风机噪音大的主要因素一般都是零部件松动。 (√)

76. 螺杆压缩机中具有凸齿的转子称为阳螺杆，具有凹齿的转子称为阴螺杆。 (√)

77. 螺杆压缩机的内压力比是可变的。 (×)

正确答案：螺杆压缩机的压力比为可变的，而内压力比为定值。

78. 变速机齿轮中心距的偏差计算可以忽略轴颈的偏差。 (×)

正确答案：变速机齿轮中心距的偏差计算要考虑轴颈的偏差。

79. 变速机齿轮不允许有磨损现象发生。 (×)

正确答案：变速机齿轮磨损极限应符合规程规定。

80. 变速机盘车检查应无卡涩和异常声音。 (√)

81. 判断往复式压缩机连杆螺栓是否存在缺陷，可用着色法检查。 （√）

82. 往复式压缩机薄壁瓦的润滑油应从承载部分进入。 （×）

正确答案：往复式压缩机薄壁瓦的润滑油应从非承载部分进入。

83. 往复式压缩机安装阀盖时，应先拧紧压筒顶丝，然后对角匀称地拧紧阀盖螺栓。 （×）

正确答案：往复式压缩机安装阀盖时，应先对角匀称地拧紧阀盖螺栓，然后拧紧压筒顶丝。

84. 在卧式压缩机中，与曲轴同侧的余隙要稍大一些。 （×）

正确答案：在卧式压缩机中，与曲轴同侧的余隙要稍小一些。

85. 往复式压缩机润滑油的闪点选得越高越好。 （×）

正确答案：往复式压缩机润滑油的闪点并非选得越高越好，闪点过高的润滑油易生成积碳。

86. 安装具有巴氏合金承压面的活塞时，检查活塞圆周间隙，使活塞的中心线与气缸中心线保持一致。 （×）

正确答案：安装具有巴氏合金承压面的活塞时，检查活塞圆周间隙，使活塞的中心线要比气缸中心线稍高一些。

87. 往复式压缩机的运转参数须符合规定，各部轴承、十字头等温度正常。 （√）

88. 往复式压缩机刮油环与填料盒的径向间隙大，会引起刮油环带油。 （×）

正确答案：往复式压缩机刮油环与填料盒的轴向间隙大，会引起刮油环带油。

89. 往复式压缩机填料研合不良会引起泄漏。 （√）

90. 往复式压缩机吸排气阀相互位置装错，不但影响气量，还会引起压力在各级中重新分配，温度也有变化。 （√）

91. 往复式压缩机气缸余隙的大小对排气量有影响，但不会影响气缸温度。 （×）

正确答案：往复式压缩机气缸余隙过小，使死点压缩比过大，或气缸余隙过大，残留在气缸内的高压气体过多，而引起气缸内温度升高。

92. 润滑油中混入夹杂物会引起往复式压缩机活塞杆过热。 （√）

93. 离心式压缩机属于速度式压缩机。 （√）

94. 离心式压缩机的扩压是因为流通截面变小，动能下降，压力升高。 （×）

正确答案：离心式压缩机的扩压是因为流通截面变大，动能下降，压力升高。

95. 离心式压缩机中，隔板将机壳分成若干空间以容纳不同级的叶轮，并且还组成扩压器、弯道和回流器。 （√）

96. 对一台离心式压缩机来说，临界转速具有两个。 （×）

正确答案：对一台离心式压缩机来说，临界转速具有多个。

97. 离心式压缩机中，焊接叶轮目前已被广泛应用，它适用于叶道较窄的叶轮，尤其是扭曲叶片叶轮。 （×）

正确答案：离心式压缩机中，焊接叶轮目前已被广泛应用，它适用于叶道较宽的叶轮，尤其是扭曲叶片叶轮。

98. 离心式压缩机中，迷宫密封也称梳齿密封，是一种接触式密封。 （×）

正确答案：离心式压缩机中，迷宫密封也称梳齿密封，是一种非接触式密封。

99. 离心式压缩机喘振将会造成流量表、压力表、温度表大幅度摆动。 （×）

正确答案：离心式压缩机喘振将会造成流量表、压力表大幅度摆动。

100. 用压铅丝法检测离心式压缩机径向轴承顶间隙时，所测的数据一般会比实际间隙的值稍有偏小。 (×)

正确答案：用压铅丝法检测离心式压缩机径向轴承顶间隙时，所测的数据一般会比实际间隙的值稍有偏大。

101. 各级叶栅沿半径方向依次排列，且汽流方向的总趋势是沿半径方向的汽轮机是辐流式汽轮机。 (√)

102. 进入汽轮机的蒸汽膨胀到某一压力后，被全部抽出送往锅炉的再热器再次加热，再返回汽轮机做功，这种汽轮机是调节抽气式汽轮机。 (×)

正确答案：进入汽轮机的蒸汽膨胀到某一压力后，被全部抽出送往锅炉的再热器再次加热，再返回汽轮机做功，这种汽轮机是中间再热式汽轮机。

103. 汽轮机在工作时先将水蒸气的热能转变为水蒸气的动能，然后把水蒸气的压力转变成转轴旋转的机械能。 (×)

正确答案：汽轮机在工作时先将水蒸气的热能转变为水蒸气的动能，然后把水蒸气的动能转变成转轴旋转的机械能。

104. 工业汽轮机主要用于驱动风机、水泵等转动设备，其转速是固定不变的。 (×)

正确答案：工业汽轮机主要用于驱动风机、泵、压缩机等转动设备，其转速是可调的。

105. PG-PL 型调速器是一种液压式调速器，采用液压传动。 (×)

正确答案：PG-PL 型调速器是一种机械离心式调速器，采用液压传动。

106. 汽轮机组合式转子兼顾了套装式和整锻式转子的优点，通常高压部分采用套装结构，低压部分采用整锻结构。 (×)

正确答案：汽轮机组合式转子兼顾了套装式和整锻式转子的优点，通常高压部分采用整锻结构，低压部分采用套装结构。

107. 汽轮机高压段常用平齿汽封，低压段则用高低齿汽封。 (×)

正确答案：汽轮机高压段常用高低齿汽封，低压段则用平齿汽封。

108. 汽轮机末级喷嘴的各喷嘴弧段直接受各调节汽阀的控制，用它来调节汽轮机汽量的多少，以适应负荷的需要。 (×)

正确答案：汽轮机第一级喷嘴的各喷嘴弧段直接受各调节汽阀的控制，用它来调节汽轮机汽量的多少，以适应负荷的需要。

109. 凝结水泵可采用盘根密封，并用凝结水来作水封，起辅助密封的作用。这样，既保证了水泵高度真空，又保证了凝结水的质量。 (√)

110. 背压式汽轮机的排汽可直接用于供热或工业用气。 (√)

111. 汽轮机配汽方式中的节流调节就是全部蒸汽都经过一个或几个同时启、闭的调节阀，然后流向第一级所有喷嘴的配汽方式。 (√)

112. 超速试验的目的是测定汽轮机调速系统的动态特性。 (×)

正确答案：超速试验的目的是测定汽轮机危急保安器的实际动作转速。

113. 烟气轮机在设计中往往要使烟气在动叶片的流道中有一定的加速度。 (√)

114. 加工后零件各表面之间的实际位置与理想零件各表面之间位置的符合程度，它们之间的差值称为位置尺寸。 (×)

正确答案：加工后零件各表面之间的实际位置与理想零件各表面之间位置的符合程度，它们之间的差值称为位置误差。

115. 工件外圆精车切削时，要合理选择车刀几何角度和切削用量。（√）

116. 滗扣一般是用于拖拉地面上物件的一种绳扣。（×）

正确答案：压扣一般是用于拖拉地面上物件的一种绳扣；滗扣一般是用于小物件吊装的一种绳扣。

117. 手拉葫芦在各种位置使用时，手拉链条都应保持在链轮的旋转工作平面上，以防脱槽。（√）

118. 摩擦片式电动卷扬机牵引速度快、牵引力小，适用于机械的安装作业。（×）

正确答案：可逆齿轮箱式电动卷扬机牵引速度慢、牵引力大，适用于机械的安装作业。

119. 安装卸扣横销时，螺纹应旋足，以防止横销脱落。（×）

正确答案：安装卸扣横销时，应在螺纹旋足后再向反方向旋半圈，以防止因螺纹旋得过紧而使横销无法退出。

单选题

1.（ C ）组成的公差带，在各公差等级中都对称于零线，故基本偏差可为上偏差，也可为下偏差。

A. $H(h)$　　B. $K(k)$　　C. $Js(js)$　　D. $M(m)$

2. 形位公差的框格式标注包括二到三部分，它包括公差框格、指引线及（ B ）。

A. 基准要素　　B. 基准代号　　C. 公差代号　　D. 公差大小

3. 被测要素为各种轮廓线、面时，指引线箭头要指向其轮廓线或（ C ）上，不可标到虚线上，并与其尺寸线明显错开。

A. 中心线　　B. 中心面　　C. 轮廓线的延长线　　D. 交叉线

4. 符号“（ C ）”表示是用去除材料的方法获得的表面粗糙度，Ra 的最大允许值为 3.2μm。

A. 　　B. 　　C. 　　D. 

5. 符号“”是表示用不去除材料的方法获得的表面粗糙度，Ra 的（ D ）为 1.6μm。

A. 设计值号　　B. 允许值　　C. 最小允许值　　D. 最大允许值

6. 表面粗糙度评定参数的选用要根据零件的功能要求、材料性能、结构特点以及（ C ）适当选用一个或几个评定参数。

A. 尺寸大小　　B. 公差大小　　C. 测量的条件　　D. 零件的大小

7. 白口铸铁组织中存在着共晶莱氏体，因此（ B ）。

A. 切削性好　　B. 硬而脆　　C. 塑性好　　D. 减摩性好

8. 可锻铸铁中的石墨呈团絮状存在，因此具有较好的（ A ）。

A. 塑性和韧性　　B. 耐高温性　　C. 抗拉强度　　D. 耐腐蚀性

9. 球墨铸铁 QT400-18 中的 18 表示铸铁的（ C ）值（%）。

A. 含石墨量　　B. 含碳量　　C. 伸长率　　D. 截面收缩率

10. 碳素结构钢 Q235-A-F 中的 F 表示（ D ）。

A. 屈服强度　　B. 化学成分　　C. 质量等级　　D. 脱氧方法

11. 优质碳素结构钢 $45^{\#}$ 钢中的 45 表示钢中平均含碳量为（ B ）。

A. 45%　　B. 0.45%　　C. 4.5%　　D. 0.045%

12. 合金结构钢的牌号是由含碳量+合金元素符号+(A)三部分组成。

A. 合金含量　　B. 质量等级　　C. 抗拉强度　　D. 屈强比

13. 常用的硬质合金有金属陶瓷硬质合金和(C)硬质合金。

A. 钨　　B. 耐磨　　C. 钢结　　D. 轴承

14. 常用的硬质合金按成分与性能特点可分为三类，有钨钴钛类、通用类以及(D)类硬质合金。

A. 钢结　　B. 钨钼　　C. 钴钛　　D. 钨钴

15. 制作扁铲的材料一般是(C)。

A. 高速钢　　B. 不锈钢　　C. 碳素工具钢　　D. 硬质合金

16. 编织填料的材料种类很多，如合成纤维和(D)等。

A. 绞合填料　　B. 陶瓷　　C. 夹心编织填料　　D. 柔性石墨填料

17. 碳纤维是用聚丙烯腈纤维经氧化和碳化而成，根据碳化程度不同，可得到碳素纤维、(A)纤维、耐焰碳纤维三种产品。

A. 石墨　　B. 酚醛　　C. 聚四氟乙烯　　D. 金属

18. 橡胶类软填料的适用温度低于(B)℃。

A. 100　　B. 120　　C. 150　　D. 180

19. 钢调质处理后，可使钢的硬度达到(D)HBS。

A. 50~90　　B. 100~140　　C. 150~190　　D. 200~330

20. 钢调质处理后，可获得(C)的组织。

A. 细珠光体　　B. 铁素体　　C. 回火索氏体　　D. 奥氏体

21. 钢经渗氮后，渗氮层硬度达到(B)HV。

A. 1250~1500　　B. 950~1200　　C. 750~900　　D. 400~700

22. 钢经渗氮后，具有很高的(B)能力。

A. 耐冲击　　B. 抗腐蚀　　C. 抗弯曲　　D. 抗拉伸

23. 钢经渗碳后，钢的表层含碳量达到(B)为佳。

A. 0.60%~0.80%　　B. 0.85%~1.05%　　C. 1.10%~1.30%　　D. 1.35%~1.45%

24. 时效处理可消除或减小(A)热处理后的微观应力。

A. 淬火　　B. 退火　　C. 回火　　D. 渗氮

25. 矫正是利用金属材料的(A)，将原来不平、不直、翘曲和弯曲的工件或材料变得平直。

A. 塑性变形　　B. 可展延性　　C. 弹性变形　　D. 刚性

26. 对工件施以扭矩，使之产生扭转变形来达到矫正目的的方法叫(A)。

A. 扭转法　　B. 弯曲法　　C. 延展法　　D. 伸张法

27. 对管子进行弯曲时，为了避免变形部分发生凹瘪，变形前必须在管内浇灌(C)，并用木塞塞紧。

A. 泥土　　B. 水　　C. 干沙　　D. 木屑

28. 用(A)从工件表面刮去较高点，再用标准检具涂色检验的反复加工过程称为刮削。

A. 刮刀　　B. 锉刀　　C. 錾子　　D. 研具

29. 一般适用于精密平板的刮削且使研点精细发光的显示剂是(C)。

A. 红丹粉　B. 蓝油　C. 松节油　D. 烟墨

30. 最常用于钢和铸铁件的刮削的是(A)。

A. 红丹粉　B. 蓝油　C. 松节油　D. 烟墨

31. 铁丹与铅丹的粒度极细，使用时一般用(C)调合。

A. 汽油　B. 机油　C. 水　D. 煤油

32. (D)是磨粒通过研具对工件进行微量切削的工艺过程。

A. 刮削　B. 锉削　C. 抛光　D. 研磨

33. 如果研磨时(B)，则容易使工件平面形成凸形。

A. 研磨剂中混入杂质　B. 研磨时压力太大

C. 研磨剂涂得太薄　D. 研磨剂涂得太厚

34. 用三爪拧子拆卸过盈量较大的滚动轴承时，宜用(B)拆卸，以免损坏三爪拧子。

A. 冷拆法　B. 热卸法　C. 冷却法　D. 保温法

35. 对于加工大型多孔工件时，最适宜使用的工具是(D)。

A. 手电钻　B. 台钻　C. 立钻　D. 摇臂钻床

36. 工件在台钻上钻孔，当通孔将钻通时，要(D)。

A. 猛力快速钻通　B. 尽快钻通　C. 增加进给量　D. 尽量减少进给量

37. 台钻变换转速的方法是(D)。

A. 调整电机转速　B. 更换塔轮

C. 调整三角带松紧度　D. 改变三角带在两个塔轮的相对位置

38. 手电钻有一定负载量，钻孔过程中，电钻速度降低时，应(C)压力。

A. 猛增　B. 增大　C. 减轻　D. 保持

39. 电磨头上的砂轮(A)不可以超过磨头铭牌上规定的尺寸。

A. 外径　B. 内径　C. 厚度　D. 宽度

40. 砂轮机砂轮的旋转方向要正确，使磨屑向(B)飞离砂轮。

A. 上方　B. 下方　C. 前方　D. 后方

41. 因为砂轮机的砂轮质地较(C)，所以使用不当易发生碎裂。

A. 硬　B. 软　C. 脆　D. 差

42. 砂轮外圆不圆时，应及时用(B)进行修整。

A. 錾子　B. 修正器　C. 锉刀　D. 手锤

43. 卡钳是一种(C)。

A. 机具　B. 工具　C. 间接量具　D. 钳子

44. 用内卡钳测量工件时，必须使卡钳与孔的端面或槽的基准面(A)。

A. 垂直　B. 水平　C. 倾斜　D. 平行

45. 选用块规测量数据时，应尽可能采用(B)的块数。

A. 最多　B. 最少　C. 中等　D. 较多

46. 使用内径千分尺测量工件时，一只手扶住固定端，另一只手(B)，做上下左右摆动。

A. 旋转接头　B. 旋转微分筒　C. 旋转接长杆　D. 直接旋紧止动销

47. 内径千分尺加长接杆测量时，接头必须旋紧，否则将影响测量(D)。

A. 平直度 B. 水平度 C. 垂直度 D. 准确度

48. 测量前，需调整内径百分表的(A)。

A. 零位 B. 个位 C. 十位 D. 百位

49. 内径百分表的测量范围是通过更换(D)来改变的。

A. 表盘 B. 检验杆 C. 长指针 D. 可换测头

50. 万能游标量角器的基准板、扇形尺、游标副尺固定在(B)上。

A. 锥形板 B. 扇形板 C. 三角板 D. 圆形板

51. 万能游标量角器游标副尺上的刻度每格(D)1°。

A. 大于 B. 大于或等于 C. 等于 D. 小于

52. 活动铆接的结合部分(B)。

A. 固定不动 B. 可以相互转动

C. 可以能相互转动或相互移动 D. 可以随时拆装

53. 直径在(C)mm 以下钢制铆钉可用冷铆方法。

A. 4 B. 6 C. 8 D. 10

54. 用半圆头铆钉铆接时，留作铆合头的伸出部分长度应为铆钉直径(B)倍。

A. 0.5~0.8 B. 1.25~1.5 C. 0.8~1.2 D. 1.5~1.75

55. 螺纹联接必须保证螺母副具有一定的摩擦力矩，摩擦力矩是由螺纹联接时施加拧紧力后，螺纹副产生的(C)获得的。

A. 力矩 B. 反作用力 C. 预紧力 D. 向心力

56. 螺纹拧紧力矩可按公式(C)求得(K—拧紧力矩系数，P_0—预紧力，d—螺纹公称直径)。

A. $M=KP_0d\times10$ B. $M=KP_0d\times10^2$

C. $M=KP_0d\times10^3$ D. $M=KP_0d\times10^4$

57. 螺纹联接的扭紧力矩或(C)是根据要求确定的。

A. 向心力的大小 B. 联接的长短 C. 预紧力的大小 D. 摩擦力的大小

58. 键磨损后，通常都采用(A)的方法解决。

A. 更换新键 B. 旧键重新修复 C. 更换键轴 D. 修复键轴

59. 花键联接中的花键轴磨损，可采用表面(A)方法进行修复。

A. 镀铬 B. 镀锌 C. 镀锡 D. 镀铜

60. 链传动的链条下垂度要适当，过紧会造成链条(C)而磨损过快。

A. 张紧力增加 B. 离心力增加 C. 负荷增加 D. 产生振动

61. 链传动在使用过程中，发现常脱链，是因为(A)造成的。

A. 链被拉长 B. 链磨损 C. 轮磨损 D. 链断裂

62. (D)一般发生在低速重载或突然巨大过载的传动力。

A. 链条疲劳破坏 B. 链条铰链磨损 C. 链条冲击破坏 D. 链条的静力拉断

63. 齿轮传动机构的安装要有准确的安装中心距和适当的(C)。

A. 安装余量 B. 偏斜度 C. 齿轮啮合间隙 D. 过盈量

64. 在装配齿轮副的过程中，出现卡齿现象，是(C)造成的。

A. 齿轮加工精度不够 B. 齿轮精度和等级低

C. 齿轮侧隙小　　D. 齿轮副接触斑点不合要求

65. 润滑良好的闭式齿轮传动中常见的破坏形式是（ A ），它一般多出现在靠近齿面节线的齿根表面上。

A. 齿面点蚀　　B. 齿面磨损　　C. 齿面胶合　　D. 齿面塑性变形

66. 齿轮在传动过程中发生折断、齿面损坏等现象称为（ D ）。

A. 磨损　　B. 损坏　　C. 破损　　D. 失效

67. 圆柱蜗杆传动应用最多，它可分为直纹面（普通）圆柱蜗杆传动和（ B ）圆柱蜗杆传动。

A. 反纹面　　B. 曲纹面　　C. 斜纹面　　D. 弯纹面

68. 传动比大而且准确的传动是（ D ）。

A. 带传动　　B. 链传动　　C. 齿轮传动　　D. 蜗杆传动

69. 蜗杆传动装配时，蜗杆、蜗轮的正确接触点应在（ D ）位置。

A. 蜗轮偏左　　B. 蜗轮偏右

C. 蜗轮中部稍偏蜗杆旋入方向　　D. 蜗轮中部稍偏蜗杆旋出方向

70. 对于小型滚动轴承，过盈量又较大，用（ D ）安装。

A. 敲击法　　B. 液压套合法　　C. 压入法　　D. 温差法

71. 对游隙不可调整的滚动轴承以其（ A ）为装配依据。

A. 原始径向游隙　　B. 安装游隙　　C. 工作游隙　　D. 轴向游隙

72. 滚动轴承调整游隙的方法是将内、外圈作适当的（ A ）相对位移。

A. 轴向　　B. 径向　　C. 同向　　D. 定向

73. （ D ）是一种单置式推力轴承，其结构复杂，瓦块可倾斜，受力均匀，承载能力大，常用于高速、重载部位。

A. 空心推力轴承　　B. 环形肩推力轴承

C. 环形垫推力轴承　　D. 米歇尔推力轴承

74. 油膜涡动属于（ D ）。

A. 共振　　B. 受迫振动　　C. 电磁振动　　D. 自激振动

75. 油膜涡动的频率略低于（ B ）倍转子转速频率。

A. 1/4　　B. 1/2　　C. 1　　D. 1.5

76. 在零件图中，尺寸标注的“正确”原则是指在进行尺寸标注时，不仅要求注写的尺寸数值正确，而且要求注写的尺寸要符合（ B ）中有关尺寸标注的规定。

A. ISO 标准《机械制图》　　B. 国家标准《机械制图》

C. 国家标准《机械制造》　　D. 国家标准《机械设计》

77. 下列项目中，不属于零件图内容的选项为（ D ）。

A. 一组视图　　B. 零件的尺寸　　C. 技术要求　　D. 零件的编号

78. 斜二等轴测图是用（ B ）投影方法向轴测投影面进行投影绘制的。

A. 中心　　B. 斜　　C. 正　　D. 平行

79. 用如图所示的轴间角及轴向变形系数所绘轴测图为（ D ）。

A. 正等轴测图　　B. 斜等轴测图　　C. 正二轴测图　　D. 斜二等轴测图

80. 绘制装配图时，为了清楚地表达部件的内部结构，可假想沿某些零件的结合面剖切，这时，零件的结合面不画剖面线，但被剖到的其他零件一般都应画剖面线。这种画法称为(A)。

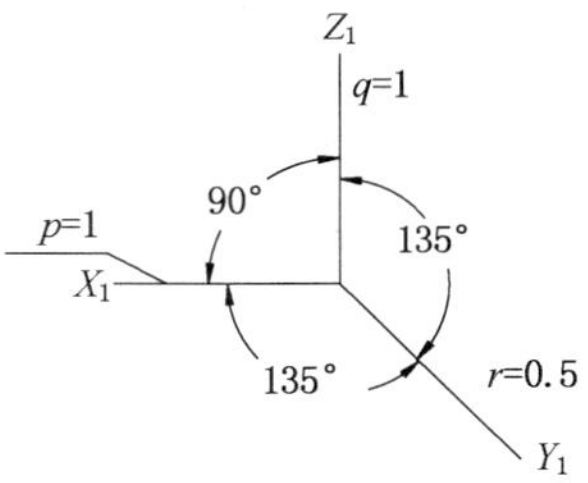

A. 拆卸剖视　　B. 拆卸画法

C. 阶梯剖视　　D. 全剖视

81. 绘制装配图时，为了表达机器中某些运动零件的极限位置或中间位置，可用(B)线型画出该运动零件的外形。这种画法称为假想画法。

A. 点划线　　B. 双点划线　　C. 虚线　　D. 细实线

82. 在装配图中，零件明细栏应紧接着标题栏的上方，(C)按顺序填写。

A. 不用　　B. 由上而下　　C. 由下而上　　D. 由左至右

83. 如图所示的机件采用的剖视图种类为(C)。

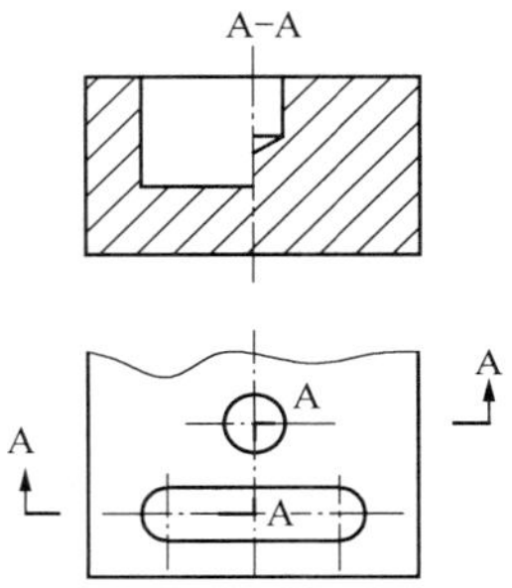

A. 半剖视　　B. 旋转剖视

C. 阶梯剖视　　D. 全剖视

84. 下列选项中，不会造成滚动轴承在运转时有异响的是(D)。

A. 轴承内有污物　　B. 润滑油变质

C. 轴承游隙偏小　　D. 润滑油过多

85. 蜂窝密封中，由于气流在进入各个小蜂窝网格内时会形成涡旋，把气流向前的速度转化成旋转的速度，从而减少(D)。

A. 流体的压力能　　B. 流体的体积　　C. 流体的温度　　D. 流体的动能

86. 蜂窝密封的内孔表面由(C)小蜂窝孔组成。

A. 三角形　　B. 四边形　　C. 六边形　　D. 八边形

87. 碳环密封是一种类似于(C)的紧间隙密封装置。

A. 浮环密封　　B. 迷宫密封　　C. 干气密封　　D. 机械密封

88. 浮环密封的浮升性是依靠流体的(B)而形成的。

A. 静压效应　　B. 动压效应　　C. 热效应　　D. 黏度

89. 浮环密封的密封液压力是浮环浮力的来源，其压力(A)。

A. 略高于介质压力　　B. 远高于介质压力

C. 略低于介质压力　　D. 与介质压力相等

90. 浮环密封属于(C)密封。

A. 动力型　　B. 接触型　　C. 流阻型　　D. 螺旋型

91. 螺旋密封宜采用(C)的密封液。

A. 低黏度液体　　B. 中黏度液体　　C. 高黏度液体　　D. 无黏度要求

92. 下列密封中，既属于非接触密封，又属于动力型密封的是(D)。

A. 填料密封　　B. 迷宫密封　　C. 机械密封　　D. 螺旋密封

93. 干气密封动环上槽的内径和动环内径之间的平面称为(D)。

A. 动压槽　　B. 密封槽　　C. 螺旋槽　　D. 密封坝

94. 每一个振动参量都具有三个基本要素，即振幅、频率和(C)。

A. 位移　　B. 加速度　　C. 相位　　D. 周期

95. 机泵联轴器对中找正过程中，表架固定在泵体上，径向表上读数为 0，下读数为 0.20；轴向表上读数为 0，下读数为-0.30。从以上读数可以知道：(B)。(高低比较仅仅指在外径表测点上的轴线位置)

A. 泵比电机高，上开口　　B. 泵比电机高，下开口

C. 泵比电机低，上开口　　D. 泵比电机低，下开口

96. 手工矫正轴前需做轴的(C)检查。

A. 强度　　B. 硬度　　C. 弯曲度　　D. 表面粗糙度

97. 机械矫正轴时，将轴放在两块 V 形铁上，并使凸面向(A)，然后用螺旋压力机慢慢进行顶压。

A. 上　　B. 下　　C. 前　　D. 后

98. 找静平衡时，将待平衡的旋转件，装上(B)后放在平衡支架上即可开始找静平衡。

A. 轴　　B. 专用心轴　　C. 螺母　　D. 轴承

99. 机泵的开箱验收，应在有关人员的参加下，按照(B)进行。

A. 机泵说明书　　B. 装箱清单　　C. 机泵图纸　　D. 出厂合格证

100. 离心泵的完好标准中规定(A)密封泄漏，轻质油不得超过 10 滴/min，重质油不得超过 5 滴/min。

A. 机械　　B. 填料　　C. 浮环　　D. 螺旋

101. 安装齿式联轴器应保证外齿在内齿宽(C)的部位。

A. 偏左　　B. 偏右　　C. 中间　　D. 偏上

102. 用热装法安装联轴器时，联轴器的加热温度不应超过热处理的(B)温度。

A. 正火　　B. 回火　　C. 退火　　D. 淬火

103. 离心泵就位安装时，首先要做的工作是(B)。

A. 离心泵找标高及初找水平　　B. 离心泵的就位与基础中心线找正

C. 粗找水平　　D. 一次对中

104. 平衡离心泵轴向力最佳的叶轮是(D)。

A. 开式叶轮　　B. 闭式叶轮　　C. 半开式叶轮　　D. 双吸式叶轮

105. 多级离心泵轴向力平衡的方法一般不采用(D)。

A. 叶轮对称排列法　　B. 平衡鼓

C. 平衡盘　　D. 双吸叶轮

106. 离心泵叶轮平衡孔堵塞会使泵(C)不平衡。

A. 离心力　　B. 向心力　　C. 轴向力　　D. 径向力

107. 离心泵叶轮找静不平衡时，需将装有叶轮的转动件放在两条(B)的导轨上进行。

A. 相互平行　　B. 相互平行且在同一水平面

C. 平衡　　D. 相互交叉且在同一水平面

108. 单级离心泵的叶轮密封环，当测量部位直径≤50mm 时，其径向圆跳动应不大于(A)mm。

A. 0.05　　B. 0.10　　C. 0.15　　D. 0.20

109. 下列选项中，不属于泵轴检修时的检查内容的是(D)。

A. 外观　B. 圆度　C. 直线度　D. 刚性

110. 离心泵反转会导致(A)。

A. 流量不足　B. 压力增大　C. 泵振动　D. 轴承发热

111. 非平衡型机械密封的密封流体有效作用面积 B 与端面面积 A 进行比较，下面说法正确的是(A)。

A. $B \geqslant A$　B. $B<A$　C. $0 \leqslant \frac{B}{A}$　D. $0 \leqslant \frac{B}{A}<1$

112. 下列选项中，(A)会使离心泵的机械密封泄漏。

A. 长时间抽空　B. 泵出口阀门开启过小

C. 端面比压过大　D. 介质黏度太大

113. 离心泵滑动轴承与轴承压盖的过盈量一般为(B)mm。

A. 0~0.02　B. 0.02~0.04　C. 0.04~0.06　D. 0.05~0.08

114. 下列选项中，(B)将会造成离心泵轴承超温。

A. 流量减小　B. 油孔堵塞　C. 润滑油压力大　D. 泵反转

115. 离心泵的轴承磨损一般与(D)无关。

A. 对中偏差大　B. 轴弯曲　C. 润滑油质差　D. 入口压力

116. 下列选项中，引起离心泵轴承磨损的原因之一是(D)。

A. 转速低　B. 泵体口环磨损　C. 流量偏小　D. 长时间抽空

117. 下列选项中，(A)将造成离心泵推力瓦磨损。

A. 止推盘表面过于粗糙　B. 泵转速过低

C. 介质黏度增大　D. 泵反转

118. 下列选项中，不会引起离心泵流量降低的是(D)。

A. 介质密度增大　B. 介质黏度增大　C. 口环间隙过大　D. 入口压力过大

119. 下列选项中，(C)是造成离心泵流量降低的原因之一。

A. 入口压力大　B. 轴弯曲　C. 管路漏气　D. 轴承箱振动

120. 凡能使离心泵局部压力降低到(D)压力的因素，都可能是诱发气蚀的原因。

A. 额定　B. 工作　C. 大气　D. 液体汽化

121. 下列选项中，一般不会造成离心泵电流增大的是(B)。

A. 泵轴与电机轴不同心,运行时不平稳　B. 泵体内存有空气

C. 泵的口环有摩擦　D. 泵体内介质黏度增大

122. 引起离心泵泵体发热的原因是(B)。

A. 出口管路漏气　B. 抽空　C. 转向不对　D. 机械密封损坏

123. 导致离心泵扬程小的原因是(B)。

A. 入口压力高　B. 转速过低　C. 联轴器对中不良　D. 叶轮外径偏大

124. 离心泵抽空的原因之一是(C)。

A. 泵的出口阀关死　B. 入口压力偏高

C. 吸入管内有空气　D. 联轴器对中不良

125. 蒸汽往复泵在汽缸活塞接近止点时，配汽阀的进汽口(B)。
A. 打开　B. 关闭　C. 开大　D. 关小
126. 蒸汽往复泵的配汽阀动作时，活塞便开始(D)。
A. 加速　B. 减速　C. 正行　D. 反行
127. 单缸往复泵中，行程调节螺母与小摇臂的距离越大，活塞的行程就(B)。
A. 越小　B. 越大　C. 不变　D. 无法确定
128. 蒸汽往复泵的活塞冲程长度过大，会引起蒸汽往复泵(B)。
A. 液缸磨损　B. 撞缸　C. 压力不稳　D. 活塞杆过热
129. 下列选项中，会造成蒸汽往复泵撞缸的是(C)。
A. 缸套松动　B. 蒸汽压力过大
C. 活塞杆锁紧螺母松动　D. 摇臂销脱落
130. 蒸汽供给中断，会引起蒸汽往复泵(A)。
A. 突然停泵　B. 活塞运行慢　C. 阀不严密　D. 吸入空气
131. 蒸汽往复泵流量不足的因素较多，一般情况下主要是由(A)造成的。
A. 进出口阀不严密　B. 活塞杆磨损
C. 活塞锁紧螺母松动　D. 死点余隙大
132. 进口液面过低，容易引起蒸汽往复泵(B)。
A. 流量过大　B. 流量不足　C. 活塞环损坏　D. 填料密封泄漏
133. 下列选项中，属于蒸汽往复泵抽空的原因的是(D)。
A. 液缸套损坏　B. 阀不严密
C. 活塞环损坏　D. 进口温度太高，产生汽化
134. 进口液面过低，吸入空气，会引起蒸汽往复泵(A)。
A. 抽空　B. 行程变短　C. 阀不严密　D. 缸套松动
135. 入口管线堵塞会导致屏蔽泵出现(A)。
A. 扬程达不到要求　B. 电流增大
C. 压力增大　D. 泄漏
136. 屏蔽泵主轴轴向窜量过大会导致(A)。
A. 轴承损坏　B. 流程达不到要求
C. 流量过小　D. 汽蚀
137. 屏蔽泵流量过小会导致(B)。
A. 电流过载　B. 轴承损坏　C. 压力升高　D. 轴承监测器失灵
138. 屏蔽泵旋转方向不正确会引起(D)。
A. 轴承损坏　B. 振动大　C. 异响　D. 流量不足
139. 屏蔽泵入口管线阻力过大会导致(A)。
A. 流量不足　B. 密封泄漏　C. 电流过大　D. 喘振
140. 磁力驱动泵的磁力驱动中，(A)。
A. 主动与从动件相互分离　B. 传动力矩大
C. 减少振动　D. 无需找正

141. 下列选项中，不会导致磁力驱动泵介质端噪音大的因素是(D)。
A. 管路复杂使液体不正常的流动　B. 泵轴颈损坏
C. 内部磁铁与轴承保持套发生摩擦　D. 叶轮口环间隙过大

142. 隔膜计量泵泵体进出口(B)内漏，会造成泵出口压力下降。
A. 闸阀　B. 单向阀　C. 蝶阀　D. 减压阀

143. 隔膜计量泵流量不足的主要原因是(C)。
A. 轴承磨损　B. 入口开度大　C. 隔膜损坏　D. 出口开度大

144. 下列选项中，引起柱塞计量泵流量不足的原因是(D)。
A. 泵体异响　B. 行程过大　C. 轴承磨损　D. 泵体吸入空气

145. 下列选项中，不会引起柱塞计量泵电机过载的是(C)。
A. 填料过紧　B. 出口压力过高　C. 电压低　D. 轴承损坏

146. 柱塞计量泵噪声大的主要原因是(C)。
A. 进出口阀组件损坏　B. 转速过快
C. 传动机构损坏　D. 出口管线堵塞

147. 下列选项中，会引起齿轮泵电流增大的是(B)。
A. 流量下降　B. 出口压力高　C. 入口堵塞　D. 介质黏度偏小

148. 齿轮泵(A)可能会造成压力低。
A. 入口阀未全部打开　B. 出口阀未全部打开
C. 齿侧间隙过小　D. 齿轮端面间隙过小

149. 齿轮泵(A)不足，将会引起出口介质大量返回入口。
A. 轴功率　B. 出口压力　C. 电流　D. 溢流阀弹簧力

150. 齿轮泵轴向间隙要求严格，如果间隙过大，则会造成(B)。
A. 抽空　B. 压力不足　C. 振动　D. 轴功率不足

151. 吸入介质温度过高会造成齿轮泵(B)。
A. 压力波动　B. 发热　C. 机封泄漏　D. 振动

152. 下列关于螺杆泵密封泄漏要求的说法，正确的是(B)。
A. 机械密封泄漏允许不超过 10 滴/min　B. 机械密封泄漏允许不超过 5 滴/min
C. 填料密封不超过 15 滴/min　D. 填料密封不超过 20 滴/min

153. 螺杆泵机械密封泄漏的主要原因是(C)。
A. 压力低　B. 流量大　C. 静环倾斜　D. 介质黏度大

154. 螺杆泵(A)会引起机械密封大量泄漏。
A. 密封压盖未压平　B. 介质黏度大
C. 介质压力过大　D. 出口管线不畅

155. 螺杆泵螺杆与泵体间隙过大，会造成流量不足，间隙过小会导致(D)。
A. 流量过大　B. 压力过大　C. 压力过小　D. 电流超高

156. 螺杆泵螺杆卡住的原因是(D)。
A. 螺杆与泵体间隙大　B. 介质黏度大
C. 螺杆与传动杆销断　D. 介质含颗粒

157. 轴流式风机的叶片角度大，会引起(B)。
A. 电流降低　B. 电流升高　C. 风量减少　D. 电压增大

158. 轴流式风机轴承温度高与(C)无关。
A. 叶片结垢严重　B. 皮带过紧　C. 叶片角度过小　D. 叶片角度过大

159. 轴流式风机轴承温度过高的原因是(A)。
A. 轴承缺油　B. 叶片角度过小　C. 风压过低　D. 皮带过松

160. 下列选项中，造成轴流式风机风量不足的原因是(D)。
A. 轴承发热　B. 叶片角度大　C. 皮带过紧　D. 电机反转

161. 轴流式风机的叶片角度愈小，则(A)。
A. 风量愈小　B. 风量愈大　C. 风量不变　D. 电流升高

162. 下列选项中，导致螺杆压缩机轴封漏油的因素是(C)。
A. 介质温度高　B. 压力过高　C. 振动过大　D. 流量过大

163. 用压铅法检查变速机齿轮啮合情况时。其侧间隙为压扁后铅丝的(C)。
A. 最薄部位　B. 最厚部位
C. 相邻两较薄部分的厚度之和　D. 相邻两较薄部分的厚度之差

164. 变速机中，检查齿轮啮合接触面积最常见的方法是(C)。
A. 压铅法　B. 百分表法　C. 涂色法　D. 塞尺法

165. 用涂色法检查变速机的中心距，当接触斑点在分度圆与齿顶圆之间，且成线状与齿顶平行时，中心距(B)。
A. 正确　B. 太大　C. 太小　D. 歪斜

166. 往复式压缩机空运转，是为了了解空负荷时各滑动摩擦件的情况，但不包括测定(C)。
A. 温度　B. 噪音　C. 气量　D. 机械振动

167. 往复式压缩机盘车是为了检查(C)是否灵活好用。
A. 调节系统　B. 密封系统　C. 传动系统　D. 冷却系统

168. 往复式压缩机开机之前，通过盘车检查(D)是否进入异物。
A. 进气管　B. 空气过滤器　C. 油箱　D. 气缸

169. 往复式压缩机连杆大小头中心线的(B)公差，在100mm上不超过0.02mm。
A. 垂直度　B. 平行度　C. 对称度　D. 同轴度

170. 往复式压缩机薄壁瓦的装配是采取(C)配合的方式扣紧。
A. 瓦背间隙　B. 瓦背过渡　C. 余面高度过盈　D. 余面高度过渡

171. 把往复式压缩机的各个弹簧放在升程限制器的簧窝内，压缩至各圈贴合，此时弹簧应比簧窝边缘(B)mm。
A. 高1~2　B. 低1~2　C. 高2~3　D. 低3~5

172. 测量往复式压缩机余隙时，可将(D)伸入气缸压扁后测量。
A. 铜丝　B. 铁丝　C. 铝条　D. 铅条

173. 往复式压缩机平面填料密封接口缝隙一般不小于1mm，各圈填料开口应(D)组装。
A. 对齐　B. 重合　C. 任意角度错开　D. 均匀错开

174. 对于内外部润滑系统合用润滑油的往复式压缩机，应以(C)为主来选择润滑油的适当黏度。

A. 润滑条件较差的外部润滑油　　B. 润滑条件较好的外部润滑油
C. 润滑条件较差的内部润滑油　　D. 润滑条件较好的内部润滑油

175. 在运转条件苛刻的往复式压缩机内部用油中添加有(B)和清洁分散剂，以防沉淀物生成。

A. 氧化剂　　B. 抗氧剂　　C. 氮化剂　　D. 抗氮剂

176. 往复式压缩机对于小直径活塞，测量活塞与气缸的(B)之差值为活塞圆周间隙。

A. 半径　　B. 直径　　C. 周长　　D. 厚度

177. 往复式压缩机盘车完毕后，须将盘车装置返回(C)。

A. 任何位置　　B. 半离合的位置
C. 与主机分离的位置　　D. 与主机联接的位置

178. 往复式压缩机(D)弯曲过大，造成泄漏和磨损。

A. 连杆　　B. 曲轴　　C. 十字头销　　D. 活塞杆

179. 往复式压缩机排气阀盖特别热、(C)，可以判断该排气阀有故障。

A. 吸气量减少　　B. 吸气量增加　　C. 排气量减少　　D. 排气量增加

180. 往复式压缩机(A)与阀片接触不严，形成漏气，影响排气量。

A. 阀座　　B. 阀杆　　C. 弹簧　　D. 升程限制器

181. 往复式压缩机气缸与十字头滑道不同心，会造成(C)发热。

A. 进气阀　　B. 出气阀　　C. 气缸　　D. 曲轴

182. 往复式压缩机气缸过热的原因有(B)。

A. 旁通阀漏气　　B. 排气阀漏气　　C. 填料密封漏气　　D. 安全阀漏气

183. 下列选项中，会引起往复式压缩机气缸内发出突然冲击声的是(D)。

A. 缸内注油中断　　B. 气阀窜气　　C. 气缸余隙大　　D. 气缸有异物

184. 往复式压缩机(C)粗糙，会引起活塞杆过热。

A. 填料环端面　　B. 填料盒端面　　C. 活塞杆表面　　D. 气缸表面

185. 离心式压缩机的构造和工作原理与(D)很相似。

A. 往复式压缩机　　B. 螺杆式压缩机　　C. 蒸汽往复泵　　D. 离心泵

186. 下列选项中，(C)是离心式压缩机所具有的特点。

A. 体积大　　B. 处理量小
C. 压力平稳，无脉冲　　D. 维修复杂

187. 下列选项中，(C)不属于离心式压缩机转子的部件。

A. 轴套　　B. 平衡盘　　C. 轴承　　D. 联轴节

188. 离心式压缩机转子在临界转速附近转动时所表现出的现象是(D)。

A. 轴向窜动　　B. 流量降低　　C. 压力降低　　D. 振动加剧

189. 目前，离心式压缩机的叶轮大多采用(C)的结构型式。

A. 焊接及精密铸造　　B. 铆接及精密铸造
C. 铆接及焊接　　D. 铆接及钎焊

190. 离心式压缩机的叶轮中，最常用的结构型式是(A)。

A. 闭式　　B. 半闭式　　C. 开式　　D. 半开式

191. 离心式压缩机的喘振将会造成(B)。

A. 介质温度上升　　B. 振动加剧

C. 压力升高　　D. 流量增大

192. 用压铅丝法测量离心式压缩机径向轴承顶间隙时，一般选用(D)倍顶间隙的铅丝。

A. 1~1.5　　B. 2~3　　C. 3~4　　D. 1.5~2

193. 用压铅丝法测量离心式压缩机径向轴承顶间隙时，3 条铅丝最后压得的厚度为 0.38mm、0.36mm、0.37mm，轴瓦两侧接合面放置的紫铜片厚度为 0.20mm，则该径向轴承顶间隙为(D)mm。

A. 0.36　　B. 0.37　　C. 0.16　　D. 0.17

194. 按汽流的方向分类，蒸汽轮机可分为(C)、辐流式蒸汽轮机、周流式蒸汽轮机。

A. 调节抽汽式蒸汽轮机　　B. 中间再热式蒸汽轮机

C. 轴流式蒸汽轮机　　D. 反动式蒸汽轮机

195. 在汽轮机中，蒸汽在喷嘴通道中(D)，蒸汽的速度增加，在喷嘴的出口处得到速度很高的汽流。

A. 压力升高　　B. 焓增加　　C. 压力位能增加　　D. 压力降低

196. 汽轮机除了作为原动机外还可以同时供热，这种热电(或热动)联供的汽轮机，具有较高的(B)。

A. 热效率　　B. 热经济性　　C. 效率　　D. 性能

197. 液压式调速器将汽轮机转速的变化转换成(D)的变化。

A. 水温　　B. 水压　　C. 油温　　D. 油压

198. 电液调速器是通过(C)将转速变化的电气信号转换成液压信号，然后利用液压放大和执行元件完成调节任务。

A. 信号放大器　　B. 电气测功器　　C. 电液转换器　　D. 发讯器

199. 汽轮机动叶片按叶片的截面形状可分为等截面叶片和(C)。

A. 三角形　　B. 梯形　　C. 扭曲叶片　　D. Y 形

200. 汽轮机汽封按作用可分为(A)、隔板汽封和围带汽封三种。

A. 轴端汽封　　B. 级间汽封　　C. 叶轮汽封　　D. 迷宫式汽封

201. 汽轮机汽封按结构分为(C)、碳精式密封和水封式密封三种。

A. 机械式密封　　B. 填料式密封　　C. 曲径式密封　　D. 干气式密封

202. 汽轮机运行中可通过观察(B)的冒汽情况来监视轴封的好坏。

A. 送汽管　　B. 信号管　　C. 轴封外端　　D. 漏汽管

203. 汽轮机汽缸把通流部分与大气隔开，形成密闭的汽室，保证蒸汽在汽轮机内完成(B)转换过程。

A. 功率　　B. 能量　　C. 状态　　D. 功能

204. 保证汽轮机汽缸能横向膨胀，同时随着汽缸在轴向的膨胀和收缩，推动轴承座向前或向后移动的滑销是(D)。

A. 横销　　B. 纵销　　C. 横销和纵销　　D. 猫爪横销

205. 汽轮机横销和纵销中心的交叉点称为汽轮机的(B)。

A. 活动点　　B. 死点　　C. 中心点　　D. 正交点

206. 凝汽器内的凝结水由(B)抽出，经加热除氧后被送往锅炉。

A. 给水泵　　B. 凝结水泵　　C. 循环水泵　　D. 真空泵

207. 喷嘴调节的汽轮机中，当新蒸汽通过主汽阀后，再经几个(C)启、闭的调节阀通向汽轮机的第一级喷嘴。

A. 同时　　B. 同步　　C. 依次　　D. 无序

208. 对于新安装和检修后的机组，通过(B)试验可将各机构的关系调整到符合设计要求，为保证安全、可靠启动和运行提供必要条件。

A. 静态特性　　B. 静态　　C. 动态特性　　D. 动态

209. 国内生产的烟气轮机一般都是(C)结构。

A. 垂直　　B. 两端双支承　　C. 悬臂式　　D. 对称

210. 烟气轮机是用烟气来做功的(B)原动机。

A. 往复式　　B. 旋转式　　C. 温度式　　D. 压力式

211. 烟气轮机具有明显的(C)效果。

A. 容易操作　　B. 运转平稳　　C. 节能　　D. 高速

212. 烟气轮机机组与燃气轮机机组相比，装置的(C)相当于燃烧室，故烟气轮机机组运行不再消耗其他燃料。

A. 旋风分离器　　B. 主风机　　C. 再生器　　D. 催化剂回收

213. 烟气轮机在就位前不必具备的资料是(D)。

A. 安装使用说明书和合格证　　B. 动静平衡校正报告

C. 特性曲线　　D. 隐蔽工程记录

214. 工件定位的原则中，要使工件的某个方向上有确定的位置，就必须限制工件在该方向的(D)。

A. 高度　　B. 宽度　　C. 长度　　D. 自由度

215. 在分析工件定位时，一般用(A)个支承点限制一个自由度。

A. 1　　B. 2　　C. 3　　D. 4

216. 加工后零件表面本身或表面之间的实际尺寸与理想零件尺寸之间的符合程度，它们之间的差值称为(A)。

A. 尺寸误差　　B. 形状误差　　C. 位置误差　　D. 位置精度

217. 工件外圆车削时，随着车刀的几何角度、刃磨质量以及采用的切削量不同，车削的精度和(D)也不同。

A. 硬度　　B. 刚度　　C. 对比度　　D. 表面粗糙度

218. 工件外圆粗车切削时，一般采用(B)以及中等或较低的切削速度。

A. 较小的切深、较大的进给量　　B. 较大的切深、较大的进给量

C. 较小的切深、较小的进给量　　D. 较大的切深、较小的进给量

219. 如图所示，其属于钢丝绳的(B)拴接形式。

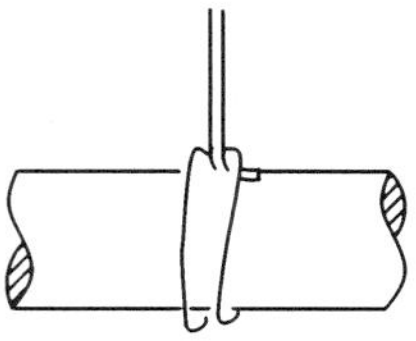

A. 滑子扣　　B. 套死扣

C. 逛扣　　D. 抬扣

220. 手拉葫芦转动部分应定期进行润滑，但切勿将润滑油掺入(D)内，以防自锁失灵。

A. 驱动链轮　B. 行星齿轮　C. 套筒　D. 摩擦片

221. 起重吊装中的笛语(C)表示起升。

A. 一长音　B. 二长音　C. 两短音　D. 三短音

222. 起重吊装中的旗语“绿旗下垂胸前红旗横挡下方”表示(A)。

A. 微落　B. 下落　C. 臂杆下落　D. 缩臂杆

223. 起重吊装中的通用手势信号“小臂伸向侧前上方，手心朝上高于肩部，以腕部为轴向上摆动手掌”表示(D)。

A. 吊钩上升　B. 微微升臂　C. 微微转臂　D. 吊钩微微上升

224. 在使用卸扣时不能超载，尤其是不能(B)受力，以免变形作废，甚至发生事故。

A. 垂直　B. 斜向　C. 反向　D. 正向

多选题

1. 形位公差的基准要素的基准代号标注由(A，B，C，D)组成。

A. 基准符号　B. 圆圈　C. 连线　D. 字母

2. 下列表面粗糙度的评定参数中属于主要参数的是(A，C)。

A. *Ra*　B. *S*　C. *Ry*　D. *Sm*

3. 灰口铸铁由于第二阶段石墨化程度的不同，可以获得(A，B，D)基体组织的灰口铸铁。

A. 铁素体　B. 珠光体+铁素体　C. 马氏体+铁素体　D. 珠光体

4. 可锻铸铁与灰口铸铁相比具有较高的力学性能，尤其是(A，C，D)有明显的提高。

A. 塑性　B. 铸造性　C. 韧性　D. 强度

5. 下列属于表示铸铁代号的是(B，D)。

A. ZHT　B. HT　C. ZG　D. RuT

6. 下列属于优质碳素结构钢的是(A，B，D)。

A. 08F　B. 45　C. 40CrNi　D. 15

7. 下列(A，D)金属牌号代表的是铸造青铜。

A. ZCuSn10Pb1　B. QSn4-3　C. ZalCu5Mn　D. ZCuSn5Pb5Zn5

8. 下列合金钢牌号表示方法正确的是(A，B，D)。

A. 20MnV　B. 60Si2Mn　C. 40CrMn0. 8　D. GCr9

9. 下列选项中，用来表示硬质合金的代号是(A，B，D)字母组合。

A. YG　B. YT　C. YZ　D. YW

10. 钢调质处理目的是获得(A，B，C，D)都较好的综合性能。

A. 强度　B. 硬度　C. 塑性　D. 韧性

11. 为了使零件表层和心部分别获得高碳和低碳组织，可利用(A，B)材料进行渗碳处理。

A. 含碳量 0. 10%~0. 25%的碳钢　B. 低合金钢

C. 工具钢　D. 含碳量 0. 40%~0. 60%的碳钢

12. 要达到时效处理的目的，须将钢加热后长时间保温，采取(A，B)方法来冷却。

A. 随炉冷却　B. 空冷　C. 水冷　D. 油冷

13. 用(A，B)的方法消除材料的不平、不直、翘曲或工件变形的操作叫矫正。

A. 手工　B. 机械　C. 热处理　D. 化学处理

14. 矫正一般分为(A，B)两种。
A. 机械矫正　B. 手工矫正　C. 火焰矫正　D. 高频矫正
15. 研磨剂的种类有(B，C，D)。
A. 润滑剂　B. 研磨粉　C. 研磨膏　D. 研磨液
16. 下列选项中，属于平面刮削步骤的是(A，B，C，D)。
A. 粗刮　B. 细刮　C. 刮花　D. 精刮
17. 研磨后能提高零件的(A，C，D)等。
A. 耐磨性　B. 表面粗糙度　C. 抗疲劳强度　D. 使用寿命
18. 对外圆柱面研磨时，可采用的研具有(C，D)。
A. 研磨板　B. 研磨棒　C. 研磨环　D. 研磨套
19. 使用三爪拐子拆卸轴上的轴承时，顶杆需与轴(A，B)。
A. 同心　B. 端面垂直　C. 倾斜　D. 端面成 45°
20. 台钻由底座、(A，C，D)等组成。
A. 工作台　B. 立杆　C. 立柱　D. 头架
21. 立式钻床使用时，可以进行(A，C，D)。
A. 主轴转速的调整　B. 主轴变速箱旋转角度调整
C. 工作台升降调整　D. 主轴自动和手动进给调整
22. 在钻床上工作时，(A，B，C)装夹要牢固。
A. 工件　B. 夹具　C. 刀具　D. 量具
23. 使用手电钻钻孔时，要防止钻头(A，B，C)。
A. 摆动　B. 晃动　C. 歪斜　D. 与孔同轴心
24. 电磨头可以对各种形状复杂的工件进行(B，D)。
A. 切割　B. 修磨　C. 研磨　D. 抛光
25. 使用角向磨光机时，工作场所(A，B，D)。
A. 需保持清洁　B. 必须符合用火规定
C. 只许操作者 1 人　D. 禁止小孩进入
26. 砂轮机需做到(A，B，C)。
A. 定期检查　B. 定期润滑
C. 场地整洁　D. 砂轮外圆不圆时，及时用锉刀修整
27. 内径百分表测量时，判断正确的是(B，C)。
A. 表针顺时针方向离开零位，则表示被测孔径大于千分尺设定值
B. 表针顺时针方向离开零位，则表示被测孔径小于千分尺设定值
C. 表针逆时针方向离开零位，则表示被测孔径大于千分尺设定值
D. 表针逆时针方向离开零位，则表示被测孔径小于千分尺设定值
28. 万能游标量角器的(A，B)可以滑动，并能自由装配和改变测量范围。
A. 直尺　B. 直角尺　C. 主尺　D. 基尺
29. 对于键槽的磨损，常采用(C，D)的方法来修整键。
A. 镀铬　B. 镀锡　C. 修整键槽　D. 增大键尺寸

30. 下列选项中，属于销联接损坏的主要形式有(A，B，C)。

A. 销子变形　B. 销子切断　C. 销孔变形　D. 销子纵向开裂

31. 圆柱齿轮轴部件装配前要对箱体进行检验的内容有：孔距、孔系(轴系)平行度、轴线与基面及尺寸精度和平行度、孔中心线与端面垂直度及(B，D)等。

A. 齿轮间隙　B. 孔中心线

C. 轴与齿轮配合间隙　D. 同轴度

32. 疲劳磨损、点蚀、剥离的齿轮失效形式是由(A，C，D)造成的。

A. 齿轮材料选择不当　B. 供油中断，产生严重的过热现象

C. 齿轮过载或负荷分布不均　D. 齿轮硬度不够

33. 在直纹面(普通)圆柱蜗杆传动中，按齿廓曲线形状分为(B，C，D)传动。

A. 环面蜗杆　B. 渐开线圆柱蜗杆

C. 延伸渐开线圆柱蜗杆　D. 阿基米德圆柱蜗杆

34. 蜗杆传动装配时，蜗杆与蜗轮之间应有适当的(A，C)。

A. 啮合侧隙　B. 平行度　C. 接触印痕　D. 中心距

35. 滚动轴承箱接触式密封形式有(A，B，D)。

A. 毡封圈密封　B. 径向密封圈密封

C. 曲路密封　D. 磁力油封

36. 滚动轴承热胀法装配时必须掌握的因素是(B，C，D)。

A. 工件材料　B. 热装温度　C. 配合过盈量　D. 加热方式

37. 下列关于齿轮的规定画法的陈述中，(A，C)是正确的。

A. 齿顶圆和齿顶线用粗实线绘制　B. 齿根圆和齿根线用粗实线绘制

C. 分度圆在投影为圆的视图上应画成点划线圆

D. 齿根圆和齿根线用虚线绘制

38. 零件图的主要内容包括(A，B，C，D)。

A. 一组视图　B. 完整的尺寸　C. 技术要求　D. 标题栏

39. 下列选项中，属于零件图技术要求的有(B，C，D)。

A. 零件的名称　B. 零件的材料

C. 零件的形位公差　D. 零件的表面粗糙度

40. 下列关于轴测图投影特性的陈述，正确的是(A，D)。

A. 物体上相互平行的直线，在轴测图中仍保持平行

B. 与轴测轴平行的直线段在轴测图中一定反映实长

C. 与轴测轴平行的平面图形在轴测图中一定反映实形

D. 平行线段的轴测投影，其变形系数相同

41. 下列选项中，(B，C，D)为装配图中应标注的尺寸。

A. 每个零件的详细尺寸　B. 机器的规格尺寸

C. 外形尺寸　D. 装配及安装尺寸

42. 气体通过网格时，网格对泄漏气流产生强烈的(A，B)阻尼而降低泄漏，这就是蜂窝密封的摩阻效应。

A. 轴向　B. 周向　C. 平面　D. 万向

43. 蜂窝密封的材料一般用镍基高温合金，其(A，B，C，D)等指标都较好。

A. 室温抗拉强度　　B. 延伸率

C. 室温平均硬度　　D. 固熔温度

44. 浮环密封的显著特点是(A，B，D)。

A. 具有宽广的密封参数　　B. 具有较高的 PV 值密封参数

C. 属于接触式密封　　D. 属于非接触式密封

45. 螺旋迷宫密封的做功元件同时包括(B，D)，因此可以获得比普通螺旋密封更高的泵送压头，改善密封能力。

A. 左螺旋　　B. 轴螺旋　　C. 右螺旋　　D. 孔螺旋

46. 干气密封的间隙恢复机制保证了浮动环对静止环(A，C，D)的良好追随性。

A. 轴向位移　　B. 径向位移　　C. 角位移　　D. 偏摆

47. 振动参数包括位移和(A，B)。

A. 速度　　B. 加速度　　C. 周期　　D. 频率

48. 联轴器对中找正时，其状况有(A，B，C，D)。

A. 两轴中心线重合　　B. 两轴不同心，两轴平行

C. 两轴同心，两轴不平行　　D. 两轴不同心，两轴不平行

49. 机械矫正轴时，通过螺旋压力机慢慢进行顶压，从而使(B，C)，把轴矫直过来。

A. 凸面部分金属纤维伸展　　B. 凸面部分金属纤维压缩

C. 凹面部分金属纤维伸展　　D. 凹面部分金属纤维压缩

50. 机械矫正轴一般有(B，D)。

A. 扭转法　　B. 滚矫法　　C. 弯曲法　　D. 压矫法

51. 找静平衡的零部件在平行水平的导轨上停止摆动后，可以在部件的(A，D)，直至该零部件可以在导轨上任何角度均能静止为止。

A. 下方去重　　B. 下方加重　　C. 上方去重　　D. 上方加重

52. 下列标准中，API 标准引用的有(A，B，C，D)。

A. 美国机械工程师协会标准　　B. 美国国家消防协会标准

C. 美国国家标准学会标准　　D. 美国防腐蚀联合会标准

53. API 标准中，径向轴承瓦要(B，C，D)。

A. 有防震器　　B. 有防转销

C. 有轴向安全措施　　D. 采用钢瓦架剖分式结构

54. 离心泵叶轮平衡孔堵塞会引起的不良后果有(A，B，C，D)。

A. 轴向力不平衡　　B. 加大止推轴承的受力

C. 加快止推轴承的磨损　　D. 泵的效率下降

55. 当确定离心泵叶轮偏重的位置后，可用(A，B)来使叶轮达到平衡。

A. 去重法　　B. 加重法　　C. 锤击法　　D. 研磨法

56. 离心泵检修时需对转子的(A，B，C，D)进行检查。

A. 泵轴　　B. 叶轮　　C. 平衡盘　　D. 轴套

57. 导致离心泵机械密封泄漏的原因有(A，B)。

A. 动、静环的密封面接触不良　　B. 密封圈的密封性能差

C. 泵发热　　D. 泵的消耗功率过大

58. 离心泵的滑动轴承合金层与轴承衬应结合牢固，合金层表面没有(A，B，C，D)等缺陷。

A. 气孔　　B. 夹渣　　C. 裂纹　　D. 剥离

59. 下列选项中，(A，D)是引起离心泵轴承磨损的主要原因。

A. 轴向力平衡系统失效　　B. 密封泄漏

C. 密封液压力不当　　D. 润滑油变质

60. 引起离心泵扬程小的原因有(A，B，C)。

A. 转速过低　　B. 泵反转　　C. 叶轮外径偏小　　D. 平衡管堵塞

61. 蒸汽往复泵试运时要求(A，B，C，D)。

A. 汽缸、油缸应无撞击声　　B. 配汽机构应灵活、正常

C. 各传动轴运转灵活，不松动　　D. 润滑系统灵活好用

62. 蒸汽往复泵活塞环应无(A，B，C，D)。

A. 砂眼　　B. 气孔　　C. 沟槽　　D. 裂纹

63. 蒸汽往复泵的进口温度不高，但该泵流量不足，有可能是由(A，C，D)原因引起的。

A. 进出口阀不严密　　B. 进口液面过高

C. 液缸套损坏　　D. 活塞运行慢

64. 下列选项中，(A，B，D)会导致屏蔽泵扬程不足。

A. 叶轮损坏　　B. 汽蚀　　C. 泵体过热　　D. 口环磨损过大

65. 下列选项中，(A，B，C，D)将可能导致磁力驱动泵介质端噪音大。

A. 轴套损坏　　B. 管路复杂使液体不正常流动

C. 泵轴颈损坏　　D. 叶轮发生摩擦

66. 隔膜计量泵液压油腔补油器(B，C)，会造成泵流量不足。

A. 油太多　　B. 油太少　　C. 补油阀堵塞　　D. 油黏度低

67. 下列选项中，(A，B，C，D)会导致柱塞计量泵流量不足。

A. 出口单向阀堵塞　　B. 入口过滤器堵塞

C. 填料密封泄漏　　D. 管道有空气

68. 下列选项中，可造成柱塞计量泵电机过载的原因是(A，B，D)。

A. N 轴组件磨损严重　　B. 填料过紧

C. 进口来料不足　　D. 出口管部分堵塞

69. 齿轮泵机封大量漏油的主要原因有(A，C，D)。

A. 装配位置不对　　B. 啮合间隙太大

C. 动静环密封面损坏　　D. 密封圈损伤

70. 下列因素中，(A，C，D)会引起螺杆泵螺杆被卡住。

A. 介质含颗粒　　B. 介质黏度大　　C. 轴承损坏　　D. 配合间隙小

71. 轴流式风机的叶片损坏将导致(C，D)。

A. 风压增大　　B. 风量增大　　C. 轴承温度升高　　D. 振动增大

72. 下列选项中，会引起轴流式风机噪音大的因素是(B，C，D)。

A. 风叶倾角偏大　　B. 轮壳盖(风罩)松动

C. 风筒组件松动　　D. 风机叶片固定螺栓松动

73. 干式螺杆压缩机与湿式螺杆压缩机在结构上的区别有(A，B，C)。

A. 阴阳转子是否接触　　B. 气缸有无油润滑

C. 是否有油气分离系统　　D. 转子是否产生轴向力

74. 螺杆式压缩机的工作过程有(A，B，C，D)。

A. 吸入过程　　B. 输气过程　　C. 压缩过程　　D. 排气过程

75. 由于装配不良导致螺杆压缩机机械密封漏油的原因有(B，C，D)。

A. 密封端面平面度不够　　B. 动环在传动座中卡住

C. 动静环不同心　　D. 弹簧压缩量调整不正确

76. 压铅法，可以测量变速机齿轮的(A，C)。

A. 顶间隙　　B. 底间隙　　C. 侧间隙　　D. 接触面积

77. 变速机齿轮啮合接触面积大，位置正确，这说明：(A，B，C)。

A. 齿轮制造精度高　　B. 齿轮装配质量高

C. 工作时载荷分布均匀　　D. 工作时磨损均匀

78. 变速机两啮合齿轮中心距必须符合技术要求，(B，C)会使齿轮在运转时发生冲击和旋转不均匀的现象，并加快磨损。

A. 中心距过小　　B. 中心距过大　　C. 中心线扭斜　　D. 中心线平行

79. 为保证变速机垂直方向水平度达到技术要求，可用(A，B，C)配合测量。

A. 块规　　B. 百分表　　C. 水平仪　　D. 塞尺

80. 变速机中的齿轮不得有(A，B，D)等现象。

A. 损伤　　B. 胶合　　C. 接触　　D. 裂纹

81. 变速机在试运过程中，运转应(A，B，C)。

A. 平稳　　B. 无冲击　　C. 无异常振动　　D. 无声

82. 往复式压缩机空运转的目的是(A，C，D)。

A. 检查机械跑合　　B. 检查排气量

C. 了解机械振动的情况　　D. 了解滑动摩擦件的温度

83. 往复式压缩机开车之前，要盘车检查(A，B，D)等是否灵活好用。

A. 轴瓦　　B. 连杆　　C. 气阀　　D. 十字头滑道

84. 往复式压缩机连杆的检查内容包括(A，B，C，D)。

A. 大小头孔中心线平行度　　B. 大小头孔圆度和圆柱度

C. 连杆螺栓孔中心线平行度　　D. 大小头孔中心线对端面的垂直度

85. 往复式压缩机有油润滑的填料发生异常磨损、烧伤的原因有(B，C，D)。

A. 填料轴向间隙过大　　B. 活塞杆表面粗糙

C. 供油不足　　D. 润滑油有杂质

86. 往复式压缩机有油润滑的气缸过热的原因有(B，C，D)。

A. 密封泄漏　　B. 润滑不足　　C. 气缸拉毛　　D. 活塞环窜气

87. 离心式压缩机的类型有水平剖分型和(A，C)。

A. 垂直剖分型　　B. 等压型　　C. 等温型　　D. 超温型

88. 离心式压缩机工作时，通过高速旋转的叶轮把原动机的能量传给气体，使气体的

(A，C)升高。

A. 压力　　B. 重量　　C. 速度　　D. 体积

89. 离心式压缩机的转子包括(A，C，D)。

A. 叶轮　　B. 隔板　　C. 联轴节　　D. 止推盘

90. 离心式压缩机在临界转速中的共振主要是由(A，C)引起的。

A. 自振　　B. 喘振　　C. 强迫振动　　D. 管线振动

91. 离心式压缩机的喘振将会使(A，B，D)。

A. 离心式压缩机及其后联接管路发生强烈振动

B. 入口管线上的压力表指针大幅度摆动

C. 出口管线上的温度表指针大幅度摆动

D. 出口单向阀发生周期性开和关的撞击

92. 按热力过程特征分类，汽轮机可分为(A，B，C，D)和多压式汽轮机。

A. 抽汽背压式汽轮机　　B. 凝汽式汽轮机

C. 抽汽凝汽式汽轮机　　D. 背压式汽轮机

93. 汽轮机动叶片按制造工艺可分为(A，C，D)叶片等。

A. 铣制　　B. 车制　　C. 模锻　　D. 精密铸造

94. 汽轮机转子按制造工艺可分为(A，B，C，D)转子。

A. 套装　　B. 整锻式　　C. 组合式　　D. 焊接

95. 汽轮机转子按形状可分为(B，D)转子。

A. 整段式　　B. 转轮式　　C. 组合式　　D. 转鼓型

96. 与背压式汽轮机相比较，凝汽式汽轮机独有的附属设备有(A，D)。

A. 凝汽器　　B. 高位油槽　　C. 风机　　D. 凝结水泵

97. 汽轮机调节系统试验的目的是确定调节系统的(A，B，C，D)等，可以全面确定调节系统的工作性能。

A. 静态特性　　B. 速度变化率　　C. 迟缓率　　D. 动态特性

98. 烟气轮机工作条件极端恶劣，指的是(A，C)。

A. 高温　　B. 高压

C. 烟气中含有催化剂颗粒　　D. 烟气中含有 H_2S

99. 烟气轮机轴封内一般还通入(B，D)，起到冷却或阻隔缓冲作用。

A. 氮气　　B. 蒸汽　　C. 水　　D. 空气

100. 烟气轮机在就位前必须具备(A，D)验收手续。

A. 设备开箱　　B. 试车　　C. 技术规范　　D. 基础

101. 烟气轮机安装前所需的图纸资料是(A，B，C，D)。

A. 基础图　　B. 机组的平面布置图

C. 总装配图　　D. 工艺图

102. 使用手拉葫芦时，起重链子不应缠扭，将起重链稍微拉紧后，检查各部位应无异常现象，而后再试(A，B，D)的自锁情况(俗称刹车)，确认无误后方可继续起吊重物。

A. 摩擦片　　B. 圆盘　　C. 转臂　　D. 棘轮圈

103. 电动卷扬机可按(A，B，D)方式进行分类。

A. 滚筒数目　　B. 牵引能力　　C. 牵引速度　　D. 传动方式

四、技能操作鉴定要素细目表

鉴定范围						鉴定点	
一级		二级		三级		代码	名称
代码	名称	代码	名称	代码	名称		
A	技能要求	A	钳工工艺	A	工件制作	001	方孔圆柱的制作
						002	花键套的制作
						003	内六方工件的制作
				B	工、量、器具	001	手动液压泵的使用
						002	块规的使用
						003	内径百分表的使用
						004	万能游标量角器的使用
				C	装配工艺	001	蜗轮蜗杆传动机构的装配
						002	齿轮的装配
		B	绘图	A	绘图	001	轴测图的绘制
						002	剖视图的绘制
		C	机泵维修与安装	A	离心泵	001	离心泵基础的验收
						002	离心泵滚动轴承的热装
						003	离心泵波纹管密封的装配
						004	离心泵轴弯曲的矫正
						005	离心泵叶轮静不平衡的处理
						006	离心泵振动值增大的处理
						007	离心泵流量不足的处理
						008	离心泵泵体异响的处理
						009	离心泵机械密封泄漏严重的处理
						010	离心泵轴承箱异响的处理
						011	离心泵泵体温度过高的处理
				B	蒸汽往复泵	001	蒸汽往复泵缸套的更换
						002	蒸汽往复泵三点定中的操作
						003	蒸汽往复泵活塞落缸的处理
						004	蒸汽往复泵撞缸的处理
						005	蒸汽往复泵突然停泵的故障排除
						006	蒸汽往复泵流量不足的处理
				C	磁力驱动泵屏蔽泵	001	屏蔽泵轴承易磨损的处理
						002	屏蔽泵异响的处理
						003	磁力驱动泵介质端噪音大的处理
				D	计量泵	001	隔膜计量泵出口压力低的处理
						002	柱塞计量泵传动机构噪音大的处理

续表

鉴定范围						鉴定点	
一级		二级		三级		代码	名称
代码	名称	代码	名称	代码	名称		
						003	柱塞计量泵电机过载的处理
						004	柱塞计量泵流量不足的处理
				E	螺杆泵 齿轮泵	001	齿轮泵齿轮啮合的检查
						002	齿轮泵噪音大的处理
						003	齿轮泵泵体过热的处理
						004	螺杆泵电机过载的处理
						005	螺杆泵盘车不动的处理
						006	螺杆泵噪音大的处理
				F	风机	001	轴流式风机电流过大的处理
						002	轴流式风机轴承温度高的处理
						003	轴流式风机风量不足的处理
				H	变速机	001	变速机圆锥滚子轴承的装配
						002	用涂色法检查变速机齿轮的啮合情况
				I	往复式 压缩机	001	往复式压缩机活塞环的装配
						002	往复式压缩机活塞的装配
						003	往复式压缩机填料的装配
						004	往复式压缩机缸套的检测
						005	往复式压缩机曲轴箱的安装
						006	往复式压缩机气缸余隙的调整
						007	往复式压缩机平面三六瓣密封泄漏的处理
						008	往复式压缩机气阀温度高的处理
				J	离心式 压缩机	001	离心式压缩机机组的基础验收
						002	离心式压缩机水平度的调整
						003	离心式压缩机油滤器压差大的处理
				K	汽轮机	001	汽轮机滑销间隙的检查
						002	汽轮机汽封间隙的测量
						003	汽轮机径向轴承的更换

五、技能操作试题

试题 1：花键套的制作

（考核时间：150min）

序号	考核内容	考核要点	配分	评分标准	检测结果	扣分	得分	备注
1	准备工作	穿戴劳保用品	3	不符合要求扣 3 分				
		工、量、器具准备	2	选择不正确扣 2 分				

续表

序号	考核内容	考核要点	配分	评分标准	检测结果	扣分	得分	备注
2	锉削	$60_{0}^{+0.06}$mm(2处)	15	每超差0.05mm扣1分				
3		$15_{0}^{+0.02}$(4处)	20	每超差0.05mm扣1分				
4		| ⌯ | 0.05 | A |(2处)	8	每超差0.02mm扣1分				
5		| ⊥ | 0.06 | B |(8处)	8	每超差0.02mm扣1分				
6		*Ra*3.2μm(12处)	12	每升高一级扣1分				
7	钻铰削	45°±30′	4	每超差30′扣1分				
8		$\Phi 8_{0}^{+0.02}$mm	10	每超差0.01mm扣1分				
9		| ⊥ | 0.05 | C |	5	每超差0.05mm扣1分				
10		*Ra*0.8μm	3	每升高一级扣1分				
11		*R*30mm	5	每超差0.05mm扣1分				
12	使用工、量、器具	使用工、量、器具	3	工、量、器具使用不正确扣3分				
		维护工、量、器具	2	工、量、器具乱摆乱放扣2分				
13	安全及其他	按国家法规或企业规定		违规一次从总分扣5分；严重违规停止操作		—		
		未注公差尺寸的按IT14要求		每超差1处扣2分		—		
		考件局部无缺陷		有缺陷酌情扣1～5分，严重者扣30分		—		
		在规定时间内完成		超时1min从总分中扣5分，超时3min停止操作		—		
		合　计	100					

否定项说明：若出现发生事故等情况，该题为零分。

试题2：内六方工件的制作

（考核时间：120min）

序号	考核内容	考核要点	配分	评分标准	检测结果	扣分	得分	备注
1	准备工作	穿戴劳保用品	3	不符合要求扣3分				
		工、量、器具准备	2	选择不正确扣2分				
2	锉削	$46_{0}^{+0.03}$mm(3处)	24	每超差0.01mm扣1分				
3		| // | 0.04 | C |（3处）	9	每超差0.01mm扣1分				
4		*Ra*1.6μm(6处)	6	每升高一级扣1分				
5		| ⊥ | 0.04 | B |(6处)	12	每超差0.05mm扣1分				
6		六角清晰	6	不符合要求不得分				

续表

序号	考核内容	考核要点	配分	评分标准	检测结果	扣分	得分	备注
7	钻削	$\Phi 10_{0}^{+0.04}$mm（3处）	9	每超差0.01mm扣1分				
8		$\Phi 63$mm	5	每超差0.05mm扣1分				
9		$Ra3.2\mu m$（3处）	6	超差不得分				
10		⌖ | ϕ0.1 | A | B（3处）	9	每超差0.05mm扣1分				
11		⊥ | 0.05 | B（3处）	4	每超差0.05mm扣1分				
12	使用工、量、器具	使用工、量、器具	3	工、量、器具使用不正确扣3分				
		维护工、量、器具	2	工、量、器具乱摆乱放扣2分				
13	安全及其他	按国家法规或企业规定		违规一次从总分扣5分；严重违规停止操作			—	
		未注公差尺寸的按IT14要求		每超差1处扣2分			—	
		考件局部无缺陷		有缺陷酌情扣1~5分，严重者扣30分			—	
		在规定时间内完成		超时1min从总分中扣5分，超时3min停止操作			—	
合计			100					

否定项说明：若出现发生事故等情况，该题为零分。

试题3：手动液压泵的使用

（考核时间：20min）

序号	考核内容	考核要点		配分	评分标准	检测结果	扣分	得分	备注
		步骤	技术要求						
1	准备工作	穿戴劳保用品		3	不符合要求扣3分				
		工、量、器具准备		2	选择不正确扣2分				
2	步骤及技术要求	清洗检查	油管和接头吹扫干净	10	达不到要求扣10分				
3		设备选用	根据工作状况选用合适的液压泵	20	选择不正确扣20分				
4		液压泵操作	液压泵和工作头接妥，确保不漏油；关闭回油阀门；扳动手柄操作，但不宜太快，并防止压力过高；工作完成后要缓慢打开回油阀门，使压力表和工作头缓慢复位	60	操作方法不正确每项扣15分				
5	维护	维护工、量、器具		5	维护不当扣5分				

续表

序号	考核内容	考核要点		配分	评分标准	检测结果	扣分	得分	备注
		步　　骤	技术要求						
6	安全及其他	按国家法规或企业规定			违规一次从总分扣5分；严重违规停止操作			—	
		在规定时间内完成			超时1min从总分中扣5分，超时3min停止操作			—	
合　　计				100					

否定项说明：若出现发生事故等情况，该题为零分。

试题4：内径百分表的使用

（考核时间：15min）

序号	考核内容	考核要点		配分	评分标准	检测结果	扣分	得分	备注
		步　　骤	技术要求						
1	准备工作	穿戴劳保用品		3	不符合要求扣3分				
		工、量、器具准备		2	选择不正确扣2分				
2	步骤及技术要求	确定量具的使用期限	量具必须在检验期限内使用	10	超期使用扣10分				
3		清洗被测表面	被测孔壁不能有毛刺、油污	10	达不到要求扣10分				
4		选择测量棒	根据被测孔径选择适当的可调测量棒	20	选择不符合要求扣20分				
5		校对百分表零位	用设定好尺寸的千分尺校对百分表的零位	10	校对不正确扣10分				
6		使用内径百分表	测头轴心线垂直孔壁；测头行程不能过大过小；正视百分表盘面，确定正负数值	40	使用方法不正确每项扣15分				
7	维护	维护工、量、器具		5	维护不当扣5分				
8	安全及其他	按国家法规或企业规定			违规一次从总分扣5分；严重违规停止操作			—	
		在规定时间内完成			超时1min从总分中扣5分，超时3min停止操作			—	
合　　计				100					

试题5：蜗轮蜗杆传动机构的装配

（考核时间：20min）

序号	考核内容	考核要点		配分	评分标准	检测结果	扣分	得分	备注
		步　　骤	技术要求						
1	准备工作	穿戴劳保用品		3	不符合要求扣3分				
		工、量、器具准备		2	选择不正确扣2分				

续表

序号	考核内容	考核要点		配分	评分标准	检测结果	扣分	得分	备注
		步　　骤	技术要求						
2	步骤及技术要求	零件清洗、去油污毛刺	表面无油污，各项指标符合图纸要求	10	达不到要求每项扣5分				
3		测量内容	配合精度，蜗轮、蜗杆表面粗糙度符合要求	20	达不到要求每项扣8分				
4		测量方法	打表法；涂色法；塞尺法	15	方法不正确每项扣5分				
5		蜗轮和蜗杆组装	保证蜗杆轴心线与蜗轮轴心线互相垂直；蜗杆的轴心线在蜗轮轮齿的对称平面内；控制好蜗杆的轴向窜动；中心距正确；啮合侧隙和接触斑点符合要求	45	达不到要求每项扣10分				
6	使用工、量、器具	使用工、量、器具		3	工、量、器具使用不正确扣3分				
		维护工、量、器具		2	工、量、器具乱摆乱放扣2分				
7	安全及其他	按国家法规或企业规定			违规一次从总分扣5分；严重违规停止操作			—	
		在规定时间内完成			超时1min从总分中扣5分，超时3min停止操作			—	
合　　计				100					

否定项说明：若出现发生事故等情况，该题为零分。

试题6：根据正投影图绘制斜二等轴测图

（考核时间：35min）

序号	考核内容	考核要点	配分	评分标准	检测结果	扣分	得分	备注
1	准备工作	工、量具准备	5	选择不正确扣5分				
2	轴测图种类	轴间角正确	10	不符合要求扣10分				
		轴向变形系数正确	10	不符合要求扣10分				
3	图形	底板长、宽、高的大小及方向正确	10	不符合要求每项扣4分				
		凸台的大小及位置正确	10	不符合要求每项扣4分				
		V形槽水平及正垂截平面定位正确，截交线准确	10	不符合要求每项扣4分				
		两侧垂截平面定位正确，截交线准确	15	不符合要求每项扣5分				
		不可见或多余线条擦除	10	不符合要求每项扣3分				

续表

序号	考核内容	考核要点	配分	评分标准	检测结果	扣分	得分	备注
4	图线	线型正确、粗细分明	10	不符合要求每项扣5分				
5	图面质量	排布合理，卷面清晰	5	排布不合理扣2.5分 卷面涂改扣2.5分				
6	使用工、量具	使用工、量具	3	工、量具使用不正确扣3分				
		维护工、量具	2	工、量具乱摆乱放扣2分				
7	考试时限	在规定时间内完成		按规定时间完成，超时1min从总分中扣5分，超时3min停止答题			—	
合　计			100					

试题7：离心泵基础的验收(现场模拟)

（考核时间：15min）

序号	考核内容	考核要点		配分	评分标准	检测结果	扣分	得分	备注
		步　骤	技术要求						
1	准备工作	穿戴劳保用品		3	不符合要求扣3分				
		工、量、器具准备		2	选择不正确扣2分				
2	步骤及技术要求	收集图纸资料	设计技术文件齐全	10	达不到要求扣10分				
3		校核基础几何尺寸	基础标高允许偏差-20mm	10	每误差5mm扣5分				
			平面外型尺寸允许偏差±20mm	10	每误差10mm扣5分				
			地脚螺栓孔中心位置允许偏差±10mm	20	每误差5mm扣10分				
			地脚螺栓孔深度允许偏差+20mm	15	每误差10mm扣5分				
			地脚螺栓孔壁铅垂度允许偏差10mm/m	15	每误差5mm/m扣10分				
4		办理工序交接	签名确认	10	未办理工序交接扣10分				
5	使用工、量、器具	使用工、量、器具		3	工、量、器具使用不正确扣3分				
		维护工、量、器具		2	工、量、器具乱摆乱放扣2分				
6	安全及其他	按国家法规或企业规定			违规一次从总分扣5分；严重违规停止操作			—	
		在规定时间内完成			超时1min从总分中扣5分，超时3min停止操作			—	
合　计				100					

试题8：离心泵波纹管密封的装配

（考核时间：40min）

序号	考核内容	考核要点		配分	评分标准	检测结果	扣分	得分	备注
		步　骤	技术要求						
1	准备工作	穿戴劳保用品		3	不符合要求扣3分				
		工、量、器具准备		2	选择不正确扣2分				
2	步骤及技术要求	检查密封型号及尺寸	型号、尺寸应符合要求	10	型号、尺寸不符合要求扣10分				
3		检查密封元件	各元件齐全无损坏	10	达不到要求扣10分				
4		检查波纹管	弹力均匀；无裂纹	10	有缺陷未查出扣10分				
5		清洗零部件，去锈蚀	应无划痕、沟槽、毛刺等缺陷	5	不符合要求每项扣2分				
6		测量数据，确定压缩量	根据垫片进行调整，并达到要求	20	每超差1mm扣5分				
7		装配动静环组件	密封端面洁净无杂物	5	端面有异物扣5分				
			端面不得倾斜	10	不符合要求扣10分				
8		密封组装	密封端面加注干净润滑油；弹性元件回弹自如，补偿好；密封压盖紧力均匀并垂直于轴中心	20	达不到要求每项扣7分				
9	使用工、量、器具	使用工、量、器具		3	工、量、器具使用不正确扣3分				
		维护工、量、器具		2	工、量、器具乱摆乱放扣2分				
10	安全及其他	按国家法规或企业规定			违规一次从总分扣5分；严重违规停止操作			—	
		在规定时间内完成			超时1min从总分中扣5分，超时3min停止操作			—	
合　计				100					

否定项说明：若出现发生事故等情况，该题为零分。

试题9：离心泵轴弯曲的矫正

（考核时间：60min）

序号	考核内容	考核要点	配分	评分标准	检测结果	扣分	得分	备注
1	准备工作	穿戴劳保用品	3	不符合要求扣3分				
		工、量、器具准备	2	选择不正确扣2分				
2	步骤	测量轴弯曲，作出轴弯曲曲线图，确定最大弯曲部位	20	曲线图作错扣20分；最大弯曲部位确定错扣10分				

续表

序号	考核内容	考核要点	配分	评分标准	检测结果	扣分	得分	备注
3		将泵轴支承在两块“V”形铁上，确定支承距离	10	支点不正确扣10分				
4		将轴最大弯曲部位放在压力机压点上	15	受压力点选错扣15分				
5		在压力点反向部位装百分表监测	10	监测部位错误扣10分				
6		压力机加力使轴缓慢变形，变形量要大于弯曲值。重复上述操作，直至泵轴达到弯曲值要求	30	加力不当扣15分；轴弯曲值未达到要求扣20分				
7		用敲击或其他方法消除泵轴的残余应力	5	无此项或方法不当扣5分				
8	使用工、量、器具	使用工、量、器具	3	工、量、器具使用不正确扣3分				
		维护工、量、器具	2	工、量、器具乱摆乱放扣2分				
9	安全及其他	按国家法规或企业规定		违规一次从总分扣5分；严重违规停止操作			—	
		在规定时间内完成		超时1min从总分中扣5分，超时3min停止操作			—	
合计			100					

否定项说明：若出现发生事故等情况，该题为零分。

试题10：离心泵叶轮静不平衡的处理

（考核时间：50min）

序号	考核内容	考核要点		配分	评分标准	检测结果	扣分	得分	备注
		步骤	技术要求						
1	准备工作	穿戴劳保用品		3	不符合要求扣3分				
		工、量、器具准备		2	选择不正确扣2分				
2	步骤及技术要求	校正导轨平行度、水平度	符合要求	10	达不到要求每项扣5分				
3		叶轮安装旋转轴	紧固叶轮无松动	5	达不到要求扣5分				
4		确定偏重点	将叶轮放在导轨上并来回旋转数次，总是正下方的点为偏重点	15	偏重点不明确扣15分				
5		配重	在叶轮偏重上方用胶泥配重多次，直至叶轮平衡为止	15	达不到要求扣15分				
6		确定配重量及尺寸	测量胶泥半径及重量	10	达不到要求每项扣5分				

续表

序号	考核内容	考核要点		配分	评分标准	检测结果	扣分	得分	备注
		步骤	技术要求						
7		平衡方法	加重法：原胶泥处补焊 去重法：胶泥对称处打磨，叶轮壁厚不得少于2/3	20	方法不正确扣20分				
8		校核叶轮平衡	多次校核。平衡量较小时，应分等份确定平衡点	15	达不到要求扣15分				
9	使用工、量、器具	使用工、量、器具		3	工、量、器具使用不正确扣3分				
		维护工、量、器具		2	工、量、器具乱摆乱放扣2分				
10	安全及其他	按国家法规或企业规定			违规一次从总分扣5分；严重违规停止操作			—	
		在规定时间内完成			超时1min从总分中扣5分，超时3min停止操作			—	
合计				100					

否定项说明：若出现发生事故等情况，该题为零分。

试题11：离心泵流量不足的处理(现场模拟)

(考核时间：12min)

序号	考核内容	考核要点		配分	评分标准	检测结果	扣分	得分	备注
		故障	排除方法						
1	准备工作	穿戴劳保用品		3	不符合要求扣3分				
		工、量、器具准备		2	选择不正确扣2分				
2	故障及排除方法	泵内或吸入管内存有气体	重新灌泵排除气体	10	未能提出排除方法扣10分				由有关工种人员完成
3		泵内或管路有杂物堵塞	拆检清理	10	达不到要求扣10分				
4		叶轮装反向	拆检调正	20	处理错误扣20分				
5		叶轮口环间隙超规范	拆检更换叶轮及泵体口环	15	处理不符合要求扣15分				
6		离心泵电机反转	检查电机接线	10	未能提出排除方法扣10分				由有关工种人员完成
7		介质黏度增大	调整工艺	10	未能提出排除方法扣10分				由有关工种人员完成
8		叶轮损坏	拆检更换叶轮	15	装配不符合要求扣15分				

续表

序号	考核内容	考核要点		配分	评分标准	检测结果	扣分	得分	备注
		故　障	排除方法						
9	使用工、量、器具	使用工、量、器具		3	工、量、器具使用不正确扣3分				
		维护工、量、器具		2	工、量、器具乱摆乱放扣2分				
10	安全及其他	按国家法规或企业规定			违规一次从总分扣5分；严重违规停止操作			—	
		在规定时间内完成			超时1min从总分中扣5分，超时3min停止操作			—	
合　计				100					

否定项说明：若出现发生事故等情况，该题为零分。

试题12：离心泵机械密封泄漏严重的处理(现场模拟)

（考核时间：12min）

序号	考核内容	考核要点		配分	评分标准	检测结果	扣分	得分	备注
		故　障	排除方法						
1	准备工作	穿戴劳保用品		3	不符合要求扣3分				
		工、量、器具准备		2	选择不正确扣2分				
2	故障及排除方法	泵与原动机对中不良	重新校正，符合规范	10	找正达不到要求，每误差0.02mm每点扣5分				
3		轴弯曲	矫轴或更换	10	达不到要求扣10分				
4		轴承或密封环磨损过多，形成转子偏心	更换并校正	15	调整达不到要求扣15分				
5		密封损坏或安装不当	检查更换	15	达不到要求扣15分				
6		密封冲洗液压力不当	调整密封冲洗液压力比密封腔前压力大0.05~0.15MPa	10	未能提出排除方法扣10分				由有关工种人员完成
7		操作波动大或抽真空	稳定操作、更换密封	10	未能提出排除方法扣5分，装配达不到要求扣10分				
8		补偿环卡涩	调整或更换密封	10	装配达不到要求扣10分				
9		端面比压过小	改造机械密封有关结构	10	未能提出排除方法扣10分				

续表

序号	考核内容	考核要点		配分	评分标准	检测结果	扣分	得分	备注
		故　障	排除方法						
10	使用工、量、器具	使用工、量、器具		3	工、量、器具使用不正确扣3分				
		维护工、量、器具		2	工、量、器具乱摆乱放扣2分				
11	安全及其他	按国家法规或企业规定			违规一次从总分扣5分；严重违规停止操作			—	
		在规定时间内完成			超时1min从总分中扣5分，超时3min停止操作			—	
合　计				100					

否定项说明：若出现发生事故等情况，该题为零分。

试题13：离心泵轴承箱异响的处理(现场模拟)

（考核时间：8min）

序号	考核内容	考核要点		配分	评分标准	检测结果	扣分	得分	备注
		故　障	排除方法						
1	准备工作	穿戴劳保用品		3	不符合要求扣3分				
		工、量、器具准备		2	选择不正确扣2分				
2	故障及排除方法	轴承润滑不足	加足润滑油	15	达不到要求扣15分				
3		轴承损坏	拆检更换轴承	25	轴承装配达不到要求扣25分				
4		轴承箱内润滑油带杂质或沙粒	更换润滑油、清洗轴承及箱体	15	处理不符合要求扣15分				
5		甩油环配置不符合要求	更换甩油环	15	处理达不到要求扣15分				
6		轴弯曲	调直轴或更换	10	处理达不到要求扣10分				
7		轴承组件装配不当	拆检、更换轴承	10	处理不符合要求扣10分				
8	使用工、量、器具	使用工、量、器具		3	工、量、器具使用不正确扣3分				
		维护工、量、器具		2	工、量、器具乱摆乱放扣2分				
9	安全及其他	按国家法规或企业规定			违规一次从总分扣5分；严重违规停止操作			—	
		在规定时间内完成			超时1min从总分中扣5分，超时3min停止操作			—	
合　计				100					

试题 14：离心泵泵体温度过高的处理（现场模拟）

（考核时间：12min）

序号	考核内容	考核要点		配分	评分标准	检测结果	扣分	得分	备注
		故障	排除方法						
1	准备工作	穿戴劳保用品		3	不符合要求扣 3 分				
		工、量、器具准备		2	选择不正确扣 2 分				
2	故障及排除方法	泵体冷却系统不畅通	疏通泵体冷却水系统	10	达不到要求扣 10 分				
3		入口介质温度过高	降低泵入口介质温度	10	未能提出排除方法扣 10 分				由有关工种人员完成
4		泵体口环间隙过大	检查更换口环	25	超出规范标准 0.10mm 扣 10 分				
5		泵出口阀长时间开度不够	调节出口阀开度	10	未能提出排除方法扣 10 分				由有关工种人员完成
6		泵内长时间抽空	调整操作	10	未能提出排除方法扣 10 分				
7		转动件与泵体发生摩擦	检查更换零部件	25	达不到要求扣 25 分				
8	使用工、量、器具	使用工、量、器具		3	工、量、器具使用不正确扣 3 分				
		维护工、量、器具		2	工、量、器具乱摆乱放扣 2 分				
9	安全及其他	按国家法规或企业规定			违规一次从总分扣 5 分；严重违规停止操作			—	
		在规定时间内完成			超时 1min 从总分中扣 5 分，超时 3min 停止操作			—	
合计				100					

否定项说明：若出现发生事故等情况，该题为零分。

试题 15：蒸汽往复泵三点定中的操作

（考核时间：60min）

序号	考核内容	考核要点		配分	评分标准	检测结果	扣分	得分	备注
		步骤	技术要求						
1	准备工作	穿戴劳保用品		3	不符合要求扣 3 分				
		工、量、器具准备		2	选择不正确扣 2 分				
2	步骤及技术要求	确定配汽板（活塞）中心尺寸	根据测量配汽板与汽道长度确定	5	尺寸不准确每误差 0.5mm 扣 2 分				
3		确定汽缸活塞中心尺寸	根据测量汽缸活塞与汽缸长度确定尺寸	5	尺寸不准确每误差 1mm 扣 3 分				

续表

序号	考核内容	考核要点		配分	评分标准	检测结果	扣分	得分	备注
		步　骤	技术要求						
4		确定液缸活塞中心尺寸	根据测量液缸活塞与液缸长度确定	5	尺寸不准确每误差1mm扣3分				
5		调整转动摇臂	垂直向下	15	达不到要求扣15分				
6		调整配汽板(活塞)处于汽道中心	通过配汽拉杆螺帽调节	15	调整不准确每误差0.50mm扣5分				
7		调整汽缸活塞处于汽缸中心	通过汽缸活塞杆长度调节	15	调整不准确每误差1mm扣10分				
8		调整液缸活塞处于液缸中心	通过液缸活塞杆长度调节	15	处理每误差1mm扣10分				
9		三点定中	配汽板(活塞)、汽缸活塞、液缸活塞三点居中，摇臂垂直向下	15	达不到要求扣15分				
10	使用工、量、器具	使用工、量、器具		3	工、量、器具使用不正确扣3分				
		维护工、量、器具		2	工、量、器具乱摆乱放扣2分				
11	安全及其他	按国家法规或企业规定			违规一次从总分扣5分；严重违规停止操作			—	
		在规定时间内完成			超时1min从总分中扣5分，超时3min停止操作			—	
合　计				100					

否定项说明：若出现发生事故等情况，该题为零分。

试题16：蒸汽往复泵撞缸的处理(现场模拟)

(考核时间：12min)

序号	考核内容	考核要点		配分	评分标准	检测结果	扣分	得分	备注
		故　障	排除方法						
1	准备工作	穿戴劳保用品		3	不符合要求扣3分				
		工、量、器具准备		2	选择不正确扣2分				
2	故障及排除方法	行程过大	减小行程	15	达不到要求扣15分				
3		活塞螺母松动	紧固螺母	15	达不到要求扣15分				
4		活塞环损坏，脱落缸内	更换活塞环	15	达不到要求扣15分				
5		缸套松动	修理或更换	15	达不到要求扣15分				

续表

序号	考核内容	考核要点		配分	评分标准	检测结果	扣分	得分	备注
		故　　障	排除方法						
6		活塞杆锁紧螺母松动，致使活塞组件过长或过短	调整、紧固锁紧螺母	15	达不到要求扣 15 分				
7		缸内掉进硬物	清除硬物	15	达不到要求扣 15 分				
8	使用工、量、器具	使用工、量、器具		3	工、量、器具使用不正确扣 3 分				
		维护工、量、器具		2	工、量、器具乱摆乱放扣 2 分				
9	安全及其他	按国家法规或企业规定			违规一次从总分扣 5 分；严重违规停止操作			—	
		在规定时间内完成			超时 1min 从总分中扣 5 分，超时 3min 停止操作			—	
合　　计				100					

否定项说明：若出现发生事故等情况，该题为零分。

试题 17：蒸汽往复泵突然停泵的故障排除（现场模拟）

（考核时间：8min）

序号	考核内容	考核要点		配分	评分标准	检测结果	扣分	得分	备注
		故　　障	排除方法						
1	准备工作	穿戴劳保用品		3	不符合要求扣 3 分				
		工、量、器具准备		2	选择不正确扣 2 分				
2	故障及排除方法	活塞环折断卡住活塞	更换活塞环	30	达不到要求扣 30 分				
3		摇臂轴销脱落	重新装好摇臂轴销	20	达不到要求扣 20 分				
4		蒸汽中断或压力不足	检查供汽系统	10	未能提出排除方法扣 10 分				由有关工种人员完成
5		行程过大造成活塞落缸	调整行程	30	处理方法不正确扣 30 分				
6	使用工、量、器具	使用工、量、器具		3	工、量、器具使用不正确扣 3 分				
		维护工、量、器具		2	工、量、器具乱摆乱放扣 2 分				
7	安全及其他	按国家法规或企业规定			违规一次从总分扣 5 分；严重违规停止操作			—	
		在规定时间内完成			超时 1min 从总分中扣 5 分，超时 3min 停止操作			—	
合　　计				100					

否定项说明：若出现发生事故等情况，该题为零分。

试题18：蒸汽往复泵流量不足的处理(现场模拟)

（考核时间：12min）

序号	考核内容	考核要点		配分	评分标准	检测结果	扣分	得分	备注
		故　障	排除方法						
1	准备工作	穿戴劳保用品		3	不符合要求扣3分				
		工、量、器具准备		2	选择不正确扣2分				
2	故障及排除方法	单向阀磨损	研磨或更换	20	达不到要求扣20分				
3		活塞运行过慢或行程太短	调节活塞运行次数和行程长度	15	达不到要求扣15分				
4		液缸活塞环磨损超标	更换缸套或活塞环	25	达不到要求扣25分				
5		进口温度太高，产生汽化	降低进口温度	10	未能提出排除方法扣10分				
6		液面过低，吸入气体	保证一定液面	10	未能提出排除方法扣10分				由有关工种人员完成
7		进口管阀开度小或堵塞	增大开度或疏通管路	10	未能提出排除方法扣10分				
8	使用工、量、器具	使用工、量、器具		3	工、量、器具使用不正确扣3分				
		维护工、量、器具		2	工、量、器具乱摆乱放扣2分				
9	安全及其他	按国家法规或企业规定			违规一次从总分扣5分；严重违规停止操作			—	
		在规定时间内完成			超时1min从总分中扣5分，超时3min停止操作			—	
合　计				100					

否定项说明：若出现发生事故等情况，该题为零分。

试题19：屏蔽泵轴承易磨损的处理(现场模拟)

（考核时间：10min）

序号	考核内容	考核要点		配分	评分标准	检测结果	扣分	得分	备注
		故　障	排除方法						
1	准备工作	穿戴劳保用品		3	不符合要求扣3分				
		工、量、器具准备		2	选择不正确扣2分				
2	故障及排除方法	轴套腐蚀磨损	更换轴套	20	达不到要求扣20分				
3		轴弯曲	校直或更换电机转子	20	按规范每超差0.01mm扣10分				

续表

序号	考核内容	考核要点		配分	评分标准	检测结果	扣分	得分	备注
		故　　障	排除方法						
4		异物混入泵内	检查清洗过滤网	15	达不到要求扣 15 分				
5		流量小，轴承润滑不良	进行工艺调整	10	未能提出排除方法扣 10 分				由有关工种人员完成
6		抽空或汽蚀	进行工艺调整	10	未能提出排除方法扣 10 分				
7		转子不平衡	转子找平衡	15	达不到要求扣 15 分				
8	使用工、量、器具	使用工、量、器具		3	工、量、器具使用不正确扣 3 分				
		维护工、量、器具		2	工、量、器具乱摆乱放扣 2 分				
9	安全及其他	按国家法规或企业规定			违规一次从总分扣 5 分；严重违规停止操作			—	
		在规定时间内完成			超时 1min 从总分中扣 5 分，超时 3min 停止操作			—	
合　　计				100					

试题 20：磁力驱动泵介质端噪音大的处理(现场模拟)

(考核时间：12min)

序号	考核内容	考核要点		配分	评分标准	检测结果	扣分	得分	备注
		故　　障	排除方法						
1	准备工作	穿戴劳保用品		3	不符合要求扣 3 分				
		工、量、器具准备		2	选择不正确扣 2 分				
2	故障及排除方法	产生汽蚀	调整工艺操作	5	未能提出排除方法扣 5 分				由有关工种人员完成
3		来液不稳定	调整工艺操作	5	未能提出排除方法扣 5 分				
4		叶轮与泵体摩擦	解体调整间隙	20	按规范每超差 0.02mm 扣 5 分				
5		轴套、轴颈磨损超标	更换轴套、轴	20	达不到要求每项扣 10 分				
6		外部磁铁总成与轴承座产生摩擦	解体检查轴承，轴弯曲磨损，如果超标准应更换；解体检查外部磁铁总成部分是否松动，松动应紧固	20	达不到要求每项扣 10 分				
7		内部磁铁与轴承保持套产生摩擦	解体检查泵轴和轴套磨损，如果磨损超标应更换	20	达不到要求扣 20 分				

续表

序号	考核内容	考核要点		配分	评分标准	检测结果	扣分	得分	备注
		故　障	排除方法						
8	使用工、量、器具	使用工、量、器具		3	工、量、器具使用不正确扣3分				
		维护工、量、器具		2	工、量、器具乱摆乱放扣2分				
9	安全及其他	按国家法规或企业规定			违规一次从总分扣5分；严重违规停止操作			—	
		在规定时间内完成			超时1min从总分中扣5分，超时3min停止操作			—	
合　计				100					

否定项说明：若出现发生事故等情况，该题为零分。

试题21：隔膜计量泵出口压力低的处理(现场模拟)

（考核时间：10min）

序号	考核内容	考核要点		配分	评分标准	检测结果	扣分	得分	备注
		故　障	排除方法						
1	准备工作	穿戴劳保用品		3	不符合要求扣3分				
		工、量、器具准备		2	选择不正确扣2分				
2	故障及排除方法	溢流阀与补油阀泄漏	修理或更换补油阀	20	达不到要求扣20分				
3		单向阀内有杂物卡阻	解体清除杂物	20	达不到要求扣20分				
4		单向阀磨损	修理或更换单向阀	25	达不到要求扣25分				
5		来液中有过多的气体	进行工艺调整	10	未能提出排除方法扣10分				由有关工种人员完成
6		柱塞填料漏油	检查密封部分	15	达不到要求扣15分				
7	使用工、量、器具	使用工、量、器具		3	工、量、器具使用不正确扣3分				
		维护工、量、器具		2	工、量、器具乱摆乱放扣2分				
8	安全及其他	按国家法规或企业规定			违规一次从总分扣5分；严重违规停止操作			—	
		在规定时间内完成			超时1min从总分中扣5分，超时3min停止操作			—	
合　计				100					

试题22：柱塞计量泵传动机构噪音大的处理(现场模拟)

(考核时间：10min)

序号	考核内容	考核要点		配分	评分标准	检测结果	扣分	得分	备注
		故　障	排除方法						
1	准备工作	穿戴劳保用品		3	不符合要求扣3分				
		工、量、器具准备		2	选择不正确扣2分				
2	故障及排除方法	N轴组件磨损严重	更换N轴组件	20	达不到要求扣20分				
3		与N轴的联接松动	紧固螺母联接	15	达不到要求扣15分				
4		连杆轴承松动或磨损	紧固或更换轴承	15	达不到要求扣15分				
5		齿轮副磨损过大	更换蜗轮，蜗杆	20	达不到要求扣20分				
6		轴承损坏	更换轴承	20	达不到要求扣20分				
7	使用工、量、器具	使用工、量、器具		3	工、量、器具使用不正确扣3分				
		维护工、量、器具		2	工、量、器具乱摆乱放扣2分				
8	安全及其他	按国家法规或企业规定			违规一次从总分扣5分；严重违规停止操作			—	
		在规定时间内完成			超时1min从总分中扣5分，超时3min停止操作			—	
合　计				100					

试题23：柱塞计量泵流量不足的处理(现场模拟)

(考核时间：10min)

序号	考核内容	考核要点		配分	评分标准	检测结果	扣分	得分	备注
		故　障	排除方法						
1	准备工作	穿戴劳保用品		3	不符合要求扣3分				
		工、量、器具准备		2	选择不正确扣2分				
2	故障及排除方法	单向阀磨损	研磨或更换单向阀	35	达不到要求扣35分				
3		单向阀有杂物堵塞	解体清除杂物	25	达不到要求扣25分				
4		吸入口管路漏或阻塞	疏通或更换破损管件	10	未能提出排除方法扣10分				由有关工种人员完成
5		来液中有气体	调整工艺操作	10	未能提出排除方法扣10分				
6		填料泄漏	调节或更换	10	达不到要求扣10分				

续表

序号	考核内容	考核要点		配分	评分标准	检测结果	扣分	得分	备注
		故　障	排除方法						
7	使用工、量、器具	使用工、量、器具		3	工、量、器具使用不正确扣3分				
		维护工、量、器具		2	工、量、器具乱摆乱放扣2分				
8	安全及其他	按国家法规或企业规定			违规一次从总分扣5分；严重违规停止操作			—	
		在规定时间内完成			超时1min从总分中扣5分，超时3min停止操作			—	
合　计				100					

否定项说明：若出现发生事故等情况，该题为零分。

试题24：齿轮泵齿轮啮合的检查(实际操作)

（考核时间：40min）

序号	考核内容	考核要点		配分	评分标准	检测结果	扣分	得分	备注
		步　骤	技术要求						
1	准备工作	穿戴劳保用品		3	不符合要求扣3分				
		工、量、器具准备		2	选择不正确扣2分				
2	步骤及技术要求	解体清洗齿轮	零部件洁净；用干布抹干两齿轮啮合面	20	清洗不干净扣5分；未抹干两齿轮扣15分				
3		涂色	在小齿轮的啮合面上涂上红丹油	20	涂红丹油方法不正确扣20分				
4		回装两齿轮	符合要求	10	达不到要求扣10分				
5		转动齿轮	按工作转动方向慢慢转动齿轮泵数圈	10	达不到要求扣10分				
6		啮合检查	拆卸泵端盖取出两齿轴，检查接触斑点	10	达不到要求扣分				
7			在轮齿的高度上，接触斑点一般不应少于45%～50%	10	判断错误扣10分				
8			在轮齿的长度上，一般不应少于60%～70%	10	判断错误扣10分				
9	使用工、量、器具	使用工、量、器具		3	工、量、器具使用不正确扣3分				
		维护工、量、器具		2	工、量、器具乱摆乱放扣2分				
10	安全及其他	按国家法规或企业规定			违规一次从总分扣5分；严重违规停止操作			—	
		在规定时间内完成			超时1min从总分中扣5分，超时3min停止操作			—	
合　计				100					

否定项说明：若出现发生事故等情况，该题为零分。

试题 25：齿轮泵噪音大的处理（现场模拟）

（考核时间：12min）

序号	考核内容	考核要点		配分	评分标准	检测结果	扣分	得分	备注
		故　障	排除方法						
1	准备工作	穿戴劳保用品		3	不符合要求扣 3 分				
		工、量、器具准备		2	选择不正确扣 2 分				
2	故障及排除方法	吸入液面偏低	增高液位	5	未能提出排除方法扣 5 分				由有关工种人员完成
3		轴承磨损间隙大	更换轴承	15	按规范检查轴承间隙，每超差 0.02mm 扣 5 分				
4		泵内进入杂物	清理杂物，检查过滤器	15	达不到要求扣 15 分				
5		齿轮磨损	修理或更换齿轮	20	达不到要求扣 15 分				
6		键槽损坏或配合松动	修理或更换	15	达不到要求扣 15 分				
7		吸入空气	排除空气	5	未能提出排除方法扣 5 分				由有关工种人员完成
8		主动齿轮轴与电机轴同轴度超差	找同心度并调整对轮轴向间隙	15	按规范每超差 0.02mm 扣 5 分				
9	使用工、量、器具	使用工、量、器具		3	工、量、器具使用不正确扣 3 分				
		维护工、量、器具		2	工、量、器具乱摆乱放扣 2 分				
10	安全及其他	按国家法规或企业规定			违规一次从总分扣 5 分；严重违规停止操作			—	
		在规定时间内完成			超时 1min 从总分中扣 5 分，超时 3min 停止操作			—	
合　计				100					

否定项说明：若出现发生事故等情况，该题为零分。

试题 26：螺杆泵盘车不动的处理（现场模拟）

（考核时间：15min）

序号	考核内容	考核要点		配分	评分标准	检测结果	扣分	得分	备注
		故　障	排除方法						
1	准备工作	穿戴劳保用品		3	不符合要求扣 3 分				
		工、量、器具准备		2	选择不正确扣 2 分				
2	故障及排除方法	泵内有杂物卡住	解体清理杂物	10	达不到要求扣 10 分				

续表

序号	考核内容	考核要点		配分	评分标准	检测结果	扣分	得分	备注
		故　　障	排除方法						
3		螺杆弯曲或螺杆定位不良	调直螺杆或进行螺杆定位调整	15	达不到要求扣15分				
4		同步齿轮调整不当	重新调整	15	达不到要求扣15分				没有同步齿轮的另外配分
5		轴承磨损或损坏	更换或调整轴承	15	按规范每超差0.02mm扣5分				
6		螺杆径向轴承间隙过小	调整间隙	15	按规范每超差0.02mm扣5分				
7		螺杆轴承座不同心而产生偏磨	解体，检修	15	达不到要求扣15分				
8		泵内压力大	打开出口阀	5	未能提出排除方法扣5分				由有关工种人员完成
9	使用工、量、器具	使用工、量、器具		3	工、量、器具使用不正确扣3分				
		维护工、量、器具		2	工、量、器具乱摆乱放扣2分				
10	安全及其他	按国家法规或企业规定			违规一次从总分扣5分；严重违规停止操作			—	
		在规定时间内完成			超时1min从总分中扣5分，超时3min停止操作			—	
合　　计				100					

否定项说明：若出现发生事故等情况，该题为零分。

试题27：螺杆泵噪音大的处理(现场模拟)

（考核时间：15min）

序号	考核内容	考核要点		配分	评分标准	检测结果	扣分	得分	备注
		故　　障	排除方法						
1	准备工作	穿戴劳保用品		3	不符合要求扣3分				
		工、量、器具准备		2	选择不正确扣2分				
2	故障及排除方法	联轴器对中不良，轴向间隙小	重新找正，并调整对轮轴向间隙达到要求	10	按规范每超差0.02mm扣5分				
3		轴承损坏或磨损	更换轴承	20	按规范每超差0.02mm扣7分				
4		泵壳内进入杂物	清除杂物	10	达不到要求扣10分				

续表

序号	考核内容	考核要点		配分	评分标准	检测结果	扣分	得分	备注
		故　　障	排除方法						
5		同步齿轮磨损或错位	调整、修理或更换	20	达不到要求扣 20 分				没有同步齿轮的另外配分
6		螺杆与壳体碰磨	解体检修	20	达不到要求扣 20 分				
7		泵入口过滤网堵塞，产生抽空	清洗过滤网	10	达不到要求扣 10 分				
8	使用工、量、器具	使用工、量、器具		3	工、量、器具使用不正确扣 3 分				
		维护工、量、器具		2	工、量、器具乱摆乱放扣 2 分				
9	安全及其他	按国家法规或企业规定			违规一次从总分扣 5 分；严重违规停止操作			—	
		在规定时间内完成			超时 1min 从总分中扣 5 分，超时 3min 停止操作			—	
合　　计				100					

否定项说明：若出现发生事故等情况，该题为零分。

试题 28：轴流式风机电流过大的处理(现场模拟)

(考核时间：8min)

序号	考核内容	考核要点		配分	评分标准	检测结果	扣分	得分	备注
		故　　障	排除方法						
1	准备工作	穿戴劳保用品		3	不符合要求扣 3 分				
		工、量、器具准备		2	选择不正确扣 2 分				
2	故障及排除方法	叶片安装角度过大	减小叶片安装角度	25	达不到要求扣 25 分				
3		电机本身故障	查明原因，处理电机	10	未能提出排除方法扣 10 分				由有关工种人员完成
4		轴承损坏	更换轴承	25	达不到要求扣 25 分				
5		风叶与风筒碰磨	调整风叶与风筒间隙	20	达不到要求扣 20 分				
6		皮带过紧	调整皮带	10	达不到要求扣 10 分				
7	使用工、量、器具	使用工、量、器具		3	工、量、器具使用不正确扣 3 分				
		维护工、量、器具		2	工、量、器具乱摆乱放扣 2 分				

续表

序号	考核内容	考核要点		配分	评分标准	检测结果	扣分	得分	备注
		故　障	排除方法						
8	安全及其他	按国家法规或企业规定			违规一次从总分扣5分；严重违规停止操作			—	
		在规定时间内完成			超时1min从总分中扣5分，超时3min停止操作			—	
合　计				100					

否定项说明：若出现发生事故等情况，该题为零分。

试题29：轴流式风机风量不足的处理(现场模拟)

（考核时间：8min）

序号	考核内容	考核要点		配分	评分标准	检测结果	扣分	得分	备注
		故　障	排除方法						
1	准备工作	穿戴劳保用品		3	不符合要求扣3分				
		工、量、器具准备		2	选择不正确扣2分				
2	故障及排除方法	叶片安装角度过小	调大风叶角度	30	达不到要求扣30分				
3		皮带太松，转速低	调整皮带张紧力	20	达不到要求扣20分				
4		叶片前后缘装反	重新装配叶片	30	达不到要求扣30分				
5		叶片反转	调整电机转向	10	未能提出排除方法扣10分				由有关工种人员完成
6	使用工、量、器具	使用工、量、器具		3	工、量、器具使用不正确扣3分				
		维护工、量、器具		2	工、量、器具乱摆乱放扣2分				
7	安全及其他	按国家法规或企业规定			违规一次从总分扣5分；严重违规停止操作			—	
		在规定时间内完成			超时1min从总分中扣5分，超时3min停止操作			—	
合　计				100					

否定项说明：若出现发生事故等情况，该题为零分。

试题30：用涂色法检查变速机齿轮的啮合情况(实际操作)

(考核时间：30min)

序号	考核内容	考核要点		配分	评分标准	检测结果	扣分	得分	备注
		步　骤	技术要求						
1	准备工作	穿戴劳保用品		3	不符合要求扣3分				
		工、量、器具准备		2	选择不正确扣2分				
2	步骤及技术要求	齿轮清洗	齿轮表面洁净，并擦干；无毛刺、伤痕、裂纹	20	达不到要求每项扣10分				
3		轴承定位	确定中心距	10	达不到要求扣10分				
4		涂红丹	在小齿轮上均匀涂抹一层薄薄红丹	20	涂色不符合要求扣20分				
5		盘车	按旋转方向盘车，确保大齿轮只有一次啮合	20	盘车不正确扣20分				
6		确定齿面啮合接触面积	沿齿长不得少于90%；沿齿高不得少于60%	20	检查不准确每项扣10分				
7	使用工、量、器具	使用工、量、器具		3	工、量、器具使用不正确扣3分				
		维护工、量、器具		2	工、量、器具乱摆乱放扣2分				
8	安全及其他	按国家法规或企业规定			违规一次从总分扣5分；严重违规停止操作			—	
		在规定时间内完成			超时1min从总分中扣5分，超时3min停止操作			—	
合　计				100					

否定项说明：若出现发生事故等情况，该题为零分。

试题31：往复式压缩机活塞环的装配(实际操作)

(考核时间：30min)

序号	考核内容	考核要点		配分	评分标准	检测结果	扣分	得分	备注
		步　骤	技术要求						
1	准备工作	穿戴劳保用品		3	不符合要求扣3分				
		工、量、器具准备		2	选择不正确扣2分				
2	步骤及技术要求	清洗去毛刺	表面无油污，无变形和缺陷	10	达不到要求扣10分				
3		活塞环与气缸配合检查	活塞环外径与气缸接触线不少于周长的60%，其间隙小于0.05mm	10	每少5%扣5分				
			活塞环工作开口间隙：钢料取$0.005D_{缸}$	10	钢料每超差0.05mm扣5分				
			聚四氟乙烯取$0.03D_{缸}+0.2$	10	F_4料每超差0.10mm扣5分				

续表

序号	考核内容	考核要点		配分	评分标准	检测结果	扣分	得分	备注
		步　骤	技术要求						
4		活塞环配合检查装配	活塞环侧隙取0.05~0.15mm	15	每超差0.01mm扣3分				
			厚度应比槽深小0.25~0.5mm	15	每超差0.10mm扣5分				
5		活塞环装配	先装中间环，后装两端环；用导向薄片或专用工具装配；严禁强制装配，以避免活塞环变形或折断；活塞环对口位置应彼此相错120°	20	装配方法不正确每项扣5分				
6	使用工、量、器具	使用工、量、器具		3	工、量、器具使用不正确扣3分				
		维护工、量、器具		2	工、量、器具乱摆乱放扣2分				
7	安全及其他	按国家法规或企业规定			违规一次从总分扣5分；严重违规停止操作			—	
		在规定时间内完成			超时1min从总分中扣5分，超时3min停止操作			—	
合　计				100					

否定项说明：若出现发生事故等情况，该题为零分。

试题32：往复式压缩机填料的装配

（考核时间：45min）

序号	考核内容	考核要点		配分	评分标准	检测结果	扣分	得分	备注
		步　骤	技术要求						
1	准备工作	穿戴劳保用品		3	不符合要求扣3分				
		工、量、器具准备		2	选择不正确扣2分				
2	步骤及技术要求	密封组件清洗去毛刺	油、水、气通道应清洁和畅通；填料函不得有裂纹和缺陷	10	达不到要求扣10分				
3		密封环和密封盒检查	密封环与阻流环端面及填料盒端面的接触应均匀并大于80%	10	每超差5%扣10分				
			每组密封环的轴向间隙：四氟材料为0.20~0.30mm，金属材料为0.05~0.10mm	20	轴向间隙：四氟材料每超差0.05mm扣5分，金属材料每超差0.01mm扣5分				
4		活塞杆与密封环修配	涂红丹油检查接触面积大于70%	15	接触面积每小5%扣10分				
5		填料组装	按标记拼装，定位销和定位孔要对正；阻流环装在高压侧，密封环装在低压侧；活塞杆接头要用保护套过渡，避免损坏填料密封；压盖紧固要对称均匀，防止倾斜	35	组装方法不正确每项扣10分				

续表

序号	考核内容	考核要点		配分	评分标准	检测结果	扣分	得分	备注
		步　骤	技术要求						
6	使用工、量、器具	使用工、量、器具		3	工、量、器具使用不正确扣3分				
		维护工、量、器具		2	工、量、器具乱摆乱放扣2分				
7	安全及其他	按国家法规或企业规定			违规一次从总分扣5分；严重违规停止操作			—	
		在规定时间内完成			超时1min从总分中扣5分，超时3min停止操作			—	
合　计				100					

否定项说明：若出现发生事故等情况，该题为零分。

试题33：往复式压缩机曲轴箱的安装（现场模拟）

（考核时间：20min）

序号	考核内容	考核要点		配分	评分标准	检测结果	扣分	得分	备注
		步　骤	技术要求						
1	准备工作	穿戴劳保用品		3	不符合要求扣3分				
		工、量、器具准备		2	选择不正确扣2分				
2	步骤及技术要求	基础验收	符合图纸要求	5	达不到要求扣5分				
3		曲轴箱清洗检查	灌煤油试漏4h无渗漏	5	达不到要求扣5分				
4		吊装就位	支承垫铁摆放平稳合理；吊勾增加手动葫芦以便减速；曲轴箱内支撑梁预装以防变形；保持箱体基本水平和稳定	10	不符合要求每项扣5分				
5		垫铁放置	斜率取1/10~1/20；每组块数3~4块；垫铁组间隔500~1000mm	15	达不到要求每项扣5分				
6		中心线调整	纵向、横向偏差小于±0.10mm	10	达不到要求每项扣5分				
7		水平度调整	纵向和横向水平偏差小于0.05mm/m	20	纵、横向每超差0.01mm/m扣10分				
8		紧固地脚螺栓	螺栓应露出螺丝2~4个螺距；螺栓预紧力符合规范要求	10	达不到要求每项扣5分				
9		垫铁接触检查	用0.05塞尺检查以不能插入垫铁总面积的1/3为合格	15	达不到要求扣15分				

续表

序号	考核内容	考核要点 步骤	考核要点 技术要求	配分	评分标准	检测结果	扣分	得分	备注
10	使用工、量、器具	使用工、量、器具		3	工、量、器具使用不正确扣3分				
		维护工、量、器具		2	工、量、器具乱摆乱放扣2分				
11	安全及其他	按国家法规或企业规定			违规一次从总分扣5分；严重违规停止操作			—	
		在规定时间内完成			超时1min从总分中扣5分，超时3min停止操作			—	
合计				100					

试题34：往复式压缩机气缸余隙的调整

（考核时间：30min）

序号	考核内容	考核要点 步骤	考核要点 技术要求	配分	评分标准	检测结果	扣分	得分	备注
1	准备工作	穿戴劳保用品		3	不符合要求扣3分				
		工、量、器具准备		2	选择不正确扣2分				
2	步骤及技术要求	铅条的选择	取直径为1.5~2倍余隙的铅条	20	不符合要求扣20分				
3		余隙的测量	铅条从气缸两侧的气阀孔中分别插入缸内，盘车至死点压出余隙	20	测量方法不正确扣20分				
4		余隙调整	曲轴侧气缸余隙≥1/1000的活塞行程；气缸盖侧余隙≥1/1000的活塞行程再加1mm	25	余隙每超差0.05mm扣5分				
5		调整方法	调整十字头与活塞杆的垫片或调整活塞杆螺纹长度；调整气缸盖垫片	25	调整方法不正确每项扣15分				
6	使用工、量、器具	使用工、量、器具		3	工、量、器具使用不正确扣3分				
		维护工、量、器具		2	工、量、器具乱摆乱放扣2分				
7	安全及其他	按国家法规或企业规定			违规一次从总分扣5分；严重违规停止操作			—	
		在规定时间内完成			超时1min从总分中扣5分，超时3min停止操作			—	
合计				100					

否定项说明：若出现发生事故等情况，该题为零分。

试题35：往复式压缩机平面三六瓣密封泄漏的处理(现场模拟)

(考核时间：15min)

序号	考核内容	考核要点		配分	评分标准	检测结果	扣分	得分	备注
		故 障	排除方法						
1	准备工作	穿戴劳保用品		3	不符合要求扣3分				
		工、量、器具准备		2	选择不正确扣2分				
2	故障及排除方法	密封环内表面有缺陷或接触不良	修刮或更换使接触面积大于70%	15	接触面积少于5%扣15分				
3		密封盒两端面有缺陷	修磨，粗糙度符合要求或更换	15	达不到要求扣15分				
4		密封环各瓣厚薄不一	配对、修磨或更换	15	达不到要求扣15分				
5		密封环各瓣间的间隙过小，丧失自紧作用	加大间隙或更换	10	达不到要求扣10分				
6		密封环组件轴向间隙过大或过小	间隙过大更换，间隙过小修磨，F_4轴向间隙0.20～0.30mm，金属材料轴向间隙0.05～0.10mm	15	F_4料每超差0.05mm扣5分；金属料每超差0.01mm扣5分				
7		镯形弹簧失效	更换弹簧	10	达不到要求扣10分				
8		密封组件内有杂物	清理杂物	10	达不到要求扣10分				
9	使用工、量、器具	使用工、量、器具		3	工、量、器具使用不正确扣3分				
		维护工、量、器具		2	工、量、器具乱摆乱放扣2分				
10	安全及其他	按国家法规或企业规定			违规一次从总分扣5分；严重违规停止操作			—	
		在规定时间内完成			超时1min从总分中扣5分，超时3min停止操作			—	
合 计				100					

试题36：离心式压缩机机组的基础验收(现场模拟)

(考核时间：15min)

序号	考核内容	考核要点		配分	评分标准	检测结果	扣分	得分	备注
		步 骤	技术要求						
1	准备工作	穿戴劳保用品		3	不符合要求扣3分				
		工、量、器具准备		2	选择不正确扣2分				

续表

序号	考核内容	考核要点		配分	评分标准	检测结果	扣分	得分	备注
		步　骤	技术要求						
2	步骤及技术要求	收集图纸资料	设计技术文件齐全	5	达不到要求扣5分				
3		检验基础	基础表面不得有明显的裂纹、蜂窝空洞、露筋等缺陷	5	有缺陷未查出每项扣2分				
4			纵、横轴线允许偏差为±20mm	10	测量误差每项扣5分				
5			基础标高-20mm	10	测量误差5mm扣5分				
6			地脚螺栓孔中心线位置允许偏差为±10mm	20	测量每误差5mm扣20分				
7			地脚螺栓孔孔壁铅垂度允许偏差10mm	20	测量每误差5mm扣20分				
8			基础表面应铲掉疏松层、并铲成麻面，麻点深度不小于10mm，在100mm×100mm面积内有3~5个麻点为宜	10	达不到要求未检验出扣10分				
9		办理工序交接	签名确认	10	未办理手续扣10分				
10	使用工、量、器具	使用工、量、器具		3	工、量、器具使用不正确扣3分				
		维护工、量、器具		2	工、量、器具乱摆乱放扣2分				
11	安全及其他	按国家法规或企业规定			违规一次从总分扣5分；严重违规停止操作			—	
		在规定时间内完成			超时1min从总分中扣5分，超时3min停止操作			—	
合　计				100					

否定项说明：若出现发生事故等情况，该题为零分。

试题37：离心式压缩机水平度的调整(现场模拟)

（考核时间：10min）

序号	考核内容	考核要点		配分	评分标准	检测结果	扣分	得分	备注
		步　骤	技术要求						
1	准备工作	穿戴劳保用品		3	不符合要求扣3分				
		工、量、器具准备		2	选择不正确扣2分				
2	步骤及技术要求	检查清洗	水平剖分面及轴颈洁净无毛刺	10	达不到要求扣10分				

续表

序号	考核内容	考核要点		配分	评分标准	检测结果	扣分	得分	备注
		步　　骤	技术要求						
3		水平仪校对	在有效期内；偏差符合要求	10	达不到要求每项扣5分				
4		设置标记	在下机壳水平剖分面的四个角上，画上放置水平仪标记(纵向和横向)	15	划分标记不正确，每个部位扣5分				
5			在主轴颈和剖分面标记上放置水平仪逐个调整	15	水平仪放置不正确，每个部位扣5分				
6		水平度调整	横向：小于0.10mm/m	10	按技术要求横向水平度调整，每超差0.02mm/m扣5分				
			纵向：小于0.10mm/m	10	按技术要求纵向水平度调整，每超差0.02mm/m扣5分				
7		调整方法	调整顶丝或垫铁；调整支脚垫片	20	方法不正确每项扣10分				
8	使用工、量、器具	使用工、量、器具		3	工、量、器具使用不正确扣3分				
		维护工、量、器具		2	工、量、器具乱摆乱放扣2分				
9	安全及其他	按国家法规或企业规定			违规一次从总分扣5分；严重违规停止操作			—	
		在规定时间内完成			超时1min从总分中扣5分，超时3min停止操作			—	
合　　计				100					

否定项说明：若出现发生事故等情况，该题为零分。

试题38：汽轮机汽封间隙的测量(现场模拟)

(考核时间：8min)

序号	考核内容	考核要点		配分	评分标准	检测结果	扣分	得分	备注
		步　　骤	技术要求						
1	准备工作	穿戴劳保用品		3	不符合要求扣3分				
		工、量、器具准备		2	选择不正确扣2分				
2	步骤及技术要求	清洗检查	将汽封零件清洗干净，汽封水平接合面严密	10	达不到要求每项扣5分				
3		转子处于工作位置	将转子从高压侧推向低压侧，与止推瓦接触	10	未达到要求扣10分				
4		间隙测量	用塞尺测量下汽缸两侧汽封的轴向和径向间隙	30	每点每误差0.02mm扣2分				
5			在下汽缸底汽封和上汽缸汽封处贴胶布或粘贴铅丝，分别吊转子和上汽缸压出上下间隙	40	每点每误差0.02mm扣2分				

续表

序号	考核内容	考核要点		配分	评分标准	检测结果	扣分	得分	备注
		步　骤	技术要求						
6	使用工、量、器具	使用工、量、器具		3	工、量、器具使用不正确扣3分				
		维护工、量、器具		2	工、量、器具乱摆乱放扣2分				
7	安全及其他	按国家法规或企业规定			违规一次从总分扣5分；严重违规停止操作			—	
		在规定时间内完成			超时1min从总分中扣5分，超时3min停止操作			—	
合　计				100					

否定项说明：若出现发生事故等情况，该题为零分。

试题39：汽轮机径向轴承的更换(现场模拟)

(考核时间：15min)

序号	考核内容	考核要点		配分	评分标准	检测结果	扣分	得分	备注
		步　骤	技术要求						
1	准备工作	穿戴劳保用品		3	不符合要求扣3分				
		工、量、器具准备		2	选择不正确扣2分				
2	步骤及技术要求	清洗检查	轴瓦合金层无伤痕、裂纹、气孔、脱壳、夹渣等	5	达不到要求每项扣1分				
3		核对新轴瓦与轴颈各主要尺寸	符合要求	5	达不到要求每项扣2分				
4		轴瓦水平结合面检查	间隙应小于0.02mm	5	测量不准确扣5分				
5		合金层初步刮研(非薄壁瓦)	符合要求	5	达不到要求扣5分				
6		修配瓦枕或检查瓦背接触	接触面符合要求，达不到要求时可适当刮研	20	接触面积按规范每少2%扣10分				
7		下轴瓦精研	接触角度及面积符合要求	10	接触角度每超5°扣10分				
				10	接触面积每少2%扣10分				
8		上轴瓦精研	精研并调整顶间隙符合要求	20	顶间隙按规范每超差0.02mm扣10分				
9		测量调整瓦背过盈量	符合要求	10	过盈量按规范每超差0.02mm扣10分				
10	使用工、量、器具	使用工、量、器具		3	工、量、器具使用不正确扣3分				
		维护工、量、器具		2	工、量、器具乱摆乱放扣2分				
11	安全及其他	按国家法规或企业规定			违规一次从总分扣5分；严重违规停止操作			—	
		在规定时间内完成			超时1min从总分中扣5分，超时3min停止操作			—	
合　计				100					

否定项说明：若出现发生事故等情况，该题为零分。

第三部分

高 级 工

一、石油化工行业职业标准(高级工工作要求)

职业功能	工作内容	技 能 要 求	相 关 知 识
机泵维修与安装	(一) 机泵维护	1. 能判断大型机泵正常运转状况 2. 能够使用常用的状态监测仪器分析诊断一般机泵故障 3. 能处理机泵运行中突发性的一般故障	1. 机器故障诊断技术知识 2. 机泵维护与保养知识
	(二) 机泵检修	1. 能检修、调整大型机泵 2. 能修复机泵主要零部件 3. 能对较复杂机泵存在问题进行分析，并提出解决方案 4. 能选用材料或代用材料	1. 机泵基本原理和应用知识 2. 机泵检修标准 3. 大型机泵主要零部件基本设计原理知识 4. 金属与非金属材料应用知识
	(三) 机泵安装	1. 能进行大型泵类安装与调试 2. 能进行机组安装与调试	1. 机泵安装操作规程知识 2. 离心机组、往复机组安装规程知识 3. 机泵安装与调试基础知识
工具、量具、辅助设备的使用与维护	(一) 工具、量具、辅助设备的使用	1. 能使用高精度测量仪器 2. 能使用先进工夹具 3. 能使用先进辅助设备	1. 高精度测量仪器使用知识 2. 液压知识
	(二) 工具、量具、辅助设备的维护	能正确维护保养较复杂工、量、机具	1. 精密仪器使用与保养知识 2. 辅助设备使用与保养知识
	(三) 工具、量具、辅助设备的改进与制作	能设计、制作较复杂的工具、夹具	机械设计基础知识
绘图计算	(一) 绘图	1. 能看懂机组系统图 2. 能绘制部件装配图 3. 能看懂机组安装施工图	1. 机械制图知识 2. 机组相关系统图知识
	(二) 计算	1. 能进行特殊形状、较高精度工件的各部尺寸计算 2. 能进行机泵常用计算	机泵常用有关理论计算知识
管理	(一) 质量管理	1. 能参与评定机泵检修、安装质量 2. 能按安全技术规程正确组织施工	1. 现代安全管理知识 2. 国家安全生产管理法规
	(二) HSE 管理	1. 掌握石化企业安全生产的制度与规定 2. 能按安全技术规程正确组织施工	1. 现代安全管理知识 2. 国家安全生产管理法规
相关工种	(一) 机加工	能编写机泵简单零件机加工工艺	机加工基础知识
	(二) 热处理	能进行机泵简单零件的一般热处理	金属热处理知识
	(三) 起重工	能进行一般机泵设备吊装	起重吊装知识
培训与指导	指导	1. 能指导初、中级工进行机泵安装与检修 2. 能指导初、中级工排除机泵常见故障	培训一般知识

二、理论知识鉴定要素细目表

行业通用理论知识鉴定要素细目表

鉴定范围						鉴定点		
一级		二级		三级		代码	名称	重要程度
代码	名称	代码	名称	代码	名称			
A	基本要求	B	基础知识	A	记录填写基础知识	001	班组交接记录的填写要求	X
						002	班组安全活动记录填写要求	X
				B	识图基础知识	001	剖视图知识	X
						002	断面图知识	X
						003	化工设备图表示方法	X
						004	零件图的内容	X
				C	安全环保基础知识	001	清洁生产审计的程序	X
						002	HSE 管理体系文件架构	X
						003	ISO 14001 环境管理体系的组成要素	X
						004	ISO 14000 系列标准的指导思想	X
						005	ISO 14001 环境管理体系的运行模式	X
						006	防尘防毒的技术措施	X
						007	防尘防毒的管理措施	X
						008	国家劳动安全卫生管理体制职责划分的内容	X
						009	ISO 14001 环境管理体系建立的步骤	X
						010	HSE 危害辨识	X
						011	HSE 风险评价的概念	X
						012	HSE 风险评价的目的	X
				D	质量基础知识	001	不合格品的处置途径	X
						002	ISO 9001 族标准质量管理审核的特点	X
						003	ISO 9000族标准第一、第二、第三方审核的区别	X
						004	质量统计直方图	X
						005	质量统计排列图	X
						006	质量统计因果图	X
						007	质量统计控制图	X
						008	不良产品的分级	X
				E	计算机基础知识	001	Word 绘图	X
						002	Excel 公式与函数的运用	X
						003	Excel 数据的简单分析与管理	X
						004	Excel 简单的图表处理	X

续表

鉴定范围						鉴定点		
一级		二级		三级		代码	名称	重要程度
代码	名称	代码	名称	代码	名称			
B	相关知识	E	管理知识	A	生产管理	001	班组的管理	X
						002	班组的成本核算	X
				B	编写技术文件	001	总结的格式	X
						002	报告的格式	X
						003	请示的格式	X

工种理论知识鉴定要素细目表

鉴定范围						鉴定点		
一级		二级		三级		代码	名称	重要程度
代码	名称	代码	名称	代码	名称			
A	基本要求	B	基础知识	G	材料	001	常用金属材料的性能	Y
						002	合金钢的适用范围	X
						003	材料选择的一般原则	X
						004	起重架子常用的材料	Z
						005	泵轴的常用材料	X
						006	离心泵动密封材料	Y
						007	波纹管密封的材料	Y
						008	往复式压缩机连杆的材质要求	Y
						009	往复式压缩机易损件的材料	X
						010	蜗轮的材质	X
				H	热处理	001	钢化学热处理的作用	X
						002	钢发黑处理的作用	X
						003	钢表面热处理的方法	Y
B	相关知识	A	钳工工艺	B	工量器具	001	液压扳手的使用要求	X
						002	液压机具的维护保养方法	Y
						003	量具、量仪选择的原则	X
						004	光学合像水平仪的基本原理	Y
						005	光学合像水平仪的使用方法	X
						006	自准直光学量仪的种类	X
						007	自准直光学量仪的用途	Y
						008	自准直仪的基本原理	X
						009	光学平直仪的基本原理	Y
						010	量仪的维护保养方法	X
						011	温度测量仪的种类	Y
						012	测振仪的使用方法	X
						013	激光对中仪的用途	X

续表

鉴定范围						鉴定点		
一级		二级		三级		代码	名称	重要程度
代码	名称	代码	名称	代码	名称			
				C	装配工艺	001	滑动轴承刮研的技术要求	Y
						002	剖分式滑动轴承的装配方法	X
						003	整体式滑动轴承装配要点	X
						004	推力瓦的装配方法	X
						005	可倾瓦装配的技术要求	X
		B	绘图与计算	A	绘图	001	装配图识读	Y
						002	零件视图选择的要求	X
						003	零件图的技术要求	X
						004	零件装配图技术要求的标注	X
						005	形体之间的表面过渡关系	Z
						006	装配图的作图步骤	X
				B	计算	001	公差与配合尺寸的计算	X
						002	锥度的计算	Y
						003	倾斜高度的计算	X
						004	装配尺寸的计算	X
						005	同心度双表找正计算	X
						006	离心泵几何安装高度计算	X
						007	离心泵性能参数的计算	X
						008	轴瓦间隙调整计算	Y
						009	圆柱齿轮侧隙的计算	Y
						010	找静平衡计算	Y
						011	螺栓拉应力的计算	X
						012	离心力的计算	X
						013	轴承间隙调整计算	X
						014	两轴中心距的计算	X
						015	两轴平行度的计算	X
						016	齿轮泵流量的计算	Z
		C	机泵维修与安全	A	机泵通用技术	001	滚动轴承振动的诊断方法	X
						002	滑动轴承温度高的原因	X
						003	滑动轴承油膜振荡故障的原因	X
						004	油膜振荡的概念	Z
						005	气膜螺旋槽密封与普通机械密封的区别	X
						006	浮环密封检查质量要求	X
						007	浮环密封泄漏的原因	X

续表

鉴定范围						鉴定点		
一级		二级		三级		代码	名称	重要程度
代码	名称	代码	名称	代码	名称			
						008	旋转机械振动的标准	X
						009	齿式联轴器组装要求	X
						010	高、低速动平衡的选择原则	X
						011	高速机械转子的分类	Y
						012	机泵无垫铁安装的要求	X
						013	机泵状态监测的概念	X
						014	旋转设备振动状态监测的原理	Y
						015	API 标准对压缩机壳体的要求	Y
						016	API 标准对金属挠性元件联轴器的要求	X
						017	API 标准对润滑的要求	X
				B	离心泵	001	离心泵机械密封的检修方法	X
						002	离心泵产生汽蚀的危害	X
						003	离心泵小流量运行的危害	Y
						004	离心泵轴向力产生的原因	X
						005	离心泵振动过大的原因	X
						006	高速离心泵诱导轮的作用	Y
						007	多级离心泵转子组装时偏摆值增大的原因	X
						008	多级离心泵平衡鼓安装的技术要求	X
						009	多级离心泵推力盘安装的技术要求	X
						010	多级离心泵轴向推力平衡的方法	X
						011	多级离心泵转子窜量分布的技术要求	X
				C	蒸汽往复泵	001	蒸汽往复泵无法启动的原因	X
						002	蒸汽往复泵压力波动过大的原因	X
						003	蒸汽往复泵振动的原因	X
						004	蒸汽往复泵异响的原因	X
				D	磁力驱动泵 屏蔽泵	001	屏蔽泵泵体过热的原因	Y
						002	屏蔽泵电流过大的原因	X
						003	屏蔽泵振动大的原因	X
						004	磁力驱动泵振动的原因	X
						005	磁力驱动泵动力端噪音大的原因	X
				F	螺杆泵 齿轮泵	001	齿轮泵振动大的原因	X
						002	螺杆泵泵体发热的原因	Y
						003	螺杆泵流量不足的原因	X
						004	螺杆泵振动大的原因	X

续表

鉴定范围						鉴定点		
一级		二级		三级		代码	名称	重要程度
代码	名称	代码	名称	代码	名称			
				G	风机	001	轴流风机振动过大的原因	X
						002	离心式风机的安装要求	X
						003	离心式风机振动的原因	X
				H	螺杆压缩机	001	螺杆压缩机能量调节机构不灵活的原因	X
						002	螺杆压缩机机体温度过高的原因	X
						003	螺杆压缩机工作能力不足的原因	Z
						004	螺杆压缩机润滑油耗量大的原因	X
						005	螺杆压缩机油系统压力低的原因	X
						006	螺杆压缩机自动停机的原因	X
				I	变速机	001	变速机装配的检查内容	X
						002	变速机轴瓦的装配要求	X
						003	变速机油封泄漏的原因	X
						004	变速机振动的原因	X
						005	变速机轴承温度高的原因	X
				J	往复式压缩机	001	影响往复式压缩机生产能力的因素	Y
						002	往复式压缩机阀片升程对工作性能的影响	X
						003	往复式压缩机十字头安装的技术要求	X
						004	往复式压缩机气缸安装的技术要求	Y
						005	往复式压缩机主轴瓦轴向间隙的检测方法	X
						006	往复式压缩机主轴瓦顶间隙的检测方法	X
						007	防止往复式压缩机阀片变形的方法	Y
						008	往复式压缩机阀片破损的原因	X
						009	往复式压缩机轴承温度高的原因	X
						010	往复式压缩机十字头瓦烧坏的原因	X
						011	往复式压缩机排出压力降低的原因	X
						012	往复式压缩机排气温度高的原因	X
						013	往复式压缩机气阀弹簧折断的原因	X
						014	往复式压缩机吸排气阀有敲击声的原因	X
				K	离心式压缩机	001	离心式压缩机扩压器的种类	X
						002	离心式压缩机组空运转的目的	X
						003	离心式压缩机转子测量的内容	X
						004	离心式压缩机转子轴向定位的原则	X
						005	离心式压缩机轴向位移的调整方法	X
						006	离心式压缩机高位油箱的技术要求	X

续表

鉴定范围						鉴定点		
一级		二级		三级		代码	名称	重要程度
代码	名称	代码	名称	代码	名称			
						007	离心式压缩机推力轴承损坏的原因	X
						008	离心式压缩机中分面泄漏的原因	Y
						009	离心式压缩机轴承温度高的原因	X
						010	离心式压缩机径向轴承损坏的原因	X
						011	离心式压缩机油系统压力低的原因	X
						012	离心式压缩机出口流量降低的原因	X
				L	汽轮机	001	汽轮机隔板结构的特点	X
						002	汽轮机凝汽器的类型	X
						003	汽轮机凝汽器的作用	X
						004	汽轮机电磁阀的作用	Z
						005	汽轮机抽汽器的特点	Y
						006	汽轮机水击的特征	X
						007	汽轮机水击的后果	X
						008	汽轮机液压传动放大机构的特点	Y
						009	汽轮机超速保护装置的结构	X
						010	汽轮机调节系统满足要求的条件	X
						011	新蒸汽温度对汽轮机工作的影响	X
						012	新蒸汽压力对汽轮机工作的影响	X
						013	汽轮机油系统对油品的要求	X
						014	汽轮机滑销装配的技术要求	X
						015	冲动式汽轮机与反动式汽轮机的区别	X
						016	汽轮机推力瓦块的检查方法	X
						017	汽轮机转子轴向力的平衡方法	X
						018	汽轮机振动过大的危害	X
						019	汽轮机调速汽门卡涩的原因	X
						020	汽轮机滑销损坏的原因	X
						021	汽轮机凝汽器真空度偏差大的原因	X
						022	汽轮机润滑油带水的原因	X
						023	汽轮机转子轴向力产生的原因	X
						024	汽轮机的调节系统故障的原因	X
				M	烟气轮机	001	烟气轮机制造材料的特点	X
						002	烟气轮机安装现场施工的条件	Y
						003	烟气轮机转子的检查内容	X
						004	烟气轮机的安装要求	X
						005	烟气轮机转子检修后的技术要求	X
						006	烟气轮机动叶顶间隙测量方法	X

续表

鉴定范围						鉴定点		
一级		二级		三级		代码	名称	重要程度
代码	名称	代码	名称	代码	名称			
		D	相关工种	A	机加工	001	钻孔的工艺特点	X
						002	普通车床主要部位采用的润滑方式	X
						003	机械加工工艺规程的作用	Z
						004	毛坯的选择方法	Y
						005	工件装夹的方法	X
				B	起重工	001	链条的分类	Y
						002	卷扬机使用的注意事项	X
						003	滚杠选择的原则	X
						004	桅杆选用的原则	Z

三、理论知识试题

行业通用理论知识试题

判断题

1. 班组交接班记录必须凭旧换新。 (√)

2. 车间主要领导参加班组安全日活动每月不少于 2 次。 (×)

正确答案：车间主要领导参加班组安全日活动每月不少于 3 次。

3. 在剖视图中，零件后部看不见的轮廓线、虚线一律省略不画。 (×)

正确答案：在剖视图中，零件后部看不见的轮廓线、虚线一般省略不画，只有对尚未表达清楚的结构，才用虚线画出。

4. 剖面图是剖视图的一种特殊视图。 (×)

正确答案：剖面图是零件上剖切处断面的投影，而剖视图是剖切后零件的投影。

5. 化工设备图的视图布置灵活，俯(左)视图可以配置在图面任何地方，但必须注明“俯(左)视图”的字样。 (√)

6. 化工设备图中的零件图与装配图一定分别画在不同的图纸上。 (×)

正确答案：化工设备图中的零件图可与装配图画在同张图纸上。

7. 零件图不需要技术要求，在装配图表述。 (×)

正确答案：零件图一般需要技术要求。

8. 零件图用视图、剖视图、剖面图及其他各种表达方法，正确、完整、清晰地表达零件的各部分形状和结构。 (√)

9. ISO 14000 系列标准对管理标准的一个重大改进，就是建立了一套对组织环境行为的评价体系，这便是环境行为评价标准。 (√)

10. 环境管理体系的运行模式，遵守由查理斯 · 德明提供的规划策划(PLAN)、实施(DO)、验证(CHECK)和改进(ACTION)运行模式可简称 PDCA 模式。 (√)

11. 环境管理体系的运行模式与其他管理的运行模式相似，共同遵循 PDCA 运行模式，没有区别。 (×)

正确答案： 环境管理体系的运行模式与其他管理的运行模式相似，除了共同遵循 PDCA 运行模式外，它还有自身的特点，那就是持续改进，也就是说它的环线是永远不能闭合的。

12. 采取隔离操作，实现微机控制，不属于防尘防毒的技术措施。 (×)

正确答案： 采取隔离操作，实现微机控制是防尘防毒的技术措施之一。

13. 严格执行设备维护检修责任制，消除“跑冒滴漏”是防尘防毒的技术措施。 (×)

正确答案： 严格执行设备维护检修责任制，消除“跑冒滴漏”是防尘防毒的管理措施。

14. 在 ISO 14001 环境管理体系中，初始环境评审是建立环境管理体系的基础。 (√)

15. 在 HSE 管理体系中，定量评价指不对风险进行量化处理，只用发生的可能性等级和后果的严重度等级进行相对比较。 (×)

正确答案： 在 HSE 管理体系中，定性评价指不对风险进行量化处理，只用发生的可能性等级和后果的严重度等级进行相对比较。

16. HSE 管理体系规定，在生产日常运行中各种操作、开停工、检维修作业、进行基建及变更等活动前，均应进行风险评价。 (√)

17. 对某项产品返工后仍需重新进行检查。 (√)

18. ISO 9000 族标准中，质量审核是保证各部门持续改进工作的一项重要活动。 (√)

19. ISO 9000 族标准的三种审核类型中，第三方审核的客观程度最高，具有更强的可信度。 (√)

20. 平顶型直方图的形成由单向公差要求或加工习惯等引起。 (×)

正确答案： 平顶型直方图的形成往往因生产过程有缓慢因素作用引起。

21. 质量统计排列图分析是质量成本分析的方法之一。 (√)

22. 质量统计因果图的作用是为了确定“关键的少数”。 (×)

正确答案： 质量统计排列图的作用是为了确定“关键的少数”。

23. 质量统计控制图上出现异常点时，才表示有不良品发生。 (×)

正确答案： 不一定。在质量统计控制图上，即使点子都在控制线内，但排列有缺陷，也要判做异常。

24. 国际上通用的产品不良项分级共分三级。 (×)

正确答案： 国际上通用的产品不良项分级共分四级。

25. 在计算机应用软件 Word 中插入的文本框不允许在文字的上方或下方。 (×)

正确答案： Word 中插入的文本框通过设置文本框格式当中的版式允许在文字的上方或下方。

26. 在计算机应用软件 Word 中绘制图形要求两个图形能准确对齐可通过调整绘图网格的水平、垂直间距来实现。 (√)

27. 在计算机应用软件 Excel 中“COUNTIF(　　)”函数的作用是计算某区域满足条件的单元格数。 (√)

28. Excel 数据表中汉字排序一般是按拼音顺序排序，但也可以按笔画排序。 (√)

29. Excel 数据表中分类汇总的选项包括分类字段、汇总方式两方面的内容。 (×)

正确答案： Excel 数据表中分类汇总的选项包括分类字段、汇总方式多方面的内容。

30. Excel数据表中修改图表中的数据标志是通过图表区格式选项中的数据标志选项实现的。（×）

正确答案： Excel数据表中修改图表中的数据标志是通过数据系列格式选项中的数据标志选项实现的。

31. 班组建设不同于班组管理，班组建设是一个大概念，班组管理从属于班组建设。（√）

32. 一般来说，班组的成本核算是全面的统计核算、业务核算和会计核算。（×）

正确答案： 一般来说，班组的成本核算是局部核算和群众核算。

33. 总结的基本特点是汇报性和陈述性。（×）

正确答案： 总结的基本特点是回顾过去，评估得失，指导将来。

34. 报告的目的在于把已经实践过的事情上升到理论认识，指导以后的实践，或用来交流，加以推广。（×）

正确答案： 报告的主要目的是下情上达，向上级汇报工作、反映情况、提出意见和建议。

35. 为了减少发文，可以把若干问题归纳起来向上级写综合请示，但不能多方请示。（×）

正确答案： 要坚持"一文一事"的原则，切忌"一文数事"使上级机关无法审批。

单选题

1. 班组交接班记录填写时，一般要求使用的字体是（ B ）。

A. 宋体　B. 仿宋　C. 正楷　D. 隶书

2. 下列选项中不属于班组安全活动的内容是（ A ）。

A. 对外来施工人员进行安全教育

B. 学习安全文件、安全通报

C. 安全讲座、分析典型事故，吸取事故教训

D. 开展安全技术座谈、消防、气防实地救护训练

3. 安全日活动常白班每周不少于（ D ）次，每次不少于1h。

A. 4　B. 3　C. 2　D. 1

4. 物体结构形状愈复杂，虚线就愈多，为此，对物体上不可见的内部结构形状采用（ C ）来表示。

A. 旋转视图　B. 局部视图　C. 全剖视图　D. 端面图

5. 单独将一部分的结构形状向基本投影面投影需要用（ B ）来表示。

A. 旋转视图　B. 局部视图　C. 全剖视图　D. 端面图

6. 用剖切平面把物体完全剖开后所得到的剖视图称为（ D ）。

A. 局部剖视图　B. 局部视图　C. 半剖视图　D. 全剖视图

7. 画在视图外的剖面图称为（ A ）剖面图。

A. 移出　B. 重合　C. 局部放大　D. 局部

8. 重合在视图内的剖面图称为（ B ）剖面图。

A. 移出　B. 重合　C. 局部放大　D. 局部

9. 化工设备图中，表示点焊的焊接焊缝是（ A ）。

A. ○　B. ∪　C. △　D. ⊿

10. 下列选项中，不属于零件图内容的是(D)。

A. 零件尺寸　B. 技术要求　C. 标题栏　D. 零件序号表

11. 在 HSE 管理体系中，(C)是管理手册的支持性文件，上接管理手册，是管理手册规定的具体展开。

A. 作业文件　B. 作业指导书　C. 程序文件　D. 管理规定

12. ISO 14001 环境管理体系共由(B)个要素所组成。

A. 18　B. 17　C. 16　D. 15

13. ISO 14000 系列标准的指导思想是(D)。

A. 污染预防　B. 持续改进

C. 末端治理　D. 污染预防，持续改进

14. 不属于防尘防毒技术措施的是(C)。

A. 改革工艺　B. 湿法除尘

C. 安全技术教育　D. 通风净化

15. 防尘防毒治理设施要与主体工程(A)、同时施工、同时投产。

A. 同时设计　B. 同时引进　C. 同时检修　D. 同时受益

16. 在 HSE 管理体系中，物的不安全状态是指使事故(B)发生的不安全条件或物质条件。

A. 不可能　B. 可能　C. 必然　D. 必要

17. 在 HSE 管理体系中，风险指发生特定危害事件的(C)性以及发生事件结果严重性的结合。

A. 必要　B. 严重　C. 可能　D. 必然

18. 在(B)情况下不能对不合格品采取让步或放行。

A. 有关的授权人员批准　B. 法律不允许

C. 顾客批准　D. 企业批准

19. 不合格品控制的目的是(C)。

A. 让顾客满意　B. 减少质量损失

C. 防止不合格品的非预期使用　D. 提高产品质量

20. 在 ISO 9001 族标准中，内部审核是(D)。

A. 内部质量管理体系审核

B. 内部产品质量审核

C. 内部过程质量审核

D. 内部质量管理体系、产品质量、过程质量的审核

21. 在 ISO 9001 族标准中，第三方质量管理体系审核的目的是(C)。

A. 发现尽可能多的不符合项

B. 建立互利的供方关系

C. 证实组织的质量管理体系符合已确定准则的要求

D. 评估产品质量的符合性

22. ISO 9000 族标准规定，(C)属于第三方审核。

A. 顾客进行的审核　B. 总公司对其下属公司组织的审核

C. 认证机构进行的审核　D. 对协作厂进行的审核

23. 在ISO 9000族标准中，组织对供方的审核是(D)。

A. 第一方审核　　B. 第一、第二、第三方审核

C. 第三方审核　　D. 第二方审核

24. 数据分组过多或测量读数错误而形成的质量统计直方图形状为(A)形。

A. 锯齿　　B. 平顶　　C. 孤岛　　D. 偏峰

25. 把不同材料、不同加工者、不同操作方法、不同设备生产的两批产品混在一起时，质量统计直方图形状为(D)形。

A. 偏向　　B. 孤岛　　C. 对称　　D. 双峰

26. 在质量管理过程中，以下哪个常用工具可用于明确"关键的少数"(A)。

A. 排列图　　B. 因果图　　C. 直方图　　D. 调查表

27. 质量统计图中，图形形状像"鱼刺"的图是(D)图。

A. 排列　　B. 控制　　C. 直方　　D. 因果

28. 在质量统计控制图中，若某个点超出了控制界限，就说明工序处于(D)。

A. 波动状态　　B. 异常状态

C. 正常状态　　D. 异常状态的可能性大

29. 质量统计控制图的上、下控制限可以用来(B)。

A. 判断产品是否合格　　B. 判断过程是否稳定

C. 判断过程能力是否满足技术要求　　D. 判断过程中心与技术中心是否发生偏移

30. 产品的不良项分级分为A、B、C、D四级，A级不良项是指产品的(C)不良项。

A. 轻微　　B. 一般　　C. 致命　　D. 严重

31. 产品的不良项分级分为A、B、C、D四级，C级不良项是指产品的(B)不良项。

A. 轻微　　B. 一般　　C. 致命　　D. 严重

32. 在计算机应用软件Word中插入的图片(A)。

A. 可以嵌入到文本段落中

B. 图片的位置可以改变，但大小不能改变

C. 文档中的图片只能显示，无法用打印机打印输出

D. 不能自行绘制，只能从Office的剪辑库中插入

33. 在Excel97工作表中，单元格C4中有公式"=A3+　C　5"，在第3行之前插入一行之后，单元格C5中的公式为(A)。

A. =A4+　C　6　　B. =A4+　C　5

C. =A3+　C　6　　D. =A3+　C　5

34. 图中所指的按钮是(B)。

A. 降序按钮　　B. 升序按钮　　C. 插入字母表　　D. 删除字母表

35. 建立图表的方法是从(C)菜单里点击图表。

A. 编辑　　B. 视图　　C. 插入　　D. 工具

36. 班组管理是在企业整个生产活动中，由(D)进行的管理活动。

A. 职工自我　　B. 企业　　C. 车间　　D. 班组自身

37. 属于班组经济核算主要项目的是(C)。

A. 设备完好率　　B. 安全生产　　C. 能耗　　D. 环保中的三废处理

多选题

1. 属于班组交接班记录的内容是(A，B，C)。
A. 生产运行　　B. 设备运行　　C. 出勤情况　　D. 安全学习

2. 下列属于班组安全活动的内容是(B，C，D)。
A. 对外来施工人员进行安全教育
B. 学习安全文件、安全通报
C. 安全讲座、分析典型事故，吸取事故教训
D. 开展安全技术座谈，消防、气防实地救护训练

3. 化工设备装配图中，螺栓联接可简化画图，其中所用的符号可以是(C，D)。
A. 细实线+　　B. 细实线×　　C. 粗实线+　　D. 粗实线×

4. 下列选项中，属于零件图内容的是(A，C)。
A. 零件尺寸　　B. 零件的明细栏　　C. 技术要求　　D. 零件序号表

5. 清洁生产审计有一套完整的程序，是企业实行清洁生产的核心，其中包括以下(B，C，D)阶段。
A. 确定实施方案　　B. 方案产生和筛选　　C. 可行性分析　　D. 方案实施

6. HSE 体系文件主要包括(A，B，C)。
A. 管理手册　　B. 程序文件　　C. 作业文件　　D. 法律法规

7. 下列叙述中，属于生产中防尘防毒技术措施的是(A，B，C，D)。
A. 改革生产工艺　　B. 采用新材料新设备
C. 车间内通风净化　　D. 湿法除尘

8. 下列叙述中，不属于生产中防尘防毒的管理措施的有(A，B)。
A. 采取隔离法操作,实现生产的微机控制　　B. 湿法除尘
C. 严格执行安全生产责任制　　D. 严格执行安全技术教育制度

9. 我国在劳动安全卫生管理上实行“(A，B，C，D)”的体制。
A. 企业负责　　B. 行业管理　　C. 国家监察　　D. 群众监督

10. 在 HSE 管理体系中，危害识别的状态是(A，B，C)。
A. 正常状态　　B. 异常状态　　C. 紧急状态　　D. 事故状态

11. 在 HSE 管理体系中，可承受风险是根据企业的(A，B)，企业可接受的风险。
A. 法律义务　　B. HSE 方针　　C. 承受能力　　D. 心理状态

12. 在 HSE 管理体系中，风险控制措施选择的原则是(A，B)。
A. 可行性　　B. 先进性、安全性
C. 经济合理　　D. 技术保证和服务

13. 对于在产品交付给顾客及产品投入使用时才发现不合格产品，可采用以下方法处置(B，D)。
A. 一等品降为二等品　　B. 调换
C. 向使用者或顾客道歉　　D. 修理

14. 在 ISO 9000 族标准中，关于第一方审核说法正确的是(A，B，D)。
A. 第一方审核又称为内部审核
B. 第一方审核为组织提供了一种自我检查、自我完善的机制

C. 第一方审核也要由外部专业机构进行的审核

D. 第一方审核的目的是确保质量管理体系得到有效地实施

15. 质量统计排列图的作用是(A，B)。

A. 找出关键的少数　　B. 识别进行质量改进的机会

C. 判断工序状态　　D. 度量过程的稳定性

16. 质量统计因果图具有(C，D)特点。

A. 寻找原因时按照从小到大的顺序　　B. 用于找到关键的少数

C. 是一种简单易行的科学分析方法　　D. 集思广益，集中群众智慧

17. 质量统计控制图包括(B，C，D)。

A. 一个坐标系　　B. 两条虚线　　C. 一条中心实线　　D. 两个坐标系

18. 产品不良项的内容包括(A，C，D)。

A. 对产品功能的影响　　B. 对质量合格率的影响

C. 对外观的影响　　D. 对包装质量的影响

19. 在计算机应用软件 Word 中页眉设置中可以实现的操作是(A，B，D)。

A. 在页眉中插入剪贴画　　B. 建立奇偶页内容不同的页眉

C. 在页眉中插入分隔符　　D. 在页眉中插入日期

20. 在计算机应用软件 Excel 中单元格中的格式可以进行(A，B，C)等操作。

A. 复制　　B. 粘贴　　C. 删除　　D. 链接

21. 自动筛选可以实现的条件是(A，C，D)。

A. 自定义　　B. 数值　　C. 前 10 个　　D. 全部

22. 对于已生成的图表，说法正确的是(A，B，D)。

A. 可以改变图表格式　　B. 可以更新数据

C. 不能改变图表类型　　D. 可以移动位置

23. 班组的劳动管理包括(A，B，D)。

A. 班组的劳动纪律　　B. 班组的劳动保护管理

C. 对新工人进行“三级教育”　　D. 班组的考勤、考核管理

24. 班组生产技术管理的主要内容有(A，C，D)。

A. 定时查看各岗位的原始记录，分析判断生产是否处于正常状态

B. 对计划完成情况进行统计公布并进行分析讲评

C. 指挥岗位或系统的开停车

D. 建立指标管理账

25. 在班组经济核算中，从项目的主次关系上看，属于主要项目的有(A，C，D)指标。

A. 产量　　B. 安全生产　　C. 质量　　D. 工时

26. 总结与报告的主要区别是(A，C，D)不同。

A. 人称　　B. 文体　　C. 目的　　D. 要求

27. 报告与请示的区别在于(A，B，C，D)不同。

A. 行文目的　　B. 行文时限　　C. 内容　　D. 结构

28. 请示的种类可分为(A，B，C，D)的请示。

A. 请求批准　　B. 请求指示　　C. 请求批转　　D. 请求裁决

简答题

1. 清洁生产审计有哪几个阶段?

答:①筹划与组织;②预评估;③评估;④方案产生和筛选;⑤可行性分析;⑥方案实施;⑦持续清洁生产。

2. ISO 14001 环境管理体系由哪些基本要素构成?

答:ISO 14001 环境管理体系由环境方针、规划、实施、测量和评价、评审和改进等五个基本要素构成。

3. 防尘防毒的主要措施是什么?

答:我国石化工业多年来治理尘毒的实践证明,在大多数情况下,靠单一的方法防尘治毒是行不通的,必须采取综合治理措施。即首先改革工艺设备和工艺操作方法,从根本上杜绝和减少有害物质的产生,在此基础上采取合理的通风措施,建立严格的检查管理制度,这样才能有效防止石化行业尘毒的危害。

4. 什么叫消除二次尘毒源?

答:对于因"跑冒滴漏"而散落地面的粉尘、固、液体有害物质要加强管理,及时清扫、冲洗地面,实现文明生产,叫消除二次尘毒源。

5. 什么是劳动安全卫生管理体制中的"行业管理"?

答:劳动安全卫生管理体制中的"行业管理"就是行业主管部门根据本行业的实际和特点切实提出本行业的劳动安全卫生管理的各项规章制度,并监督检查各企业的贯彻执行情况。

6. 简述 ISO 14001 环境管理体系建立的步骤。

答:一般而言,建立环境管理体系过程包括以下六大阶段:①领导决策与准备;②初始环境评审;③体系策划与设计;④环境管理体系文件编制;⑤体系运行;⑥内部审核及管理评审。

7. HSE 管理体系中危害识别的思路是什么?

答:①存在什么危害(伤害源)?②谁(什么)会受到伤害?③伤害怎样发生?

8. 什么是第一方审核?第二方审核?第三方审核?

答:第一方审核又称为内部审核,第二方审核和第三方审核统称为外部审核。①第一方审核指由组织的成员或其他人员以组织的名义进行的审核。这种审核为组织提供了一种自我检查、自我完善的机制。②第二方审核是在某种合同要求的情况下,由与组织有某种利益关系的相关方或由其他人员以相关方的名义实施的审核。这种审核旨在为组织的相关方提供信任的证据。③第三方审核是由独立于受审核方且不受其经济利益制约的第三方机构依据特定的审核准则,按规定的程序和方法对受审核方进行的审核。

9. 什么是排列图?

答:排列图又叫帕累托图,在质量管理中,排列图是用来寻找影响产品质量的主要问题,确定质量改进关键项目的图。

10. 控制图的主要用途是什么?

答:①分析用的控制图主要用于分析工艺过程的状态,看工序是否处于稳定状态;②管理用的控制图主要用于预防不合格品的产生。

11. 国际上通用的产品不良项分级分为几级？

答：国际上通用的产品不良项分级共分为：致命（A 级）、严重（B 级）、一般（C 级）、轻微（D 级）四级。

12. 班组在企业生产中的地位如何？

答：①班组是企业组织生产活动的基本单位；②班组是企业管理的基础和一切工作的立脚点；③班组是培养职工队伍，提高工人技能的课堂；④班组是社会主义精神文明建设的重要阵地。

13. 班组管理有哪些基本内容？

答：①建立和健全班组的各项管理制度；②编制和执行生产作业计划，开展班组核算；③班组的生产技术管理；④班组的质量管理；⑤班组的劳动管理；⑥班组的安全管理；⑦班组的环境卫生管理；⑧班组的思想政治工作。

14. 班组经济核算的基本原则和注意事项是什么？

答：班组经济核算应遵循“干什么、管什么、算什么”的原则，力求注意三个问题：①计算内容少而精；②分清主次；③方法简洁。

15. 总结的写作要求是什么？

答：①要新颖独特，不能报流水账；②要重点突出，找出规律，避免事无巨细面面俱到；③要实事求是，全面分析问题，从中找出经验教训；④要材料取舍得当；⑤要先叙后议或夹叙夹议。

16. 什么是报告？

答：报告是下级机关向上级机关汇报工作、反映情况、提出意见或建议，答复上级机关的询问时使用的行文。

17. 请示的特点是什么？

答：请示的最大特点是请求性。指本机关、本部门打算办理某件事情，而碍于无权自行决定，或者无力去做，或不知该不该办，必须请求上级机关批准、同意后方可办理。

工种理论知识试题

判断题

1. 高速工具钢是红硬性、耐磨性较高，且有较高强度与韧性的高合金工具钢。（√）

2. 高速钢只能制作切削速度较高的刃具，不能制造载荷大、形状复杂的切削刃具。（×）

正确答案：高速钢不仅能制作切削速度较高的刃具，还可以制造载荷大、形状复杂的切削刃具。

3. 为了减轻起重架子的重量，起重架子的横梁一般使用工字钢或槽钢组合做成。（√）

4. 制作泵轴常用的材料是碳素钢和硬质合金。（×）

正确答案：制作泵轴常用的材料是碳素结构钢和合金结构钢。

5. AM350 属于沉淀硬化型不锈钢，通常用于温度高于 315℃的工作环境。（×）

正确答案：AM350 属于沉淀硬化型不锈钢，长期高于 315℃，金属间化合物继续沉淀使材料变脆。通常用于温度低于 315℃的工作环境。

6. 往复压缩机连杆的材料必须具有较低的屈强比以及较高的疲劳强度。（×）

正确答案：往复压缩机连杆的材料必须具有较高的屈强比和疲劳强度。

7. 制造蜗轮的材料一般比制造蜗杆的材料软。（√）

8. 钢的化学热处理种类很多，但它们都是介质中某些元素的原子向钢中积聚的过程。 （×）

正确答案： 钢的化学热处理种类很多，但它们都是介质中某些元素的原子向钢中扩散的过程。

9. 液压扳手每次使用完毕后，应将油管拆下，快速接头对接，擦拭干净液压泵，保存在干燥通风的环境里。 （√）

10. 被测工件所处的状态和测量条件在选择量仪时无需考虑。 （×）

正确答案： 被测工件所处的状态和测量条件是选择量仪时要考虑的因素。

11. 光学合像水平仪的水准器安装在杠杆架上，转动调节旋钮可以调整其垂直位置。 （×）

正确答案： 光学合像水平仪的水准器安装在杠杆架上，转动调节旋钮可以调整其水平位置。

12. 在光学合像水平仪上读数时，视线应水平对准气泡玻璃管，以免出现偏差。 （×）

正确答案： 在光学合像水平仪上读数时，视线应垂直对准气泡玻璃管，以免出现偏差。

13. 自准直光学量仪包括自准直仪、光学平直仪、测微准直望远镜和经纬仪等。 （√）

14. 光学自准直仪可测量基准平面的直线度误差、平面误差。 （√）

15. 用自准直仪测量时，反射镜到物镜的距离越远，偏移量就越大。 （×）

正确答案： 用自准直仪测量时，反射镜到物镜的距离对偏移量大小无关。

16. 测量轴承垂直振动值时，应选用在轴承宽度中间位置的中分面为测点。 （×）

正确答案： 测量轴承垂直振动值时，应选用在轴承宽度中间位置的正上方为测点。

17. 刮研的目的是为了实现轴瓦与轴颈之间均匀接触。 （√）

18. 薄壁轴瓦与轴承座装配时，为了达到配合紧密要有合适的过盈量，薄壁瓦的剖分面比轴承座的剖分面低一些。 （×）

正确答案： 薄壁轴瓦与轴承座装配时，为了达到配合紧密要有合适的过盈量，薄壁瓦的剖分面比轴承座的剖分面高一些。

19. 推力瓦组装后瓦块应摆动自由，同组瓦块厚度偏差应不超过 0.03mm。 （×）

正确答案： 推力瓦组装后瓦块应摆动自由，同组瓦块厚度偏差应不超过 0.01mm。

20. 阅读装配图时，不必理会零件图和其他资料。 （×）

正确答案： 阅读装配图时，应结合零件图及产品说明书等有关资料同时看图。

21. 某轴类零件图中有一轴段的直径尺寸为 $\Phi50_{0}^{+0.021}$，按图加工该零件时测得其中一单件产品中该轴段的直径为 Φ50.030mm，则所测零件仍为合格产品。 （×）

正确答案： 某轴类零件图中有一轴段的直径尺寸为 $\Phi50_{0}^{+0.021}$，按图加工该零件时测得其中一单件产品中该轴段的直径为 Φ50.030mm，则所测零件不是合格产品。

22. 峰值指标法诊断滚动轴承的振动，其峰值指标受振动信号的绝对水平所左右。 （×）

正确答案： 峰值指标法诊断滚动轴承的振动，其峰值指标不受振动信号的绝对水平所左右。

23. 浮环密封安装时要检查每个密封元件及辅助零件的型号、规格和配合尺寸，检查元件有无碰坏、变形、裂缝等缺陷，合格后方可使用。 （√）

24. 浮环密封的浮环在安装时，正反两面都可以安装，不会引起密封泄漏。 （×）

正确答案： 浮环密封的浮环在安装时，浮环要注意方向，不能装反，否则会引起密封泄漏。

25. 键联接齿式联轴器一般都采用花键联接。 (×)

正确答案：键联接一般都采用双键联接，双键是对称布置的。

26. 对于难于归类的转子找动平衡，为妥善起见，采用低速动平衡进行校正。 (×)

正确答案：对于难于归类的转子找动平衡，为妥善起见，采用高速动平衡进行校正。

27. 绝对相位角是在振动周期中，从键相信号触发点(每转触发一次的参考脉冲)到振动信号第一个正峰之间的角度。 (√)

28. 机械振动都是周期振动。 (×)

正确答案：机械振动包括周期振动、准周期振动和随机振动。

29. API标准对压缩机壳体的要求中，当空气和非可燃性气体最大允许工作压力超过2760kPa(表)时，必须为铸铁壳体。 (×)

正确答案：API标准对压缩机壳体的要求中，当空气和非可燃性气体最大允许工作压力超过2760kPa(表)时，必须为钢质壳体。

30. API标准对润滑的要求中，油泵要有可靠的备用泵，泵带有入口过滤器、油冷器、低油压停车开关和其他必要的仪表。 (√)

31. 离心泵机械密封装配后，动环应与密封轴套相对转动灵活。 (×)

正确答案：离心泵机械密封装配后，动环应与密封轴套相对滑动灵活。

32. 离心泵产生汽蚀时，除过流部件表面受到机械性质的破坏以外，如果液体汽化时放出的汽体有腐蚀作用，还会产生一定的化学性质破坏。 (√)

33. 离心泵短时间在小流量情况下运行会使部分液体汽化，吸入液体发生困难。 (×)

正确答案：离心泵长时间在小流量情况下运行会使部分液体汽化，吸入液体发生困难。

34. 离心泵内的液体从叶轮入口流到出口，因流体的流动方向由径向变为轴向，所以在叶轮上产生反作用力。 (×)

正确答案：离心泵内的液体从叶轮入口流到出口，因流体的流动方向由轴向变为径向，所以在叶轮上产生反作用力。

35. 高速离心泵诱导轮的主要作用是提高泵的流量。 (×)

正确答案：高速离心泵诱导轮的主要作用是提高了泵的进液压力，使离心泵不会产生气蚀，在设计上泵可以有很高的转速。

36. 多级离心泵平衡鼓外圆表面与泵体上的平衡套之间有很大的间隙，使平衡鼓的两侧可以保持较小的压力差，以此来平衡轴向力。 (×)

正确答案：多级离心泵平衡鼓外圆表面与泵体上的平衡套之间有很小的间隙，使平衡鼓的两侧可以保持较大的压力差，以此来平衡轴向力。

37. 离心泵推力盘安装在轴上时，其工作端面的跳动值应小于0.015mm。 (√)

38. 双缸蒸汽往复泵的一个活塞处于中间位置，致使连动的汽门关闭，泵无法启动。 (×)

正确答案：双缸蒸汽往复泵的两个活塞同时处于中间位置，致使连动的汽门关闭，泵无法启动。

39. 活塞环侧间隙过大会使蒸汽往复泵压力波动大。 (×)

正确答案：活塞环在槽内不灵活，会使蒸汽往复泵压力波动大。

40. 蒸汽往复泵的活塞运行速度过快，会引起泵的振动加大。 (√)

41. 屏蔽泵泵壳内绝缘不良与泵体发热无关。 (×)

正确答案：屏蔽泵泵壳内绝缘不良会导致泵体发热。

42. 找正不良会引起屏蔽泵振动大。 (×)

正确答案：屏蔽泵无需找正。

43. 齿轮泵安装高度过高，介质吸不上是造成泵振动大的原因之一。 (√)

44. 螺杆泵油温过高会造成泵体发热。 (√)

45. 同步齿轮磨损会造成螺杆泵压力下降。 (×)

正确答案：同步齿轮磨损会造成螺杆泵振动。

46. 轴流式风机叶片紧固螺栓松动不会引起风机振动增大。 (×)

正确答案：轴流式风机叶片紧固螺栓松动会引起风机振动增大。

47. 离心式风机的主轴弯曲是风机振动大的主要原因之一。 (√)

48. 油压高会引起带滑阀调节螺杆压缩机能量调节机构不灵活。 (×)

正确答案：油压低会引起带滑阀调节螺杆压缩机能量调节机构不灵活。

49. 吸气温度过热和压缩比过小会引起螺杆压缩机机体温度过高。 (×)

正确答案：吸气温度过热和压缩比过大会引起螺杆压缩机机体温度过高。

50. 进口管线阻力过大会引起螺杆压缩机工作能力不足。 (√)

51. 螺杆压缩机转子与壳体磨损，将会造成排气量降低和油压升高。 (×)

正确答案：螺杆压缩机转子与壳体磨损，将会造成排气量和油压都降低。

52. 用涂色法检查变速机齿轮啮合时应用大齿轮驱动小齿轮。 (×)

正确答案：用涂色法检查变速机齿轮啮合时应用小齿轮驱动大齿轮。

53. 一般用压铅法检查变速机中滑动轴瓦的外径与轴承座孔的贴合情况。 (×)

正确答案：一般用涂色法检查变速机中滑动轴瓦的外径与轴承座孔的贴合情况。

54. 齿轮啮合不良是变速机振动大的主要原因之一。 (√)

55. 油压偏高是造成变速机轴承温度高的原因之一。 (×)

正确答案：油压过低是造成变速机轴承温度高的原因之一。

56. 往复式压缩机吸入气体温度升高，会导致压缩机的生产能力提高。 (×)

正确答案：往复式压缩机吸入气体温度升高，会导致压缩机的生产能力降低。

57. 往复式压缩机气阀阀片升程越小，则气流阻力越小。 (×)

正确答案：往复式压缩机气阀阀片升程越小，则气流阻力越大。

58. 往复式压缩机十字头、十字头销、曲柄销(无十字头压缩机)、滑道应无裂纹等缺陷。 (√)

59. 用百分表检测往复式压缩机主轴轴向间隙的方法适用于任何曲轴。 (×)

正确答案：用百分表检测往复式压缩机主轴瓦轴向间隙的方法不适用于大型曲轴，因为不易推动。

60. 主轴弯曲只会造成往复式压缩机异常振动，但不会引起轴承的温度高。 (×)

正确答案：主轴弯曲不但会造成往复式压缩机异常振动，而且会引起轴承温度高。

61. 十字头销注油孔堵塞将会引起往复式压缩机连杆小头瓦和十字头烧坏。 (√)

62. 放泄阀或旁通阀漏气，会使往复式压缩机排气压力异常低。 (√)

63. 往复式压缩机冷却器效率低，只会造成润滑系统冷却差，但与排气温度无关。 (×)

正确答案：往复式压缩机冷却器效率低，不但会造成润滑系统冷却差，而且会造成排气温度高。

64. 往复式压缩机气阀松动将引起阀敲击声。（√）

65. 扩压器在离心式压缩机轴面上的截面形状一般为梯形。（×）

正确答案： 扩压器在离心式压缩机轴面上的截面形状一般为矩形。

66. 离心式压缩机组试运转的目的只是检验设备的机械性能。（×）

正确答案： 离心式压缩机组试运转的目的主要是检验、调整设备的技术性能及电气、仪表各系统的工作情况。

67. 离心式压缩机止推瓦块和止推盘要求接触良好，必要时可对工作面止推瓦块进行刮研。（√）

68. 离心式压缩机组高位油箱至轴承之间的管线要长，弯头多，以延长润滑油的供油时间。（×）

正确答案： 离心式压缩机组高位油箱至轴承之间的管线要短，弯头少，以保证润滑油流到轴承时阻力最小。

69. 离心式压缩机止推轴承损坏的主要原因是轴向力过大和润滑不正常而引起的。（√）

70. 润滑油管漏损严重将会造成离心式压缩机轴承温度升高。（√）

71. 离心式压缩机长期低速盘车，将对其径向轴承有很好的磨合作用。（×）

正确答案： 离心式压缩机长期低速盘车，将损坏其径向轴承。

72. 表面式凝汽器的冷却工质与蒸汽被冷却表面隔开，互不接触。（√）

73. 在汽轮机正常运行中，凝汽器能起除氧作用，能除去凝结水中所含的氧，从而提高给水质量，防止设备腐蚀。（√）

74. 抽汽器中的压缩过程是一种绝热过程，混合物的温度在压缩过程中升高，为提高其经济性，通常采用中间不带冷却的一级压缩。（×）

正确答案： 抽汽器中的压缩过程是一种绝热过程，混合物的温度在压缩过程中升高，为提高其经济性，通常采用中间带冷却的多级压缩。

75. 汽轮机发生严重水击事故时，可能造成推力瓦温度升高或合金层熔化，高压轴封摩擦，有火花发出或汽轮机动静叶片轴向相碰。（√）

76. 汽轮机发生汽封破坏、动静叶片碰坏的事故可能是汽轮机发生水击引起的。（√）

77. 调整汽轮机危急保安器动作时，弹簧紧力越大，危急保安器动作时的转速就越低。（×）

正确答案： 调整汽轮机危急保安器动作时，弹簧紧力越大，危急保安器动作时的转速就越高。

78. 主汽阀、调节阀阀杆没有卡涩和松弛现象，汽轮机的危急保安器动作后，调节系统应能保证主汽阀关闭严密。（√）

79. 新蒸汽温度下降会引起汽轮机末几级蒸汽湿度增加，湿汽损失减少，机组经济性下降，对末几级叶片的冲蚀减少。（×）

正确答案： 新蒸汽温度下降会引起汽轮机末几级蒸汽湿度增加，湿汽损失加大，机组经济性下降，对末几级叶片的冲蚀增加。

80. 当新蒸汽温度及排汽压力不变，新蒸汽压力升高时，汽轮机的理想焓降将减少。（×）

正确答案： 当新蒸汽温度及排汽压力不变，新蒸汽压力升高时，汽轮机的理想焓降将增加。

81. 汽轮机油的酸碱度一般为微酸性。（×）

正确答案：汽轮机油的酸碱度一般为中性。

82. 安装汽轮机猫爪销时，要求销两侧面平行，各平面接触均匀，接触面积不少于50%。 (×)

正确答案：安装汽轮机猫爪销时，要求销两侧面平行，各平面接触均匀，接触面积不少于75%。

83. 在反动式汽轮机中，动叶片仅受到喷嘴出口高速汽流的冲动力做功。 (×)

正确答案：在反动式汽轮机中，动叶片不仅受到喷嘴出口高速汽流的冲动力做功，而且还受到蒸汽离开动叶片的反作用力做功。

84. 汽轮机推力轴承解体后，应对瓦块作认真检查，确定瓦块有无严重磨损、变形、裂纹、脱落、划痕、电蚀痕迹及瓦块上工作印痕的大小是否大致相同等。 (√)

85. 汽轮机振动过大，将引起机组动静部分发生磨损以及各联接部件松动，甚至导致更严重的后果。 (√)

86. 汽轮机汽缸在热胀冷缩过程中反复错动，会使滑销产生磨损或拉出毛刺，机组振动更加速了这种损坏。 (√)

87. 正常情况下，汽轮机排汽温度与循环水出口温度之差越大，表明凝汽器运行状况越好。 (×)

正确答案：正常情况下，汽轮机排汽温度与循环水出口温度之差越小，表明凝汽器运行状况越好。

88. 现代应用的汽轮机大都带有一定的反动度，动叶片前后有压差，该压差也会对动叶片产生轴向力。 (√)

89. 对烟气轮机转子的检查，只需检查各部跳动度、轴颈尺寸偏差及各部外形和损伤情况。 (×)

正确答案：对烟气轮机转子的检查，除检查各部跳动度、轴颈尺寸偏差及各部外形和损伤情况外，还需对动叶片、轮盘进行无损探伤检查。

90. 烟气轮机转子在检修后，叶片顶部允许有一定的摆动量。 (√)

91. 相同的材料采用不同的毛坯制造方法，其机械性能往往不同。 (√)

92. 由于孔径容易扩大，所用钻头的直径一般应等于所需孔径。 (×)

正确答案：由于孔径容易扩大，所用钻头的直径一般应略小于所需孔径。

单选题

1. 调质钢具有较高的(D)。
   A. 硬度　　B. 韧性　　C. 塑性　　D. 综合机械性能

2. 材料的选择原则首先满足(D)要求的前提下，再考虑工艺性、经济性。
   A. 硬度　　B. 强度　　C. 耐蚀性　　D. 使用

3. 制作泵轴的材料要求有足够的强度、(A)和耐磨性等良好的综合机械性能。
   A. 刚度　　B. 塑性　　C. 耐磁性　　D. 较好的伸长率

4. 离心泵动密封摩擦副的材料一般不选(C)。
   A. 陶瓷　　B. 青铜　　C. 碳钢　　D. 碳-石墨

5. 往复式压缩机连杆的材料一般用碳素钢或合金结构钢经(D)处理。
   A. 发黑　　B. 退火　　C. 正火　　D. 调质

6. 往复式压缩机活塞杆的表面热处理方法有(C)处理、或渗碳、氮化、镀铬。

A. 正火　　B. 回火　　C. 高频淬火　　D. 退火

7. 要提高钢工件表层的(D)，可将钢进行化学热处理。

A. 拉伸强度　　B. 耐磨性　　C. 抗压强度　　D. 抗弯强度

8. 发黑处理(即氧化处理)是将钢件放入(D)溶液中处理，使钢件表面生成一层氧化膜的过程。

A. 水　　B. 油　　C. 碱　　D. 特定的化学试剂

9. 钢感应表面淬火后须进行(C)处理。

A. 高温回火　　B. 中温回火　　C. 低温回火　　D. 时效

10. 液压扳手在使用前，需在扳手(B)的情况下，将整个液压系统进行试运。

A. 带负荷　　B. 不带负荷　　C. 半负荷　　D. 满负荷

11. 光学合像水平仪的水准管在测量中起(C)作用。

A. 读数　　B. 示值　　C. 定位　　D. 测量

12. 光学合像水平仪测量读数前，水准器的两气泡应调整至(B)位置。

A. 分离　　B. 重合　　C. 错位　　D. 重影

13. 自准直仪影像的偏移量由(B)所决定，与反射镜到物镜的距离无关。

A. 物镜　　B. 反射镜转角　　C. 目镜　　D. 聚光镜

14. 光学平直仪可以通过转动(C)测出工件水平方向的直线度。

A. 平镜　　B. 棱镜　　C. 目镜　　D. 物镜

15. 光学平直仪工作时，光源射出的光束最后成像于(B)上。

A. 平镜　　B. 分划板　　C. 棱镜　　D. 物镜

16. 清洗光学零件的外表面时，宜先用棉脂软细毛做毛笔，轻轻拂去浮灰，再用柔软清洁的(B)或镜头纸轻轻揩拭。

A. 棉丝　　B. 亚麻布　　C. 毛刷　　D. 棉布

17. 下列选项中，属于非接触式温度测量仪的是(D)。

A. 膨胀式温度计　　B. 压力式温度计　　C. 热电阻温度计　　D. 光学高温计

18. 测量水平振动值时，应选在轴承宽度中央的(C)为测点。

A. 上方　　B. 下方　　C. 中分面稍下　　D. 任何位置

19. 轴系对中调整应选用(C)。

A. 水平仪　　B. 合像水平仪　　C. 激光对中仪　　D. 测振仪

20. 剖分式轴瓦一般采用(C)来研点。

A. 心轴　　B. 铜棒　　C. 与其相配的轴　　D. 橡胶棒

21. 装配整体式滑动轴承时，轴承与轴承座配合常采用(D)。

A. 较大的间隙配合　　B. 较小的间隙配合

C. 较大的过盈配合　　D. 较小的过盈配合

22. 可倾瓦装配时，支承瓦块的圆头螺钉必须与瓦块的球形坑相互配研，使接触面积达到(C)。

A. 50%~60%　　B. 60%~70%

C. 70%~80%　　D. 80%~90%

23. 轴套类零件主要在车床上加工，故绘制它们的零件图时，主视图方向应按(C)安放。

A. 工作位置　B. 垂直位置　C. 加工位置　D. 任意位置

24. 如图中所标注的形位公差种类为(D)。

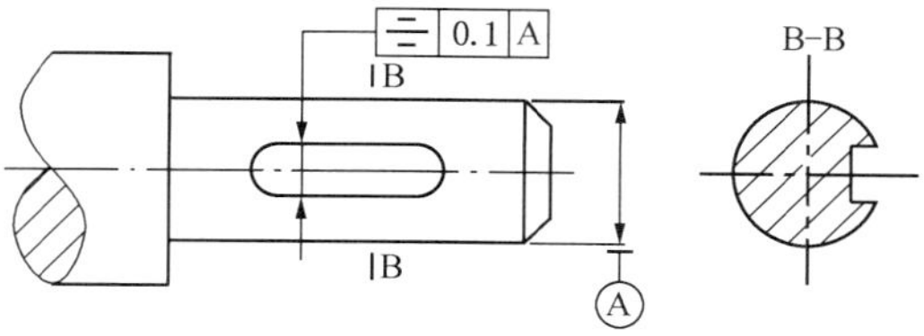

A. 垂直度　B. 平行度　C. 圆柱度　D. 对称度

25. 如图中所标注的形位公差种类为(A)。

A. 垂直度　B. 平行度

C. 圆柱度　D. 对称度

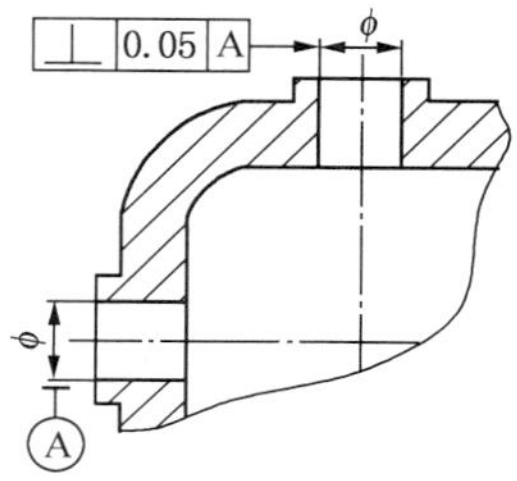

25题图

26. 如图中(B)为正确的主视图。

A.

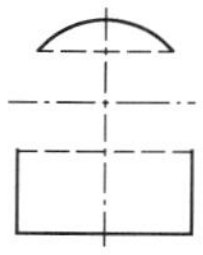

B.

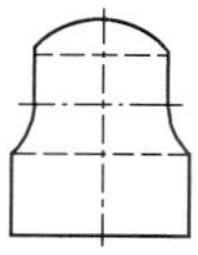

C.

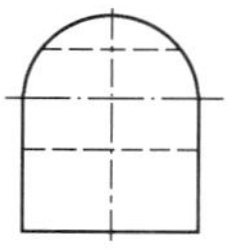

D.

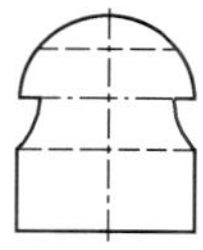

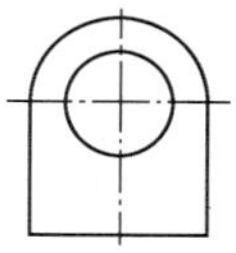

左视图

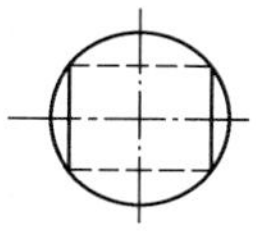

俯视图

26题图

27. 在装配图中，零件明细栏应紧接着标题栏的上方，按(A)的顺序填写。

A. 由下而上　B. 由上而下

C. 由左而右　D. 由右而左

28. 在滚动轴承振动的诊断方法中，通过检测轴承滚动体与滚道的撞击程度的方法是(D)。

A. 峰值指标法　B. 时序模型参数分析法

C. 包络法　D. 冲击脉冲法

29. 下列选项中，有可能导致滑动轴承温度高的是(B)。

A. 进油量大　B. 润滑油质量差

C. 润滑油压力高　D. 润滑油温度过低

30. 滑动轴承工作时，转速愈高，偏心距愈(B)，则有可能造成油膜振荡。

A. 大　B. 小　C. 变为零　D. 变为负值

31. 油膜涡动频率通常发生在转速频率的(C)倍之间。

A. 0.2~0.3　B. 0.3~0.4　C. 0.42~0.48　D. 0.45~0.55

32. 油膜振荡故障一般发生在(C)。

A. 高速滚动轴承　B. 低速滚动轴承

C. 高速滑动轴承　D. 低速滑动轴承

33. 气膜螺旋槽密封与普通机械密封相似，其区别主要是气膜螺旋槽密封(D)加工有螺旋槽。

A. 密封压盖　　B. 密封圈　　C. 静环端面　　D. 动环端面

34. 浮环密封的浮动环与密封盒的接触面是密封面，要求其接触面积为(D)。

A. 70%　　B. 80%　　C. 90%　　D. 100%

35. 一台转速为 2979r/min、功率为 500kW 的泵，按照 ISO 2372 的振动标准，该泵最大允许的有效振动值为(C)mm/s。

A. 4.5　　B. 7.1　　C. 11.2　　D. 18

36. 无键齿式半联轴器内孔与轴的接触面积不低于整个接触表面(C)。

A. 60%　　B. 70%　　C. 80%　　D. 90%

37. 对于(A)转子的找动平衡，一般采用低速动平衡进行校正。

A. 刚性　　B. 挠性　　C. 半挠性　　D. 柔性

38. 按照 ISO/DIS5406 的标准，不能用刚性转子动平衡的改良技术，而要求用高速动平衡方法校正的转子属于(C)。

A. 刚性转子　　B. 准刚性转子　　C. 挠性转子　　D. 低速转子

39. 无垫铁安装法安装设备时，调整用的垫铁应在(C)留在原处。

A. 一次灌浆并达到要求强度后　　B. 一次灌浆并调整完后

C. 二次灌浆并达到要求强度后　　D. 二次对中完成后

40. 无垫铁安装法不适用于某些在生产过程中(C)的安装。

A. 要长期运转的设备　　B. 大功率设备

C. 经常要调整精度的机床　　D. 高速运转的设备

41. 一台电机驱动的多级离心泵，其驱动功率为 700kW，转速为 2980r/min，对其轴承座进行振动监测，选用下列(B)测量方式最合适。

A. 振动位移　　B. 振动速度　　C. 振动加速度　　D. 相位

42. 轴系不对中主要表现的特征频率为转子转速频率的(B)。

A. 0.5 倍频、1 倍频　　B. 1 倍频、2 倍频

C. 1 倍频、3 倍频　　D. 2 倍频、3 倍频

43. API 标准对压缩机壳体的要求中，当空气和非可燃性气体在操作区任意点以(B)运转，其计算的出口温度超过 260℃时，必须为钢质壳体。

A. 最小连续速度　　B. 最大连续速度

C. 最小间断速度　　D. 最大间断速度

44. API 标准对润滑的要求中，一般情况下润滑油为(C)。

A. 动物油　　B. 植物油　　C. 碳氢化合物油　　D. 机械油

45. 离心泵机械密封若采用 V 形密封圈，其张口方向应对着(A)。

A. 密封介质　　B. 轴承箱　　C. 联轴器　　D. 电机

46. 离心泵机械密封的静环装入压盖中应有一定紧力，必须测定压盖端面与静环的端面距离，保证静环四周的压入(A)相等。

A. 深度　　B. 紧力　　C. 应力　　D. 强度

47. 下列选项中，离心泵汽蚀不会造成(B)。

A. 泄漏增大　　B. 流量增大　　C. 振动增大　　D. 噪音增大

48. 离心泵振动过大的原因有(C)。

A. 泵反转　　B. 密封泄漏　　C. 轴承磨损　　D. 入口开度偏大

49. 多级离心泵的转子是由多级叶轮组装而成，锁帽紧固后，会出现轴弯曲现象，这是每级叶轮轮毂端面或隔套端面对轴心线的(B)偏差加在一起造成的。

A. 直线度　　B. 垂直度　　C. 圆度　　D. 锥度

50. 在安装多级离心泵平衡鼓装置时，必须保证平衡鼓外圆表面与泵体上的平衡套之间有(D)间隙。

A. 轴向　　B. 很小或很大　　C. 很大　　D. 很小

51. 多级离心泵推力盘与和它相接触的止推瓦块表面要求相互(B)。

A. 垂直　　B. 平行　　C. 压紧　　D. 平衡

52. 多级离心泵的推力盘在装配时，要求与止推瓦块间保证有一定的(C)以便油膜的形成。

A. 过盈　　B. 紧力　　C. 间隙　　D. 接触力

53. 叶轮前盖板与定子之间的轴向间隙叫做(A)。

A. 前窜量　　B. 后窜量　　C. 总窜量　　D. 窜量

54. 下列选项中，造成蒸汽往复泵无法启动的原因之一是(A)。

A. 活塞落缸　　B. 阀关不严密　　C. 盘根压盖上紧　　D. 缸套松动

55. 蒸汽往复泵压力波动过大的原因之一是(D)。

A. 汽缸活塞磨损严重　　B. 配汽游隙过大

C. 汽缸活塞环磨损　　D. 进出口单向阀损坏

56. 蒸汽往复泵运行中，(C)的故障，会产生异响。

A. 汽门阀板、阀座接触不良　　B. 阀关得不严

C. 缸套松动　　D. 填料压盖没上紧

57. 下列选项中，不会引起蒸汽往复泵异响的原因是(D)。

A. 缸套松动　　B. 活塞锁母松动　　C. 十字接头松动　　D. 活塞杆磨损

58. 屏蔽泵轴向推力平衡不良会产生(B)。

A. 汽蚀　　B. 泵体发热　　C. 扬程不足　　D. 流量过大

59. 轴向推力平衡不良会引起屏蔽泵(D)。

A. 扬程不足　　B. 流量过小　　C. 机封泄露　　D. 电流过载

60. 屏蔽泵轴弯曲将引起(D)。

A. 流量不足　　B. 扬程不足　　C. 泄漏　　D. 振动

61. 吸入侧有空气混入会导致磁力驱动泵(D)。

A. 电流过载　　B. 流量增大　　C. 无法起动　　D. 振动大

62. 磁力驱动泵的驱动端轴承损坏时，可导致(A)。

A. 噪声增大　　B. 压力增大　　C. 电流减小　　D. 流量减小

63. 螺杆泵的螺杆与衬套间隙应符合标准，如果间隙过大，则会引起(B)。

A. 振动　　B. 流量不足　　C. 流量波动　　D. 压力波动

64. 下列选项中，会引起单螺杆泵的振动的是(B)。

A. 压力波动大　　B. 轴承磨损　　C. 介质黏度大　　D. 螺杆磨损

65. 下列选项中，会引起轴流式风机振动增大的是(C)。

A. 基础牢固　　B. 叶片角度偏小

C. 叶片结垢过多、不均匀　　D. 电机功率小

66. 离心式风机安装基础验收时，要求基础的中心线与设计位置的允许偏移量为(C)mm。

A. ±0.20　　B. ±2　　C. ±20　　D. ±200

67. 离心式风机振动大的原因有轴承损坏、(D)以及联轴节对中偏差大等。

A. 轴封漏气　　B. 轴封间隙大　　C. 机壳漏气　　D. 转子不平衡

68. 下列选项中，造成带滑阀调节螺杆压缩机能量调节机构不灵活的原因是(D)。

A. 系统中有气体　　B. 油温高　　C. 加油过多　　D. 油管路堵塞

69. 下列选项中，会造成螺杆压缩机机体温度过高的是(B)。

A. 吸气阻力大　　B. 机体摩擦　　C. 油量过多　　D. 能量调节机构故障

70. 引起带滑阀调节螺杆压缩机的工作能力不足的原因是(D)。

A. 压缩比过大　　B. 吸入气体过热

C. 油内部泄漏　　D. 滑阀不在正确位置上

71. 下列选项中，会引起螺杆压缩机润滑油耗量大的是(B)。

A. 油压过低　　B. 油分离器中油过多

C. 介质温度高　　D. 油温过高

72. 螺杆压缩机润滑油耗量大是由(A)引起的。

A. 密封泄漏　　B. 油温过高　　C. 吸气阻力过大　　D. 吸气温度过高

73. 下列选项中，会造成带滑阀调节螺杆压缩机油系统压力低的是(D)。

A. 油温低　　B. 油位高　　C. 油量过多　　D. 内部泄漏

74. 下列选项中，会引起螺杆压缩机自动停机的原因是(B)。

A. 流量过小　　B. 控制电路故障　　C. 压缩比过小　　D. 有异常响声

75. 变速机装配时，箱体与底座的接触应良好，在松开联接螺栓后，其接触面间的自由间隙应小于(A)mm。

A. 0.05　　B. 0.08　　C. 0.10　　D. 0.15

76. 变速机滑动轴承衬背过盈量符合要求的是(A)mm。

A. 0.02~0.04　　B. 0.04~0.06　　C. 0.06~0.09　　D. 0.10~0.15

77. 下列选项中，(D)易造成变速机油封泄漏。

A. 油量少　　B. 油温高　　C. 油变质　　D. 轴封回油孔堵塞

78. 变速机(B)是造成振动大的原因之一。

A. 轴瓦间隙小　　B. 轴瓦间隙大　　C. 油温低　　D. 油压高

79. 对往复式压缩机排气量影响最大的因素是(A)。

A. 容积　　B. 压力　　C. 温度　　D. 泄漏

80. 若往复式压缩机气阀阀片升程选得过小，则气阀的(D)。

A. 寿命短，气流阻力小　　B. 寿命长，气流阻力小

C. 寿命短，气流阻力大　　D. 寿命长，气流阻力大

81. 往复式压缩机十字头销与连杆小头铜套轴承的间隙为(C)d，其中 d 为十字头外径。

A. 0.0001~0.0005　　B. 0.0002~0.0007
C. 0.0005~0.0010　　D. 0.0007~0.0012

82. 往复式压缩机气缸内表面被拉伤超过圆周1/4，并有严重的沟槽、台阶时，应(A)。
A. 镗缸修理　　B. 打磨修理即可　　C. 降量生产　　D. 维持原状

83. 用塞尺从(D)插入，检测往复式压缩机主轴的顶间隙。
A. 下瓦的中间　　B. 下瓦的两侧
C. 上瓦瓦背的顶部　　D. 上瓦两端的顶部

84. (D)会造成往复式压缩机阀片破损。
A. 升程小　　B. 介质压力小　　C. 介质温度低　　D. 阀片表面硬度低

85. 往复式压缩机轴承温度高的原因之一是(B)。
A. 润滑油温低　　B. 轴瓦间隙小　　C. 润滑油压大　　D. 冷却水压大

86. 当往复式压缩机连杆小头瓦与连杆大头瓦之间会因(C)而接触不好，将造成烧瓦。
A. 互不同心　　B. 互不垂直　　C. 互不平行　　D. 互不相交

87. 往复式压缩机阀片(B)将造成排气量降低。
A. 升程过大　　B. 破损　　C. 过硬　　D. 表面粗糙度低

88. (B)效率低，使往复式压缩机排气温度异常高。
A. 滤清器　　B. 冷却器　　C. 扩压器　　D. 缓冲器

89. 造成往复式压缩机阀片弹簧折断的原因之一是(D)。
A. 介质压力小　　B. 介质压力大　　C. 升程过小　　D. 升程过大

90. 离心式压缩机无叶扩压器与叶片扩压器比较，无叶扩压器具有(A)的特点。
A. 结构简单　　B. 流速快　　C. 效率高　　D. 易出现共振现象

91. 离心式压缩机组试运转的目的之一是检验、调整机组的(C)，消除设计、制造、检修中的问题。
A. 物理性能　　B. 增压性能　　C. 技术性能　　D. 降压性能

92. 离心式压缩机轴颈的圆柱度和圆度要求不大于(A)mm。
A. 0.02　　B. 0.04　　C. 0.06　　D. 0.08

93. 离心式压缩机转子在气缸内的总窜动量一般在(B)mm以上。
A. 2　　B. 3　　C. 4　　D. 5

94. 离心式压缩机的(A)位置决定了转子正常运行的轴向位置。
A. 主工作面推力轴承　　B. 非工作面推力轴承
C. 径向轴承　　D. 油封

95. 离心式压缩机轴向位移可通过调整(B)来实现。
A. 径向轴承顶间隙　　B. 止推轴承背面垫片厚度
C. 梳齿密封的间隙　　D. 两对轮间距

96. 离心式压缩机组高位油箱的顶部要设(B)，以免油箱形成负压。
A. 人孔　　B. 呼吸孔　　C. 滤网　　D. 进油阀

97. 离心式压缩机止推轴承损坏的因素有(B)。
A. 负荷大　　B. 轴向力过大　　C. 润滑油压大　　D. 润滑油温过低

98. 剖分式离心式压缩机中，大盖螺栓紧力不足或拧紧的顺序不正确将造成(C)。

A. 轴承振动　　B. 轴承温度高
C. 中分面泄漏　　D. 转子轴向力增大

99. 离心式压缩机中，(C)会造成轴承温度升高。

A. 油压高　　B. 流量大　　C. 润滑油有水分　　D. 转速低

100. 下列选项中，容易引起离心式压缩机径向轴承巴氏合金层疲劳破坏的是(D)。

A. 低速盘车　　B. 润滑油供应中断　　C. 轴承装反　　D. 振动过大

101. 下列原因中，会引起离心式压缩机组油系统压力低的有(B)。

A. 油箱油面高　　B. 油滤网堵塞　　C. 轴承温度高　　D. 轴承间隙小

102. 下列选项中，会造成离心式压缩机出口流量降低的是(C)。

A. 振动过大　　B. 油压过高　　C. 介质温度过高　　D. 油温过高

103. 在汽轮机两半隔板的结合面处，配有密封键，在装配时起(B)作用。

A. 防转　　B. 定位　　C. 膨胀　　D. 传动

104. 汽轮机混合式凝汽器采用排汽与(B)直接混合接触的方法来使蒸汽凝结，具有结构简单、制造成本低的优点。

A. 空气　　B. 冷却水　　C. 制冷剂　　D. 冷却油

105. 降低汽轮机背压的有效方法是将汽轮机的排汽(B)。

A. 直排大气　　B. 凝结成水　　C. 抽走　　D. 加热

106. 汽轮机组的各联锁信号动作，是通过电磁阀将(A)泄压，使汽轮机停止运转。

A. 速关油　　B. 机械油　　C. 润滑油　　D. 液压油

107. 当汽轮机发生水冲击时，机体内会发出金属噪音或水击声音，机组振动(C)，机组效率降低。

A. 降低　　B. 不变　　C. 加剧　　D. 无规律

108. 汽轮机发生水击事故时，主要造成汽轮机的(D)。

A. 密封泄漏　　B. 转速增大　　C. 喷嘴损坏　　D. 叶片损坏

109. 汽轮机的液压传动放大机构中的错油门旋转滑阀的特点是能产生微小的振动，使滑阀的阀套经常处于轴向运动状态，提高了滑阀的(A)。

A. 灵敏度　　B. 迟缓率　　C. 开度　　D. 效率

110. 危急遮断油门是接受(C)的动作，来控制主汽门及调节阀关闭的机构。

A. 电磁阀　　B. 电液转换器　　C. 危急保安器　　D. 跳车模块

111. 机组由满负荷突然甩至空负荷时，调节系统应该能保持汽轮机的转速(A)危急保安器动作转速。

A. 低于　　B. 高于　　C. 等于　　D. 高于或低于

112. 当进入汽轮机的新蒸汽温度下降时，若维持机组负荷不变，汽轮机转子上的轴向推力将(A)。

A. 增大　　B. 减小　　C. 不变　　D. 时大时小

113. 新蒸汽压力升高，会引起汽轮机最末几级蒸汽的(C)增加，不仅使湿汽损失增大，机组的经济性下降，而且会影响这几级叶片的寿命。

A. 温度　　B. 流量　　C. 湿度　　D. 压力

114. 汽轮机组使用的润滑油含水量不能大于(A)。

A. 0.1%　　B. 0.2%　　C. 0.3%　　D. 0.4%

115. 汽轮机同一滑销及槽道各测量点的数值应相同，其误差值不得超过(C)mm。

A. 0.005　　B. 0.01　　C. 0.03　　D. 0.10

116. 在冲动式汽轮机中，蒸汽的膨胀只发生在(B)中。

A. 动叶栅　　B. 喷嘴　　C. 喷嘴室　　D. 汽缸

117. 可用(B)仔细检查汽轮机推力瓦块合金层是否有裂纹、脱层、气孔、夹渣等缺陷。

A. 显微镜　　B. 放大镜　　C. 涂红丹　　D. 敲击法

118. 用(C)检查汽轮机推力瓦块的厚度是否均匀，两块瓦的厚度差不得超过0.01mm。

A. 游标卡尺　　B. 塞尺　　C. 外径千分尺　　D. 深度尺

119. 汽轮机正常工作时，转子上受到很大的轴向推力，其中的大部分由平衡装置平衡掉，小部分由(B)承受。

A. 平衡盘　　B. 推力轴承　　C. 径向轴承　　D. 平衡鼓

120. 机组振动过大时，会使汽轮机的叶片、围带、叶轮等转动部件的应力增加，产生很大的(B)应力，造成疲劳损坏。

A. 剪切　　B. 交变　　C. 拉伸　　D. 弯曲

121. 汽轮机振动严重时，可能使与机组联接的轴承、轴承座、主油泵、传动齿轮、凝汽器、管道等发生(A)，引起联接螺栓松动、地脚螺栓断裂等，从而造成重大事故。

A. 共振　　B. 位移　　C. 变形　　D. 破坏

122. 进入汽轮机的蒸汽(A)不好时，调节阀阀杆容易结盐垢，从而使调节阀卡涩。

A. 质量　　B. 压力　　C. 温度　　D. 湿度

123. 在一定条件下，汽轮机凝汽器真空度的高低主要决定于冷却水的(A)。

A. 温度　　B. 质量　　C. 压力　　D. 流速

124. 汽轮机油箱中的水蒸气不能及时从油箱的(B)中排出，使水蒸气在油箱中凝结，润滑油的含水量将快速增加。

A. 疏水管　　B. 透汽管　　C. 加油管　　D. 回油管

125. 汽轮机转子在工作时，蒸汽作用在动叶片上的力除沿圆周方向的力外，还有一个沿(B)的分力，这使转子产生一定的轴向力。

A. 径向　　B. 轴向　　C. 垂直　　D. 反方向

126. 汽轮机调节汽阀和油动机联接尺寸不正确或(B)与调节汽门开度的关系不正确时，会导致转速不稳定。

A. 一次油压　　B. 二次油压　　C. 控制油压　　D. 脉冲油压

127. 烟气轮机转子检查中，对动叶片主要是检查其(C)。

A. 尺寸　　B. 硬度　　C. 耐磨涂层损伤　　D. 排列顺序

128. 机组安装时，烟气轮机与压缩机之间的轴端距应在(A)进行核对确定。

A. 一次对中后　　B. 二次对中后　　C. 三次对中后　　D. 任何时候

129. 烟气轮机组装后齿式联轴器隔套的轴向位移，除非另有规定，一般不应小于(D)mm。

A. 3.5　　B. 4.5　　C. 5.5　　D. 6.5

130. 在测量烟气轮机动叶顶间隙时，至少要设置(C)个测点。

A. 4　　B. 6　　C. 8　　D. 2

131. 烟气轮机动叶片顶间隙在测量时一般选用的量具是(D)。

A. 卡尺　　B. 米尺　　C. 千分尺　　D. 塞尺

132. 当钻孔直径 d>30mm 时，一般分两次进行，第一次的钻头直径用(A)d。

A. 0.5~0.7　　B. 0.6~0.8　　C. 0.7~0.9　　D. 0.8~0.9

133. 当车床导轨面负荷较小、摩擦频次较小时，采用(C)。

A. 集中润滑　　B. 连续压力循环润滑

C. 间歇无压润滑　　D. 分散润滑

134. 机械加工中，工艺规程是(C)生产的重要技术文件。

A. 总结　　B. 监督　　C. 指导　　D. 检查

135. 各种毛坯中，(D)的精度可达 IT6~IT7 级，表面粗糙度可达 $Ra0.2$~$Ra1.6$。

A. 铸件　　B. 锻件　　C. 冲压件　　D. 冷挤压件

136. 机械加工中，在毛坯上划出加工表面的轮廓线或加工线作为找正的依据，以确定工件在机床或通用夹具上的正确位置，找正之后再夹紧的方法是(B)。

A. 直接找正法　　B. 划线找正法　　C. 夹具安装法　　D. 目测法

137. 根据用途不同，链条可分为(A)、撑环链和片状链。

A. 环链　　B. 日字链　　C. 半圆链　　D. 关键链

138. 常用于装设浮标、锚锁，而起重工作一般不采用的链条是(B)。

A. 短环链　　B. 长环链　　C. 撑环链　　D. 片状链

139. 卷扬机卷筒上余留绳数不得少于(A)圈。

A. 3　　B. 4　　C. 5　　D. 6

140. 为了保证下走道枕木的变形在允许的范围内，同时保证滚杠自身的强度，排子下放置滚杠数量可按下式（ A)计算。(注：式中 n—滚杠数量，根；p—包括排子及所装设备的总重量，kg；[p]—滚杠的许用承压力，kg)

A. $n \geqslant p/2[p]$　　B. $n \geqslant p/3[p]$　　C. $n \geqslant p/4[p]$　　D. $n \geqslant p/5[p]$

141. 桅杆的选用应根据能满足(B)吊装要求及其施工方法选用必要的吊具。

A. 最远距离　　B. 最大工件　　C. 最高位置　　D. 最小角度

142. 桅杆移动的路线应为(D)，并应为其他工程施工创造条件。

A. 最快　　B. 最直　　C. 最阔　　D. 最短

多选题

1. 合金弹簧钢具有淬透性高、弹性极限高以及(B，C)也较高。

A. 耐蚀性　　B. 屈强比　　C. 疲劳强度　　D. 减摩性

2. 合金调质钢常用于制造重要的机械零件，如(A，D)和曲轴连杆、连杆螺栓等。

A. 传动轴　　B. 减速箱　　C. 轴承　　D. 齿轮

3. 以综合机械性能为主进行选材时，就要求材料有较高的(A，D)以及塑性和韧性。

A. 强度　　B. 耐蚀性　　C. 减磨性　　D. 疲劳强度

4. 制作起重架子的材料要求必须有较高的屈服点以及良好的(B，D)。

A. 铸造性　　B. 塑性　　C. 减磨性　　D. 韧性

5. 制造蜗轮的材料一般有(B，D)和尼龙。
A. 硬质合金　B. 青铜　C. 调质钢　D. 灰口铸铁
6. 常用发黑处理溶液由(A，C)组成。
A. 氧化剂　B. 硝酸锌　C. 苛性钠　D. 磷酸锰铁盐
7. 下列选项中，属于钢的化学热处理的是(A，B，C)。
A. 渗碳　B. 渗氮　C. 氰化　D. 发黑
8. 液压扳手的液压压力是根据(C，D)来设定的。
A. 油管尺寸　B. 力的大小　C. 力矩值　D. 扳手型号
9. 液压扳手快速接头应(B，C，D)。
A. 长期受压　B. 定期检查　C. 保持清洁　D. 避免尘埃进入
10. 选择量具时，需按被测零件的(A，C，D)来进行。
A. 尺寸大小　B. 硬度　C. 表面粗糙度　D. 结构形状
11. 光学合像水平仪采用了(A，B，D)机构。
A. 将水准气泡调平　B. 双像复合
C. 透镜缩小　D. 机械测微
12. 自准直光学量仪有(A，D)、测微准直望远镜和经纬仪等。
A. 光学平直仪　B. 水平仪　C. 水平尺　D. 自准直仪
13. 自准直光学量仪可测量装配机械各表面相对位置的(A，B，D)误差。
A. 直线度　B. 垂直度　C. 粗糙度　D. 平面度
14. 自准直仪由鼓轮、测微丝杆、分划板、光源、物镜组、棱镜、(A，B，D)组成。
A. 目镜　B. 聚光镜　C. 平镜　D. 目标反射镜
15. 精密测量的条件主要指测量环境的灰尘、(A，B，C)。
A. 温度　B. 湿度　C. 振动　D. 噪音
16. 接触式温度测量仪有(A，B)。
A. 膨胀式温度计　B. 电热偶式温度计　C. 红外线测温仪　D. 全辐射温度计
17. 轴承振动的评定标准有振动(A，B)。
A. 位移双幅值　B. 烈度　C. 频率　D. 跳动值
18. 激光对中仪可用于(A，B，C，D)。
A. 轴弯曲检测　B. 同轴度测量　C. 轴系对中　D. 软脚判断
19. 为了保证轴承得到良好的润滑，必须在轴瓦表面(刮削出)(A，B)以保障轴承安全、长周期运行。
A. 油楔　B. 瓦口　C. 螺孔　D. 销孔
20. 剖分式滑动轴承安装时，用涂色法检查轴瓦外径与轴承座孔的贴合情况，不贴合面积较少的，应(A，D)至着色均匀。
A. 锉削　B. 锯削　C. 錾削　D. 刮研
21. 整体式滑动轴承常采用(A，B，C，D)装配。
A. 压入法　B. 热胀法　C. 冷配法　D. 敲击法
22. 在推力瓦装配过程中，必须清洗轴承箱，各供油孔与轴承座上油孔要(B，C，D)。
A. 错口　B. 吻合　C. 畅通　D. 对正

23. 装配可倾瓦轴承时，测量轴承间隙的方法有(B，C，D)。

A. 涂色法　　B. 抬轴法　　C. 压铅法　　D. 假轴法

24. 识读装配图的要求包括(B，C，D)。

A. 拆画零件图：画出每个零件的零件图

B. 概括了解：了解部件的名称、用途、性能和工作原理

C. 分析零件：弄清每个零件的名称、数量、材料、作用和结构形状

D. 分析视图：了解零件间的相对位置、装配关系及装配顺序和装拆方法

25. 以下项目属于零件图的技术要求的有(A，C，D)。

A. 零件的公差与配合　　B. 零件的比例

C. 零件的形位公差　　D. 零件的表面粗糙度

26. 如图所示，标注的形位公差有(A，D)。

A. 同轴度　　B. 圆度　　C. 圆柱度　　D. 对称度

27. 分析下图立体表面的交线，根据形体分析法，组成该形体的基本体有(A，B，D)。

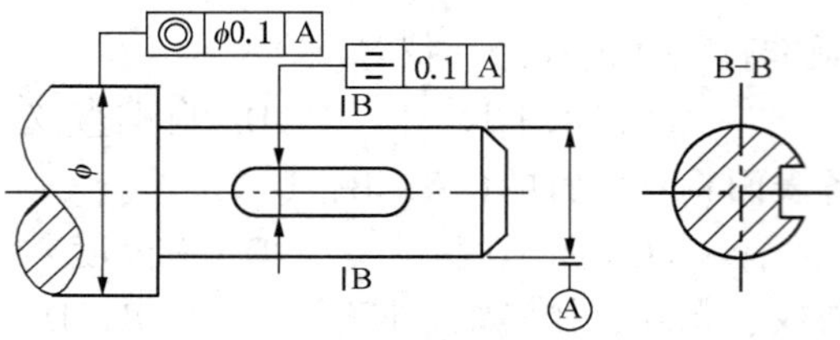

26 题图

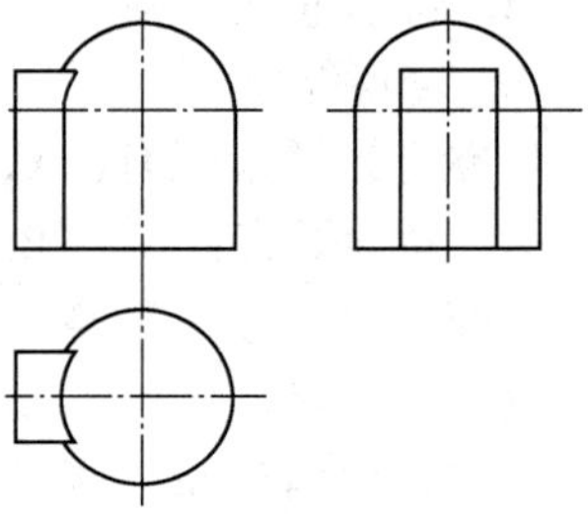

27 题图

A. 圆柱体　　B. 长方体　　C. 圆锥体　　D. 球体

28. 在绘制装配图的过程中，进行主视图选择时，应满足的要求有(A，B，C)。

A. 应按部件的工作位置放置

B. 应较好地表达部件的工作原理和形状特征

C. 较好地表达主要零件的相对位置和装配关系

D. 能使每一个零件的形状都清晰表达

29. 滑动轴承温度高的原因有(A，B，C)。

A. 轴承与轴颈接触不均匀或间隙过小

B. 轴颈圆柱度和轴直线度偏差过大

C. 润滑油质量差

D. 润滑油流量过大

30. 产生滑动轴承油膜振荡故障的原因是(A，B，D)。

A. 轴承稳定性差　B. 轴承过度磨损　C. 地脚螺栓松动　D. 外界激发

31. 油膜振荡的防治措施有(B，D)。

A. 增大轴承间隙　　B. 避开油膜共振区域

C. 减小轴承比压　　D. 调整油温

32. 有垫铁安装的设备在(B，C)时是利用斜铁进行调整的。

A. 纵横中心线找正 B. 找平　　C. 找标高　　D. 找同心度

33. 机械振动的三个基本要素是(A，C，D)。

A. 振幅　B. 周期　C. 频率　D. 相位

34. 机械振动表示机械系统运动的(B，C，D)量值的大小随时间在其平均值上下交替重复变化的过程。

A. 相位　B. 位移　C. 速度　D. 加速度

35. 设备诊断技术属于信息技术，它通常包括如下(A，B，C)基本环节：

A. 信息的采集　B. 信息分析处理

C. 状态识别、判断和预报　D. 信息反馈

36. 轴系不对中的形式为(A，B，D)。

A. 平行不对中　B. 角度不对中　C. 轴线不对中　D. 综合不对中

37. 汽蚀对离心泵的危害有(C，D)。

A. 流量增加　B. 电流增大　C. 噪音增大　D. 振动增大

38. 离心泵长时间小流量运行时会发生(B，C，D)。

A. 喘振　B. 振动　C. 噪音　D. 汽蚀

39. 离心泵轴向力增大的原因(B，C)。

A. 冷却水管堵塞　B. 平衡孔堵塞　C. 平衡管堵塞　D. 进口管堵塞

40. 单级离心泵振动过大的原因有(A，B，D)。

A. 地脚螺栓松动　B. 气蚀

C. 泵体口环间隙偏大　D. 泵与电机的同心度偏差大

41. 多级离心泵轴向力所采用的平衡方法有(A，B，C，D)。

A. 叶轮对称排列法　B. 采用平衡鼓

C. 采用平衡盘　D. 采用平衡鼓与平衡盘联合装置

42. 带平衡盘装置的多级离心泵窜动量可以通过(A，B)加减垫片来调整。

A. 平衡盘轮毂　B. 平衡座　C. 轴承压盖　D. 轴套

43. 蒸汽往复泵的压力波动过大的因素很多，其中有(A，B，C)。

A. 进口阀关不严密　B. 弹簧力不一样

C. 活塞环磨损　D. 液缸内有异物

44. 下列选项中，引起蒸汽往复泵振动的原因有(A，B，C)。

A. 活塞运行速度快　B. 缸套顶丝松动

C. 缸内进入异物　D. 摇臂轴销脱落

45. 下列选项中，导致屏蔽泵泵体过热的原因有(A，B，C，D)。

A. 旋转方向不正确　B. 转子与定子相摩擦

C. 夹套热交换器冷却水不足　D. 开度阀门大

46. 屏蔽泵叶轮和壳体有卡涩会引起(A，B，C)。

A. 振动大　B. 轴承损坏　C. 电机电流过大　D. 流量不足

47. (A，B，C)会引起磁力驱动泵振动。

A. 对中不良　B. 轴套磨损　C. 气蚀　D. 电机反转

48. 造成磁力驱动泵动力端噪声大的因素有(A，B，C)。

A. 电机轴承损坏　B. 电机轴承上承受过大的轴向力

C. 对中不良　　D. 电机电压不稳

49. 下列选项中，(A，C)会引起齿轮泵振动。

A. 泵内有空气　B. 排出压力高　C. 轴承损坏　D. 密封大量泄漏

50. 下列选项中，造成螺杆泵泵体发热的原因有(A，B，D)。

A. 填料密封压得过紧　B. 轴承磨损

C. 机封泄漏　D. 泵内摩擦严重

51. 螺杆泵流量不足的主要原因有(A，B，C，D)。

A. 溢流阀失效　B. 电机转速慢　C. 吸入管堵塞　D. 吸入管漏气

52. 螺杆泵振动的主要原因有(A，B，C)。

A. 地脚螺栓松动　B. 泵与电机不对中　C. 泵内有气体　D. 调节阀损坏

53. 轴流式风机振动大的主要原因有(B，D)及叶轮不平衡等。

A. 叶片过短　B. 基础刚度不够

C. 两带轮不在同一平面上　D. 轴承损坏

54. 离心式风机安装时要求基础垫铁组(A，B，D)。

A. 放置平稳　B. 表面水平

C. 接触面积须 100%　D. 接触位置正确、紧密

55. 下列属于造成带滑阀调节螺杆压缩机能量调节机构不灵活的原因的有(A，C，D)。

A. 四通阀堵塞　B. 油压高　C. 滑阀卡住　D. 油活塞卡住

56. 造成螺杆压缩机机体温度过高的因素很多，其中有(A，B，C)。

A. 吸气温度过高　B. 润滑油温度高

C. 冷却水管堵塞　D. 吸入少量的润滑油

57. 造成喷油螺杆压缩机自动停机的因素很多，其中有(A，C)。

A. 过负荷　B. 吸入过量润滑油

C. 高压断电器动作　D. 吸气阻力过大

58. 变速机箱体装配前应检查(A，B，C，D)。

A. 同轴线孔的同轴度误差　B. 孔距精度和孔系相互位置精度

C. 轴线与基面尺寸精度和平行度误差　D. 轴线与孔端面的垂直度误差

59. 变速机轴瓦顶间隙的测量方法，一般常用(A，C)。

A. 塞尺测量法　B. 抬轴法　C. 压铅丝法　D. 百分表测量法

60. 变速机轴封泄漏的原因有(A，B，C)。

A. 轴封磨损　B. 油位高　C. 轴颈磨损　D. 油量少

61. 变速机轴承温度高的原因有(A，C，D)。

A. 油位过低　B. 水压偏高　C. 油压偏低　D. 润滑油变质

62. 当往复式压缩机余隙较大时，(A，C)。

A. 吸入的气量减少　B. 吸入的气量增加

C. 生产能力降低　D. 生产能力提高

63. 关于气阀片升程的大小对往复式压缩机的影响，正确的说法是(A，C)。

A. 升程大，排气量大　B. 升程大，排气量小

C. 升程小，生产效率低　D. 升程大，排气阻力大

64. 往复式压缩机气缸内表面应(B，C，D)。
A. 刮花　B. 光洁　C. 无裂纹　D. 无气孔
65. 往复式压缩机主轴轴向间隙的常用检测方法有(B，C)。
A. 压铅丝检测　B. 塞尺检测
C. 用百分表检测　D. 内径百分表检测
66. 测量往复式压缩机主轴承顶间隙常用的方法有(B，C)。
A. 直尺法　B. 压铅法　C. 塞尺法　D. 量块法
67. 防止往复式压缩机阀片变形的正确方法是(A，B)。
A. 将阀片放在平整的位置　B. 将阀片悬吊安放
C. 阀片只可平放，不可悬吊　D. 阀片只可悬吊，不可平放
68. 往复式压缩机阀片破损的原因有(B，C，D)。
A. 升程过小　B. 升程过大　C. 吸入夹杂物　D. 混入冷凝水
69. 往复式压缩机(A，B，D)会使排气量降低。
A. 活塞环在活塞槽内不灵活　B. 活塞环在活塞槽内侧面间隙大
C. 活塞与气缸壁的间隙小　D. 气缸拉毛
70. (B，C)会造成往复式压缩机排气温度高。
A. 密封泄漏　B. 排气阀窜气　C. 吸入温度高　D. 冷却水温度低
71. 弹簧的(A，C)是往复式压缩机阀片弹簧折断的原因。
A. 硬度过大　B. 圈数过多　C. 升程过大　D. 直径过大
72. 往复式压缩机气阀敲击声产生的原因有(A，B，C)。
A. 阀片折断　B. 阀簧弹力不足　C. 气阀装配松动　D. 阀片升程过小
73. 离心式压缩机组高位油箱应(A，B，C)。
A. 设在距机组轴心线 5m 以上　B. 设在机组轴心线一端的正上方
C. 在顶部要设呼吸孔　D. 附设管线要长
74. 离心式压缩机止推轴承轴向推力过大的因素有(A，C，D)。
A. 平衡管的管径过小　B. 润滑油压力偏低
C. 叶轮轮盘、轮盖密封磨损　D. 机器发生喘振
75. 造成离心式压缩机中分面泄漏的原因有(A，C，D)。
A. 密封涂料质量差　B. 设备预热不够
C. 中分面有损伤　D. 大盖变形
76. 离心式压缩机径向轴承损坏的原因有(A，B，C，D)。
A. 振动过大　B. 长期低速盘车　C. 润滑油含水份　D. 轴承装反
77. 下列原因中，(A，C，D)将会引起离心式压缩机组油系统压力低。
A. 回油阀失效　B. 油温表失灵　C. 主油泵故障　D. 油泵入口漏气
78. 离心式压缩机出口流量过低的原因主要有(A，B，C)。
A. 级间密封间隙过大　B. 静密封点泄漏
C. 进气管道上气体除尘器堵塞　D. 喘振
79. 汽轮机隔板一般都是对开的，通常由隔板本体的平板和(B，C，D)等组成。
A. 动叶片　B. 喷嘴　C. 轮缘　D. 汽封

80. 当电磁阀的电路接通时，磁力断路油门就动作，使(B，C)同时迅速关闭，汽轮机停止运转。

A. 抽汽阀　B. 主汽阀　C. 调节汽阀　D. 抽汽逆止阀

81. 射汽抽气器具有(A，B，C)等优点。

A. 结构紧凑　B. 工件可靠　C. 制造成本低　D. 耗水量少

82. 当汽轮机发生水冲击时通常出现(A，C，D)等情况。

A. 新蒸汽温度急剧下降　B. 转速急剧升高

C. 推力轴瓦温度急剧升高　D. 汽缸结合面冒白汽

83. 汽轮机液压放大机构中错油门滑阀的特点是(A，B)。

A. 工作灵活　B. 不易产生卡涩　C. 迟缓率大　D. 易产生卡涩

84. 危急保安器有(B，C)。

A. 液压式　B. 飞锤式　C. 飞环式　D. 机械式

85. 危急保安器有(A，B，C，D)。

A. 迟缓率不得超过 0.5%　B. 速度变动率应在 3.5%~6%范围内

C. 调节系统的摆动幅度不应大于 1%　D. 能维持汽轮机空负荷运行

86. 当汽轮机新蒸汽温度超过允许范围时，会使主汽阀、调节汽阀、蒸汽室、高压级喷嘴、动叶片和高压轴封等部件的机械强度降低，发生(A，C)，导致设备使用寿命降低甚至损坏。

A. 蠕变　B. 热脆　C. 松弛　D. 胀裂

87. 当进入汽轮机的新蒸汽温度及排汽压力不变，新蒸汽压力降低时，汽轮机的(A，C)均减少，使汽轮机最大功率受到限制，机组经济性降低。

A. 流量　B. 转速　C. 理想焓降　D. 熵增

88. 评定汽轮机用油的指标有很多，其中主要的有(A，B，D)等。

A. 运动黏度　B. 闪点　C. 密度　D. 破乳化时间

89. 在冲动式汽轮机中，蒸汽在动叶栅中不继续膨胀，其(B，C)保持不变。

A. 方向　B. 温度　C. 压力　D. 功

90. 在汽轮机中，平衡主要轴向力的常用方法有(A，C，D)。

A. 平衡活塞　B. 推力轴承

C. 开平衡孔　D. 采用相反流动的布置方法

91. 引起汽轮机调速汽门发生卡涩现象的原因可能是(A，B，D)。

A. 阀杆套偏斜　B. 阀杆弯曲

C. 油动机内壁磨损　D. 阀杆与阀杆套之间的间隙过小

92. 汽轮机滑销损坏的主要原因有(A，B，D)。

A. 滑销间隙不当　B. 机组振动过大

C. 配合间隙过大　D. 汽缸膨胀不均匀

93. 汽轮机转子的轴向力主要来源于(A，B，D)。

A. 动叶片前后的压差　B. 叶轮前后的压差

C. 汽封前后的压差　D. 蒸汽作用于动叶片上的轴向分力

94. 当汽轮机调节阀发生(A，B，C，D)时，调速系统将不能控制汽轮机的转速。

A. 阀杆卡涩　B. 阀座松动　C. 阀碟脱落　D. 提升杆断裂

95. 为保证烟气轮机的长周期连续运行，其部件的材料需具有良好的(B，C，D)性能。

A. 高硬度　B. 高温机械　C. 抗低周期疲劳　D. 高温抗腐蚀

96. 烟气轮机施工前，现场应具备(A，B，D)。

A. 消防通道畅通　B. 安全防护设施齐全

C. 土建工程全部完成　D. 必需的起重吊装设施

97. 在烟气轮机检修中，对转子检查内容主要有(A，B，D)。

A. 动叶片的磨损情况　B. 轮盘着色检查

C. 轴的硬度测试　D. 锁紧片情况

98. 烟气轮机转子在检修后一般应达到的技术要求有(A，B，C)。

A. 转子动平衡试验符合规定

B. 转子各部的径向和轴向跳动应在允许偏差内

C. 转子轴颈圆柱度符合要求

D. 动叶片应紧固，不能有松动

99. 钻孔时，(A，D)是由横刃产生的。

A. 50%的轴向抗力　B. 60%的轴向抗力　C. 10%的扭矩　D. 15%的扭矩

100. 下列属于普通机床润滑方式的是(B，C，D)。

A. 石墨润滑　B. 集中润滑　C. 连续润滑　D. 无压润滑

101. 机械加工工艺规程是(A，B)的基本依据。

A. 生产组织工作　B. 管理工作　C. 零件设计　D. 零件装配

102. 选择毛坯应考虑(A，B，C，D)。

A. 工件结构形状　B. 生产规模大小

C. 工件尺寸大小　D. 零件的机械性能要求

103. 在工件的装夹中，直接找正安装的定位精度主要取决于(A，B，C，D)。

A. 工件找正面的精度　B. 工件找正面的粗糙度

C. 找正时所用的工具　D. 工人的操作技术水平

104. 链条可根据用途不同分为(A，C，D)。

A. 环链　B. 圆链　C. 撑环链　D. 片状链

105. 卷扬机的地锚埋设后，要按其使用负荷进行预拉，必要时加以调整，以免工作时发生卷扬机(C，D)等现象。

A. 电气烧毁　B. 开不动　C. 摆动　D. 偏扭

106. 采用滚杠搬运法拖运设备时，其牵引拉力的大小与(A，B，D)有关。

A. 设备的重量　B. 排子下放置的滚杆数量

C. 下走道的铺设高度　D. 下走道的铺设宽度

简答题

1. 气膜螺旋槽密封与普通机械密封相比，有哪些区别？

答：气膜螺旋槽密封与普通机械密封的区别：①气膜螺旋槽密封的动环上刻着螺旋槽；②气膜螺旋槽密封不需要专门的液体冲洗、润滑和冷却装置；③气膜螺旋槽密封的动、静环间是非接触的。

2. 简述高低速动平衡的选择原则。

答：①刚性转子、准刚性转子找动平衡，应采用低速动平衡进行校正；②挠性转子、半挠性转子找动平衡，应采用高速动平衡进行校正；③对于难于归类的转子找动平衡，为妥善起见，采用高速动平衡进行校正。

3. 离心泵在小流量情况下运行会造成哪些危害？

答：①泵内液体温度升高；②泵发生振动；③产生噪音；④泵的效率降低，能量消耗增加；⑤泵长时间在小流量下运行还会使部分液体汽化，吸入液体发生困难。

4. 离心泵在运行时振动过大的原因有哪些？

答：①泵轴与原动机轴对中不良；②轴承磨损严重；③转动部分平衡被破坏；④地脚螺栓松动；⑤泵抽空。

5. 多级离心泵轴向推力的平衡方法有哪些？

答：①叶轮对称排列法；②采用平衡管；③采用平衡鼓；④采用平衡盘；⑤采用平衡鼓与平衡盘联合装置。

6. 简述蒸汽往复泵无法启动的原因？

答：①配汽摇臂销脱落；②活塞落缸；③汽缸磨损间隙过大；④盘根压得过紧；⑤汽缸活塞环断裂或活塞损坏；⑥两摇臂同时处于垂直位置，致使错汽阀关闭；⑦汽缸内有冷凝水；⑧蒸汽压力不足；⑨液缸内有压力或有硬物；⑩进汽阀芯折断阀门打不开；排汽阀开度小。

7. 简述引起蒸汽往复泵产生振动的原因？

答：①缸内进入异物；②活塞行程过大速度过快；③活塞锁紧螺母或活塞杆锁紧螺母松动；④缸套松动；⑤地脚螺栓松动；⑥行程不均；⑦汽缸冷凝液未排出；⑧介质汽化，产生抽空；⑨十字接头中心架联接处松动。

8. 简述屏蔽泵电流过大的原因。

答：①叶轮与泵体口环间隙大；②叶轮与泵壳产生摩擦；③异物混入；④流量过大；⑤介质黏度大；⑥介质比重大；⑦轴向推力平衡不良。

9. 简述屏蔽泵振动过大的原因。

答：①轴承磨损超标；②轴弯曲；③叶轮与泵壳产生摩擦；④转子不平衡；⑤配管不良；⑥泵内汽化或抽空；⑦异物混入；⑧受管道系统振动冲击。

10. 简述磁力泵振动大的原因。

答：①轴承磨损；②轴套磨损；③叶轮与壳体触碰；④轴弯曲；⑤找正不良；⑥异物混入；⑦吸入侧有空气混入；⑧受管道振动冲击；⑨气蚀；⑩轴向推力平衡不好。

11. 齿轮泵主要振动原因有那些？

答：①泵与电机不同心；②主动轮与从动轮平行度超差；③泵内进杂物；④安装高度过高，介质吸不上；⑤地脚螺栓松动。⑥轴承磨损间隙过大；⑦轴弯曲；⑧吸入空气；⑨齿轮磨损；⑩键槽损坏或配合松动。

12. 螺杆泵流量不足的主要原因有哪些？

答：①吸入压头不够；②泵体或入口管线漏气；③入口管线或过滤器堵塞；④螺杆间隙大；⑤泵出口溢流阀回流；⑥转速达不到要求。

13. 离心式风机安装过程中，对地脚螺栓和垫铁的安装应注意什么？

答：①地脚螺栓的安放应垂直，螺母拧紧力的扭力矩应均匀一致；②垫铁组应放在正确位置、平稳，接触紧密、贴实；③每组垫铁不应超过 4 块；④各垫铁组的高度应基本一致，表面应水平。

14. 离心式风机产生振动大的原因有哪些？

答：①主轴弯曲；②转子部件松动；③叶轮与机体摩擦；④风机与原动机对中不良；⑤转子不平衡；⑥轴承严重磨损。

15. 引起螺杆压缩机润滑油耗量大的主要原因有哪些？

答：①油分离器中油过多；②油压过大，带油量过多；③油分离器效果不佳；④密封泄漏大。

16. 简述螺杆压缩机油系统油压过低的主要原因有哪些？

答：①油温过高；②内部泄漏；③油泵转子磨损，泵效率降低；④油路系统不畅通；⑤油量不足或油质不良；⑥主机的螺杆转子与壳体磨损；⑦油压调节不当。

17. 变速机振动的原因有哪些？

答：①变速机对中不良；②齿轮箱体联接螺栓松动；③箱体内联接组件松动，导致配合精度降低；④转子不平衡；⑤齿轮啮合不良；⑥轴承间隙过大或损坏。

18. 往复式压缩机轴承温度高是什么原因？

①轴瓦与轴颈贴合不均匀；②轴瓦间隙过小；③轴承偏斜；④主轴弯曲；⑤润滑油供给不足；⑥润滑油质太脏或变质；⑦润滑油进油温度高。

19. 往复式压缩机气阀弹簧折断是什么原因？

答：①因密封面磨损，造成升程过大；②因混入冷凝水而腐蚀；③阀片工作异常；④阀片弹簧硬度过大。

20. 往复式压缩机吸排气阀有敲击声是什么原因？

答：①阀片折断；②弹簧松软或折断；③阀座深入气缸与活塞相碰；④气阀在装配时顶丝松动；⑤气阀的紧固螺栓松动；⑥阀片的升程太大。

21. 离心式压缩机组空运转的目的是什么？

答：①检验、调整机组的技术性能，消除设计制造、检修中的问题；②检验、调整机组各部的运动机构，并得到良好跑合；③检验、调整机组电气、仪表自动控制系统及其附属装置的灵敏性和可靠性；④检验机组各部的振动情况，消除异常振动和噪声；⑤检验机组润滑系统、冷却系统、工艺管路系统及附属装置的正确性和严密性。

22. 离心式压缩机轴承温度过高的原因有什么？

答：①油压低、进油量少；②轴瓦间隙不符合要求；③轴瓦装反或损坏；④轴承进油温度高；⑤润滑油变质；⑥转子对中偏差大；⑦转子不平衡。

23. 离心式压缩机润滑油压力下降的原因？

答：①润滑油过滤器堵塞；②主油泵磨损严重，间隙超标；③回油调节阀失效；④油冷却器管束内泄漏；⑤轴瓦损坏，间隙严重超标；⑥油温过高，润滑油黏度下降。

24. 离心式压缩机出口流量低的主要原因有哪些？

答：① 密封间隙过大；②静密封点泄漏；③进气管道上气体除尘器堵塞；④介质温度过高；⑤压缩机反转；⑥压力计或流量计失灵。

25. 简述汽轮机水击的后果。

答：①叶片损坏；②轴瓦损坏；③主轴变形；④汽缸变形；⑤动静部分碰擦。

26. 汽轮机滑销装配的技术要求有哪些？

答：①滑销系统各部间隙应符合安装要求；②滑销与轴承箱及台板之间的各配合面粗糙度应不大于 $Ra1.6$；③联接螺栓应完好无损，无毛刺，组装前应涂防咬合剂；④做好滑销的防尘密封措施。

27. 烟气轮机安装现场应具备的施工条件是什么？

答：①土建工程应基本完成，环境整洁、安全防护设施齐全；②运输和消防道路畅通；③施工用水、电、压缩空气等符合使用条件；④超重吊装设施符合使用条件；⑤备有零、部件、工具等储存设施和必要的消防器材。

28. 制作泵轴的材料有哪些要求？

答：①必须具有足够的强度、刚度和耐磨性等良好的综合机械性能；②具有良好的加工工艺性能及热处理方式；③腐蚀严重的场合使用还必须具有耐蚀性。

29. 简述在绘制零件图时，视图选择的基本要求。

答：视图选择的基本要求是：①第一，对零件各部分的形状和相对位置的表达要完整、清晰；②第二，要便于看图和画图；③必须根据零件的形状，加工方法及其在机器或部件上的位置和作用，合理地选择主视图和其他视图。

30. 气膜螺旋槽密封与普通机械密封相比，有哪些区别？

答：气膜螺旋槽密封与普通机械密封的区别：①气膜螺旋槽密封的动环上刻着螺旋槽；②气膜螺旋槽密封不需要专门的液体冲洗、润滑和冷却装置；③气膜螺旋槽密封的动、静环间是非接触的。

计算题

1. 孔 $\Phi10$mm 的最大极限尺寸为 9.98mm，最小极限尺寸为 9.97mm。求上偏差、下偏差、公差各为多少？并对其尺寸进行标注。

解：① 上偏差：9.98−10=−0.02mm

②下偏差：9.97−10=−0.03mm

③ 公差：−0.02−(−0.03)=0.01mm

或 9.98−9.97=0.01mm

④ 尺寸标注：$\Phi10_{-0.03}^{-0.02}$mm

答：上偏差为−0.02mm，下偏差为−0.03mm，公差为0.01mm，尺寸标注为 $\Phi10_{-0.03}^{-0.02}$mm。

2. 孔 $\Phi45_{+0.02}^{+0.05}$和轴 $\Phi45_{-0.04}^{-0.01}$配合，分别计算孔的最小极限尺寸、轴的最大极限尺寸、孔的公差以及孔与轴配合的最大间隙、最小间隙。

解：① 孔的最小极限尺寸：45+0.02=45.02mm

② 轴的最大极限尺寸：45+(−0.01)=44.99mm

③ 孔的公差：(45+0.05)−(45+0.02)=0.03mm 或 0.05−0.02=0.03mm

④ 最大间隙：(45+0.05)−(45−0.04)=0.09mm

或 0.05−(0.04)=0.09mm

⑤ 最小间隙：(45+0.02)−(45−0.01)=0.03mm

或 0.02−(−0.01)=0.03mm

答：孔的最小极限尺寸为 45.02mm，轴的最大极限尺寸为 44.99mm，孔的公差为 0.03mm，孔与轴配合的最大间隙为 0.09mm，最小间隙为 0.03mm。

3. 用刻度值为 0.02mm/1000mm 的水平仪测量长度为 1.2m 的平面，如果水平仪水准气泡向右移动 2 格，问平面两端倾斜的高度差为多少？

解：$h=(1.2\times10^3)\times\dfrac{0.02}{1000}\times2=0.048\text{mm}$

答：平面两端倾斜的高度差为 0.048mm。

4. 齿轮与锥度轴装配，锥度 c 为 1∶50，问当齿轮安装的轴向移动量 E 为 4mm 时，齿轮与轴装配的过盈量是多少？

解：① 由公式 $E=\dfrac{\Delta d}{c}$ 得：

② $\Delta d=E\times c=4\times\dfrac{1}{50}=0.08\text{mm}$

答：当齿轮安装的轴向移动量为 4mm 时，齿轮与轴装配的过盈量是 0.08mm。

5. 如图(a)所示，电机前脚到径向表测点的垂直距离 $L_A=400\text{mm}$，后支脚到径向表测点的垂直距离 $L_B=1000\text{mm}$，联轴器中心到轴向表测点的距离 R 为 200mm。找正时百分表固定在泵的联轴节上，所测得的径向表及轴向表读数分别为 a、s，如图(b)所示。求电机前后脚应加或减的垫片厚度。

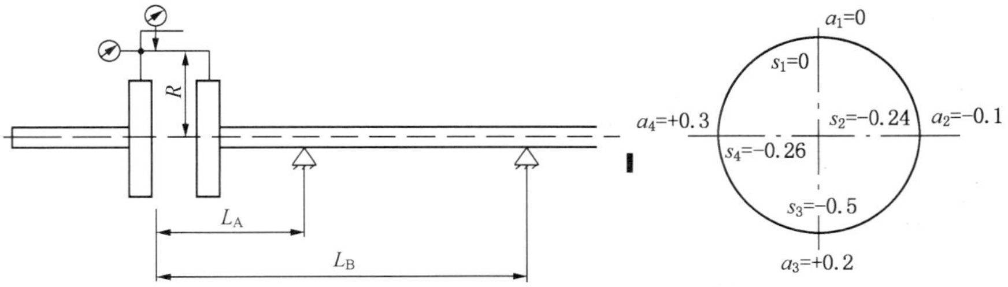

(a) (b)

解：

已知：找正时百分表固定在泵的联轴节上

由公式得：$\delta_A=\dfrac{s_3-s_1}{2R}\times L_A+\dfrac{a_3-a_1}{2}$ 得：

$\delta_A\ \dfrac{s_3-s_1}{2R}\times L_A+\dfrac{a_3-a_1}{2}=\dfrac{-0.5-0}{2\times200}\times400+\dfrac{0.2-0}{2}=-0.5+0.1=-0.4\text{mm}$

由公式 $\delta_B=\dfrac{s_3-s_1}{2R}\times L_B+\dfrac{a_3-a_1}{2}$ 得：

$\delta_B\ \dfrac{s_3-s_1}{2R}\times L_B+\dfrac{a_3-a_1}{2}=\dfrac{-0.5-0}{2\times200}\times1000+\dfrac{0.2-0}{2}=-1.25+0.1=-1.15\text{mm}$

答：电机前脚应减垫 0.4mm，后脚应减垫 1.15mm。

6. 已知有一泵输送液化石油气，进口容器液面压力 $P_0=1.75\text{MPa}$，在温度为 40℃ 时，液化石油气饱和蒸汽压 $P_t=1.61\text{MPa}$，液化石油气相对密度 $r=476\text{kg/m}^3$，该泵的必需汽蚀余量 $\Delta h_a=4.7\text{m}$，输送过程中入口管线总压力降 $h_w=1\text{m}$，试求泵的几何安装高度 H_g。

解： $H_g=\dfrac{10^2\times(P_0-P_t)}{\gamma}-\Delta h_a-h_w=\dfrac{10^2\times(1.75-1.61)}{476\times10^{-3}}-4.7-1=23.7\text{m}$

答： 泵的安装几何高度 H_g 为 23.7m。

7. 求扬程 H 为 20.4m，出水量 Q 为 0.01m³/s，效率 η 为 80%的离心泵需要的轴功率为多少 kW？（水的密度 $\rho=1000\text{kg/m}^3$）

解： 由有效功率公式 $N_0=\dfrac{\rho QH}{102}$或 $N_0=\dfrac{\rho gQH}{1000}$得

$$N_0=\frac{\rho QH}{102}=\frac{1000\times0.01\times20.4}{102}=2\text{kW}$$

或 $N_0=\dfrac{\rho gQH}{1000}=\dfrac{1000\times9.81\times0.01\times20.4}{1000}=2\text{kW}$

轴功率公式 $N=\dfrac{N_0}{\eta}$得

$$N=\frac{N_0}{\eta}=\frac{2}{\frac{80}{100}}=2.5\text{kW}$$

答： 离心泵需要的轴功率为 2.5kW。

8. 已知某离心泵叶轮直径 $D_1=310\text{mm}$，流量 $Q_1=120\text{m}^3/\text{h}$，扬程 $H_1=116\text{m}$，泵的功率 $N_1=59.3\text{kW}$，因生产需求，把叶轮直径改为 270mm，求泵的流量、扬程、功率各是多少？

解： 由公式$\dfrac{Q_1}{Q_2}=\dfrac{D_1}{D_2}$得

$$Q_2=Q_1\times\frac{D_2}{D_1}=120\times\frac{270}{310}=104.52\text{m}^3/\text{h}$$

由公式$\dfrac{H_1}{H_2}=\left(\dfrac{D_1}{D_2}\right)^2$ 得

$$H_2=\left(\frac{D_2}{D_1}\right)^2\times H_1=\left(\frac{270}{310}\right)^2\times116=88\text{m}$$

由公式$\dfrac{N_1}{N_2}=\left(\dfrac{D_1}{D_2}\right)^3$ 得

$$N_2=\left(\frac{D_2}{D_1}\right)^3\times N_1=\left(\frac{270}{310}\right)^3\times59.3=39.18\text{kW}$$

（因$\dfrac{Q_1}{Q_2}=\dfrac{D_1}{D_2}$，故扬程、功率亦可按$\dfrac{H_1}{H_2}=\left(\dfrac{Q_1}{Q_2}\right)^2$、$\dfrac{N_1}{N_2}=\left(\dfrac{Q_1}{Q_2}\right)^3$、公式计算。略）

答： 泵的流量为 104.52m³/h，泵的扬程为 88m，功率为 39.18kW。

9. 用压铅法测量离心泵滑动轴承的顶间隙，测得轴颈上顶部各段铅丝压扁后的厚度分别是：$b_1=0.07\text{mm}$，$b_2=0.08\text{mm}$，$b_3=0.09\text{mm}$，轴瓦两侧接合面上用于测量的紫铜垫厚度 $a=0.2\text{mm}$。已知轴承的顶间隙要求为 0.11~0.15mm，如轴瓦顶间隙可通过两侧接合面垫片进行调整，问垫片的厚度应为多少？

解： 测得离心泵滑动轴承的顶间隙

$$E=\frac{b_1+b_2+b_3}{3}-a=\frac{0.07+0.08+0.09}{3}-0.2=-0.12\text{mm}$$

垫片的厚度最大值＝0.11－(－0.12)＝0.23mm

垫片的厚度最小值=0. 15-(-0. 12)=0. 27mm

即垫片厚度应在0. 23~0. 27mm之间，故垫片的厚度取0. 25mm。

答：垫片的厚度应为0. 25mm。

10. 当用百分表测量夹紧杆来检验齿轮啮合间隙时，已知：百分表测点距离齿轮轴线 L 为180mm，齿轮齿数 $Z=60$，模数 $m=3$mm，百分表测量值 C 为0. 3mm，求该圆柱啮合齿轮的侧隙 j_n 为多少？

解：由公式：分度圆半径 $R=\frac{1}{2}mz$ 得：

$$R=\frac{1}{2}mz=\frac{1}{2}\times3\times60=90\text{mm}$$

由公式 $j_n=C\frac{R}{L}$ 得：

$$j_n=C\frac{R}{L}=0.3\times\frac{90}{180}=0.15\text{mm}$$

答：圆柱啮合齿轮的侧隙为0. 15mm。

11. 如图所示，有一飞轮找静平衡，现在一边加法码4g，得到平衡，问在图所示位置钻 Φ10mm的平底孔，需钻多深，才能使零件平衡？（已知钢的密度 $\rho=7.8\times10^{-3}$g/mm^3）

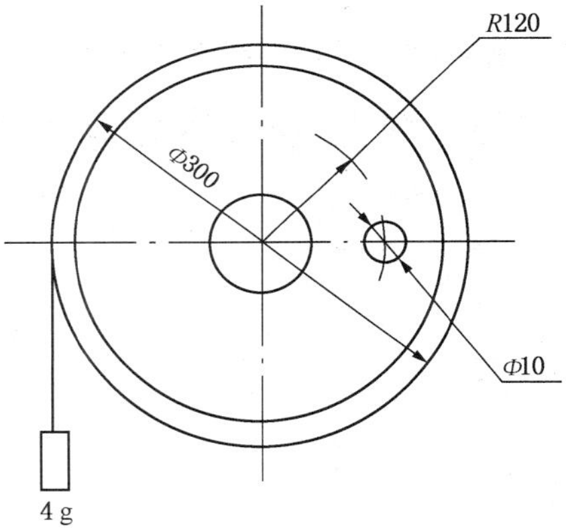

解：$\because\ 4\times\frac{300}{2}=m\times120$

$$\therefore\ m=\frac{4\times\frac{300}{2}}{120}=5\text{g}$$

又$\because\ m=\pi\frac{d^2}{4}h\rho$

$$\therefore\ h=\frac{4m}{\pi d^2\rho}=\frac{4\times5}{3.14\times10^2\times7.8\times10^{-3}}$$

$$=8.17\text{mm}$$

答：需钻8. 17mm深，才能使零件平衡。

12. 某螺栓联接，螺栓受轴向力 F 为13000N，已知螺纹大径 D 为 Φ10mm，小径 d 为 Φ9mm，螺栓材料的许用拉应力 $[\sigma]=200$MPa，问螺栓使用时是否符合强度条件？

解：$A=\frac{\pi\times d^2}{4}=\frac{3.14\times9^2}{4}=63.585\text{mm}^2$

$$\sigma=\frac{F}{A}=\frac{13000}{63.585}=204.45\text{MPa}$$

因 $[\sigma]=200$MPa，故 $\sigma>[\sigma]$，所以螺栓强度不够

答：螺栓强度不够。

13. 当转子不平衡重 $m=0.2$kg，转子的工作转速 $n=2900$r/min，如果重心偏移 r 为300mm，则工作时将产生的离心力有多少牛顿？

解：

$$F=mr\left(\frac{2\pi n}{60}\right)^2=0.2\times300\times10^{-3}\times\left(\frac{2\times3.14\times2900}{60}\right)^2=5528\text{N}$$

$$\text{或}\ F=mr\left(\frac{\pi n}{30}\right)^2=0.2\times300\times10^{-3}\times\left(\frac{3.14\times2900}{30}\right)^2=5528\text{N}$$

答：产生的离心力为5528N。

14. 若用轴承盖处的垫片厚度来调整轴承的轴向间隙，用深度尺测得轴承压盖凸台高度 h_2 为27.82mm，轴承外圈至轴承箱端面的深度 h_1 为27.36mm，轴承预留轴向间隙 $s=0.04$mm，试计算出应加垫片的厚度 t。

解：$t=h_2-h_1+s=27.82-27.36+0.04=0.50$mm

答：应加垫片的厚度为0.50mm。

15. 测量两齿轮轴的中心距时，先装上两检验心轴，测得两心轴内侧表面距离 L 为200mm，已知两心轴的直径分别为 $D=60$mm，$d=40$mm，试求两轴中心距。

解：$A=L+\frac{D+d}{2}=200+\frac{60+40}{2}=250$mm

答：两轴中心距为250mm。

16. 在闭式传动的箱体进行轴心线水平方向上的平行度校验，在轴长 L 为500mm上分别测得平行轴内侧尺寸为 $L_1=600.06$mm、$L_2=600.01$mm。已知齿宽 $b=300$mm，试求两齿轮轴心线在水平方向上的平行度误差。

解：$f_x=\frac{L_1-L_2}{L}\times b=\frac{600.06-600.01}{500}\times 300=0.03$mm

答：两齿轮轴心线在水平方向上的平行度误差为0.03mm。

四、技能操作鉴定要素细目表

鉴定范围						鉴定点	
一级		二级		三级		代码	名称
代码	名称	代码	名称	代码	名称		
A	技能要求	A	钳工工艺	A	工件制作	001	双燕尾镶配件的制作
						002	五方合套的制作
						003	三角R合套的制作
				B	工量器具	001	液压扭矩扳手的使用
						002	合像水平仪的使用
						003	便携式测振仪的使用
		B	绘图	A	绘图	001	展开图的绘制
						002	装配图的绘制
		C	机泵维修与安装	A	离心泵	001	离心泵地脚螺栓灌浆后偏差的处理
						002	离心泵底座振动的处理
						003	多级离心泵平衡鼓的装配
						004	多级离心泵平衡盘的装配
						005	多级离心泵转子窜量的调整
						006	多级离心泵滑动轴承温度高的处理
				B	蒸汽往复泵	001	蒸汽往复泵行程偏差的调整
						002	蒸汽往复泵压力波动大的处理
						003	蒸汽往复泵振动的处理
						004	蒸汽往复泵无法启动的处理

续表

鉴定范围						鉴定点	
一级		二级		三级		代码	名称
代码	名称	代码	名称	代码	名称		
				C	磁力驱动泵屏蔽泵	001	屏蔽泵出口压力低的处理
						002	屏蔽泵电机过载的处理
						003	屏蔽泵振动大的处理
						004	磁力驱动泵动力端噪音大的处理
				D	计量泵	001	隔膜计量泵排量不足的处理
						002	柱塞计量泵有敲击声的处理
				E	螺杆泵齿轮泵	001	螺杆泵振动的处理
						002	螺杆泵流量不足的处理
				F	风机	001	轴流式风机机体振动的处理
						002	离心式风机振动的处理
				G	螺杆压缩机	001	螺杆压缩机耗油量大的处理
						002	螺杆压缩机油系统压力低的处理
						003	螺杆压缩机机体温度高的处理
				H	变速机	001	变速机的拆卸步骤
						002	变速机齿轮轴中心距的检测
						003	变速机齿轮轴水平方向平行度的检测
						004	变速机径向滑动轴承发热的处理
				I	往复式压缩机	001	往复式压缩机十字头的装配
						002	往复式压缩机曲轴的装配
						003	往复式压缩机缸体的安装
						004	往复式压缩机连杆的装配
						005	往复式压缩机主轴薄壁瓦的装配
						006	往复式压缩机气阀片易断的处理
						007	往复式压缩机气缸过热的处理
						008	往复式压缩机气缸振动的处理
						009	往复式压缩机级间排气量不足的处理
						010	往复式压缩机填料温度高的处理
						011	往复式压缩机联轴器异响的处理
				J	离心式压缩机	001	离心式压缩机浮环密封的安装
						002	离心式压缩机组轴系对中
						003	离心式压缩机转子轴向位置的确定
						004	离心式压缩机润滑油系统压力的调整
						005	离心式压缩机轴承温度高的处理
						006	离心式压缩机润滑油温度过高的处理

续表

鉴定范围						鉴定点	
一级		二级		三级		代码	名称
代码	名称	代码	名称	代码	名称		
				K	汽轮机	001	汽轮机转子回装
						002	汽轮机径向轴瓦的刮研
						003	汽轮机止推瓦调整
						004	汽轮机真空度急剧下降的处理
				L	烟气轮机	001	烟气轮机动叶片顶间隙的测量
						002	烟气轮机正常停机再启动时振动大的处理

五、技能操作试题

试题 1：燕尾样板副的制作(实际操作)

考核时间：240min

序号	考核内容	考核要点	配分	评分标准	检测结果	扣分	得分	备注
1	准备工作	穿戴劳保用品	3	不符合要求扣 3 分				
		工、量、器具准备	2	选择不正确扣 2 分				
2	锉削	(42±0.02)mm	4	每超差 0.02mm 扣 1 分				
3		(36±0.02)mm	4	每超差 0.02mm 扣 1 分				
4		(24±0.02)mm	4	每超差 0.02mm 扣 1 分				
5		60°±15′(2 处)	4	每超差 10′扣 1 分				
6		(20±0.20)mm	4	每超差 0.05mm 扣 1 分				
7		(70±0.05)mm	4	每超差 0.02mm 扣 1 分				
8		3×45°(4 处)	2	每超差 0.20mm 扣 0.5 分				
9		*Ra*3.2μm(20 处)	10	超差不得分				
10		⌯ 0.10 A	3	每超差 0.1mm 扣 1 分				
11		// 0.02 A	3	每超差 0.1mm 扣 1 分				
12	钻削	2-$\Phi 8_{0}^{+0.05}$mm	5	每超差 0.05mm 扣 1 分				
13		(12±0.20)mm(2 处)	3	每超差 0.05mm 扣 1 分				
14		(43±0.12)mm	4	每超差 0.1mm 扣 1 分				
15		*Ra*6.3μm(2 处)	2	每升高一级扣 1 分				
16		⌯ 0.25	4	每超差 0.1mm 扣 1 分				
17	配合	(60±0.10)mm	5	每超差 0.05mm 扣 1 分				
18		间隙≤0.10mm(5 处)	18	每超差 0.02mm 扣 1 分				
19		错位量≤0.10mm	7	每超差 0.02mm 扣 1 分				

续表

序号	考核内容	考核要点	配分	评分标准	检测结果	扣分	得分	备注
20	使用工、量、器具	使用工、量、器具	3	工、量、器具使用不正确扣 3 分				
		维护工、量、器具	2	工、量、器具乱摆乱放扣 2 分				
21	安全及其他	按国家法规或企业规定		违规一次从总分扣 5 分；严重违规停止操作				
		未注公差尺寸的按 IT14 要求		每超差 1 处扣 2 分				
		考件局部无缺陷		有缺陷酌情扣 1～5 分，严重者扣 30 分				
		在规定时间内完成		超时 1min 从总分中扣 5 分，超时 3min 停止操作				
合　计			100					

否定项说明：若出现发生事故等情况，该题为零分。

试题 2：五方合套的制作

（考核时间：240min）

序号	考核内容	考核要点	配分	评分标准	检测结果	扣分	得分	备注
1	准备工作	穿戴劳保用品	3	不符合要求扣 3 分				
		工、量、器具准备	2	选择不正确扣 2 分				
2	锉削（件一）	108°±10′(5 处)	15	每超差 5′扣 1 分				
3		$16.2^{0}_{-0.04}$mm(5 处)	16	每超差 0.02mm 扣 1 分				
4		*Ra*3.2μm（5 处）	10	每升高一级扣 1 分				
5		[⊥ | 0.06 | B]（5 处）	10	每超差 0.01mm 扣 0.5 分				
6	铰削（件一）	Φ10H7	5	每超差 0.01mm 扣 1 分				
7		*Ra*1.6μm	4	每升高一级扣 2 分				
8	配合	[◎ | ϕ0.15 | A]	5	每超差 0.01mm 扣 1 分				
9		间隙≤0.05mm(5 处)	25	每超差 0.02mm 扣 1 分				
10	使用工、量、器具	使用工、量、器具	3	工、量、器具使用不正确扣 3 分				
		维护工、量、器具	2	工、量、器具乱摆乱放扣 2 分				
11	安全及其他	按国家法规或企业规定		违规一次从总分扣 5 分；严重违规停止操作			—	
		未注公差尺寸的按 IT14 要求		每超差 1 处扣 2 分			—	
		考件局部无缺陷		有缺陷酌情扣 1～5 分，严重者扣 30 分			—	
		在规定时间内完成		超时 1min 从总分中扣 5 分，超时 3min 停止操作			—	
合　计			100					

否定项说明：若出现发生事故等情况，该题为零分。

试题 3：液压扭矩扳手的使用

（考核时间：30min）

序号	考核内容	考核要点		配分	评分标准	检测结果	扣分	得分	备注
		步　骤	技术要求						
1	准备工作	穿戴劳保用品		3	不符合要求扣 3 分				
		工、量、器具准备		2	选择不正确扣 2 分				
2	步骤及技术要求	选择设备	根据螺栓紧固力矩、螺丝对边及现场环境选择合适的设备型号；液压油量在油箱容积 3/4以上，油温小于 65℃，油压不能超过额定值	30	选择设备不正确扣 15 分；设备指示达不到要求扣 15 分				
3		空载试运	根据螺栓力矩及油压换算表，确定油压值；液压泵、液压扳手、控制开关等试运正常	20	达不到要求每项扣 10 分				
4		螺丝紧固和拆卸操作	确定压力值；确定紧固方向；实行多次紧固操作；一般拆螺母的压力要比紧螺丝压力大一些	40	操作方法不正确每项扣 10 分				
5	维护	维护工、量、器具		5	维护不当扣 5 分				
6	安全及其他	按国家法规或企业规定			违规一次从总分扣 5 分；严重违规停止操作			—	
		在规定时间内完成			超时 1min 从总分中扣 5 分，超时 3min 停止操作			—	
合　计				100					

试题 4：便携式测振仪的使用

（考核时间：20min）

序号	考核内容	考核要点		配分	评分标准	检测结果	扣分	得分	备注
		步　骤	技术要求						
1	准备工作	穿戴劳保用品		3	不符合要求扣 3 分				
		工、量、器具准备		2	选择不正确扣 2 分				
2	步骤及技术要求	装配电池接通电源	电源符合设备要求	5	操作方法不正确扣 5 分				
3		选定检测数据种类	振幅：mm 振动烈度：cm/s 加速度：mm/s^2	15	未按要求选定检测种类每项扣 5 分				
4		确定测量部位	垂直、水平、轴向测量部位要正确	30	测量部位不正确每项扣 10 分				
5		测量	测量头必须垂直于轴线，偏差小于 5°；两个测量头交角应在 90°之内，±小于 5°	20	测量方法不正确每超偏差 1°扣 10 分				
			数据准确	20	不准确扣 20 分				

续表

序号	考核内容	考核要点		配分	评分标准	检测结果	扣分	得分	备注
		步骤	技术要求						
6	维护	维护工、量、器具		5	维护不当扣5分				
7	安全及其他	按国家法规或企业规定			违规一次从总分扣5分；严重违规停止操作			—	
		在规定时间内完成			超时1min从总分中扣5分，超时3min停止操作			—	
合计				100					

试题5：抄绘螺旋千斤顶装配图

（考核时间：120min）

序号	考核内容	考核要点	配分	评分标准	检测结果	扣分	得分	备注
1	准备工作	工、量具准备	5	选择不正确扣5分				
2	图框、标题栏	图框格式正确、加粗	2	不符合要求每项扣1分				
		标题栏格式、线型正确、项目填写齐全	3	不符合要求每项扣1分				
3	图形	主视图图形完整、比例正确，零件间的装配及配合关系正确表达	35	少或错一线扣2分				
		俯视图的剖视画法、剖切符号、剖面线正确完整	10	不符合要求每项扣3分				
		其余图形正确	5	不符合要求每项扣2分				
		零件序号正确注写	5	不符合要求每项扣1分				
4	尺寸	数值、位置要正确	5	每少一项扣2分				
				数值或位置错每项扣1分				
5	技术要求	技术要求注写规范	5	不符合要求每项扣5分				
6	字体	字体、字高符合要求	5	不符合要求每项扣2.5分				
		字迹清晰、规范	5	不符合要求每项扣2.5分				
7	图线	线型正确、粗细分明	5	不符合要求每项扣2.5分				
8	图面质量	排布合理，卷面清晰	5	排布不合理扣2.5分 卷面涂改扣2.5分				
9	使用工、量具	使用工、量具	3	工、量具使用不正确扣3分				
		维护工、量具	2	工、量具乱摆乱放扣2分				
10	考试时限	在规定时间内完成		按规定时间完成，超时1min从总分中扣5分，超时3min停止答题				
合计			100					

试题6：离心泵地脚螺栓灌浆后偏差的处理(现场模拟)

考核时间：10min

序号	考核内容	考核要点		配分	评分标准	检测结果	扣分	得分	备注
		步　骤	技术要求						
1	准备工作	穿戴劳保用品		3	不符合要求扣3分				
		工、量、器具准备		2	选择不正确扣2分				
2	步骤及技术要求	凿去偏差螺栓周围混凝土	矫正方向侧混凝土凿去量应多些；去除多余的混凝土后，螺栓不能松动	30	达不到要求每项扣15分				
3		螺栓加热校正	用火焰加热	10	未按要求扣10分				
			校正后螺栓中心距符合要求	15	达不到要求扣15分				
			校正后螺栓上部保证垂直	15	达不到要求扣15分				
4		加固偏差螺栓	在弯曲处焊接加强筋，但不能高于泵底座	20	焊接不符合要求扣20分				
5	使用工、量、器具	使用工、量、器具		3	工、量、器具使用不正确扣3分				
		维护工、量、器具		2	工、量、器具乱摆乱放扣2分				
6	安全及其他	按国家法规或企业规定			违规一次从总分扣5分；严重违规停止操作			—	
		在规定时间内完成			超时1min从总分中扣5分，超时3min停止操作			—	
合　计				100					

否定项说明：若出现发生事故等情况，该题为零分。

试题7：多级离心泵平衡盘的装配(现场模拟)

(考核时间：15min)

序号	考核内容	考核要点		配分	评分标准	检测结果	扣分	得分	备注
		步　骤	技术要求						
1	准备工作	穿戴劳保用品		3	不符合要求扣3分				
		工、量、器具准备		2	选择不正确扣2分				
2	步骤及技术要求	清洗、去毛刺、除锈蚀	应洁净、无划痕	5	达不到要求每项扣2分				
3		配合尺寸测量	平衡座与端面表面粗糙度 R_a 为1.6μm	10	不符合要求扣10分				
			平衡盘轮毂与轴的配合为H7/js6	10	配合不符合要求扣10分				
			平衡盘端面表面粗糙度 R_a 为1.6μm	10	不符合要求扣10分				
4		平衡座装配	涂色检查接触面积大于80%	10	每少于5%扣5分				

续表

序号	考核内容	考核要点		配分	评分标准	检测结果	扣分	得分	备注
		步　　骤	技术要求						
5		平衡盘组装	平衡盘端面跳动小于0.04mm	15	每超差0.01mm扣5分				
			平衡盘径向圆跳动值应符合要求	10	每超差0.02mm扣3分				
			平衡盘装配到位	20	达不到要求扣20分				
6	使用工、量、器具	使用工、量、器具		3	工、量、器具使用不正确扣3分				
		维护工、量、器具		2	工、量、器具乱摆乱放扣2分				
7	安全及其他	按国家法规或企业规定			违规一次从总分扣5分；严重违规停止操作				—
		在规定时间内完成			超时1min从总分中扣5分，超时3min停止操作				—
合　　计				100					

试题8：多级离心泵转子窜量的调整（现场模拟）

（考核时间：10min）

序号	考核内容	考核要点		配分	评分标准	检测结果	扣分	得分	备注
		步　　骤	技术要求						
1	准备工作	穿戴劳保用品		3	不符合要求扣3分				
		工、量、器具准备		2	选择不正确扣2分				
2	步骤及技术要求	测量总窜量	固定转子组件（平衡盘未装）；转子前后窜动量为总窜量；总窜量测量误差小于0.10mm	30	方法不正确扣10分；测量每超差0.10mm扣5分				
3		测量单窜量	安装平衡盘后，后端间隙为后窜量；前窜量=总窜量-后窜量	20	方法不正确每项扣10分				
		调整窜量分布	平衡鼓：单窜量应是总窜量1/2；平衡盘：进口端应比出口端大0.5~1mm	20	单窜量分布每超差0.5mm扣10分				
4		窜量调整	平衡鼓装置利用推力轴承调整；平衡盘装置利用平衡座和平衡盘的垫片调整	20	方法错误扣20分				
5	使用工、量、器具	使用工、量、器具		3	工、量、器具使用不正确扣3分				
		维护工、量、器具		2	工、量、器具乱摆乱放扣2分				
6	安全及其他	按国家法规或企业规定			违规一次从总分扣5分；严重违规停止操作				—
		在规定时间内完成			超时1min从总分中扣5分，超时3min停止操作				—
合　　计				100					

试题9：多级离心泵滑动轴承温度高的处理(现场模拟)

(考核时间：15min)

序号	考核内容	考核要点		配分	评分标准	检测结果	扣分	得分	备注
		故　障	排除方法						
1	准备工作	穿戴劳保用品		3	不符合要求扣3分				
		工、量、器具准备		2	选择不正确扣2分				
2	故障及排除方法	轴对中不良	重找同心度	10	达不到要求每超0.02mm扣4分				
3		轴瓦间隙过小	调整轴瓦间隙	15	达不到要求每超0.02mm扣5分				
4		轴瓦接触不良或损坏，合金层脱落	刮研或更换轴瓦	15	不符合要求扣15分				
5		轴承座螺栓松动	紧固轴承座螺栓	10	达不到要求扣10分				
6		转子不平衡	检查消除	10	达不到要求扣10分				
7		润滑油缺少或变质	增加或更换润滑油	10	未能提出排除方法扣10分				由有关工种人员完成
8		轴承冷却效果不好	疏通管路或增大冷却水量	10	达不到要求扣10分				
9		带油环失效	调整或更换	10	达不到要求扣10分				
10	使用工、量、器具	使用工、量、器具		3	工、量、器具使用不正确扣3分				
		维护工、量、器具		2	工、量、器具乱摆乱放扣2分				
11	安全及其他	按国家法规或企业规定			违规一次从总分扣5分；严重违规停止操作			—	
		在规定时间内完成			超时1min从总分中扣5分，超时3min停止操作			—	
合　计				100					

否定项说明：若出现发生事故等情况，该题为零分。

试题10：蒸汽往复泵行程偏差的调整(现场模拟)

(考核时间：10min)

序号	考核内容	考核要点	配分	评分标准	检测结果	扣分	得分	备注
1	准备工作	穿戴劳保用品	3	不符合要求扣3分				
		工、量、器具准备	2	选择不正确扣2分				
2	步骤及技术要求	确定运行偏差的活塞	20	判断不正确扣20分				
3		调整对应的配汽机构，从而控制蒸汽进入汽缸的时间	15	调整不正确扣15分				

续表

序号	考核内容	考核要点	配分	评分标准	检测结果	扣分	得分	备注
4		调整活塞杆丝扣的长短，使汽缸和液缸行程相等	20	调整不正确扣 20 分				
5		配汽螺母的游隙大，则行程大；配汽螺母的游隙小，则行程小	15	达不到要求扣 15 分				
6		确定“三点定中”、“一垂直”后，紧固各部位螺母	20	达不到要求扣 20 分				
7	使用工、量、器具	使用工、量、器具	3	工、量、器具使用不正确扣 3 分				
		维护工、量、器具	2	工、量、器具乱摆乱放扣 2 分				
8	安全及其他	按国家法规或企业规定		违规一次从总分扣 5 分；严重违规停止操作			—	
		在规定时间内完成		超时 1min 从总分中扣 5 分，超时 3min 停止操作			—	
合计			100					

否定项说明：若出现发生事故等情况，该题为零分。

试题 11：蒸汽往复泵振动的处理（现场模拟）

（考核时间：15min）

序号	考核内容	考核要点：故障	考核要点：排除方法	配分	评分标准	检测结果	扣分	得分	备注
1	准备工作	穿戴劳保用品		3	不符合要求扣 3 分				
		工、量、器具准备		2	选择不正确扣 2 分				
2	故障及排除方法	缸内进入异物	清除缸内异物	10	达不到要求扣 10 分				
3		活塞行程过大或速度过快	减小行程长度或调整进汽量	15	达不到要求每项扣 8 分				
4		活塞锁紧螺母或活塞杆锁紧螺母松	紧固锁紧螺母	10	达不到要求扣 10 分				
5		缸套松动	紧固缸套顶丝或更换缸套	15	达不到要求扣 15 分				
6		地脚螺栓松动	紧固地脚螺栓	10	达不到要求扣 10 分				
7		行程不均	调整行程	10	达不到要求扣 10 分				
8		汽缸冷凝液未排出	排净汽缸冷凝液体	5	未能提出排除方法扣 5 分				由有关工种人员完成
9		汽化抽空	进行工艺调整	5	未能提出排除方法扣 5 分				
10		十字头中心架联接处松动	检查紧固	10	达不到要求扣 10 分				

续表

序号	考核内容	考核要点		配分	评分标准	检测结果	扣分	得分	备注
		故　障	排除方法						
11	使用工、量、器具	使用工、量、器具		3	工、量、器具使用不正确扣3分				
		维护工、量、器具		2	工、量、器具乱摆乱放扣2分				
12	安全及其他	按国家法规或企业规定			违规一次从总分扣5分；严重违规停止操作			—	
		在规定时间内完成			超时1min从总分中扣5分，超时3min停止操作			—	
合　计				100					

否定项说明：若出现发生事故等情况，该题为零分。

试题12：蒸汽往复泵无法启动的处理（现场模拟）

（考核时间：18min）

序号	考核内容	考核要点		配分	评分标准	检测结果	扣分	得分	备注
		故　障	排除方法						
1	准备工作	穿戴劳保用品		3	不符合要求扣3分				
		工、量、器具准备		2	选择不正确扣2分				
2	故障及排除方法	配汽摇臂销脱落	装回摇臂销子	10	达不到要求扣10分				
3		进汽阀芯折断、阀门打不开	更换阀门或阀芯	10	达不到要求扣10分				
4		汽缸磨损间隙过大	更换汽缸或活塞环	20	达不到要求扣20分				
5		盘根压得过紧	适当放松盘根压盖螺丝	10	达不到要求扣10分				
6		汽缸活塞环折断	更换活塞环	10	达不到要求扣10分				
7		两摇臂同时处于垂直位置，致使错汽阀关闭	调整活塞杆位置错开行程	10	达不到要求扣10分				
8		排汽阀开度小	开大排汽阀	5	未能提出排除方法扣5分				由有关工种人员完成
9		汽缸内有冷凝水	排净缸内冷凝水	5	未能提出排除方法扣5分				
10		蒸汽压力不足	进行工艺调整提高蒸汽压力	5	未能提出排除方法扣5分				
11		液缸内有压力或硬物	排除液缸内压力或硬物	5	达不到要求扣5分				
12	使用工、量、器具	使用工、量、器具		3	工、量、器具使用不正确扣3分				
		维护工、量、器具		2	工、量、器具乱摆乱放扣2分				

续表

序号	考核内容	考核要点		配分	评分标准	检测结果	扣分	得分	备注
		故　障	排除方法						
13	安全及其他	按国家法规或企业规定			违规一次从总分扣5分；严重违规停止操作			—	
		在规定时间内完成			超时1min从总分中扣5分，超时3min停止操作			—	
合　计				100					

试题13：屏蔽泵电机过载的处理(现场模拟)

（考核时间：12min）

序号	考核内容	考核要点		配分	评分标准	检测结果	扣分	得分	备注
		故　障	排除方法						
1	准备工作	穿戴劳保用品		3	不符合要求扣3分				
		工、量、器具准备		2	选择不正确扣2分				
2	故障及排除方法	推力轴承损坏	调整叶轮平衡力，更换推力轴承	20	达不到要求扣20分				
3		叶轮与泵壳配合间隙过小，产生摩擦	调整间隙值	20	按规范每超差0.02mm扣5分				
4		异物混入泵内	解体清除异物	20	达不到要求扣20分				
5		流量过大	调整出入口阀开度	5	未能提出排除方法扣5分				由有关工种人员完成
6		径向轴承间隙过大，转子拖底	更换轴承、转子	20	装配达不到要求每项扣10分				
7		介质黏度大	进行工艺调整	5	未能提出排除方法扣5分				由有关工种人员完成
8	使用工、量、器具	使用工、量、器具		3	工、量、器具使用不正确扣3分				
		维护工、量、器具		2	工、量、器具乱摆乱放扣2分				
9	安全及其他	按国家法规或企业规定			违规一次从总分扣5分；严重违规停止操作			—	
		在规定时间内完成			超时1min从总分中扣5分，超时3min停止操作			—	
合　计				100					

试题 14：屏蔽泵振动大的处理(现场模拟)

(考核时间：15min)

序号	考核内容	考核要点		配分	评分标准	检测结果	扣分	得分	备注
		故　障	排除方法						
1	准备工作	穿戴劳保用品		3	不符合要求扣 3 分				
		工、量、器具准备		2	选择不正确扣 2 分				
2	故障及排除方法	轴承磨损超标	更换轴承	15	达不到要求扣 15 分				
3		轴弯曲	校正轴或更换转子	20	按规范每超差 0.01mm 扣 10 分				
4		叶轮与泵壳产生摩擦	调整配合间隙	20	按规范每超差 0.02mm 扣 5 分				
5		转子不平衡	转子找平衡	20	未能提出排除方法扣 20 分				
6		配管不良或管道冲击	重新配管消除应力；消除管道系统振动	5	未能提出排除方法每项扣 2.5 分				由有关工种人员完成
7		泵内汽化或抽空	进行工艺调整	5	未能提出排除方法扣 5 分				
8		异物混入泵内	清除异物	5	达不到要求扣 5 分				
9	使用工、量、器具	使用工、量、器具		3	工、量、器具使用不正确扣 3 分				
		维护工、量、器具		2	工、量、器具乱摆乱放扣 2 分				
10	安全及其他	按国家法规或企业规定			违规一次从总分扣 5 分；严重违规停止操作			—	
		在规定时间内完成			超时 1min 从总分中扣 5 分，超时 3min 停止操作			—	
合　计				100					

否定项说明：若出现发生事故等情况，该题为零分。

试题 15：隔膜计量泵流量不足的处理(现场模拟)

(考核时间：15min)

序号	考核内容	考核要点		配分	评分标准	检测结果	扣分	得分	备注
		故　障	排除方法						
1	准备工作	穿戴劳保用品		3	不符合要求扣 3 分				
		工、量、器具准备		2	选择不正确扣 2 分				
2	故障及排除方法	溢流阀与补油阀泄漏	修理或更换	15	达不到要求扣 15 分				
3		补油阀组堵塞	检查清洗疏通	15	达不到要求扣 15 分				
4		单向阀磨损	研磨或更换单向阀	20	达不到要求扣 20 分				

续表

序号	考核内容	考核要点		配分	评分标准	检测结果	扣分	得分	备注
		故　障	排除方法						
5		溢流阀设定过低	设定值调至操作条件	15	达不到要求扣 15 分				
6		充油腔内有气体或柱塞填料泄漏	排气补油	10	达不到要求扣 10 分				
7		来液黏度过高	降低黏度	5	未能提出排除方法扣 5 分				由有关工种人员完成
8		来液中有气体或泵体内气体未排净	进行工艺调整	5	未能提出排除方法扣 5 分				
9		出入口管路漏或阻塞	疏通或更换破损管件	5	未能提出排除方法扣 5 分				
10	使用工、量、器具	使用工、量、器具		3	工、量、器具使用不正确扣 3 分				
		维护工、量、器具		2	工、量、器具乱摆乱放扣 2 分				
11	安全及其他	按国家法规或企业规定			违规一次从总分扣 5 分；严重违规停止操作			—	
		在规定时间内完成			超时 1min 从总分中扣 5 分，超时 3min 停止操作			—	
合　计				100					

试题 16：N 轴柱塞计量泵有敲击声的处理(现场模拟)

(考核时间：10min)

序号	考核内容	考核要点		配分	评分标准	检测结果	扣分	得分	备注
		故　障	排除方法						
1	准备工作	穿戴劳保用品		3	不符合要求扣 3 分				
		工、量、器具准备		2	选择不正确扣 2 分				
2	故障及排除方法	连杆联接螺栓松动	紧固螺栓	15	达不到要求扣 15 分				
3		偏心套或轴承间隙过大	更换部件	15	达不到要求扣 15 分				
4		连杆拉力轴承松动或磨损	紧固螺栓或更换轴承	20	达不到要求扣 20 分				
5		锥形轴承套磨损	更换锥形套	20	达不到要求扣 20 分				
6		蜗轮传动机构磨损	更换蜗轮传动机构	20	达不到要求扣 20 分				
7	使用工、量、器具	使用工、量、器具		3	工、量、器具使用不正确扣 3 分				
		维护工、量、器具		2	工、量、器具乱摆乱放扣 2 分				

续表

序号	考核内容	考核要点		配分	评分标准	检测结果	扣分	得分	备注
		故　障	排除方法						
8	安全及其他	按国家法规或企业规定			违规一次从总分扣5分；严重违规停止操作			—	
		在规定时间内完成			超时1min从总分中扣5分，超时3min停止操作			—	
合　计				100					

否定项说明：若出现发生事故等情况，该题为零分。

试题17：螺杆泵振动的处理(现场模拟)

（考核时间：15min）

序号	考核内容	考核要点		配分	评分标准	检测结果	扣分	得分	备注
		故　障	排除方法						
1	准备工作	穿戴劳保用品		3	不符合要求扣3分				
		工、量、器具准备		2	选择不正确扣2分				
2	故障及排除方法	联轴器对中不良	重新找正	10	按规范每超差0.02mm扣5分				
3		轴承磨损或损坏	更换轴承，并调整间隙	20	按规范调整间隙每超差0.02mm扣7分				
4		泵壳内进入杂物	消除杂物	10	达不到要求扣10分				
5		同步齿轮磨损或错位	调整，修理或更换同步齿轮	20	达不到要求扣20分				没有同步齿轮的另外配分
6		螺杆与壳体碰磨	解体检修	20	达不到要求扣20分				
7		地脚螺栓松动或管线共振影响	紧固地脚螺栓或加固管线支撑	10	达不到要求扣10分				
8	使用工、量、器具	使用工、量、器具		3	工、量、器具使用不正确扣3分				
		维护工、量、器具		2	工、量、器具乱摆乱放扣2分				
9	安全及其他	按国家法规或企业规定			违规一次从总分扣5分；严重违规停止操作			—	
		在规定时间内完成			超时1min从总分中扣5分，超时3min停止操作			—	
合　计				100					

否定项说明：若出现发生事故等情况，该题为零分。

试题 18：轴流式风机机体振动的处理(现场模拟)

(考核时间：10min)

序号	考核内容	考核要点		配分	评分标准	检测结果	扣分	得分	备注
		故　障	排除方法						
1	准备工作	穿戴劳保用品		3	不符合要求扣 3 分				
		工、量、器具准备		2	选择不正确扣 2 分				
2	故障及排除方法	轮毂不平衡	轮毂重新找平衡	15	达不到要求扣 15 分				
3		叶片安装角度不一致或角度过大	重新调整	20	按规范每超差 0.5°扣 5 分				
4		主轴轴承损坏	更换轴承	20	达不到要求扣 20 分				
5		叶片有损坏或开裂	修补或更换叶片	20	达不到要求扣 20 分				
6		机座的刚度不够或不牢固	采取适当的修补和加固措施	15	措施不正确扣 15 分				
7	使用工、量、器具	使用工、量、器具		3	工、量、器具使用不正确扣 3 分				
		维护工、量、器具		2	工、量、器具乱摆乱放扣 2 分				
8	安全及其他	按国家法规或企业规定			违规一次从总分扣 5 分；严重违规停止操作			—	
		在规定时间内完成			超时 1min 从总分中扣 5 分，超时 3min 停止操作			—	
合　计				100					

否定项说明：若出现发生事故等情况，该题为零分。

试题 19：离心式风机振动的处理(现场模拟)

(考核时间：12min)

序号	考核内容	考核要点		配分	评分标准	检测结果	扣分	得分	备注
		故　障	排除方法						
1	准备工作	穿戴劳保用品		3	不符合要求扣 3 分				
		工、量、器具准备		2	选择不正确扣 2 分				
2	故障及排除方法	主轴弯曲	矫轴或更换	15	达不到要求扣 15 分				
3		转子部件松动	紧固或调整联接部件	15	达不到要求扣 15 分				
4		叶轮与机体摩擦	解体检查摩擦部位，并消除	15	达不到要求扣 15 分				
5		风机与原动机对中不良	对中检查调整	15	按规范每超差 0.02mm 扣 5 分				
6		转子不平衡	平衡校验	15	达不到要求扣 15 分				
7		轴承磨损严重	更换轴承	15	达不到要求扣 15 分				

续表

序号	考核内容	考核要点		配分	评分标准	检测结果	扣分	得分	备注
		故　障	排除方法						
8	使用工、量、器具	使用工、量、器具		3	工、量、器具使用不正确扣3分				
		维护工、量、器具		2	工、量、器具乱摆乱放扣2分				
9	安全及其他	按国家法规或企业规定			违规一次从总分扣5分；严重违规停止操作			—	
		在规定时间内完成			超时1min从总分中扣5分，超时3min停止操作			—	
合　计				100					

试题20：螺杆压缩机油系统压力低的处理(现场模拟)

（考核时间：15min）

序号	考核内容	考核要点		配分	评分标准	检测结果	扣分	得分	备注
		故　障	排除方法						
1	准备工作	穿戴劳保用品		3	不符合要求扣3分				
		工、量、器具准备		2	选择不正确扣2分				
2	故障及排除方法	油温过高	检查油冷器，提高冷却能力	10	达不到要求扣10分				
3		内部泄漏	检查更换密封部件	15	达不到要求扣15分				
4		油泵转子磨损,泵效率降低	检查修理油泵	15	达不到要求扣15分				
5		油路系统不畅通	检查吹扫油路及过滤器	15	达不到要求扣15分				
6		油量不足或油质不良	加足油量或换油	5	未能提出排除方法扣5分				由有关工种人员完成
7		主机的螺杆转子与壳体磨损	检修或更换部件	15	方法不正确扣15分				
8		油压调节不当	建议调整油压	15	达不到要求扣15分				由有关工种人员完成
9	使用工、量、器具	使用工、量、器具		3	工、量、器具使用不正确扣3分				
		维护工、量、器具		2	工、量、器具乱摆乱放扣2分				
10	安全及其他	按国家法规或企业规定			违规一次从总分扣5分；严重违规停止操作			—	
		在规定时间内完成			超时1min从总分中扣5分，超时3min停止操作			—	
合　计				100					

否定项说明：若出现发生事故等情况，该题为零分。

试题 21：螺杆压缩机机体温度高的处理(现场模拟)

(考核时间：8min)

序号	考核内容	考核要点		配分	评分标准	检测结果	扣分	得分	备注
		故　障	排除方法						
1	准备工作	穿戴劳保用品		3	不符合要求扣 3 分				
		工、量、器具准备		2	选择不正确扣 2 分				
2	故障及排除方法	机体与转子有摩擦发热	迅速停机、进行检修	35	达不到要求扣 35 分				
3		吸入气体过热	降低吸气温度	10	未能提出排除方法扣 10 分				由有关工种人员完成
4		压缩比过大	降低排压或负荷	10	未能提出排除方法扣 10 分				
5		冷却油或冷却水故障	处理冷却系统	35	达不到要求扣 35 分				
6	使用工、量、器具	使用工、量、器具		3	工、量、器具使用不正确扣 3 分				
		维护工、量、器具		2	工、量、器具乱摆乱放扣 2 分				
7	安全及其他	按国家法规或企业规定			违规一次从总分扣 5 分；严重违规停止操作			—	
		在规定时间内完成			超时 1min 从总分中扣 5 分，超时 3min 停止操作			—	
合　计				100					

否定项说明：若出现发生事故等情况，该题为零分。

试题 22：变速机的拆卸步骤(现场模拟)

(考核时间：60min)

序号	考核内容	考核要点		配分	评分标准	检测结果	扣分	得分	备注
		步　骤	技术要求						
1	准备工作	穿戴劳保用品		3	不符合要求扣 3 分				
		工、量、器具准备		2	选择不正确扣 2 分				
2	步骤及技术要求	拆除变速器电、仪相关设施		5	未提出拆卸扣 5 分				由有关工种人员完成
3		联轴器对中原始数据检查		5	对中数据不准确扣 5 分				
4		齿轮原始推力间隙检查		5	检查数据每误差 0.02mm 扣 3 分				
5		拆变速机上盖		5	未拆卸定位销起吊扣 5 分				
6		齿轮副原始侧间隙检查		5	检查数据每误差 0.01mm 扣 2 分				
7		齿轮原始顶间隙检查		5	检查数据每误差 0.03mm 扣 2 分				

续表

序号	考核内容	考核要点		配分	评分标准	检测结果	扣分	得分	备注
		步骤	技术要求						
8		齿轮副原始齿啮合情况检查		5	检查啮合面积每误差5%扣5分				
9		主、从动各轴瓦背原始紧力检查		5	检查数据每误差0.01mm扣2分				
10		主、从动各轴瓦顶间隙原始数据检查		10	检查数据每误差0.02mm扣2分				
11		两齿轮轴水平面上平行度原始数据检查		10	检查数据每误差0.02mm/m扣10分				
12		两齿轮轴垂直面上平行度原始数据检查		10	检查数据每误差0.02mm/m扣10分				
13		两齿轮轴中心距原始数据检查		10	检查数据每误差0.02mm扣5分				
14		两转子圆跳动原始数据检查		5	检查数据每误差0.02mm扣2分				
15		吊转子		5	协调不到位扣5分				
16	使用工、量、器具	使用工、量、器具		3	工、量、器具使用不正确扣3分				
		维护工、量、器具		2	工、量、器具乱摆乱放扣2分				
17	安全及其他	按国家法规或企业规定			违规一次从总分扣5分；严重违规停止操作			—	
		在规定时间内完成			超时1min从总分中扣5分，超时3min停止操作			—	
合计				100					

否定项说明：若出现发生事故等情况，该题为零分。

试题23：变速机齿轮轴中心距的检测(现场模拟)

（考核时间：30min）

序号	考核内容	考核要点		配分	评分标准	检测结果	扣分	得分	备注
		步骤	技术要求						
1	准备工作	穿戴劳保用品		3	不符合要求扣3分				
		工、量、器具准备		2	选择不正确扣2分				
2	步骤及技术要求	拆卸两齿轮轴上瓦，清洗零部件	洁净，无油污，无毛刺	10	达不到要求扣10分				
3		测量数据	根据实际选择量具	10	选择不正确扣10分				
			测量主、从动轴的轴颈距离(内侧或外侧)，并作记录	20	测量数据每误差0.01mm扣5分				
			测量轴颈外径以及圆度或跳动	30	测量数据每误差0.01mm扣5分				
4		确定中心距	根据测量尺寸，计算确定两齿轮轴中心距	20	计算结果错误扣20分				

续表

序号	考核内容	考核要点		配分	评分标准	检测结果	扣分	得分	备注
		步　骤	技术要求						
5	使用工、量、器具	使用工、量、器具		3	工、量、器具使用不正确扣3分				
		维护工、量、器具		2	工、量、器具乱摆乱放扣2分				
6	安全及其他	按国家法规或企业规定			违规一次从总分扣5分；严重违规停止操作			—	
		在规定时间内完成			超时1min从总分中扣5分，超时3min停止操作			—	
合　计				100					

否定项说明：若出现发生事故等情况，该题为零分。

试题24：变速机齿轮轴水平方向平行度的检测(现场模拟)

(考核时间：45min)

序号	考核内容	考核要点		配分	评分标准	检测结果	扣分	得分	备注
		步　骤	技术要求						
1	准备工作	穿戴劳保用品		3	不符合要求扣3分				
		工、量、器具准备		2	选择不正确扣2分				
2	步骤及技术要求	拆卸两齿轮轴上瓦，清洗零部件	洁净，无油污，无毛刺	5	达不到要求扣5分				
3		测量数据	根据实际选择量具	10	选择不正确扣10分				
			测量主、从动轴的轴颈距离(内侧或外侧)	25	测量数据每误差0.01mm扣5分				
			测量轴颈外径以及圆度或跳动	25	测量数据每误差0.01mm扣5分				
4		确定水平方向的平行度	根据轴颈距离、轴颈外径及圆度或跳动确定，数据准确	25	数据不准确扣25分				
5	使用工、量、器具	使用工、量、器具		3	工、量、器具使用不正确扣3分				
		维护工、量、器具		2	工、量、器具乱摆乱放扣2分				
6	安全及其他	按国家法规或企业规定			违规一次从总分扣5分；严重违规停止操作			—	
		在规定时间内完成			超时1min从总分中扣5分，超时3min停止操作			—	
合　计				100					

否定项说明：若出现发生事故等情况，该题为零分。

试题 25：往复式压缩机十字头的装配(现场模拟)

(考核时间：60min)

序号	考核内容	考核要点		配分	评分标准	检测结果	扣分	得分	备注
		步骤	技术要求						
1	准备工作	穿戴劳保用品		3	不符合要求扣 3 分				
		工、量、器具准备		2	选择不正确扣 2 分				
2	步骤及技术要求	十字头组件清洗去毛刺	油路畅通，干净无油污，合金层质量符合图纸要求	10	达不到要求扣 10 分				
3		十字头与滑道的尺寸测量	圆度、圆柱度符合技术要求	10	达不到要求扣 10 分				
4		十字头与滑道的初修研	涂色修研接触点大于 2 点/cm^2	15	接触每平方厘米少一点扣 15 分点数				
5		十字头销装配	接触面积>90%，间隙符合要求；油孔对正；防松措施保证	15	达不到要求每项扣 5 分				
6		十字头与连杆及主曲轴组装后精研修刮	十字头与滑道接触面积>80%；十字头与滑道不允许偏磨	15	达不到要求每项扣 8 分				
7		十字头与连杆及主曲轴的组装	用塞尺测量十字头体在滑道的前、中、后三个位置的间隙为(0.7~0.8)/1000 · D	15	配合间隙每超差 0.02mm 扣 7 分				
			下滑道为主承力面时，要求十字头中心高于滑道中轴线 0.03mm；当上滑道为主承力面时，十字头中心应偏低滑道中轴线 0.01~0.03mm；D—为滑道直径	10	十字头中心线每偏差 0.01mm 扣 10 分				
8	使用工、量、器具	使用工、量、器具		3	工、量、器具使用不正确扣 3 分				
		维护工、量、器具		2	工、量、器具乱摆乱放扣 2 分				
9	安全及其他	按国家法规或企业规定			违规一次从总分扣 5 分；严重违规停止操作			—	
		在规定时间内完成			超时 1min 从总分中扣 5 分，超时 3min 停止操作			—	
合计				100					

否定项说明：若出现发生事故等情况，该题为零分。

试题 26：往复式压缩机曲轴的装配(现场模拟)

(考核时间：60min)

序号	考核内容	考核要点		配分	评分标准	检测结果	扣分	得分	备注
		步骤	技术要求						
1	准备工作	穿戴劳保用品		3	不符合要求扣 3 分				
		工、量、器具准备		2	选择不正确扣 2 分				

续表

序号	考核内容	考核要点		配分	评分标准	检测结果	扣分	得分	备注
2	步骤及要求	曲轴的清洗、检查	油路洁净和畅通，曲轴的丝堵和平衡块紧固达要求	10	达不到要求扣 10 分				
3		曲轴测量、理化检验	圆度、圆柱度符合规范要求；理化检验符合技术要求	10	达不到要求每项扣 5 分				项由有关工种完成
4		轴承检查及装配	轴承无缺陷、各部尺寸符合要求	20	达不到要求扣 20 分				
5		曲轴吊装就位	索具和受力点要合适，以防曲轴变形	5	吊具选择不正确扣 5 分				
			检查曲轴水平度小于 0. 10mm/m	15	每米超差 0. 01mm 扣 5 分				
6		曲轴检测、调整	曲轴轴线对滑道轴线的垂直度偏差不大于 0. 10mm/m	10	曲轴垂直度每米超差 0. 02mm 扣 10 分				
			检查各曲柄之间上下左右四个位置的距离(张合度)偏差不大于行程的 0. 10/1000	10	张合度每米超差 0. 01mm 扣 10 分				
			曲轴组装后盘动数转，应无阻滞现象	10	盘车不灵活扣 10 分				
7	使用工、量、器具	使用工、量、器具		3	工、量、器具使用不正确扣 3 分				
		维护工、量、器具		2	工、量、器具乱摆乱放扣 2 分				
8	安全及其他	按国家法规或企业规定			违规一次从总分扣 5 分；严重违规停止操作			—	
		在规定时间内完成			超时 1min 从总分中扣 5 分，超时 3min 停止操作			—	
合计				100					

否定项说明：若出现发生事故等情况，该题为零分。

试题 27：往复式压缩机缸体的安装(现场模拟)

(考核时间：18min)

序号	考核内容	考核要点		配分	评分标准	检测结果	扣分	得分	备注
		步骤	技术要求						
1	准备工作	穿戴劳保用品		3	不符合要求扣 3 分				
		工、量、器具准备		2	选择不正确扣 2 分				
2	步骤及技术要求	气缸清洗检查、试压、试漏	气缸表面无油污、无划痕、沟槽、裂纹；气缸试验压力一般为 1. 5 倍的工作压力，气缸水腔试验压力为 0. 3MPa	10	达不到要求扣 10 分				
3		测量检查	气缸内前、中、后三个位置的圆度、圆柱度符合要求	10	达不到要求扣 10 分				

续表

序号	考核内容	考核要点		配分	评分标准	检测结果	扣分	得分	备注
		步骤	技术要求						
4		气缸安装就位	对卧式缸，气缸水平度小于0.05mm/m	15	气缸水平度每超差0.02mm/m扣10分				
5		气缸的调整	平行偏差：通过平行移动调整；倾斜度偏差：用刮研接合面来调整；误差过大时，可用机械加工方法来调整，但不能用加垫来调整	30	处理方法不正确扣30分				
6		校验中心线	气缸中心线和十字头滑道中心线符合规范	25	每超差0.02mm扣5分				
7	使用工、量、器具	使用工、量、器具		3	工、量、器具使用不正确扣3分				
		维护工、量、器具		2	工、量、器具乱摆乱放扣2分				
8	安全及其他	按国家法规或企业规定			违规一次从总分扣5分；严重违规停止操作			—	
		在规定时间内完成			超时1min从总分中扣5分，超时3min停止操作			—	
合计				100					

否定项说明：若出现发生事故等情况，该题为零分。

试题28：往复式压缩机连杆的装配(现场模拟)

(考核时间：60min)

序号	考核内容	考核要点		配分	评分标准	检测结果	扣分	得分	备注
		步骤	技术要求						
1	准备工作	穿戴劳保用品		3	不符合要求扣3分				
		工、量、器具准备		2	选择不正确扣2分				
2	步骤及技术要求	清洗、去毛刺	油路清洗、畅通	5	达不到要求扣5分				
3		连杆检查	连杆大小头孔中心平行度小于0.02/100mm	10	平行度检查每超差0.01/100mm扣5分				
			着色检查	5	未能提出扣5分				由有关工种完成
4		连杆大头瓦检查	轴承衬无裂纹、脱壳、砂眼及孔洞	5	有缺陷未查出扣5分				
			厚壁瓦与曲轴颈接触均匀，接触角>60°~70°；瓦背接触面积大于70%；薄壁瓦不宜研刮，接触面积大于85%，接触角大于135°	10	接触面积每少10%扣10分				
			接触点3~4点/cm^2	5	接触点每平方厘米少1点扣5分				

续表

序号	考核内容	考核要点		配分	评分标准	检测结果	扣分	得分	备注
		步　　骤	技术要求						
5		连杆小头瓦接触检查	涂色检查，接触面积大于70%，接触点2~3点/cm^2	15	接触面积每少10%扣10分；接触点每平方厘米少1点扣5分				
6		轴瓦间隙检测	大头瓦间隙取（1~2‰）D，薄壁瓦取（0.8~1.5‰）D；小头瓦取（0.6~1‰）D；薄壁瓦余面高度符合要求	20	轴瓦间隙每超差0.02mm扣10分；余面高度每超差0.02mm扣10分				D为轴颈直径
7		连杆螺栓紧固	连杆螺栓弹性伸长度不大于螺栓长度的1‰	15	达不到要求扣15分				
8	使用工、量、器具	使用工、量、器具		3	工、量、器具使用不正确扣3分				
		维护工、量、器具		2	工、量、器具乱摆乱放扣2分				
9	安全及其他	按国家法规或企业规定			违规一次从总分扣5分；严重违规停止操作			—	
		在规定时间内完成			超时1min从总分中扣5分，超时3min停止操作			—	
合　　计				100					

否定项说明：若出现发生事故等情况，该题为零分。

试题29：往复式压缩机主轴厚壁瓦的装配(现场模拟)

（考核时间：45min）

序号	考核内容	考核要点		配分	评分标准	检测结果	扣分	得分	备注
		步　　骤	技术要求						
1	准备工作	穿戴劳保用品		3	不符合要求扣3分				
		工、量、器具准备		2	选择不正确扣2分				
2	步骤及技术要求	清洗去毛刺	油路清洁和畅通	10	达不到要求扣10分				
3		轴瓦测量检查	轴的尺寸精度、圆度、圆柱度等符合图纸要求；轴瓦衬无裂纹、脱壳、砂眼及气孔等	20	达不到要求每项扣10分				
4		厚壁瓦的装配	轴瓦瓦背与轴承座孔应接触良好，接触角>120°	10	每小于5°扣5分				
			轴瓦与轴颈的接触角>60°~90°接触点2~3点/cm^2	15	每小于5°扣10分				
			轴瓦接合面用0.05mm塞尺检查，其塞入深度不得大于接合面的1/3宽度	15	达不到要求扣15分				
			轴瓦顶间隙为（1.50‰~2.00‰）D，D为轴颈直径	20	每超差0.01mm扣5分				
5	使用工、量、器具	使用工、量、器具		3	工、量、器具使用不正确扣3分				
		维护工、量、器具		2	工、量、器具乱摆乱放扣2分				

续表

序号	考核内容	考核要点		配分	评分标准	检测结果	扣分	得分	备注
		步骤	技术要求						
6	安全及其他	按国家法规或企业规定			违规一次从总分扣5分；严重违规停止操作			—	
		在规定时间内完成			超时1min从总分中扣5分，超时3min停止操作			—	
合计				100					

否定项说明：若出现发生事故等情况，该题为零分。

试题30：往复式压缩机主轴薄壁瓦的装配(现场模拟)

（考核时间：45min）

序号	考核内容	考核要点		配分	评分标准	检测结果	扣分	得分	备注
		步骤	技术要求						
1	准备工作	穿戴劳保用品		3	不符合要求扣3分				
		工、量、器具准备		2	选择不正确扣2分				
2	步骤及技术要求	清洗去毛刺	油路清洁和畅通	10	达不到要求扣10分				
3		轴瓦测量检查	轴的尺寸精度、圆度、圆柱度等符合图纸要求；轴瓦衬无裂纹、脱壳、砂眼及气孔等	20	达不到要求每项扣10分				
4		薄壁瓦的装配	瓦背与轴承座应接触良好，接触面积大于85%	10	每小于5%扣5分				
			轴瓦与轴颈的接触角为135°	10	每少于5°扣5分				
			轴瓦接合面用0.02mm的塞尺不得塞入	10	达不到要求扣10分				
			轴瓦顶间隙为(0.80‰～1.50‰)D，D为轴颈直径	20	每超差0.01mm扣5分				
			余面高度符合装配要求						
5	使用工、量、器具	使用工、量、器具		3	工、量、器具使用不正确扣3分				
		维护工、量、器具		2	工、量、器具乱摆乱放扣2分				
6	安全及其他	按国家法规或企业规定			违规一次从总分扣5分；严重违规停止操作			—	
		在规定时间内完成			超时1min从总分中扣5分，超时3min停止操作			—	
合计				100					

试题31：往复式压缩机气缸过热的处理（现场模拟）

（考核时间：15min）

序号	考核内容	考核要点		配分	评分标准	检测结果	扣分	得分	备注
		故　障	排除方法						
1	准备工作	穿戴劳保用品		3	不符合要求扣3分				
		工、量、器具准备		2	选择不正确扣2分				
2	故障及排除方法	冷却水管不畅通或给水不足	清扫冷却水结垢，提高给水量	10	达不到要求扣10分				
3		润滑油质量低劣或油量不足	选择适当的润滑油，调整供油量	10	未能提出每项扣5分				由有关工种人员完成
4		曲轴连杆机构偏斜，使活塞环不正常摩擦	调整曲轴和连杆机构及活塞						
5		气阀窜气	检查修理或更换	10	达不到要求扣10分				
6		缸内有杂物或表面粗糙度过大	清理杂物或降低缸表面粗糙度	15	达不到要求扣15分				
7		活塞环对口间隙过小	加大活塞环对口间隙，按要求装配	15	达不到要求扣15分				
8		余隙过大	调整余隙	10	达不到要求扣10分				
9	使用工、量、器具	使用工、量、器具		3	工、量、器具使用不正确扣3分				
		维护工、量、器具		2	工、量、器具乱摆乱放扣2分				
10	安全及其他	按国家法规或企业规定			违规一次从总分扣5分；严重违规停止操作			—	
		在规定时间内完成			超时1min从总分中扣5分，超时3min停止操作			—	
合　计				100					

否定项说明：若出现发生事故等情况，该题为零分。

试题32：往复式压缩机气缸振动的处理（现场模拟）

（考核时间：15min）

序号	考核内容	考核要点		配分	评分标准	检测结果	扣分	得分	备注
		故　障	排除方法						
1	准备工作	穿戴劳保用品		3	不符合要求扣3分				
		工、量、器具准备		2	选择不正确扣2分				
2	故障及排除方法	气缸与滑道及机身同轴度偏差大	检查、调整同轴度	20	达不到要求扣20分				

续表

序号	考核内容	考核要点		配分	评分标准	检测结果	扣分	得分	备注
		故　障	排除方法						
3		气缸支承松动或地脚螺栓松动	调整气缸支承，紧固地脚螺栓	15	方法不正确扣15分				
4		气缸与中体及滑道联接螺栓松动	紧固联接螺栓	10	方法不正确扣10分				
5		气缸与缓冲器联接不当	调整缓冲器，减少应力	15	处理方法不正确扣15分				
6		活塞松动或损坏	解体检修活塞	20	达不到要求扣20分				
7		缸内有异物或带液	解体清理异物或排液	10	处理方法不正确扣10分				
8	使用工、量、器具	使用工、量、器具		3	工、量、器具使用不正确扣3分				
		维护工、量、器具		2	工、量、器具乱摆乱放扣2分				
9	安全及其他	按国家法规或企业规定			违规一次从总分扣5分；严重违规停止操作			—	
		在规定时间内完成			超时1min从总分中扣5分，超时3min停止操作			—	
合　计				100					

否定项说明：若出现发生事故等情况，该题为零分。

试题33：往复式压缩机填料温度高的处理（现场模拟）

（考核时间：15min）

序号	考核内容	考核要点		配分	评分标准	检测结果	扣分	得分	备注
		故　障	排除方法						
1	准备工作	穿戴劳保用品		3	不符合要求扣3分				
		工、量、器具准备		2	选择不正确扣2分				
2	故障及排除方法	填料函的回气管或冷却水管不畅通	疏通回气管或冷却水管	10	处理方法不正确每项扣5分				
3		填料的材质不符合要求	更换合适材料	10	未能提出扣10分				由有关工种人员完成
4		润滑油质量差	更换合格的润滑油	10	处理方法不正确扣10分				
5		供油不足	维修或更换油泵；检查疏通油路；补充油箱润滑油	15	处理方法不正确每项扣5分				
6		填料函组件装配间隙不合适	解体重新装配	15	达不到要求扣15分				
7		填料弹簧力过大	调整或更换弹簧	15	达不到要求扣15分				

续表

序号	考核内容	考核要点		配分	评分标准	检测结果	扣分	得分	备注
		故　障	排除方法						
8		填料内径与活塞杆表面粗糙度不符合要求	降低配合面的粗糙度	15	达不到要求扣15分				
9	使用工、量、器具	使用工、量、器具		3	工、量、器具使用不正确扣3分				
		维护工、量、器具		2	工、量、器具乱摆乱放扣2分				
10	安全及其他	按国家法规或企业规定			违规一次从总分扣5分；严重违规停止操作			—	
		在规定时间内完成			超时1min从总分中扣5分，超时3min停止操作			—	
合　计				100					

否定项说明：若出现发生事故等情况，该题为零分。

试题34：离心式压缩机浮环密封的安装(现场模拟)

(考核时间：18min)

序号	考核内容	考核要点		配分	评分标准	检测结果	扣分	得分	备注
		步　骤	技术要求						
1	准备工作	穿戴劳保用品		3	不符合要求扣3分				
		工、量、器具准备		2	选择不正确扣2分				
2	步骤及技术要求	检查型号是否相符，有无缺少零件	各元件应无碰坏、变形、裂缝等缺陷	5	型号选择不符合扣2.5分；零件缺少或有缺陷未查出扣2.5分				
3		检查清洗轴、密封腔	轴应无划痕、沟槽、毛刺等缺陷	5	达不到要求每项扣1.5分				
4		测量浮动环及轴的配合间隙	浮动环及轴的配合间隙应符合规范要求	15	测量每误差0.02mm扣10分				
5		安装内置迷宫密封和内密封盒	迷宫疏齿不得有损伤	10	装配达不到要求扣10分				
6		安装内浮环	浮环方向正确，并能上下自由浮动	20	装配达不到要求每项10分				
7		安装弹簧	弹簧长短一致	5	装配达不到要求扣5分				
8		安装外浮环	浮环方向正确，并能上下自由浮动；销钉间隙符合要求	20	装配达不到要求每项10分				
9		安装外密封盒	密封盒不得有损伤	5	装配达不到要求扣5分				
10		安装外置迷宫密封	迷宫疏齿不得有损伤	5	装配达不到要求扣5分				

续表

序号	考核内容	考核要点 步骤	考核要点 技术要求	配分	评分标准	检测结果	扣分	得分	备注
11	使用工、量、器具	使用工、量、器具		3	工、量、器具使用不正确扣3分				
		维护工、量、器具		2	工、量、器具乱摆乱放扣2分				
12	安全及其他	按国家法规或企业规定			违规一次从总分扣5分;严重违规停止操作			—	
		在规定时间内完成			超时1min从总分中扣5分,超时3min停止操作			—	
合计				100					

否定项说明:若出现发生事故等情况,该题为零分。

试题35:离心式压缩机组轴系对中(现场模拟)

(考核时间:10min)

序号	考核内容	考核要点 步骤	考核要点 技术要求	配分	评分标准	检测结果	扣分	得分	备注
1	准备工作	穿戴劳保用品		3	不符合要求扣3分				
		工、量、器具准备		2	选择不正确扣2分				
2	步骤及技术要求	确定对中调整的基准机器	汽轮机直接驱动的以汽轮机为基准;配有变速机的以变速机为基准	10	确定调整基准错误扣10分				
3		装对中表架	表架要牢固	5	达不到要求扣5分				
4		测量对中数据并作记录	盘车方向应和机器运转方向一致;测量数据要准确: $a_1+a_3=a_2+a_4$ $b_1+b_3=b_2+b_4$	15	盘车方向不正确扣5分				
					测量结果不符合逻辑扣10分				
5		计算确定调整值	按机组对中要求计算调整值	20	计算结果错误扣20分				
6		调整	确认调整值后,先调整垂直方向垫片,再调整水平偏差,然后紧固螺栓	30	调整顺序不正确扣10分				
					对中精度达不到要求扣20分				
7		校核数据	符合图纸要求	10	达不到要求扣10分				
8	使用工、量、器具	使用工、量、器具		3	工、量、器具使用不正确扣3分				
		维护工、量、器具		2	工、量、器具乱摆乱放扣2分				
9	安全及其他	按国家法规或企业规定			违规一次从总分扣5分;严重违规停止操作			—	
		在规定时间内完成			超时1min从总分中扣5分,超时3min停止操作			—	
合计				100					

否定项说明:若出现发生事故等情况,该题为零分。

试题 36：离心式压缩机转子轴向位置的确定（现场模拟）

（考核时间：10min）

序号	考核内容	考核要点		配分	评分标准	检测结果	扣分	得分	备注
		步　骤	技术要求						
1	准备工作	穿戴劳保用品		3	不符合要求扣 3 分				
		工、量、器具准备		2	选择不正确扣 2 分				
2	步骤及技术要求	测量总窜量	在没有装止推轴承情况下，测量出转子与定子的轴向总窜量	10	未测量总窜量扣 10 分				
3		测量中心线偏差	装上主止推轴承，把转子推向止推轴承工作面，使止推盘与止推轴承工作面贴合，测量叶轮流道与隔板流道中心线偏差	30	测量方法不正确扣 30 分				
4		调整	通过调整主止推轴承调整垫片，确保叶轮流道与隔板流道中心线偏差符合技术要求	40	按要求调整每超差 0.10mm 扣 10 分				
5		确定止推轴承间隙	转子处于总窜量中间；止推间隙 0.40~0.50mm	10	达不到要求每项扣 5 分				
6	使用工、量、器具	使用工、量、器具		3	工、量、器具使用不正确扣 3 分				
		维护工、量、器具		2	工、量、器具乱摆乱放扣 2 分				
7	安全及其他	按国家法规或企业规定			违规一次从总分扣 5 分；严重违规停止操作			—	
		在规定时间内完成			超时 1min 从总分中扣 5 分，超时 3min 停止操作			—	
合　计				100					

否定项说明：若出现发生事故等情况，该题为零分。

试题 37：离心式压缩机轴承温度高的处理（现场模拟）

（考核时间：15min）

序号	考核内容	考核要点		配分	评分标准	检测结果	扣分	得分	备注
		故　障	排除方法						
1	准备工作	穿戴劳保用品		3	不符合要求扣 3 分				
		工、量、器具准备		2	选择不正确扣 2 分				
2	故障及排除方法	油压低，进油量少	调节油压，使其符合规范要求；调整孔板增加油量	10	达不到要求扣 10 分				
3		轴瓦间隙过大或过小	调整轴瓦间隙使其符合规范要求	20	按规范每超差 0.02mm 扣 10 分				
4		轴瓦装反或损坏	检查调整或更换轴瓦	25	达不到要求扣 25 分				

续表

序号	考核内容	考核要点		配分	评分标准	检测结果	扣分	得分	备注
		故　障	排除方法						
5		轴承进油温度高	加大油冷器冷却水量	5	未能提出排除方法扣5分				由有关工种人员完成
6		润滑油变质	更换合格的润滑油	5	未能提出排除方法扣5分				
7		转子对中偏差大	转子对中调整	20	按规范每超差0.02mm扣5分				
8		转子不平衡	转子找动平衡	5	未能提出排除方法扣5分				由有关工种人员完成
9	使用工、量、器具	使用工、量、器具		3	工、量、器具使用不正确扣3分				
		维护工、量、器具		2	工、量、器具乱摆乱放扣2分				
10	安全及其他	按国家法规或企业规定			违规一次从总分扣5分；严重违规停止操作			—	
		在规定时间内完成			超时1min从总分中扣5分，超时3min停止操作			—	
合　计				100					

否定项说明：若出现发生事故等情况，该题为零分。

试题38：汽轮机转子回装（现场模拟）

（考核时间：15min）

序号	考核内容	考核要点	配分	评分标准	检测结果	扣分	得分	备注
1	准备工作	穿戴劳保用品	3	不符合要求扣3分				
		工、量、器具准备	2	选择不正确扣2分				
2	步骤及要求	转子清洗检查并用压缩空气吹扫干净	10	达不到要求每项扣5分				
3		清洗检查下缸内的隔板，隔板套和汽封、两端下轴瓦，并用压缩空气吹扫干净	15	达不到要求每项扣2分				
4		起吊转子，将水平仪放在各轴颈处，检查并调整转子水平、应与汽缸水平保持一致，其误差不得超过0.10mm/m，扬起方向应与下缸扬起方向一致	15	水平调节不符合要求扣10分				
5		转子就位，不允许碰擦，装上工作瓦块并浇上汽轮机油作好定位	5	未浇汽轮机油装配扣5分				
			25	止推瓦装配不正确扣25分				
			10	转子就位时发生碰擦扣10分				
6		转子就位完毕，用专用工具盘动转子，动静部件不相互摩擦	10	达不到要求扣10分				

续表

序号	考核内容	考核要点	配分	评分标准	检测结果	扣分	得分	备注
7	使用工、量、器具	使用工、量、器具	3	工、量、器具使用不正确扣3分				
		维护工、量、器具	2	工、量、器具乱摆乱放扣2分				
8	安全及其他	按国家法规或企业规定		违规一次从总分扣5分；严重违规停止操作			—	
		在规定时间内完成		超时1min从总分中扣5分，超时3min停止操作			—	
合　计			100					

试题39：汽轮机径向轴瓦的刮研（现场模拟）

（考核时间：30min）

序号	考核内容	考核要点		配分	评分标准	检测结果	扣分	得分	备注
		步　骤	技术要求						
1	准备工作	穿戴劳保用品		3	不符合要求扣3分				
		工、量、器具准备		2	选择不正确扣2分				
2	步骤及要求	用煤油将轴瓦清洗干净	轴瓦合金层应无伤痕、裂纹、气孔、脱壳等	5	达不到要求每项扣2分				
3		核对轴瓦与轴颈各主要尺寸是否符合要求	轴颈圆度、圆柱度不大于0.01mm	5	达不到要求每项扣1分				
4		对合金层进行初步刮研，同时要检查水平结合面严密性	水平结合面的严密性用0.02mm的塞尺应塞不进	5	达不到要求每项扣3分				
5		刮研轴承衬背与轴承座接触面积	瓦枕与瓦背接触面积达75%以上	20	接触面积每少2%扣10分				
6		对下轴瓦合金层进行精刮研	用涂色法检查轴承衬与轴颈的接触面积应达75%以上，一般接触角为60°~90°	10	接触面积每少5%扣10分				
				15	接触角度每超差5°扣10分				
7		对上轴瓦进行精刮研，同时调整顶间隙	符合规范要求	20	每超差0.02mm扣10分				
8		测量调整轴承衬背过盈量	符合规范要求	10	每超差0.02mm扣10分				
9	使用工、量、器具	使用工、量、器具		3	工、量、器具使用不正确扣3分				
		维护工、量、器具		2	工、量、器具乱摆乱放扣2分				

续表

序号	考核内容	考核要点		配分	评分标准	检测结果	扣分	得分	备注
		步　　骤	技术要求						
10	安全及其他	按国家法规或企业规定			违规一次从总分扣5分；严重违规停止操作			—	
		在规定时间内完成			超时1min从总分中扣5分，超时3min停止操作			—	
合　　计				100					

试题40：汽轮机止推瓦调整（现场模拟）

（考核时间：30min）

序号	考核内容	考核要点	配分	评分标准	检测结果	扣分	得分	备注
1	准备工作	穿戴劳保用品	3	不符合要求扣3分				
		工、量、器具准备	2	选择不正确扣2分				
2	步骤及要求	将转子推向止推轴承工作面，用塞尺检查左右两侧各级喷嘴出口边缘至叶片进口边缘的轴向间隙，然后将转子按运转方向依次旋转90°，测量各级轴向间隙	20	测量方法不正确扣10分				
				测量值每误差0.05mm扣5分				
3		通过调整主推力瓦调整垫片，使转子轴向各部间隙符合规范	30	按规范每超差0.10mm扣20分				
4		改变副止推瓦调整垫片厚度使止推瓦间隙符合要求	30	按规范每超差0.02m扣10分				
5		检查止推瓦合金面与推力盘接触面，不均匀可作适当的刮研	10	达不到要求扣10分				
6	使用工、量、器具	使用工、量、器具	3	工、量、器具使用不正确扣3分				
		维护工、量、器具	2	工、量、器具乱摆乱放扣2分				
7	安全及其他	按国家法规或企业规定		违规一次从总分扣5分；严重违规停止操作			—	
		在规定时间内完成		超时1min从总分中扣5分，超时3min停止操作			—	
合　　计			100					

试题41：烟气轮机动叶片顶间隙的测量（现场模拟）

（考核时间：8min）

序号	考核内容	考核要点	配分	评分标准	检测结果	扣分	得分	备注
1	准备工作	穿戴劳保用品	3	不符合要求扣3分				
		工、量、器具准备	2	选择不正确扣2分				

续表

序号	考核内容	考核要点	配分	评分标准	检测结果	扣分	得分	备注
2	步骤及技术要求	把转子推到工作状态位置	15	没做到扣15分				
3		找出转子叶片中最长的叶片作为测量基准	25	测量方法不正确扣15分；没找出基准叶片扣10分				
4		把壳体沿圆周至少均匀分成8等分	10	测量点每少一点扣2.5分				
5		以基准叶片沿圆周逐一用塞尺测量间隙并作记录	35	测量每误差0.10mm每点扣5分；不作记录扣5分				二级动叶用压铅法测量
6		确定最小间隙值	5	确定最小间隙值不正确扣5分				
7	使用工、量、器具	使用工、量、器具	3	工、量、器具使用不正确扣3分				
		维护工、量、器具	2	工、量、器具乱摆乱放扣2分				
8	安全及其他	按国家法规或企业规定		违规一次从总分扣5分；严重违规停止操作			—	
		在规定时间内完成		超时1min从总分中扣5分，超时3min停止操作			—	
合计			100					

否定项说明：若出现发生事故等情况，该题为零分。

第四部分

技师/高级技师

一、石油化工行业职业标准(技师工作要求)

职业功能	工作内容	技能要求	相关知识
机泵维修与安装	(一)机泵维护	1. 能对关键、大型机组的运行状态进行分析 2. 能运用状态监测和故障诊断技术，分析诊断机泵故障 3. 能根据机泵装配数据，结合运行状况正确判断机泵故障 4. 能对机泵的重大故障提出处理方案	1. 机械振动相关知识 2. 国内外常用金属与非金属材料的选用和代用知识 3. 机泵状态监测和故障诊断知识 4. 机泵安装相关标准 5. 机泵安装相关理论知识 6. 相关化工机器知识
	(二)机泵检修	1. 掌握大型机组的结构原理，并能指导大型机组的拆装 2. 能检查、修理和调整大型机组的关键零部件 3. 能选用零件材料和代用材料	
	(三)机泵安装	1. 能组织关键、大型机组的安装 2. 能解决机泵安装过程中的难题	
工具、量具、辅助设备的使用与维护	(一)工具、量具、辅助设备的使用	使用先进的机泵检修、安装机具和检测仪器	1. 高精度工具、量具、辅助设备性能、结构、工作原理及使用知识 2. 先进测量仪器、仪表的性能、结构、工作原理及使用知识
	(二)工具、量具、辅助设备的维护	1. 能保养先进检测仪器 2. 能维护修理机泵安装检修的先进机具	
	(三)工具、量具、辅助设备的改进与制作	能设计和制作复杂的工、夹具	
绘图与计算	(一)绘图	1. 能绘制较复杂的零件图 2. 能绘制装配草图	电脑绘图基础知识
	(二)计算	能对机泵设备进行一般性的定性和定量分析核算	1. 机泵基础理论知识 2. 机械设计计算知识
管理	(一)质量管理	1. 能运用 ISO 9000 族标准对机泵检修、安装质量进行控制 2. 能组织评定机泵检修、安装质量	ISO 9000 族标准知识
	(二)HSE管理	能对施工过程进行安装技术监控	相关安全知识
	(三)生产管理	能组织有关人员协同作业，能协助部门领导进行现场生产管理	生产管理知识
	(四)技术管理	1. 能撰写机泵检修、安装、试运、事故处理的技术总结 2. 能编写关键、大型机组检修、安装施工方案和统筹	1. 写作知识 2. 技术管理基本知识

续表

职业功能	工作内容	技能要求	相关知识
相关工种	（一）机加工	能编制一般机泵零件机加工工艺	机加工知识
	（二）热处理	能进行一般机泵零件热处理	金属热处理工艺知识
	（三）起重工	能编制机组检修、安装吊装方案	起重知识
	（四）管、铆、焊	1. 能计算一般机泵的最大允许力矩范围 2. 能分析工艺管件应力对机泵的影响	1. 热工计算基础知识 2. 焊接基础知识
	（五）电工	能看懂机泵的电气控制系统图	电工基础知识
	（六）仪表	能看懂机泵的仪表控制系统	机泵的仪表控制基础知识
	（七）工艺参数分析	能分析生产装置工艺参数对一般机泵运行的影响	相关操作规程
培训与指导	培训	能对高级工开展专业技术培训	培训知识
	指导	能对高级工传授和指导解决机泵疑难问题的范例	

二、石油化工行业职业标准(高级技师工作要求)

职业功能	工作内容	技能要求	相关知识
机泵维修与安装	（一）机泵维护	1. 能应用机泵的状态监测技术 2. 能运用故障诊断技术诊断机泵设备故障 3. 能对大型、关键机泵的重大疑难问题进行技术分析，提出解决方案	1. 金相学和振动学的基本理论知识 2. 摩擦、润滑、腐蚀的基本理论知识 3. 特殊金属材料和工程塑料的知识 4. 机泵的状态监测和故障诊断知识 5. 新型机组的结构、原理、检测、安装、修理和调试知识 6. 国内外机泵检修维修的最新技术动态
	（二）机泵检修	1. 能检验出大型机组关键零部件存在的问题 2. 能处理、修复大型机组关键零部件的缺陷 3. 能组装、调试大型机组的关键部件 4. 能正确选用机泵关键零件的材料和代用材料	
	（三）机泵安装	1. 能组织特大型机泵的现场安装 2. 能解决特大型机组安装工艺难题 3. 能调试最新型机泵	
工具、量具、辅助设备的使用与维护	（一）工具、量具、辅助设备的使用	能使用机泵检修、安装的新型机具	1. 机泵检修、安装机具的设计知识 2. 先进测量仪器、仪表的性能、结构、工作原理及其精度检查调整知识
	（二）工具、量具、辅助设备的维护	1. 能排除机泵检修、安装辅助机具的故障 2. 能保养用于机泵检修、安装的新型检测仪器	
	（三）工具、量具、辅助设备的改进与制作	1. 能设计、制作机泵检修、安装的特殊机具 2. 能改进机泵用于检修、安装的较先进的机具	
绘图计算	（一）绘图	能绘制标准机械装配图	电脑制图知识
	（二）计算	能对机泵设备进行较复杂的定性和定量分析核算	机械设计计算知识

续表

职业功能	工作内容	技能要求	相关知识
管理	（一）质量管理	1. 能对使用中的大型机组及特殊设备的质量进行动态分析，并提出建设性建议 2. 能组织和指导对大型机组制造、安装、检修的质量进行验收	1. 大型机组检修、安装、调试质量标准和质量检验、质量评定方法 2. 机泵相关国际标准
	（二）HSE管理	1. 石化企业安全生产管理规定和安全技术标准 2. 能编制机泵检修、安装施工安全技术规程	安全技术管理知识及有关安全生产法规
	（三）生产管理	1. 能制定机泵维修钳工生产管理规章制度 2. 能组织大修装置的机泵检修工作	车间生产管理的有关知识
	（四）技术管理	1. 能对重大的设备问题提出改进方案 2. 能撰写技术论文	1. 网络技术知识 2. 技术管理知识 3. 技术论文写作知识
相关工种	（一）机加工	能编制机泵配件的加工工艺	机械制造知识
	（二）热处理	能进行特殊材料的一般热处理	特殊材料热处理知识
	（三）起重工	能编制大型机组大修、安装、吊装方案	起重吊装知识
	（四）管、铆、焊	能编制机泵及配件的管、铆、焊修理方案	铆接、焊接、配管的相关知识
	（五）电工	能分析、判断机泵常见的电气故障	机泵电气联锁控制知识
	（六）仪表	能分析、判断机泵常见的仪表故障	机泵仪表联锁控制知识
	（七）工艺参数分析	能分析、生产工况变化对机泵造成的影响	石油化工生产装置基本流程
培训与指导	培训	1. 能对高级工、技师开展系统的专业技术培训 2. 能制定本职业各级别的培训计划、大纲 3. 能举办新技术、新工艺、新材料的专题讲座	培训的有关知识
	指导		

三、理论知识鉴定要素细目表

行业通用理论知识鉴定要素细目表

鉴定范围						鉴定点		
一级		二级		三级		代码	名称	重要程度
代码	名称	代码	名称	代码	名称			
A	基本要求	B	基础知识	B	识图基础知识	001	设备布置图基础知识	X
						002	管道布置图基础知识	X
						003	化工设备图尺寸标注方法	X
						004	装配图内容	X
				D	质量基础知识	001	ISO 9000 族标准质量管理审核的依据	X
						002	ISO 9001 标准质量管理体系的总体思路	X

续表

鉴定范围						鉴定点		
一级		二级		三级		代码	名称	重要程度
代码	名称	代码	名称	代码	名称			
				E	计算机基础知识	001	数据库的概念	X
						002	数据表的建立	X
						003	PowerPoint 课件的制作	X
B	相关知识	E	管理知识	A	生产管理	001	生产的管理	X
						002	设备的管理	X
						003	现场的管理	X
				B	编写技术文件	001	生产总结报告的常用格式	X
						002	技术论文的结构内容	X
						003	技术论文标题拟订的基本原则	X
						004	技术论文摘要拟订的基本原则	X
						005	技术论文编写的基本要素	X
						006	装置标定报告主要内容	X
						007	装置验收报告主要内容	X
						008	工艺技术规程主要内容	X
						009	岗位操作法的主要内容	X
						010	检修方案的主要内容	X
						011	开工方案的主要内容	X
						012	停工方案的主要内容	X
				C	技术改进	001	技术改造的目的	X
						002	技术改造的程序	X
						003	技术改造方案的主要内容	X
						004	技术改造的有关步骤	X
						005	技术改造申请书的编写格式	X
						006	技术革新成果的鉴定知识	X
						007	技术改造的注意事项	X
						008	技术革新成果报告的主要内容	X
				A	培训与指导	001	专项培训方案制定的要求	X
						002	培训教学常用方法	X
						003	培训教案编写的要求	X
						004	培训教学的组织实施	X
						005	评估培训效果的意义	X

工种理论知识鉴定要素细目表

鉴定范围						鉴定点		
一级		二级		三级		代码	名称	重要程度
代码	名称	代码	名称	代码	名称			
A	基本要求	B	基础知识	H	热处理	001	硫对钢焊接性的不良影响	Z
						002	钢的氮化工艺	X
						003	钢的渗碳工艺	X
						004	钢的淬透性	X
						005	合金元素在钢中的作用	Z
B	相关知识	E	绘图与计算	A	绘图	001	装配图与零件图的异同	Y
						002	表面展开图的应用	X
						003	展开图的画法	X
						004	部件装配结构的合理性	X
						005	机件形状的表达方法	X
						006	电脑绘图的运用	X
				B	计算	001	同心度单表找正计算	X
						002	抗拉强度计算	X
						003	轴向力的计算	X
						004	剩余不平衡量的计算	X
						005	螺栓伸长量计算	X
						006	螺栓预紧力的计算	X
						007	麻绳直径选用的计算	X
						008	金属的塑性计算	Y
						009	热膨胀的计算	X
						010	汽蚀余量的计算	X
						011	机械密封端面比压的计算	X
						012	比转数的计算	Z
						013	校核梁的强度	X
						014	机械加工量的计算	X
						015	直齿齿轮的计算	Y
						016	蜗轮蜗杆的计算	Y
		C	机泵维修与安装	A	机泵通用技术	001	滑动轴承油膜形成的机理	X
						002	滑动轴承油膜涡动的机理	X
						003	浮环密封系统的原理	X
						004	浮环密封的组装要求	X
						005	干气密封系统的原理	X
						006	干气密封的平衡方法	X

续表

鉴定范围						鉴定点		
一级		二级		三级		代码	名称	重要程度
代码	名称	代码	名称	代码	名称			
						007	转子不平衡的原因	X
						008	转子质量偏心故障的振动特征	Y
						009	转子弯曲的故障机理	X
						010	高速转子动平衡的要求	X
						011	高速机械转子弯曲的原因	X
						012	频谱分析的概念	X
						013	转子轴心轨迹的定义	Y
						014	现场设备诊断常用分析方法	X
						015	API 标准对压缩机性能的基本要求	X
						016	API 标准对齿式联轴器的主要要求	Y
				B	离心泵	001	双支承离心泵转子与壳体同轴度的调整方法	X
						002	高速离心泵流量不足的原因	X
						003	高速离心泵电机过载的原因	X
						004	高速离心泵振动大的原因	X
						005	多级离心泵轴向力平衡的组合装置	X
				H	螺杆压缩机	001	螺杆压缩机装配的技术要求	X
						002	螺杆压缩机异响的原因	X
						003	螺杆压缩机油温过高的原因	X
						004	螺杆压缩机振动的原因	X
						005	螺杆压缩机启动负荷大的原因	X
				I	变速机	001	变速机机体发热的原因	X
						002	变速机噪音大的原因	X
				J	往复式压缩机	001	往复式压缩机调节的内容	X
						002	往复式压缩机曲轴张合度过大的影响	X
						003	往复式压缩机曲轴安装的技术要求	X
						004	往复式压缩机缸体偏差的修复方法	X
						005	往复式压缩机管路发生振动的原因	X
						006	往复式压缩机活塞环异常磨损的原因	X
						007	往复式压缩机机体产生振动的原因	X
						008	往复式压缩机排气量达不到设计要求的原因	X
						009	往复式压缩机气缸的故障原因	X
						010	往复式压缩机曲轴箱有敲击声的原因	X
						011	往复式压缩机十字头跑偏的原因	X

续表

鉴定范围						鉴定点		
一级		二级		三级		代码	名称	重要程度
代码	名称	代码	名称	代码	名称			
						012	往复式压缩机传动机构撞击的原因	X
						013	往复式压缩机气缸异响的原因	Y
						014	往复式压缩机活塞环偏磨的原因	X
						015	往复式压缩机曲轴变形的原因	X
				K	离心式压缩机	001	离心式压缩机流量调节的方法	X
						002	离心式压缩机隔板同轴度的调整方法	X
						003	离心式压缩机轴向力的平衡方法	X
						004	离心式压缩机机体异响的原因	X
						005	离心式压缩机产生喘振的原因	X
						006	离心式压缩机振动大的原因	X
				L	汽轮机	001	汽轮机叶片裂纹的检查方法	Y
						002	汽轮机汽缸裂纹的检查方法	Y
						003	汽轮机轴位移过大的原因	X
						004	汽轮机调节系统不能维持空负荷运行的原因	X
						005	汽轮机调节系统波动的原因	X
						006	汽轮机缸体热变形的原因	X
						007	引起汽轮机超速的原因	X
						008	汽轮机振动过大的主要原因	X
						009	汽轮机水击的原因	X
						010	汽轮机叶片损坏的原因	X
						011	汽轮机动静碰磨产生的原因	X
				M	烟气轮机	001	烟气轮机密封系统的工作原理	X
						002	烟气轮机“飞车”的危害	X
						003	烟气轮机的配置方法	X
						004	烟气轮机振动的原因	X
		D	相关工种	A	机加工	001	数控机床加工的特点	Z
						002	数控机床的组成部分	Y
						003	零件机械加工工艺的内容	Y
						004	机械加工精度的获得方法	X
						005	零件表面选择加工的方法	X
				B	起重工	001	常用汽车式起重机的类型	Y
						002	滑轮组的选用方法	X
						003	安装桅杆的基本方法	Z

续表

鉴定范围						鉴定点		
一级		二级		三级		代码	名称	重要程度
代码	名称	代码	名称	代码	名称			
				C	管、铆、焊工	001	铸铁焊接的注意事项	X
						002	管道的安装工艺	Y
						003	电焊条的选择方法	X
						004	铆接的方法	Z
				D	电工	001	跨步电压的概念	Y
						002	常用电机的类型	X
						003	常用电机型号的含义	X
						004	熔断器的选择种类	X
						005	低压电路的常用保护	X
						006	常用照明的常识	Y
						007	电流的常识	X
						008	电压的基本常识	X
						009	简单交流电路常识	X
						010	电磁感应的常识	X
						011	用电的安全常识	X
						012	电动机功率选用的要点	X
						013	同步电动机的工作原理	Y
						014	异步电动机的工作原理	Y
						015	直流电动机的基本原理	Y
						016	变压器的基本构造	X
				E	仪表	001	常用控制阀的分类	Y
						002	仪表的性能指标	Y
						003	常用物位检测仪表	X
						004	常用的压力测量仪表	X
						005	气动执行机构的形式	Z
						006	机组轴位移保护装置的主要形式	X
						007	流量测量仪表的选用原则	X
						008	压力仪表的选用原则	X
						009	温度测量仪表的分类	Y
						010	温度检测方法	X
						011	流量检测的主要方法	X
						012	控制器参数整定的方法	Y
						013	工业常用的压力检测方法	X
						014	物位检测的方法	X

续表

鉴定范围						鉴定点		
一级		二级		三级		代码	名称	重要程度
代码	名称	代码	名称	代码	名称			
				F	工艺参数分析	001	离心式压缩机的性能参数	Y
						002	离心式压缩机机械跑合试验的测定检查项目	Y
						003	汽轮机超速保护装置试验的要求	X
						004	汽轮机调节系统的静态试验的内容	X

四、理论知识试题

行业通用理论知识试题

判断题

1. 设备布置图是构思建筑图的前提，建筑图又是设备布置图的依据。（√）

2. 化工设备图中，如图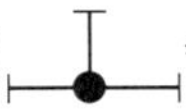管道立面图，其平面图为。（×）

正确答案：化工设备图中，如图管道立面图，其平面图为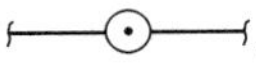。

3. 在化工设备图中，由于零件的制造精度不高，故允许在图上将同方向(轴向)的尺寸注成封闭形式。（√）

4. 装配图中，当序号的指引线通过剖面线时，指引线的方向必须与剖面线平行。（×）

正确答案：装配图中当序号的指引线通过剖面线时，指引线的方向必须与剖面线不平行。

5. 只有 ISO 9000 质量保证模式的标准才能作为质量审核的依据。（×）

正确答案：除 ISO 9000 族质量标准以外，还有其他一些国际标准可以作为质量审核的依据。

6. ISO 9000：2000 版标准减少了过多强制性文件化要求，使组织更能结合自己的实际，控制体系过程，发挥组织的自我能力。（√）

7. 数据库就是存储和管理数据的仓库。（×）

正确答案：数据库就是按一定结构存储和管理数据的仓库。

8. 在计算机应用软件中 VFP 数据表中日期字段的宽度一般为 10 个字符。（×）

正确答案：在计算机应用软件中 VFP 数据表中日期字段的宽度一般为 8 个字符。

9. 在应用软件 PowerPoint 中可以插入 WAV 文件、AVI 影片，但不能插入 CD 音乐。（×）

正确答案：在 PowerPoint 中可以插入 WAV 文件、AVI 影片，也能够插入 CD 音乐。

10. 在应用软件 PowerPoint 中播放演示文稿的同时，单击鼠标右键，选择“指针选项”中的“画笔”选项，此时指针会自动的变成一支画笔的形状，按住鼠标左键，就可以随意书写文字了。（√）

11. 基本生产过程在企业的全部生产活动中居主导地位。（√）

12. 企业的生产性质、生产结构、生产规模、设备工装条件、专业化协作和生产类型等因素都会影响企业的生产过程组织，其中影响最大的是生产规模。（×）

正确答案：企业的生产性质、生产结构、生产规模、设备工装条件、专业化协作和生产类型等因素都会影响企业的生产过程组织，其中影响最大的是生产类型。

13. 日常设备检查是指专职维修人员每天对设备进行的检查。 (×)

正确答案：日常设备检查是指操作者每天对设备进行的检查。

14. 现场管理是综合性、全面性、全员性的管理。 (√)

15. 通过对工艺指标分析和对比可以找出设备运行中存在的不足和问题，指导有目的地加以优化和改进。 (√)

16. 关键词是为了文献标引工作，从论文中选取出来，用以表示全文主要内容信息款目的单词或术语，一般选用3~8个词作为关键词。 (√)

17. 技术论文的摘要是对各部分内容的高度浓缩，可以用图表和化学结构式说明复杂的问题，并要求对论文进行自我评价。 (×)

正确答案：技术论文的摘要是对各部分内的高度浓缩，在摘要中不可以用图表和化学结构式，不要对论文进行自我评价。

18. 理论性是技术论文的生命，是检验论文价值的基本尺度。 (×)

正确答案：创见性是技术论文的生命，是检验论文价值的基本尺度。

19. 生产准备应包括：组织机构(附组织机构图)、人员准备及培训、技术准备及编制《投料试车总体方案》(附投料试车统筹网络图)、物资准备、资金准备、外部条件准备和营销准备。 (√)

20. 工艺技术规程侧重于主要规定设备如何操作。 (×)

正确答案：工艺技术规程侧重于主要规定设备为何如此操作。

21. 岗位操作法应由车间技术人员根据现场实际情况编写，经车间主管审定，并组织有关专家进行审查后，由企业主管批准后执行。 (√)

22. 技术改造的过程中竣工验收时应以基础设计为依据。 (×)

正确答案：技术改造的过程中竣工验收的依据是批准的项目建议书、可行性研究报告、基础设计(初步设计)、有关修改文件及专业验收确认的文件。

23. 技术改造项目正式验收后要按照对技术经济指标进行考核标定，编写运行标定报告。 (×)

正确答案：技术改造项目正式验收前要按照对技术经济指标进行考核标定，编写运行标定报告。

24. 培训需求分析是培训方案设计和制定的基础和指南。 (√)

25. 案例教学因受到案例数量的限制，并不能满足每个问题都有相应案例的需求。(√)

26. 主题是培训教案的灵魂，提纲是教案的血脉，素材是培训教案的血肉。 (√)

27. 在培训活动中，学员不仅是学习资料的摄取者，同时也是一种可以开发利用的宝贵的学习资源。 (√)

28. 对内容、讲师、方法、材料、设施、场地、报名的程序等方面的评价属于结果层面的评价。 (×)

正确答案：对内容、讲师、方法、材料、设施、场地、报名的程序等方面的评价属于反应层面的评价。

单选题

1. 设备布置图中，用(B)线来表示设备安装基础。

A. 细实　　B. 粗实　　C. 虚　　D. 点划

2. 如图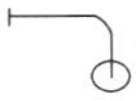为一根管道空间走向的平面图，它的左视图是(B)。

A. 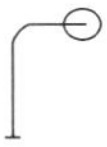　B. 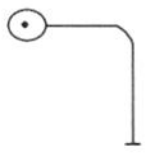　C. 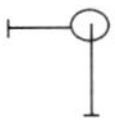　D. 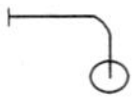

3. 在储罐的化工设备图中，储罐的筒体内径尺寸 ϕ2000 表示的是(A)尺寸。

A. 特性　B. 装配　C. 安装　D. 总体

4. 关于零件图和装配图，下列说法不正确的是(C)。

A. 零件图表达零件的大小、形状及技术要求

B. 装配图是表示装配及其组成部分的联接、装配关系的图样

C. 零件图和装配图都用于指导零件的加工制造和检验

D. 零件图和装配图都是生产上的重要技术资料

5. 在 ISO 9000 族标准中，可以作为质量管理体系审核的依据是(A)。

A. GB/T 19001　B. GB/T 19000　C. GB/T 19021　D. GB/T 19011

6. 按 ISO 9001：2000 标准建立质量管理体系，鼓励组织采用(A)方法。

A. 过程　B. 管理的系统　C. 基于事实的决策　D. 全员参与

7. 目前，比较流行的数据模型有三种，下列不属于这三种的是(D)结构模型。

A. 层次　B. 网状　C. 关系　D. 星形

8. 在计算机应用软件中 VFP 数据库中浏览数据表的命令是(A)。

A. BROWS　B. SET　C. USE　D. APPEND

9. 在应用软件 PowerPoint 中演示文稿的后缀名是(C)。

A. doc　B. xls　C. ppt　D. ppl

10. 在生产过程中，由于操作不当造成原材料、半成品或产品损失的，属于(A)事故。

A. 生产　B. 质量　C. 破坏　D. 操作

11. 对设备进行清洗、润滑、紧固易松动的螺丝、检查零部件的状况，这属于设备的(C)保养。

A. 一级　B. 二级　C. 例行　D. 三级

12. 分层管理是现场 5S 管理中(C)常用的方法。

A. 常清洁　B. 常整顿　C. 常组织　D. 常规范

13. 目视管理是现场 5S 管理中(D)常用的方法。

A. 常组织　B. 常整顿　C. 常自律　D. 常规范

14. 按规定中、小型建设项目应在投料试车正常后(D)内完成竣工验收。

A. 两个月　B. 一年　C. 三个月　D. 半年

15. 下列叙述中，(A)不是岗位操作法中必须包含的部分。

A. 生产原理　B. 事故处理　C. 投、停运方法　D. 运行参数

16. 下列选项中，不属于标准改造项目的是(A)。

A. 重要的技术改造项目　B. 全面检查、清扫、修理

C. 消除设备缺陷，更换易损件　D. 进行定期试验和鉴定

17. 在停车操作阶段不是技师所必须具备的是(D)。

A. 组织完成装置停车吹扫工作

B. 按进度组织完成停车盲板的拆装工作

C. 控制并降低停车过程中物耗、能耗

D. 指导同类型的装置停车检修

18. 下列选项中，属于技术改造的是(C)。

A. 原设计系统的恢复的项目　　B. 旧设备更新的项目

C. 工艺系统流程变化的项目　　D. 新设备的更新项目

19. 为使培训计划富有成效，一个重要的方法是(A)。

A. 建立集体目标

B. 编成训练班次讲授所需的技术和知识

C. 把关于雇员的作茧自缚情况的主要评价反馈给本人

D. 在实施培训计划后公布成绩

20. 在培训教学中，案例法有利于参加者(D)。

A. 提高创新意识　　B. 系统接受新知识

C. 获得感性知识　　D. 培养分析解决实际问题能力

21. 课程设计过程的实质性阶段是(C)。

A. 课程规划　　B. 课程安排　　C. 课程实施　　D. 课程评价

22. 正确评估培训效果要坚持一个原则，即培训效果应在(B)中得到检验。

A. 培训过程　　B. 实际工作　　C. 培训教学　　D. 培训评价

多选题

1. 设备布置图必须具有的内容是(A，B，D)。

A. 一组视图　　B. 尺寸及标注　　C. 技术要求　　D. 标题栏

2. 在化工设备图中，当控制元件位置与任一直角坐标轴平行时，可用(A，C，D)表示。

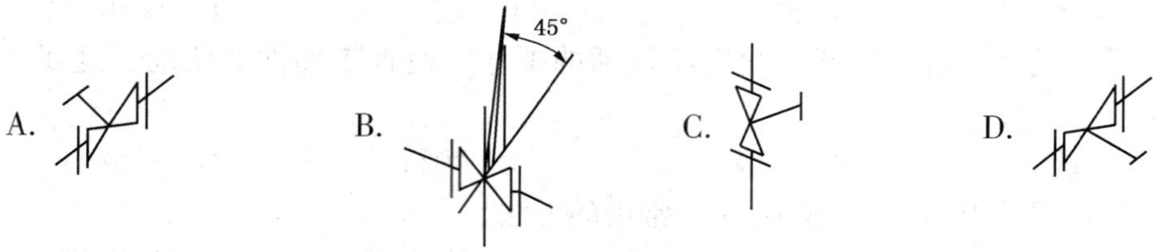

3. 在化工设备图中，可以作为尺寸基准的有(A，B，C，D)。

A. 设备筒体和封头的中心线　　B. 设备筒体和封头时的环焊缝

C. 设备法兰的密封面　　D. 设备支座的底面

4. 在化工设备图中，可以作为尺寸基准的有(A，B，D)。

A. 设备筒体和封头的中心线　　B. 设备筒体和封头时的环焊缝

C. 设备人孔的中心线　　D. 管口的轴线和壳体表面的交线

5. 下列叙述中，不正确的是(A，B，D)。

A. 根据零件加工、测量的要求而选定的基准为工艺基准。从工艺基准出发标注尺寸，能把尺寸标注与零件的加工制造联系起来，使零件便于制造、加工和测量

B. 装配图中，相邻零件的剖面线方向必须相反

C. 零件的每一个方向的定向尺寸一律从该方向主要基准出发标注

D. 零件图和装配图都用于指导零件的加工制造和检验

6. 在 ISO 9000 族标准中，内部质量体系审核的依据是(A，B，C，D)。

A. 合同要素　　B. 质量文件

C. ISO 9000 族标准　　D. 法律、法规要求

7. ISO 9001 标准具有广泛的适用性，适用于(B，D)。

A. 大中型企业　　B. 各种类型规模及所有产品的生产组织

C. 制造业　　D. 各种类型规模及所有产品的服务的组织

8. 在计算机应用软件中 VFP 能用来建立索引的字段是(C，D)字段。

A. 通用型(图文型)　B. 备注(文本型)　C. 日期　D. 逻辑

9. 关于幻灯片的背景，说法不正确的是(A，C，D)。

A. 只有一种背景　B. 可以是图片　C. 不能更改　D. 以上都错

10. 企业在安排产品生产进度计划时，对市场需求量大，而且比较稳定的产品，其全年任务可采取(A，B)。

A. 平均分配的方式　　B. 分期递增方法

C. 抛物线形递增方式　　D. 集中轮番方式

11. 设备的一级维护保养的主要内容是(A，B，C)。

A. 彻底清洗、擦拭外表　　B. 检查设备的内脏

C. 检查油箱油质、油量　　D. 局部解体检查

12. 现场目视管理的基本要求是(A，B，C，D)。

A. 统一　B. 简约　C. 鲜明　D. 实用

13. 在月度生产总结报告中对工艺指标完成情况的分析应包括(A，B，C，D)。

A. 去年同期工艺指标完成情况　　B. 本月工艺指标完成情况

C. 计划本月工艺指标情况　　D. 未达到工艺指标要求的原因

14. 技术论文标题拟订的基本要求是(B，C，D)。

A. 标新立异　B. 简短精练　C. 准确得体　D. 醒目

15. 技术论文摘要的内容有(A，C，D)。

A. 研究的主要内容　　B. 研究的目的和自我评价

C. 获得的基本结论和研究成果　　D. 结论或结果的意义

16. 技术论文的写作要求是(A，B，D)。

A. 选题恰当　B. 主旨突出　C. 叙述全面　D. 语言准确

17. 装置标定报告的目的是(A，B，D)。

A. 进行重大工艺改造前为改造设计提供技术依据

B. 技术改造后考核改造结果，总结经验

C. 完成定期工作

D. 了解装置运行状况，获得一手资料，及时发现问题，有针对性地加以解决

18. 下列选项中，属于竣工验收报告的内容有(A，B，C，D)。

A. 工程设计　　B. 竣工决算与审计

C. 环境保护　　D. 建设项目综合评价

19. “三级验收”是指(B，C，D)验收。

A. 个人　B. 班组　C. 车间　D. 厂部

20. 在技术改造过程中(A，B，C)的项目应该优先申报。

A. 解决重大安全隐患　　B. 生产急需项目

C. 效益明显项目　　D. 技术成熟项目

21. 在技术改造方案中(A，C，D)设施应按设计要求与主体工程同时建成使用。

A. 环境保护　　B. 交通　　C. 消防　　D. 劳动安全卫生

22. 技术改造申请书应包括(A，B，C，D)。

A. 项目名称和立项依据　　B. 项目内容和改造方案

C. 项目投资预算及进度安排　　D. 预计经济效益分析

23. 进行技术革新成果鉴定必要的条件是(A，B，C，D)。

A. 技术革新确实取得了良好的效果

B. 申报单位编制好技术革新成果汇报

C. 确定鉴定小组人员、资格

D. 确定鉴定的时间、地点和参加人员，提供鉴定时所需各种要求

24. 培训方案应包括(A，B，C，D)等内容。

A. 培训目标　　B. 培训内容　　C. 培训指导者　　D. 培训方法

25. 在职工培训活动中，培训的指导者可以是(A，B，C，D)。

A. 组织的领导　　B. 具备特殊知识和技能的员工

C. 专业培训人员　　D. 学术讲座

26. 在职工培训中，案例教学具有(A，B，C)等优点。

A. 提供了一个系统的思考模式

B. 有利于使受培训者参与企业实际问题的解决

C. 可得到有关管理方面的知识与原则

D. 有利于获得感性知识，加深对所学内容的印象

27. 在职工培训中，讲授法的缺点是(A，B，D)。

A. 讲授内容具有强制性　　B. 学习效果易受教师讲授水平的影响

C. 适用的范围有限　　D. 没有反馈

28. 培训教案一般包括(A，B，C，D)等内容。

A. 培训目标　　B. 教学设计　　C. 培训目的　　D. 重点、难点

29. 编写培训教案的基本技巧是(A，B，C，D)。

A. 确立培训的主题　B. 构思培训提纲　　C. 搜集素材　　D. 整理素材

30. 培训项目即将实施之前需做好的准备工作包括(A，B，C，D)。

A. 通知学员　　B. 后勤准备　　C. 确认时间　　D. 准备教材

31. 生产管理或计划部门对培训组织实施的(A，B)是否得当具有发言权。

A. 培训时机的选择　B. 培训目标的确定　C. 培训计划设计　D. 培训过程控制

32. 在评估培训效果时，行为层面的评估，主要包括(B，C，D)等内容。

A. 投资回报率　　B. 客户的评价　　C. 同事的评价　　D. 主管的评价

33. 培训评估的作用主要有(B，D)等几个方面。

A. 提高员工的绩效和有利于实现组织的目标

B. 保证培训活动按照计划进行

C. 有利于提高员工的专业技能

D. 培训执行情况的反馈和培训计划的调整

简答题

1. 在 ISO 9000 族标准中质量体系审核的依据包括哪些内容？

答：①相关的质量保证模式标准(一般是 ISO 9001、9002、9003)；②质量手册或质量管理手册或质量保证手册；③程序文件；④质量计划；⑤合同或协议；⑥有关的法律、法规。

2. 简述生产过程的基本内容。

答：①生产准备过程；②基本生产过程；③辅助生产过程；④生产服务过程。

3. 什么是设备检查？设备检查的目的是什么？

答：①设备检查是指对设备的运行状况、工作性能、磨损腐蚀程度等方面进行检查和校验；②设备检查能够及时查明和清除设备隐患，针对发现的问题提出解决的措施，有目的地做好维修前的准备工作，以缩短维修时间，提高维修质量。

4. 现场管理有哪些具体要求？

答：①组织均衡生产；②实现物流有序化；③设备状况良好；④纪律严明；⑤管理信息准确；⑥环境整洁，文明生产；⑦组织好安全生产，减少各种事故。

5. 经济指标分析时应注意什么？

答：①指标的准确性。指标的采集汇总必须准确，错误的数据缺乏参照和分析性，甚至产生错误的结论。②指标的可比性。在进行指标分析时通常要在相同运行的状况下进行比较，通常要参照上个月和去年同期的指标。如果运行的状况发生变化要对指标进行相应的修正，否则就失去了指标的可比性。③突出指标分析指导的作用。通过指标分析和对比要找出设备运行中存在的不足和问题，指导有目的地加以优化和改进。

6. 国家标准技术论文应该包括哪些内容？

答：技术论文应包括题目、作者、摘要、关键词、引言、正文、结论、致谢、参考文献、附录等十个部分。

7. 通常情况下技术论文的结构是怎样的？

答：在通常情况下技术论文的正文结构应该是按提出问题——分析问题——提供对策来布置的。①要概括情况、阐述背景、说明意义、提出问题。②在分析问题时必须观点明确，既要抓住矛盾的主要方面，又不能忽视次要方面，析因探源，寻求出路。③要概括前文，肯定中心论点，提出工作对策。提供的对策要有针对性和必要的论证。

8. 技术论文摘要的要求是什么？

答：摘要文字必须十分简练，篇幅大小一般限制字数不超过论文字数的 5%。论文摘要不要列举例证，不讲研究过程，不用图表，不给化学结构式，也不要作自我评价。

9. 简述技术论文的写作步骤。

答：①选题，确定论文的主攻方向和阐述或解决的问题。选题时一般要选择自己感兴趣的和人们关心的“焦点”问题；②搜集材料，要坚持少而精的原则，做到必要、可靠、新颖，同时必须充分；③研究资料，确定论点，选出可供论文作依据的材料，支持论点；④列出详细的提纲，使想法和观点文字化、明晰化、系统化，从而可以确定论文的主调和重点。提纲拟订好后，可以遵循论文写作的规范和通常格式动笔拟初稿。

10. 在竣工验收报告中关于工程建设应包括哪些内容?

答:①工程建设概况;②工程建设组织及总体统筹计划;③工程进度控制;④工程质量控制;⑤工程安全控制;⑥工程投资控制;⑦未完工程安排;⑧工程建设体会。

11. 工艺技术规程应包括哪些内容?

答:①总则;②原料、中间产品、产品的物、化性质以及产品单耗;③工艺流程;④生产原理;⑤设备状况及设备规范;⑥操作方法;⑦分析标准;⑧安全计划要求。

12. 岗位操作法应包括哪些内容?

答:①名称;②岗位职责和权限;③本岗位与上、下游的联系;④设备规范和技术特性,原料产品的物、化性质;⑤开工准备;⑥开工操作步骤;⑦典型状况下投、停运方法和步骤;⑧事故预防、判断及处理;⑨系统流程图;⑩运行参数正常范围和各种试验。

13. 检修方案应包括哪些内容?

答:①设备运行情况;②检修组织机构;③检修工期;④检修内容;⑤检修进度图;⑥检修的技术要求;⑦检修任务落实情况;⑧安全防范措施;⑨检修备品、备件;⑩检修验收内容和标准。

14. 在开车准备阶段技师应具备哪些技能要求?

答:①能完成开车流程的确认工作;②能完成开车化工原材料的准备工作;③ 能按进度组织完成开车盲板的拆装操作;④能组织做好装置开车介质的引入工作;⑤能组织完成装置自修项目的验收;⑥能按开车网络图计划要求,组织完成装置吹扫、试漏工作;⑦能参与装置开车条件的确认工作。

15. 开工方案应包括哪些内容?

答:①开工组织机构;②开工的条件确认;③开工前的准备条件;④开工的步骤及应注意的问题;⑤开工过程中事故预防和处理;⑥开工过程中安全分析及防范措施;⑦附录,重要的参数和控制点、网络图。

16. 停工方案应包括哪些内容?

答:①设备运行情况;②停工组织机构;③停工的条件确认;④停工前的准备条件;⑤停工的步骤及应注意的问题;⑥停工后的隔绝措施;⑦停工过程中事故预防和处理;⑧停工过程中安全分析及防范措施;⑨附录,重要的参数和控制点。

17. 技术改造的目的是什么?

答:通过采用新技术、新工艺,解决制约系统安、稳、优生产运行的问题,推动技术进步和技术创新,更好地提高企业经济效益。

18. 技术改造的前期准备是什么?

答:通过选题和论证确定技术改造的项目和内容,提出立项申请和改造方案。经领导和专家批准后,进行改造设计和设计审查。改造项目确定后,需及时落实资金,完成设备、材料的采购,落实施工单位,组织设计交底。

19. 技术改造方案的主要内容是什么?

答:①项目名称;②项目负责单位;③项目负责人;④建设立项理由和依据,包括原始状况、存在问题和改造依据;⑤改造主要内容,需要写明改造涉及装置设备及详细改造内容;⑥改造技术方案,需写明技术分析、技术要求、方案选择、设备选型及详细的技术方案,并注明动力消耗指标及公用工程配套情况;⑦预计改造效果及经济效益,包括改造后主要经济、技术指标及取得效果；经济效益(附计算式)及技术经济分析；⑧投资计划，包括主要设备材料清单和费用安排(设备询价、材料费用、安装施工费用等)；⑨计划进度安排；⑩安全环保措施。

20. 技术改造的步骤是什么？

答：①前期准备，确定技术改造的项目和内容，经领导和专家批准后，进行改造设计和设计审查。改造项目确定后，需及时落实资金，完成设备、材料的采购，落实施工单位，组织设计交底；②实施阶段，根据改造设计的要求，施工单位应在规定工期内保质保量地完成改造的各项内容。在此过程中应对工程进度、工程质量、工程安全、工程投资进行重点控制；③验收阶段，改造项目完成后，应及时组织投用试车，进行性能考核，检验是否达到设计要求，在运行正常后组织进行竣工验收，并填写竣工验收报告；④后评估阶段，在设备稳定运行一段时间后，应组织对技术改造进行后评估，总结技术改造的效果和经验，根据生产运行实际情况提出建议。

21. 技术革新成果鉴定小组主要程序和主要内容是什么？

答：①听取申报单位技术革新成果汇报情况；②实地查验技术革新成果完成情况，审阅技术革新成果申报资料；③讨论对技术革新成果验收意见，签署技术革新成果验收证书；④颁发技术革新成果验收证书。

22. 在技术改造过程中施工管理时应注意什么？

答：①对改造工程施工全过程应进行组织和管理，及时发现并解决施工存在的问题，严格按照技术检修规程及施工图纸进行施工，确保工程质量和施工进度；②在施工过程中，应加强质量监督并进行实施阶段的设计协调工作，对检查发现的工程质量问题有权责令其停止施工并限期整改；③在施工过程中，应加强对施工现场安全、人身安全的监督，禁止“三违”现象的出现，对不符合要求的有权责令其停止施工并限期整改；④在施工过程中，应加强对施工周围环境的影响的监管，对施工过程中产生的废物要及时妥善处理。

23. 技术革新成果的主要内容是什么？

答：技术革新成果的主要内容是：①项目编号、成果名称、完成单位、申报日期、项目负责人、主要完成人、工作起止时间；②系统原始状况和技术难点；③实施报告，包括方案、措施、完成时间、取得成果(附图纸、资料、技术说明)；④社会、经济效益；⑤申报车间审核意见、技术主管部门审核意见、专业评审小组意见和企业主管领导意见。

24. 培训方案由哪些要素组成？

答：培训方案主要由培训目标、培训内容、培训指导者、受训者、培训日期和时间、培训场所与设备以及培训方法等要素组成。

25. 培训需求分析包括哪些内容？

答：培训需求分析需从多维度来进行，包括组织、工作、个人三个方面；①组织分析指确定组织范围内的培训需求，以保证培训计划符合组织的整体目标与战略要求；②工作分析指员工达到理想的工作绩效所必须掌握的技能和知识；③个人分析是将员工现有的水平与预期未来对员工技能的要求进行比照，发现两者之间是否存在差距。

26. 什么是培训方案？

答：培训方案是培训目标、培训内容、培训指导者、受训者、培训日期和时间、培训场所与设备以及培训方法的有机结合。

27. 什么是演示教学法？在教学中演示教学法具有哪些优点？

答：演示法是运用一定的实物和教具，通过实地示范，使受训者明白某种事务是如何完成的。演示法优点为：①有助于激发受训者的学习兴趣；②可利用多种感官，做到看、听、想、问相结合；③有利于获得感性知识，加深对所学内容的印象。

28. 如何准备教案？

答：准备教案要从以下几个方面着手：

①做好培训需求分析。②教案的编写：确定教案的核心内容与结构；选择合适的教案模式。③培训方式的选择与应用。

29. 在培训教学的组织实施与管理的前期准备阶段，主要的工作有哪些？

答：①确认和通知参加培训的学员；②培训后勤准备；③确认培训时间；④教材的准备；⑤确认理想的讲师。

30. 培训评估具有什么意义？

答：①能为决策提供有关培训项目的系统信息，从而做出正确的判断。②可以促进培训管理水平的提升。③可使培训管理资源得到更广泛的推广和共享。

31. 应从哪些方面评价培训效果？

答：主要应从以下四个层面评估培训效果：①反应，即课程刚结束时，了解学员对培训项目的主观感觉；②学习，即学员在知识、技能或态度等方面学到了什么；③行为，即学员的工作行为方式有多大程度的改变；④结果，即通过诸如质量、数量、安全、销售额、成本、利润、投资回报率等可以量度的指标来考查，看最终产生了什么结果。

工种理论知识试题

判断题

1. 高硫含量的钢焊接时不会引起气孔。（×）

正确答案：高硫含量的钢焊接时会引起气孔。

2. 为了提高渗氮零件心部的综合机械性能，在渗氮前要进行低温回火。（×）

正确答案：为了提高渗氮零件心部的综合机械性能，在渗氮前要进行调质处理。

3. 在装配图中的尺寸标注要求与在零件图中的要求完全相同。（×）

正确答案：在零件图中进行尺寸标注，要求完整地注出制造零件所需的全部尺寸；而在装配图中的尺寸仅要求标注其性能(规格)尺寸、总体尺寸及装配尺寸等必要的尺寸即可。

4. 绘制立体表面展开图就是要获得立体表面的实形。（√）

5. 如图中的机件采用的剖视图种类为半剖视图。（×）

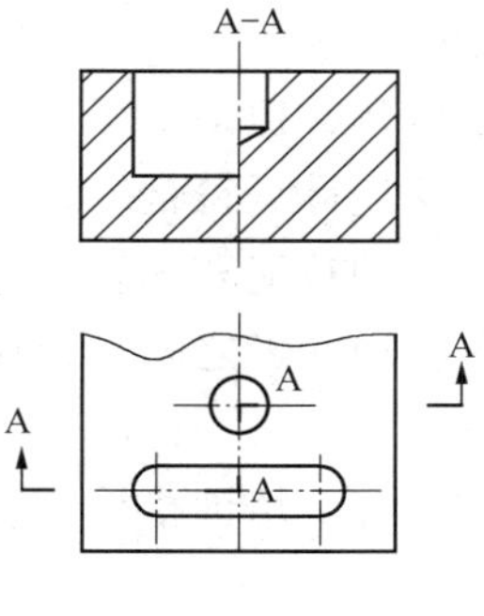

正确答案： 剖视图种类为阶梯剖视图。

6. 图中所示工具栏为 AutoCAD 软件中的"标准"工具栏。 (×)

正确答案： 图中所示工具栏为 AutoCAD 软件中的绘图工具栏。

7. 向浮环密封的浮环引入密封液，把对气相介质的气相密封工况，转换成对液相密封工况。 (√)

8. 浮环密封的浮动环与密封盒的接触面是非密封面，无需进行研磨。 (×)

正确答案： 浮环密封的浮动环与密封盒的接触面是密封面，要进行研磨，并要求其接触面积为 100%。

9. 干气密封端面间的闭合力大小随动环转动而变化。 (×)

正确答案： 干气密封端面间的闭合力大小与动环转动无关。

10. 转子不平衡造成的振动，顺旋转方向上各点的振动存在有相位差。 (√)

11. 转子弯曲时，当弯曲的作用大于不平衡时，振幅的减少发生在临界转速以下。 (×)

正确答案： 转子弯曲时，当弯曲的作用小于不平衡时，振幅的减少发生在临界转速以下。

12. 高速转子在运行中与静止部件发生摩擦，由于摩擦而产生磨损，使转子产生弯曲变形。 (×)

正确答案： 高速转子在运行中与静止部件发生摩擦，由于摩擦而产生热膨胀的周向不均匀性，使转子产生弯曲变形。

13. 周期信号的频谱是一条条离散的谱线，它们均出现在基频的整数倍。 (√)

14. 如果机器的约束力(动刚度)是各向同性的，并且只有不平衡力作用在轴上，那么轴心轨迹将是一个"8"字形。 (×)

正确答案： 如果机器的约束力(动刚度)是各向同性的，并且只有不平衡力作用在轴上，那么轴心轨迹将是一个圆。

15. 键相传感器用来测量相位，不能测量转速。 (×)

正确答案： 键相传感器既用来测量相位，又能测量转速。

16. 当料液黏度、密度增大时，会引起高速离心泵的电机过载。 (√)

17. 螺杆压缩机同步齿轮调整正确与否对螺杆压缩机启动负荷影响不大。 (×)

正确答案： 螺杆压缩机同步齿轮调整不正确会引起螺杆压缩机阴阳转子碰摩而造成启动负荷大。

18. 电动机与变速机的联轴器对中不良，会使变速机机体发热。 (√)

19. 油位高是变速机噪音大的主要原因。 (×)

正确答案： 润滑不良是变速机噪音大的主要原因。

20. 往复式压缩机排气量辅助容积调节方法多用于低压力比的压缩机。 (×)

正确答案： 往复式压缩机排气量辅助容积调节方法多用于高压力比的压缩机。

21. 当往复式压缩机气缸倾斜不大时，采用在接合面间加偏垫的方法来校正。 (×)

正确答案： 当往复式压缩机气缸倾斜不大时，严禁采用在接合面间加偏垫的方法来校正。

22. 往复式压缩机气缸混入冷凝水，会有“撞缸”的危险，但不会引起活塞环异常磨损。（×）

正确答案： 往复式压缩机气缸混入冷凝水，不仅会有“撞缸”的危险，也会引起活塞环异常磨损。

23. 往复式压缩机的气缸与十字头滑道不同心，活塞在行程中将造成磨缸和机身振动。（√）

24. 往复式压缩机活塞杆弯曲或偏缸会造成气缸偏磨。（√）

25. 往复式压缩机机身、中体和气缸装配时所有中心线都要平行，否则就会产生十字头跑偏。（×）

正确答案： 往复式压缩机机身、中体和气缸装配时，要求所有中心线都重合，否则就会产生十字头跑偏。

26. 往复式压缩机十字头与活塞杆联接松动会造成传动机构撞击声。（√）

27. 往复式压缩机气缸余隙容积过大会引起气缸发出撞击声。（×）

正确答案： 往复式压缩机气缸余隙容积过小会引起气缸发出撞击声。

28. 往复式压缩机活塞环在活塞槽里的侧面间隙过小，将会使活塞环发生偏磨。（√）

29. 往复式压缩机连杆螺栓松动或折断，会造成曲轴弯曲变形。（√）

30. 在离心式压缩机进气管上装设节流阀，改变阀门的开度，就改变了压缩机的进气状态，压缩机的特性曲线也就跟着改变。（√）

31. 离心式压缩机转子轴向力为零是最理想状态。（×）

正确答案： 离心式压缩机转子必须保留一定的轴向力。

32. 离心式压缩机在运行中，喘振工况产生的同时，机组振动加剧并伴有强烈的吼叫声。（√）

33. 离心式压缩机的叶轮与轴的配合过盈不够时，叶轮受压力的作用而产生松动，造成压缩机振动。（×）

正确答案： 离心式压缩机的叶轮与轴的配合过盈不够时，叶轮受离心力的作用而产生松动，造成压缩机振动。

34. 汽轮机大修时，汽缸原补焊区应进行光谱定性分析。（√）

35. 当汽轮机隔板汽封间隙太大或隔板接合面间隙太大时，汽封漏汽量增大，使汽轮机级间压差降低，则转子轴向推力减小，轴向位移减少。（×）

正确答案： 当汽轮机隔板汽封间隙太大或隔板接合面间隙太大时，汽封漏汽量增大，使汽轮机级间压差增大，则转子轴向推力增大，轴向位移增大。

36. 汽轮机同步器工作行程调整不当，下限富裕行程太大，当调整器和转速超过额定转速后，同步器调整量太小或失去调整能力，汽轮机就不能维持在空负荷下运行。（×）

正确答案： 汽轮机同步器工作行程调整不当，下限富裕行程太小，当调整器和转速超过额定转速后，同步器调整量太小或失去调整能力，汽轮机就不能维持在空负荷下运行。

37. 汽轮机错油门的重叠度与迟缓率的关系是：错油门的重叠度大，调速系统的总迟缓率减少。（×）

正确答案： 汽轮机错油门的重叠度与迟缓率的关系是：错油门的重叠度大，调速系统的总迟缓率增加。

38. 抽汽逆止阀失灵，当汽轮机甩负荷致使高压加热器疏水汽化后回流，或邻机抽汽进入汽轮机，都会引起汽轮机超速。 (√)

39. 叶片结垢严重，使叶片离心力增大，通流部分截面积减少引起反动度减小，使叶片承受过大的应力，使叶片疲劳损坏。 (×)

正确答案：叶片结垢严重，使叶片离心力增大，通流部分截面积减少引起反动度增大，使叶片承受过大的应力，使叶片疲劳损坏。

40. 烟气轮机轴端气封中间一挡引入压缩空气，以阻止烟气向后泄漏。 (×)

正确答案：烟气轮机轴端气封中间一挡引入压缩空气，以阻止前挡冷却蒸汽向后泄漏。

41. 烟气轮机的四机组配置中，不带齿轮箱的类型一般用于小功率等级。 (×)

正确答案：烟气轮机的四机组配置中，不带齿轮箱的类型一般用于较大功率等级。

42. 数控机床设备操作困难，致使推广和应用受一定限制。 (×)

正确答案：数控机床设备费用较高，致使推广和应用受一定限制。

43. 走刀是在每一个工步中，对金属表面进行切削加工，每次从金属表面上切下一层金属的过程称为一次走刀。 (√)

44. 工件加工时，位置精度的多次装夹法包括直接装夹法和间接装夹法两种。 (×)

正确答案：工件加工时，位置精度的多次装夹法包括直接装夹法、找正装夹法和夹具装夹法。

45. 零件表面的加工方法，首先取决于零件的材料。 (×)

正确答案：零件表面的加工方法，首先取决于加工表面应有的技术要求。

46. 在滑移法安装桅杆时，配合的拖拉绳根数不得少于三根。 (×)

正确答案：在滑移法安装桅杆时，配合的拖拉绳根数不得少于四根。

47. 铸铁焊接时，常由于母材金属过多溶于焊缝，造成焊缝里的碳、磷、硫等成分增高，这是促成白口组织的原因。 (×)

正确答案：铸铁焊接时，常由于母材金属过多溶于焊缝，造成焊缝里的碳、磷、硫等成分增高，这是促成热裂纹的原因。

48. 管道系统强度与严密性试验，一般采用液压试验和气压试验。 (√)

49. 直流电动机可分为同步电动机和异步电动机两类。 (×)

正确答案：直流电动机可分为他励式电动机和自励式电动机两类。

50. 紧接在电动机系列符号后面的数字，如果是三位或四位数，则前两位数字表示额定功率。 (×)

正确答案：紧接在电动机系列符号后面的数字，如果是三位或四位数，则前两位数字表示机座号。

51. 电流未切断时，不得更换保险丝。 (√)

52. 异步电动机转子的转速总要高于旋转磁场的转速，转子才能获得克服阻力而旋转的电磁转矩。 (×)

正确答案：异步电动机转子的转速总要低于旋转磁场的转速，转子才能获得克服阻力而旋转的电磁转矩。

53. 在直流电动机中，换向器将通入的交流电转为直流电。 (×)

正确答案：在直流电动机中，换向器将通入的直流电转为交流电。

54. 直通单座控制阀适用于压差较大，要求泄漏量较小的场合。 (×)

正确答案：直通单座控制阀适用于压差较小，要求泄漏量较小的场合。

55. 弹性式压力表是根据弹性元件受压后产生的变形与压力大小有确定关系的原理进行工作的。 (√)

56. 压力表的选用主要包括仪表型式、量程范围、精度、灵敏度、外形尺寸，以及是否还需要远传和其他功能。 (√)

57. 玻璃液体测温仪适用于液体、气体、蒸汽的中、高温的远距离传送。 (×)

正确答案：玻璃液体测温仪适用于轴承、定子等处的温度作现场指示。

58. 温度检测方法分为接触式和非接触式两大类。 (√)

59. 机械接触式物位检测方法有重锤式、音叉式、旋翼式等。 (√)

60. 离心式压缩机的压缩比越大，离心式压缩机所需的级数就越少，其功耗也越大。 (×)

正确答案：离心式压缩机的压缩比越大，离心式压缩机所需的级数就越多，其功耗也越大。

61. 离心式压缩机机械跑合试验检查项目不包括保护装置的动作试验。 (×)

正确答案：离心式压缩机机械跑合试验检查项目包括保护装置的动作试验。

单选题

1. 钢的气体氮化通常在排除了空气的井式炉内进行，将工件放在密封的炉内加热，并通入(B)。

A. 氮气项式　　B. 氨气　　C. 氩气　　D. 氧气

2. 气体渗碳法要将工件加热到(C)℃。

A. 700～750　　B. 800～850　　C. 900～950　　D. 1000～1050

3. 钢的淬透性是指钢在淬火时能获得(A)的能力。

A. 淬硬层深度　　B. 硬度　　C. 强度　　D. 淬硬层

4. 装配图与零件图各有异同，其中装配图比零件图多了(B)。

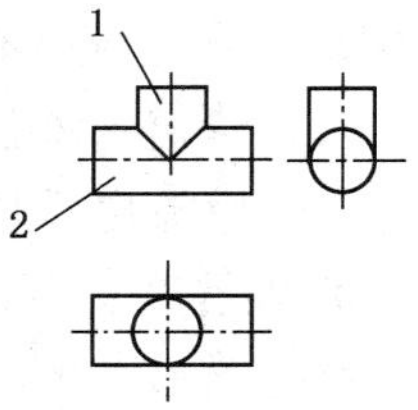

A. 视图

B. 明细表

C. 标题栏

D. 技术要求

5. 下图为 $\Phi 30$ 等径三通管 1 的展开图，正确的是(B)。

A. 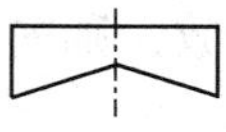　　B. 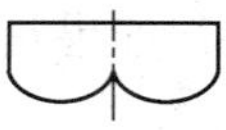　　C. 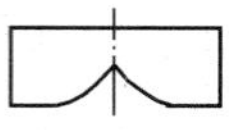　　D. 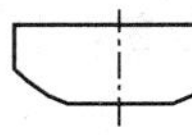

6. 下图中的机件采用的剖视图种类为(B)。

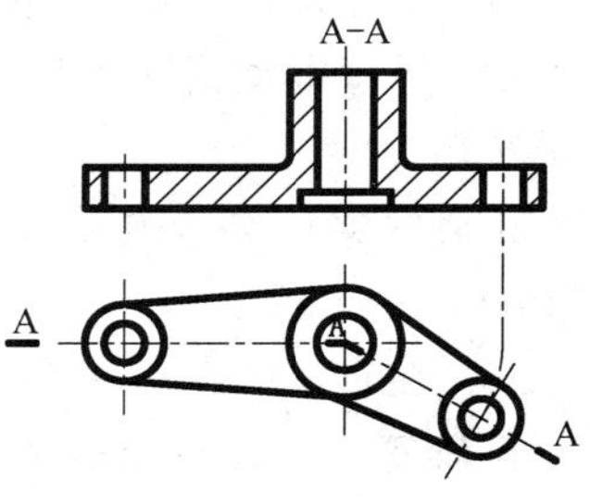

A. 局部剖视

B. 旋转剖视

C. 全剖视

D. 阶梯剖视

7. 在轴的主视图中，键槽处标注了 A–A 剖面图的剖切符号，下图中(C)为正确的 A-A 剖面图。

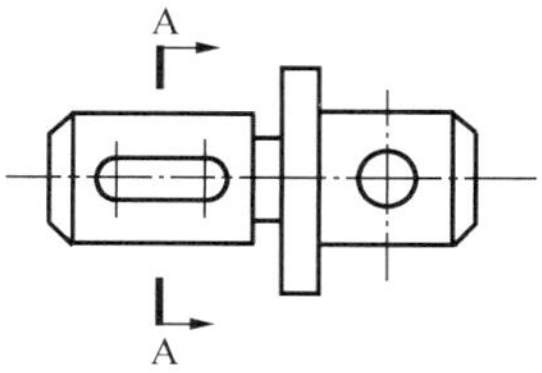

A. 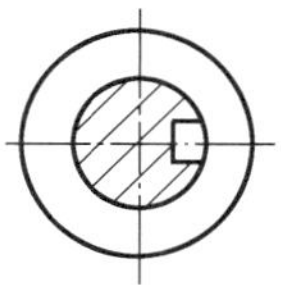 B. 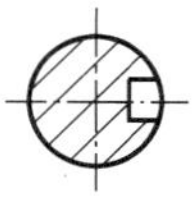 C.  D. 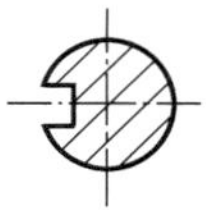

8. 将下图所示图(a)编辑修改成图(b)应使用 AutoCAD 软件中的(C)命令。

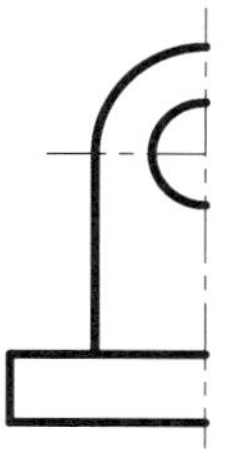

(a)

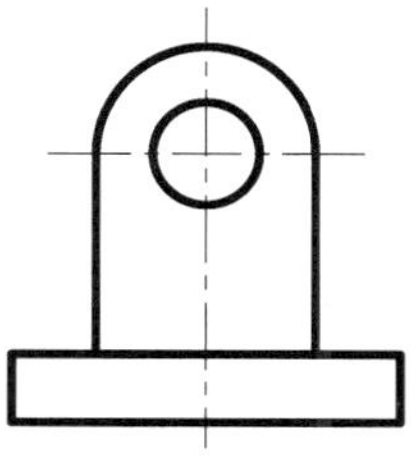

(b)

A. Copy(复制)　B. Move(移动)　C. Mirror(镜像)　D. Trim(修剪)

9. 油膜的形成中，当轴的转数逐渐升高，油楔的油压随着(A)。

A. 增大　B. 减小　C. 不变　D. 有时大有时小

10. 滑动轴承的油膜涡动是(D)产生的一种涡动。

A. 离心力　B. 轴向力　C. 油压力　D. 油膜力

11. 浮环密封的浮环在装配稳定时，应注意检查浮环是否能上下(B)。

A. 跳动　B. 自由滑动　C. 振动　D. 振荡

12. 干气密封的内密封内侧注入从压缩机出口引来的经过过滤的清洁工艺气，由(D)来调节进气压力。

A. 高压控制阀　B. 低压控制阀　C. 溢流控制阀　D. 差压控制阀

13. 当干气密封间隙减少，则端面间的压力就会升高，这时，开启力(A)闭合力，端面间隙自动加大，直至平衡为止。

A. 大于　B. 小于　C. 大于或等于　D. 小于或等于

14. 转子质量偏心引起的不平衡故障表现的频率成分以转子的(B)为主。

A. 0.5 倍频　B. 1 倍频　C. 2 倍频　D. 3 倍频

15. 转子弯曲振动的机理和转子(C)类似。

A. 动静碰磨　B. 油膜涡动　C. 质量偏心　D. 流体激振

16. 转子弯曲会使轴两端产生(B)运动，因而在轴向还会产生较大的工频振动。

A. 圆形　B. 锥形　C. 波形　D. 椭圆形

17. 高速动平衡的平衡转速较高，通常要在旋转件转速为(D)下进行。

A. 1/2 工作转速　B. 低于工作转速　C. 高于工作转速　D. 工作转速

18. 高速转子存有（ C ）应力，在运行一定时间后应力消失而使转子产生永久变形。

A. 弯曲　B. 附加　C. 残余　D. 集中

19. 幅值频谱图中横坐标为（ B ）。

A. 时间　B. 频率　C. 相位　D. 功率

20. 各谐波分量以相位来表示的称为（ C ）。

A. 幅值频谱　B. 功率谱　C. 相位频谱　D. 倒频谱

21. 从转子轴心轨迹图上不可以直接读出的数据是（ C ）。

A. X 方向的振动幅值　B. Y 方向的振动幅值

C. 转速　D. 相位角

22. 若转子轴心轨迹图显示为接近一个圆，在故障诊断中显示的是（ A ）故障。

A. 不平衡　B. 不对中

C. 齿轮轮齿断裂　D. 油膜振荡

23. 一台多级往复式压缩机，转速为 490r/min，功率为 220kW，对它进行振动监测的最佳方法是测量（ A ）。

A. 位移　B. 速度　C. 加速度　D. 振幅

24. 机械振动的最常用分析方法是（ D ）。

A. 相位分析法　B. 振动形态分析　C. 振动方向分析　D. 频率分析法

25. API 标准中，要求齿式联轴器必须是（ A ）啮合的。

A. 双向　B. 单向　C. 多向　D. 紧密

26. API 标准中，要求齿式联轴器在一般情况下，允许（ D ）的补偿量为 6mm。

A. 径向　B. 反向　C. 正向　D. 轴向

27. 双支承离心泵的转子和定子之间各处的（ B ）都一致，则转子中心与定子中心一致。

A. 轴向间隙　B. 周隙　C. 尺寸链　D. 平行度

28. 下列选项中，（ A ）是造成高速离心泵电机过载的原因之一。

A. 内部机件严重摩擦　B. 流量过低

C. 电机反转　D. 泵未充满液体

29. 螺杆压缩机同步齿轮间隙的测量方法有（ C ）。

A. 塞尺测量法　B. 涂色法　C. 打表法　D. 抬轴法

30. 干式螺杆压缩机装配时必须控制调整的间隙有（ A，B，C，D ）。

A. 轴承间隙　B. 转子相互啮合间隙

C. 转子与气缸径向与轴向间隙　D. 同步齿轮间隙

31. 下列选项中，（ C ）会使螺杆压缩机异响。

A. 压力过高　B. 气体温度过高

C. 吸入大量液体　D. 进口开度过小

32. 螺杆压缩机油温过高并有乳化现象，其原因是（ B ）。

A. 机体内有异物　B. 油冷却器内漏

C. 机内积液　D. 油压不高

33. 螺杆压缩机与管道产生共振而引起机组振动可通过（ B ）措施处理。

A. 转子找平衡　B. 改变管道支撑点位置

C. 拧紧机组地脚螺杆　　D. 重新找正联轴器中心

34. 变速机机体发热的原因之一是(B)。

A. 润滑油多　　B. 轴承磨损　　C. 轴封间隙大　　D. 油压高

35. 由于(A)使轮齿出现裂纹或变形，会使变速机噪声变大。

A. 过载　　B. 载荷不足　　C. 电机功率大　　D. 连续载荷

36. 往复式压缩机曲轴张合度过大，将使曲轴(C)而引起额外应力。

A. 伸长　　B. 缩短　　C. 弯曲　　D. 扭曲

37. 往复式压缩机主轴颈和曲轴颈减小不得大于(C)的轴颈直径。

A. 1%　　B. 2%　　C. 3%　　D. 4%

38. 往复式压缩机气缸安装误差过大时，应用(D)调整。

A. 刮研方法　　B. 锉削方法　　C. 锯削方法　　D. 机械加工

39. 往复式压缩机因(C)脉动而引起共振使管线异常振动。

A. 温度　　B. 扬程　　C. 气流　　D. 功率

40. 下列选项中，可引起往复式压缩机管路振动的原因是(D)。

A. 介质温度偏高　　B. 管壁过厚　　C. 进口压力高　　D. 介质带液

41. 往复式压缩机(D)粗糙，会引起活塞环异常磨损。

A. 活塞表面　　B. 活塞端面　　C. 气缸端面　　D. 气缸镜面

42. 当往复式压缩机余隙较大时，在吸入时余隙内的高温气体产生(A)，使压缩机生产能力降低。

A. 膨胀，吸入气量减少　　B. 压缩，排出气量减少

C. 膨胀，吸入气量增加　　D. 压缩，排出气量增加

43. 如果往复式压缩机气缸冷却不好，使进入气阀室的气体温度过高，会使气体的(B),压缩机生产能力降低。

A. 体积缩小，密度减小　　B. 体积膨胀，密度减小

C. 体积缩小，密度增加　　D. 体积膨胀，密度增加

44. 往复式压缩机的气缸阀座止口缺陷，多是气阀安装不正或(B)而引起的。

A. 气阀升程过大　　B. 气阀未压紧　　C. 吸排气阀装反　　D. 吸气不足

45. 因活塞(C)的作用以及气流冲刷引起局部润滑不良，能使立式气缸磨成椭圆形。

A. 合力　　B. 轴向分力　　C. 侧向分力　　D. 重力

46. 往复式压缩机(D)运转时，连杆承受过大的应力而发出异常声音。

A. 空负荷　　B. 满负荷　　C. 半负荷　　D. 超负荷

47. 下列选项中，(B)引起往复式压缩机曲轴箱有敲击声。

A. 十字头销过紧　　B. 小头瓦磨损

C. 活塞磨损　　D. 活塞杆磨损

48. 往复式压缩机在装配时，十字头与(B)组件必须一同修刮，否则可能会产生十字头跑偏的情况。

A. 曲轴　　B. 连杆　　C. 中体　　D. 气缸

49. 气缸的(D)偏差过大，将造成往复式压缩机的活塞环偏磨。

A. 直线度 B. 平面度 C. 对称度 D. 圆度

50. 往复式压缩机主轴承与主轴径的(D)偏差过大，则曲轴受力时会单边弯曲而变形。

A. 平行度 B. 位置度 C. 对称度 D. 同轴度

51. 检查和调整离心式压缩机隔板的同轴度可利用(C)进行。

A. 转子 B. 塞尺 C. 假轴 D. 主轴

52. 离心式压缩机中最常用的轴向推力平衡方法是(B)。

A. 叶轮对排 B. 设置平衡盘

C. 在叶轮的背面加筋 D. 在叶轮的前面加筋

53. 下列选项中，将会造成离心式压缩机异响的是(B)。

A. 进气分子量变大 B. 联轴器不平衡

C. 轴承温度高 D. 出口压力偏高

54. 下列选项中，引起离心式压缩机振动大的因素是(D)。

A. 进口压力过大 B. 气封间隙过大

C. 油封间隙过大 D. 进出口管路应力过大

55. 下列选项中，(A)将会引起离心式压缩机振动过大。

A. 底座刚度较差 B. 气封间隙过大

C. 进口压力过大 D. 出口压力过大

56. 宏观法检查汽轮机叶片是否有裂纹，通常用10倍左右的放大镜进行，发现可疑的地方，先用00号砂布将表面打磨光亮，然后用20%~30%的硝酸酒精溶液渗蚀，有裂纹处渗蚀后即呈(B)纹路。

A. 白色 B. 黑色 C. 红色 D. 黄色

57. 检查汽轮机汽缸裂纹附近有无砂眼、疏松、夹层等隐形缺陷时，可用(C)探伤法进行检查。

A. 着色 B. 磁粉 C. 超声波 D. 听音法

58. 汽轮机通流部分结垢后，汽流的流通面积减小，若要保持其功率不变，则必需提高新蒸汽压力，这必将引起结垢级的(A)，轴向推力增大，使转子轴向位移增大。

A. 压降增大 B. 压降降低 C. 焓降降低 D. 温差增大

59. 汽轮机调节系统控制(C)会引起调节系统波动。

A. 油温不变 B. 油温低 C. 油压低 D. 油压不变

60. 汽轮机上下汽缸温差最大值通常出现在(C)附近，所以汽缸的最大变形也将出现在该处附近。

A. 末级 B. 中间 C. 调速级 D. 调节阀

61. 当蒸汽轮机润滑油(B)时，由于破坏了轴承油膜，会造成蒸汽轮机振动过大现象。

A. 压力高 B. 带水 C. 流量大 D. 闪点高

62. 当进入汽轮机的新蒸汽(D)时，容易使汽轮机发生水冲击事故。

A. 压力过高 B. 压力过低 C. 温度过高 D. 温度过低

63. 新蒸汽温度经常过低，会使汽轮机末几级叶片因蒸汽(C)过大而受水滴严重冲刷，机械强度降低，叶片容易损坏。

A. 压力　B. 温度　C. 湿度　D. 流量

64. 汽轮机发生(C)时，会损坏叶片和推力轴承，使主轴和汽缸发生热变形，引起动、静部分碰擦，造成严重的设备损坏事故。

A. 振动　B. 超速　C. 水冲击　D. 超负荷

65. 烟气轮机飞车时将会造成(D)。

A. 压力过高　B. 轴承箱破裂　C. 流量增大　D. 轮盘破裂

66. 烟气轮机飞车时，轮盘的离心力大于其(B)，将发生破裂，造成生产事故。

A. 许用拉力　B. 许用应力　C. 最大作用力　D. 向心力

67. 烟机配置的四机组有两种形式，其差别在于是否有(D)。

A. 发电机　B. 汽轮机　C. 电动机　D. 齿轮箱

68. 不会引起烟机振动大的因素是(D)。

A. 轴封与轴发生磨损　B. 管系排列不合适

C. 轴承磨损　D. 烟机密封蒸汽压力低

69. 数控机床加工具有(B)的特点。

A. 应用广泛　B. 利用率高　C. 适应性差　D. 生产效率低

70. 数控机床加工不但生产效应高，而且(C)。

A. 推广普及　B. 设备费用低

C. 加工精度稳定　D. 应用广泛

71. (B)是数控机床的中枢，一般由输入装置、控制器、运算器和输出装置四部分组成。

A. 控制介质　B. 数控装置

C. 伺服机构　D. 精密位移测量装置

72. 一个(或一组)工人，在一个工作地点，对一个或数个工件连续完成的那部分工艺过程称为(A)。

A. 工序　B. 工位　C. 工步　D. 走刀

73. 在保持刀具相对零件定位基准的准确位置不变的条件下，对此零件进行加工从而获得尺寸精度的方法称为(A)。

A. 调整法　B. 试切法　C. 尺寸刀具法　D. 自动控制法

74. (D)是一种高效率的精加工方法，除加工圆孔外，还可以加工各种截面形状的通孔、内槽和平面。

A. 精密磨削　B. 高速磨削　C. 拉削　D. 加力磨削

75. (C)汽车起重机具有动作灵活迅速、操作轻便、起升平稳、伸缩臂可以任意调节长短、扩大起重特性范围、节省操作时间的特点。

A. 机械传动式　B. 气压传动式

C. 液压传动式　D. 气液混合传动式

76. 选配滑轮组的两滑轮规格时，是依据(A)来选择的。

A. 各自所受拉力　B. 共同所受拉力

C. 所受较大拉力　D. 所受较小拉力

77. 安装桅杆中，(D)是被竖立的主桅杆平卧在地面上，在被竖立主桅杆底部立一辅助桅杆，两桅杆组成一直角，辅助桅杆倒下而被竖立的主桅杆随之被竖立起的办法。

A. 滑移法　　B. 平杆法　　C. 旋转法　　D. 扳倒法

78. 在铸铁焊接时，焊缝的化学成分与母材相近时容易产生(C)。

A. 裂纹　　B. 夹渣　　C. 白口　　D. 气孔

79. 当管道受热而力图膨胀时，在管道直段自固定端起所产生的轴向力大小仅决定于(D)。

A. 管道的直径大小　　B. 管道的长度

C. 管道总变形量　　D. 管道相对变形量

80. 焊条直径的选择主要取决于焊件(A)。

A. 厚度　　B. 重量　　C. 质量　　D. 材质

81. 在铆接时，不把铆钉全部加热，只把铆钉的铆合头端部加热。这种铆接的方法称为(C)。

A. 冷铆　　B. 热铆　　C. 混合铆　　D. 活动铆接

82. 当电气设备发生接地故障时，接地电流通过接地体向大地流散，人行走在短路点周围，其两脚之间所承受的电位差，称(B)。

A. 电压　　B. 跨步电压　　C. 直流电压　　D. 交流电压

83. 一般在距接地点 20m 以外，可以认为其(C)为零。

A. 电流　　B. 电压　　C. 地电位　　D. 电功率

84. 按照电源的性质可把电动机分为(D)两大类。

A. 同步电动机和异步电动机　　B. 他励式电动机和自励式电动机

C. 单相电动机和三相电动机　　D. 交流电动机和直流电动机

85. 电动机系列符号“JL”的含义是(C)。

A. 三相防护式鼠笼型异步电动机

B. 三相高起动转矩防护式鼠笼型异步电动机

C. 三相铝壳防护式鼠笼型异步电动机　　D. 三相防护式线绕型异步电动机

86. 熔断器和熔体有 600A 以下的多种规格，可根据负载(A)的大小、启动方式以及工作状态来选择。

A. 工作电流　　B. 工作电压　　C. 电机功率　　D. 工作电阻

87. 在短路出现时能及时地将故障电路断开的最经济又简单的方法是采用(D)。

A. 过电流继电器　　B. 热继电器　　C. 接触器　　D. 熔断器

88. 腐蚀性场所配线，应采用(B)，所有接头应密封。

A. 金属管　　B. 全塑制品　　C. 护套线明配　　D. 漆包线

89. 在三相四线制的配电系统中，对于三相电源每个线圈两端的电压称为(B)。

A. 线电压　　B. 相电压　　C. 高压　　D. 低压

90. 我国采用的交流电频率为(B)Hz。

A. 30　　B. 50　　C. 100　　D. 120

91. 导体与磁场之间有相对运动致使导体切割磁力线时，能在导体中产生(B)。

A. 感应电流　　B. 感应电动势　　C. 电阻　　D. 电抗

92. 对于连续运转的电动机，只要知道被拖动生产机械的(D)，就可以确定电动机的功率。

A. 电压　　B. 电流　　C. 电阻　　D. 功率

93. 选用鼠笼式异步电动机时，应保证起动转矩大于生产机械的(B)反抗力矩。
A. 运动　　B. 静止　　C. 最小　　D. 临界

94. 同步电动机的转速不随负载大小而改变，它的这一重要特性，叫做(A)。
A. 恒速性　　B. 同步性
C. 同步补偿性　　D. 功率因数可调性

95. 直流电动机的原理是基于载流导体与(B)的相互作用。
A. 非载流导体　　B. 磁场之间　　C. 电枢　　D. 定子

96. 变压器是根据(A)原理制成的一种静止电器。
A. 电磁感应　　B. 电磁场　　C. 电枢电流　　D. 电磁转矩

97. (D)分为合流阀和分流阀两种类型。
A. 角型控制阀　　B. 直通双座控制阀
C. 套筒型控制阀　　D. 三通控制阀

98. 仪表的精确度用来表示仪表测量(D)的可靠程度。
A. 要素　　B. 过程　　C. 误差　　D. 结果

99. 差压式液位计是利用(C)来测量的。
A. 差压原理　　B. 变压原理　　C. 静压原理　　D. 动压原理

100. 由于晶体上产生的电荷量很小，因此对电荷放大处理要求较高的传感器是(B)压力传感器。
A. 应变片式　　B. 压电式　　C. 压阻式　　D. 电容式

101. 侧装式气动执行机构采用(C)把力矩放大，扩大执行机构的输出力。
A. 齿轮传动　　B. 螺纹传动　　C. 杠杆传动　　D. 凸轮传动

102. 机组轴位移保护装置采取接触式测量的为(A)。
A. 哨笛式　　B. 电磁式　　C. 液压式　　D. 电涡流式

103. 下列选项中，适用于测量高黏度介质的流量计是(D)。
A. 蜗轮流量计　　B. 电磁流量计　　C. 超声流量计　　D. 容积式流量计

104. 热电偶的测温原理是基于热电偶的(C)。
A. 放大效应　　B. 缩小效应　　C. 热电效应　　D. 辐射效应

105. 下列选项中，属于容积法的流量检测仪表的是(C)。
A. 角动量式流量计　　B. 涡轮流量计
C. 腰轮流量计　　D. 弯管流量计

106. 将被测压力变换成一个集中力，用外力与之平衡，通过测量平衡时的外力来得到被测压力的压力检测方法是(C)。
A. 弹性力平衡方法　　B. 重力平衡方法
C. 机械力平衡方法　　D. 物性测量方法

107. (D)物位检测方法是通过测量物位探头与物料面接触时的机械力实现物位的测量。
A. 直读式　　B. 浮力式　　C. 静压式　　D. 机械接触式

108. 离心式压缩机的(B)是选择驱动机功率容量的依据。
A. 有效功率　　B. 轴功率　　C. 内漏损失功率　　D. 轮阻损失功率

109. 属于离心式压缩机机械跑合试验测定检查项目的是(C)。

A. 入口温度　B. 出口温度　C. 轴承温度　D. 机壳温度

110. 汽轮机超速保护装置试验不包括(B)。

A. 手动试验　B. 异常噪音试验

C. 油系统试验　D. 超速试验

111. 汽轮机调节系统静止试验的开启试验是在油动机(D)后再进行。

A. 全开　B. 半开　C. 开启　D. 全关

多选题

1. 钢焊接时，由于硫化铁的存在，会降低接头的性能，会使钢的(B，C)下降。

A. 弹性　B. 塑性　C. 韧性　D. 强度

2. 影响钢的淬硬层深度的因素是(A，B，D)。

A. 钢的淬透性　B. 工件形状　C. 工件尺寸　D. 冷却速度

3. 合金元素(C，D)比较特殊，在铁素体中含量适当时，不但强化钢件中的铁素体，还能提高其韧性。

A. 锰　B. 硅　C. 铬　D. 镍

4. 以下尺寸标注种类中，(B，D)为装配图中应具备而在零件图中没有的。

A. 定形尺寸　B. 性能(规格)尺寸　C. 总体尺寸　D. 装配尺寸

5. 在应用立体表面展开图时，以下立体表面类型中(A，C，D)为可展表面。

A. 圆柱面　B. 圆球面　C. 五棱锥面　D. 圆锥面

6. 下列计算机软件适用于绘制机械图样的为(C，D)。

A. Microsoft Word　B. WinRAR　C. AutoCAD　D. CAXA 电子图版

7. 浮环密封在安装时，密封面应用(A，B，D)擦洗。

A. 绸布　B. 脱脂棉　C. 棉纱头　D. 柔软的纱布

8. 转子产生不平衡的原因有(A，B，C，D)。

A. 转子材料金相组织不均匀　B. 转子质量偏重

C. 转子偏心　D. 转子弯曲

9. 转子不平衡故障的频率特征与(B，C)基本相同。

A. 轴系不对中　B. 轴弯曲

C. 基础松动　D. 滑动轴承油膜振荡

10. 高速转子(A，B，D)时，应对其做动平衡检验。

A. 更换半联轴器　B. 转子运行中振动值超标

C. 正常停机　D. 修复轴颈或更换转子上的零部件

11. 下列选项中，属于高速机械转子弯曲的原因有(A，B，D)。

A. 当运输不当，使转子受机械力作用后产生永久性变形

B. 当存放不当，使转子受机械力作用后产生永久性变形

C. 转子运转时间过长

D. 长期存放不当使转子受重力影响而产生永久性变形

12. 旋转机械故障诊断中的频域处理图象有(A，B，C，D)。

A. 幅值谱　B. 功率谱　C. 相位谱　D. 倒频谱

13. 获得一个带有键相标记的轴心轨迹图必须具有(A，B，C)。
A. 键相传感器
B. *X* 方向振动传感器
C. *Y* 方向振动传感器
D. 轴向位移传感器

14. 在 API 标准中，对齿式联轴器的主要要求有(A，B，D)。
A. 外齿在径向要有足够的间隙和倒角
B. 齿面硬度至少为 *Rc*45
C. 齿轮的啮合面应进行 100%磁粉探伤
D. 设计成连续润滑方式

15. 双支承离心泵的转子与壳体定中心的方法有(B，C)。
A. 压铅法
B. 利用填料箱定中心
C. 三个百分表找中心法
D. 游标卡尺法

16. 下列选项中，造成高速离心泵流量不足的原因有(A，B)。
A. 入口管漏气
B. 诱导轮径向间隙过大
C. 吸入压头偏高
D. 增速箱油温过高

17. 下列选项中，导致高速离心泵振动大的原因有(A，C，D)。
A. 吸入料液有气体
B. 机械密封损坏
C. 扩散器严重腐蚀
D. 吸入压头过低

18. 多级离心泵轴向力平衡组合装置主要由(A，B，D)组成。
A. 平衡鼓装置　B. 平衡盘装置　C. 平衡孔　D. 平衡座

19. 螺杆压缩机异响的原因有(A，B，D)。
A. 转子内有异物进入
B. 轴承磨损
C. 排压过高
D. 运转联接件松动

20. 螺杆压缩机油温过高的原因是(A，C，D)。
A. 压缩比过大
B. 机体内部有异物
C. 油冷器冷却不良
D. 吸入气体过热

21. 变速机过热的原因有(B，C，D)。
A. 油压高　B. 润滑不良　C. 油量不足　D. 油变质

22. 往复式压缩机曲轴张合度过大时，将会使(A，B，D)。
A. 轴承发热　B. 轴承磨损　C. 曲轴扭曲　D. 曲轴断裂

23. 往复式压缩机曲轴就位后，对曲轴的检查和调整内容主要包括(A，D)。
A. 曲轴水平度
B. 曲轴与气缸的垂直度
C. 主轴颈与曲轴颈平行度
D. 曲轴张合度

24. 下列选项中，(A，B，D)是造成往复式压缩机振动的原因。
A. 十字头滑板间隙大
B. 气缸内进入异物
C. 气缸余隙过大
D. 连杆大头瓦间隙过大

25. 往复式压缩机曲轴箱内(A，B，C)等松动或折断，会引起曲轴箱发出强烈的敲击声。
A. 主轴瓦螺栓　B. 大头瓦螺母　C. 十字头销　D. 地脚螺栓

26. 往复式压缩机传动机构撞击的原因有(A，B，C)松动。
A. 连杆大头瓦
B. 十字头与活塞杆联接
C. 活塞与活塞杆紧固螺母
D. 地脚螺栓

27. 往复式压缩机造成偏磨的原因有活塞环(A，D)。

A. 侧间隙小　B. 侧间隙大　C. 胀力大　D. 材质差

28. 往复式压缩机曲轴变形的主要原因有(A，B，D)。

A. 主轴承同轴度偏差过大　B. 轴颈发生咬合

C. 润滑油压高　D. 连杆歪斜与曲拐轴颈接触不良

29. 下列选项中，(A，B，D)会引起离心式压缩机振动增大。

A. 转子对中不良　B. 转速接近临界转速

C. 油封间隙过大　D. 出口压力比管网压力低

30. 对汽轮机叶片进行有无裂纹的外观检查时，常用的方法有(B，D)两种。

A. 透视探伤法　B. 听音法　C. 超声波探伤法　D. 宏观法

31. 汽轮机汽缸裂纹的检查要在用砂轮打磨光滑、清除氧化皮，使汽缸露出金属光泽后进行。先用10%~15%硝酸水溶液渗蚀，再用5~10倍的放大镜仔细检查。发现有可疑裂纹后可进一步选出用(A，B，D)探伤法进行检查。

A. 着色　B. 磁粉　C. 敲击　D. 超声波

32. 当汽轮机的(A，B，C，D)等会使汽轮机的转速不能控制。

A. 调节汽阀卡涩　B. 阀座松动

C. 阀碟脱落　D. 调节阀提杆断裂

33. 汽轮机调节系统的(A，B，C，D)发生卡涩时，调节系统将出现晃动或负荷波动的现象。

A. 错油门　B. 油动机　C. 传动连杆　D. 阀门提升杆

34. 高压汽轮机启动时，法兰内外壁以及汽缸内外壁如存在很大的温差，将造成法兰在(B，C)两个方向发生变形。

A. 轴向　B. 水平　C. 垂直　D. 径向

35. 由于蒸汽品质不良，造成(A，C)阀杆处结垢，使汽阀无法关闭，即使汽轮机危急保安器能正常动作，机组仍然严重超速。

A. 自动主汽阀　B. 抽汽阀　C. 调节汽阀　D. 电磁阀

36. 汽轮机控制油中有杂质和酸值过高，特别是油中有水时，造成(B，D)系统的部件锈蚀；当汽轮机发生故障需要这些部件动作时，却因卡涩无法动作，失去保护作用。

A. 配汽　B. 调节　C. 润滑　D. 保护

37. 汽轮机在启动升速、带负荷过程中机组振动加剧，大多是因操作不当引起的，主要有(A，B，D)等原因。

A. 疏水不当　B. 暖机不足

C. 排汽温度低　D. 停机后盘车不当

38. 汽轮机在运行中突然发生不正常的声音和振动，多数是由于维护不当引起的，其主要有(A，B，C，D)等几方面因素。

A. 润滑油温度过高或过低　B. 新蒸汽温度过高或过低

C. 润滑油压力过低　D. 真空度降低使排汽温度过高

39. 烟气轮机轴端设置的三挡气封中，在(B，C)中通入压缩空气。

A. 靠轮盘的一挡　B. 中间一挡

C. 靠轴承座的一挡　　D. 三挡都是

40. 烟气轮机直接带动发电机发电是当今科技发展的产物，其优点主要有（ A，B，D ）。

A. 再生器的供风系统与烟气轮机系统分别操作，互不干扰，装置运行可靠

B. 装置改造时，可不动主风机，便于实施

C. 操作简单，投资费用低

D. 相当于多了一个自备电源

41. 烟气轮机转子不平衡可引起转子振动加大,其中可造成转子不平衡度破坏的因素有（ A,B ）。

A. 叶片磨损　　B. 转子有不均匀积聚物

C. 轴瓦磨损　　D. 轴封磨损

42. 伺服系统的驱动元件，有（ A，B，C ）等。

A. 步进电机　　B. 直流伺服电机

C. 交流伺服电机　　D. 异步电机

43. 尺寸精度的获得的方法有（ A，B，C ）。

A. 试切法　　B. 调整法　　C. 尺寸刀具法　　D. 成形运动法

44. 选择零件表面加工方法时，工件需考虑的因素有（ A，B，C ）。

A. 材质　　B. 结构形状　　C. 尺寸大小　　D. 使用温度

45. 根据传动方式的不同，汽车式起重机可分为（ A，C ）。

A. 机械传动式　　B. 气压传动式

C. 液压传动式　　D. 气动、液动混合传动式

46. 安装桅杆的基本方法主要有（ A，C，D ）。

A. 滑移法　　B. 平杆法　　C. 直接旋转法　　D. 扳倒法

47. 铸铁焊接时，防止出现白口组织的措施有（ A，C ）。

A. 减慢冷却的速度　　B. 加快冷却的速度

C. 调整焊缝金属化学成分　　D. 调整焊缝的硬度

48. 管道安装工程包括的内容有（ A，B，C，D ）。

A. 管道的联接和管架的安装　　B. 阀门的安装和研磨

C. 补偿器的安装　　D. 管道的试压

49. 奥氏体不锈钢的手工电弧焊时，电焊条的正确选择方法是（ A，B，D ）。

A. 根据工件的性能来选择　　B. 根据使用的温度来选择

C. 厚度和刚性较大的工件选用酸性电焊条　　D. 根据工件的化学成分来选择

50. 按铆接方法的不同，可分为（ A，B，C ）。

A. 冷铆　　B. 热铆　　C. 混合铆　　D. 紧密铆接

51. 低电压的常用保护有（ A，B，C ）。

A. 短路保护　　B. 过电流保护　　C. 过载热保护　　D. 差动保护

52. 照明装置一般由（ A，B，C，D ）等设备组成。

A. 灯具　　B. 灯头　　C. 线路　　D. 开关

53. 电路由（ A，B，C ）和辅助设备组成。

A. 电源　　B. 负载　　C. 联接导线　　D. 漏电保护

54. 在交流供电系统中，除发电机电源以外，其余设备可以归纳为(B，C，D)。

A. 电压元件　B. 电感元件　C. 电容元件　D. 电阻元件

55. 当导体回路所包围的磁通发生变化时，在回路中会产生(A，B)。

A. 感应电流　B. 感应电动势　C. 电抗　D. 电阻

56. 按照人体触电及带电体的方式和电流通过人体的途径，电击触电可分为(A，B，D)几种情况。

A. 单相触电　B. 两相触电　C. 多相触电　D. 跨步电压触电

57. 下面属于控制阀的是(B，C，D)。

A. 旁通单座控制阀　B. 角型控制阀

C. 隔膜控制阀　D. 套筒型控制阀

58. 仪表的性能指标包括(A，C，D)等。

A. 精确度　B. 功率　C. 线性度　D. 分辨率

59. 气动执行机构的形式有(A，B)执行机构。

A. 薄膜式　B. 活塞式　C. 直行程　D. 角行程

60. 常见的机组轴位移保护装置有哨笛式、电磁式与(A，C，D)等。

A. 触点式　B. 气压式　C. 液压式　D. 电涡流式

61. 压力表的选用依据有(A，B，C)。

A. 必须满足工艺生产过程的要求

B. 必须考虑被测介质的性质

C. 必须注意压力表安装使用时所处的现场环境条件

D. 必须了解压力表的结构原理

62. 流量检测的主要方法有(A，C)。

A. 测体积流量　B. 测面积流量　C. 测质量流量　D. 测密度流量

63. 控制器参数工程整定法有(B，C，D)。

A. 理论计算法　B. 经验法　C. 临界比例度法　D. 衰减曲线法

64. 离心式压缩机性能曲线包括气体(B，C，D)的关系曲线。

A. 流量与转速　B. 流量与压比　C. 流量与效率　D. 流量与功率

65. 离心式压缩机机械跑合试验测定检查项目的有(A，B，C)。

A. 各部振动　B. 密封情况　C. 异常噪声　D. 出口流量

66. 汽轮机超速保护装置在汽轮机(A，B，D)，均应按有关规定进行试验。

A. 安装完毕后　B. 大修以后　C. 停机以后　D. 运行 8000h 以后

67. 汽轮机调节系统试验可以确定调节系统的(A，B，C，D)等。

A. 静态特性　B. 动态特性　C. 速度变动率　D. 迟缓率

简答题

1. 滑动轴承油膜是怎样形成的？

答：油膜的形成主要是油有一种黏附性。轴转动时，将油黏附在轴承上，由间隙大到小处产生油楔，使油在间隙小处产生油压，由于转数的逐渐升高，油压也随之增大，形成一层薄薄的油膜，并将轴向上托起。

2. 高速离心泵振动大的原因有哪些？

答：①齿轮、轴瓦及轴承等零件严重磨损；②叶轮、诱导轮、扩散器等严重磨损或腐蚀失去平衡；③吸入料液有气体；④吸入压头过低。

3. 简述螺杆压缩机异响的原因。

答：螺杆压缩机异响的原因如下：①转子内有异物；②推力轴承磨损破裂或径向滚动轴承损坏；③滑动轴承磨损或转子与壳物摩擦；④运转联接件松动；⑤吸入大量液体。

4. 简述螺杆压缩机振动的原因。

答：①机组地脚螺栓松动或机架刚性差；②压缩机与原动机对中不良；③压缩机转子不平衡；④压缩机内部有碰磨现象；⑤机组管道产生共振；⑥缸内吸入的液体或润滑油过量。

5. 简述喷液螺杆压缩机启动负荷大的原因。

答：①排气压力高；②滑阀未回零位；③机体内充满油或液体；④转子动部件磨损或烧坏。

6. 变速机噪音大的原因有哪些？

答：①润滑不良；②齿轮啮合不良；③各部件磨损严重，配合精度降低；④轮齿变形。

7. 简述往复式压缩机管路发生振动的原因。

答：①管卡松动或断裂；②支撑刚性不够；③管卡、支架安装位置不当、数量不够；④气流脉动引起共振；⑤介质带液。

8. 往复式压缩机气缸有油润滑的活塞环异常磨损是什么原因？

答：①气缸镜面粗糙；②润滑油不足；③因混入冷凝水形成油膜障碍；④气体混入夹杂物；⑤环槽不标准或粘合；⑥气缸圆度偏差大。

9. 往复式压缩机机体发生振动的主要原因是什么？

答：①地脚螺栓松动；②气缸内有异物；③各轴承、连杆、十字头销及滑道等部位配合间隙过大；④管路系统稳定性差、缓振措施不当；⑤机身、滑道、气缸同心度偏差及气缸支撑不良；⑥联轴节对中不良或电机振动影响；⑦活塞杆、活塞锁紧螺母松动。

10. 往复式压缩机气缸过热的主要原因是什么？

答：①冷却水管不畅通或给水不足；②润滑油质量低劣或供油中断；③气缸与十字头滑道不同心；④气缸与活塞偏磨；⑤缸内有杂物或表面粗糙度过大；⑥活塞环卡住；⑦气阀窜气；⑧活塞环窜气。

11. 往复式压缩机曲轴箱发出敲击声的主要原因是什么？

答：①润滑油不足或变质；②轴瓦磨损；③各部件配合间隙过大；④传动联接件松动；⑤飞轮松动。

12. 往复式压缩机传动机构撞击是什么原因？

答：①连杆大头瓦松动；②十字头与活塞杆联接松动；③活塞与活塞杆紧固螺母松动；④连杆大小头瓦间隙过大；⑤十字头与滑道间隙过大。

13. 往复式压缩机气缸发出异常声音的原因是什么？

答：①气阀有故障或松动；②气缸余隙容积太小；③气缸内有异物或进入液体；④气缸

套松动；⑤机体内联接螺栓松动或折断；⑥主轴承、连杆大小头轴承、十字头滑道间隙过大或接触不良。

14. 离心式压缩机流量调节的方法有哪些？

答：①变转速调节；②出口节流调节；③进口节流调节；④可转动进口导叶调节；⑤可调叶片扩压器调节。

15. 离心式压缩机异响的原因有哪些？

答：①不对中；②压缩机转子不平衡；③喘振；④轴承损坏；⑤联轴器故障或不平衡；⑥内部机件松动或碰磨；⑦气体脉动、涡流；⑧有异物进入机内。

计算题

1. 如图所示，用单表法对中找正，在电机 A 轴和离心泵 B 轴上分别测得相应的径向 a、b 值。已知两百分表平面的距离 $D=400$mm，电机前支脚至 B 轴半联轴器上百分表平面间的距离 $Y=1000$mm，电机前、后支脚的距离 $L=1600$mm。请用计算法求出电机前、后支脚应加或减的垫片厚度。

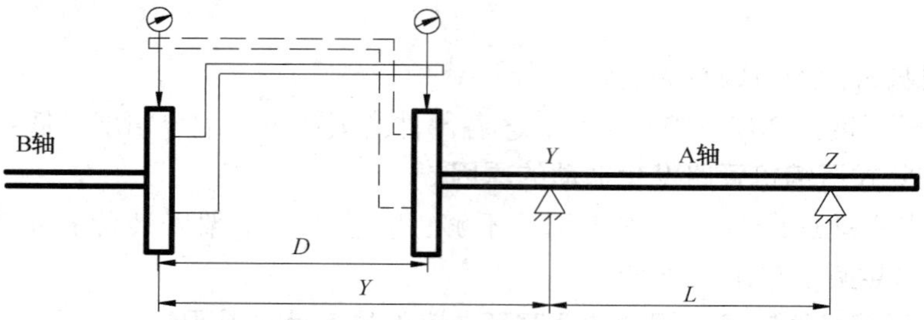

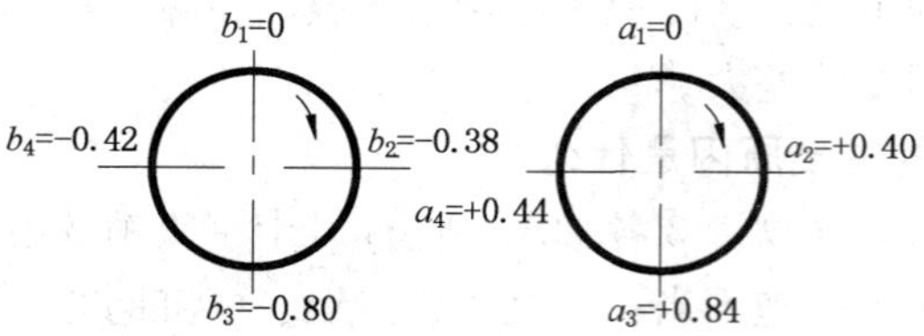

解：由公式 $L_Y=\dfrac{a_3-a_1+b_3-b_1}{2}\times\dfrac{Y}{D}-\dfrac{b_3-b_1}{2}$ 得

或因 $a_1=0$，$b_1=0$，由公式得 $L_Y=\dfrac{a_3+b_3}{2}\times\dfrac{Y}{D}-\dfrac{b_3-b_1}{2}$ 得

$$L_Y=\frac{a_3+b_3}{2}\times\frac{Y}{D}-\frac{b_3-b_1}{2}=\frac{0.84+(-0.80)}{2}\times\frac{1000}{400}-\frac{-0.80-0}{2}=0.05+0.40=0.45\text{mm}$$

由公式 $L_z=\dfrac{a_3-a_1+b_3-b_1}{2}\times\dfrac{Z}{D}-\dfrac{b_3-b_1}{2}$ 得

或因 $a_1=0$，$b_1=0$，由公式 $L_z=\dfrac{a_3+b_3}{2}\times\dfrac{Z}{D}-\dfrac{b_3-b_1}{2}$ 得

$$L_z=\frac{a_3+b_3}{2}\times\frac{Z}{D}-\frac{b_3-b_1}{2}=\frac{a_3+b_3}{2}\times\frac{Y+L}{D}-\frac{b_3-b_1}{2}$$

$$= \frac{0.84 + (-0.80)}{2} \times \frac{1000 + 1600}{400} - \frac{-0.80 - 0}{2} = 0.13 + 0.40 = 0.53\text{mm}$$

答：电机前支脚应加垫 0.45mm，后支脚应加垫 0.53mm。

2. 在金属拉伸实验中，金属试棒长度为 120mm，直径 d 为 10mm，金属试棒被拉断前所受的最大拉力 F 是 11550N，试计算抗拉强度为多少兆帕？

解：金属棒截面积

$$A = \frac{\pi d^2}{4} = \frac{3.14 \times 10^2}{4} = 78.5\text{mm}^2$$

抗拉强度

$$\sigma = \frac{F}{A} = \frac{11550}{78.5} = 147.14\text{MPa}$$

答：抗拉强度 σ 为 147.15MPa。

3. 某一台六级分段式离心水泵，单级扬程 $H=65$m，叶轮轮毂直径 $d_1=90$mm，叶轮密封环直径 $d_m=350$mm，实验系数 $K=0.6$，试计算该泵的轴向力为多少牛顿？

解：已知：$H=65$m，$d_m=350$mm，$d_1=90$mm，$K=0.6$，$\rho=1000\text{kg/m}^3$，$g=9.81\text{m/s}^2$，$i=6$

$$r_m = \frac{d_m}{2} = \frac{350}{2} = 175(\text{mm}) = 0.175\text{m}$$

$$r_1 = \frac{d_1}{2} = \frac{90}{2} = 45(\text{mm}) = 0.045\text{m}$$

$$F_1 = KH\rho g\pi(r_m^2 - r_1^2) = 0.6 \times 65 \times 1000 \times 9.81 \times 3.14 \times (0.175^2 - 0.045^2) = 34358.11\text{N}$$

$$F = F_1 i = 34358.11 \times 6 = 206148.66(\text{N}) \approx 206.15\text{kN}$$

答：该泵的轴向力为 206.15kN。

4. 某一转子质量为 $G=50$kg，转速 $n=3000$r/min，转子直径 $D=0.48$m，则允许剩余不平衡量为多少克？

解：

$$G_{剩余} = \frac{45G}{n^2 \times \frac{D}{2}} = \frac{45 \times 50}{3000^2 \times \frac{0.48}{2}} = 0.001(\text{kg}) = 1\text{g}$$

答：允许剩余不平衡量为 1g。

5. 某活塞式压缩机连杆螺栓的有效总长度 $L=400$mm，螺栓的直径 $d=20$mm，预紧力 $T=28000$N，螺栓材质的弹性模数 $E=2.4\times10^5$MPa，求螺杆伸长量。（得数保留两位小数）

解：

$$\delta = \frac{4TL}{E\pi d^2} = \frac{4 \times 28000 \times 400}{2.4 \times 10^5 \times 3.14 \times 20^2} = \frac{44800000}{301440000} = 0.15\text{mm}$$

答：螺杆伸长量为 0.15mm。

6. 已知紧固螺杆直径 d 为 20mm，查表得知拧紧力矩 $M=93.2$Nm，常用系数$K=0.15$，试求紧固螺栓时的预紧力是多少牛顿？

解：由公式 $M=Kpd\times10^{-3}$得

$$p = \frac{M \times 10^3}{K \times d} = \frac{93.2 \times 10^3}{0.15 \times 20} = 31067(\text{N}) \approx 31\text{kN}$$

答：紧固螺栓时的预紧力为31kN。

7. 如图所示，设备总质量 $m=200\text{kg}$，吊装中两白棕绳的夹角 $\alpha=120°$。已知麻绳的许用应力 $[\sigma]=10.5\text{MPa}$。试计算需选用麻绳的最小直径是多少？

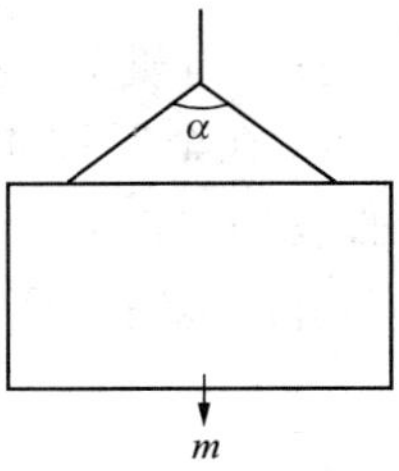

解：

$$F=\frac{mg}{\cos\frac{\alpha}{2}}=\frac{200\times 9.81}{\cos\frac{120°}{2}}=\frac{1962}{\frac{1}{2}}=3924\text{N}$$

由公式 $[\sigma]=\dfrac{F}{\pi\dfrac{d^2}{4}}$ 得

$$d=\sqrt{\frac{4\times F}{\pi\times[\sigma]}}=\sqrt{\frac{4\times 3924}{3.14\times 10.5}}=21.8(\text{mm})\approx 22\text{mm}$$

答：需选用的麻绳最小直径为22mm。

8. 在金属拉伸试验中，金属棒长 L_0 为100mm，直径 D 为10mm，拉断后长度 L 为116mm，截面直径 d 为7.7mm，试计算延伸率和断面收缩率。

解：延伸率

$$\sigma=\frac{L-L_0}{L_0}\times 100\%=\frac{116-100}{100}\times 100\%=16\%$$

断面收缩率：

$$\psi=\frac{\pi R^2-\pi r^2}{\pi R^2}\times 100\%=\frac{\pi\left(\frac{D}{2}\right)^2-\pi\left(\frac{d}{2}\right)^2}{\pi\left(\frac{D}{2}\right)^2}\times 100\%$$

$$=\frac{3.14\times\left(\frac{10}{2}\right)^2-3.14\times\left(\frac{7.7}{2}\right)^2}{3.14\times\left(\frac{10}{2}\right)^2}\times 100\%=40.7\%$$

答：金属棒的延伸率为16%，断面收缩率为40.7%。

9. 用100Y-60型离心油泵将轻质原油从油罐抽送到换热器，问它会不会发生汽蚀？已知：原油密度 $r=905\text{kg/m}^3$；饱和蒸汽压为 $P_t=0.08\text{MPa}$；吸入管线阻力损失 $h_w=1.1\text{m}$；泵的几何安装高度 $H_g=4\text{m}$；原油罐内液面压力 $P_0=0.1\text{MPa}$；100Y-60油泵的允许汽蚀余量 $[\Delta h_r]=5.76\text{m}$。

解：① 由泵装置有效汽蚀余量公式 $\Delta h_a=\left(\dfrac{P_0-P_t}{r}\right)\times 100-H_g-h_w$ 得：

② $\Delta h_a=\left(\dfrac{P_0-P_t}{r}\right)\times 100-H_g-h_w=\dfrac{0.1-0.08}{905\times 10^{-3}}\times 100-4-1.1=-2.9\text{m}$

③ $[\Delta h_r]=5.76\text{m}$；故 $\Delta h_a<[\Delta h_r]$；所以泵会发生汽蚀

答：泵会发生汽蚀。

10. 有一台输送柴油的离心泵，采用内流、密封圈式机械密封，密封室内介质的表压 $P_{介}=1\text{MPa}$。已知轴套直径 $d_0=55\text{mm}$，密封窄环内径 $d_1=57\text{mm}$，外径 $d_2=67\text{mm}$，弹簧的总推力 $F_{弹}=200\text{N}$，滑移面所形成的阻碍压力 $P_{阻}=0.07\text{MPa}$，反压系数 $\lambda=0.6$。请判断该密封是平衡密封还是非平衡型密封，并计算此密封的端面比压 $P_{比}$ 之值。（计算结果取 2 位小数）

解：载荷系数

$$k_{内}=\frac{d_2^2-d_0^2}{d_2^2-d_1^2}=\frac{67^2-55^2}{67^2-57^2}=\frac{1464}{1240}=1.18$$

即 $k_{内}>1$，故此密封为非平衡型密封。

端面面积

$$A=\frac{\pi}{4}(d_2^2-d_1^2)=\frac{3.14}{4}\times(67^2-57^2)=973.4\text{mm}^2$$

弹性预紧压力

$$P_{弹}=\frac{F_{弹}}{A}=\frac{200}{973.4}=0.21\text{MPa}$$

密封压力差

$$\Delta P=P_{介}=1\text{MPa}$$

端面比压

$$P_{比}=P_{弹}+(k_{内}-\lambda)\Delta P-P_{阻}=0.21+(1.18-0.6)\times1-0.07=0.72\text{MPa}$$

答：该密封是非平衡型密封，密封的端面比压为 0.72MPa。

11. 有一台单级双吸离心泵，铭牌上给出的数据有：$Q=0.2\text{m}^3/\text{s}$，$H=16\text{m}$，$n=1450\text{r/min}$，求该泵的比转数是多少？

解：

$$n_s=\frac{3.65n\sqrt{Q_0}}{\sqrt[4]{H^3}}=\frac{3.65n\sqrt{\frac{Q}{2}}}{\sqrt[4]{H^3}}=\frac{3.65\times1450\sqrt{\frac{0.2}{2}}}{\sqrt[4]{16^3}}=\frac{1673.6}{8}=209.2$$

答：离心泵的比转数为 209.2。

12. 如图所示，简支梁跨度 $l=3000\text{mm}$，其截面为矩形，高 $h=120\text{mm}$，宽 $b=60\text{mm}$，许

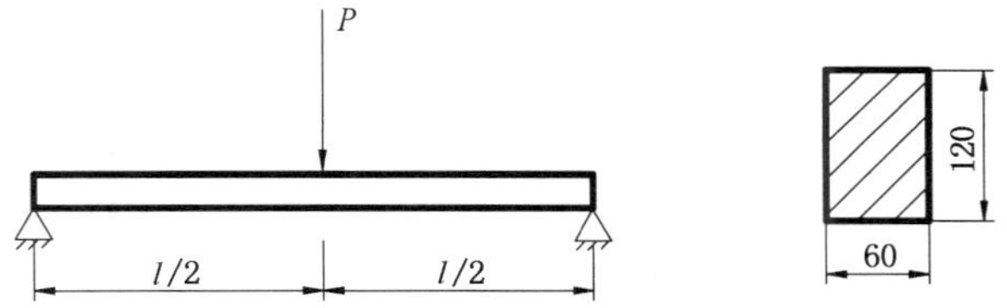

用应力[σ]=100MPa，在梁的中部受到载荷 $P=18000\text{N}$。请校核梁的强度是否能满足要求。

解：梁的最大弯矩发生在梁的中部截面处，其值为

$$M_{max}=\frac{P}{2}\times\frac{l}{2}=\frac{18000}{2}\times\frac{3000}{2}=135\times10^5\text{Nmm}$$

截面的抗弯矩

$$W_x=\frac{bh^2}{6}=\frac{60\times120^2}{6}=144\times10^3\text{mm}^3$$

$$\sigma_{max}=\frac{M_{max}}{W_x}=\frac{135\times10^5}{144\times10^3}=93.75\text{MPa}$$

因为[σ]=100MPa，所以 $\sigma_{max}<[\sigma]$，故梁的强度能满足要求。

答：梁的强度能满足要求。

13. 如图所示，横梁由 28b 工字钢制成，跨度 $l=7.5\text{m}$。材料为 Q235-A 钢，许用弯曲应力[σ]=150MPa。已知最大起重量 $P=23\text{kN}$。若考虑横梁的自重，试按正应力校核此梁的强度。(经查表得知，28b 工字钢单位长度质量 $q=47.9\text{kg/m}=47.9\times9.8=469.42\text{N/m}$，抗弯截面模量 $W_Z=534.29\times10^3\text{mm}^3$)

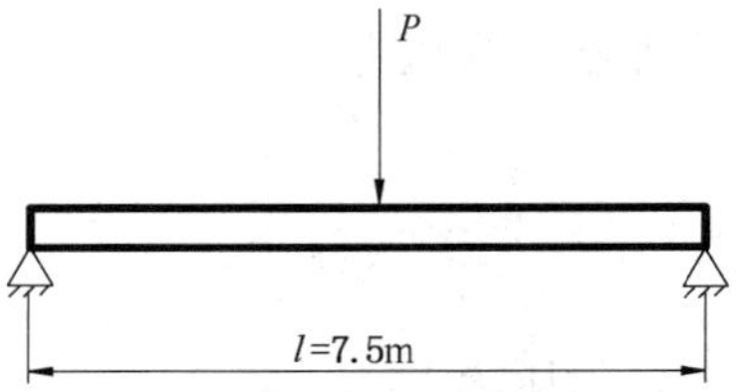

解：梁所受的最大弯距

$$M_{max}=\frac{pl}{4}+\frac{ql^2}{8}=\frac{23\times10^3\times7.5}{4}+\frac{469.42\times7.5^2}{8}$$

$$=43125+3300.61=46425.61(\text{N}\cdot\text{m})\approx46.43\times10^6\text{N}\cdot\text{mm}$$

梁内最大正应力为

$$\sigma_{max}=\frac{M_{max}}{W_Z}=\frac{46.43\times10^6}{534.29\times10^3}=86.9\text{MPa}$$

因 $\sigma_{max}=86.9\text{MPa}$，[σ]=150MPa，所以 $\sigma_{max}<[\sigma]$，故梁的强度足够。

答：梁的强度足够。

14. 如图所示：往复式压缩机进行中体和气缸同轴度检查。缸体结合面外径 $D=300\text{mm}$，缸体长 $L=350\text{mm}$，找正时缸体外端偏差 $A=0.5$ mm，求出 B 处的机械加工量。

解：

$$B=\frac{AD}{L}=\frac{0.5\times300}{350}=0.43\text{mm}$$

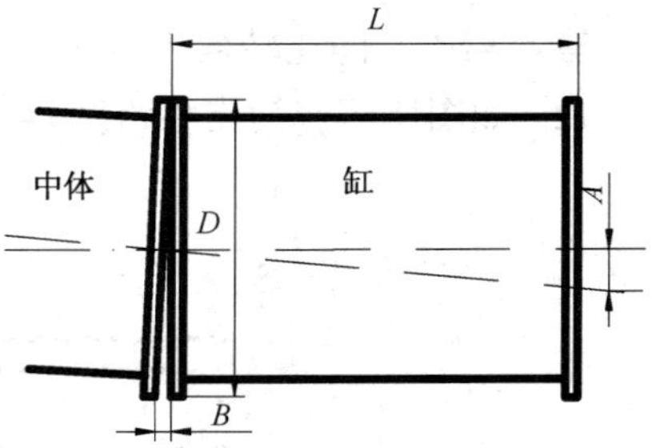

答：B 处应去除的机械加工量为 0.43mm。

15. 有一对标准齿轮，$z_1=25$、$z_2=70$、$m=3\text{mm}$，试求小齿轮的分度圆直径、齿顶圆直径、齿高及两齿轮正常啮合时的中心距。

解：分度圆直径 $d_1=mz_1=3\times25=75\text{mm}$

齿顶圆直径 $d_{a1}=m(z_1+2)=3\times(25+2)=81\text{mm}$

齿高 $h_1=2.25m=2.25\times3=6.75\text{mm}$

两齿轮的中心矩 $\alpha=\dfrac{m(z_1+z_2)}{2}=\dfrac{3\times(25+70)}{2}=142.5\text{mm}$

答：小齿轮的分度圆直径为75mm，齿顶圆直径为81mm，齿高为6.75mm，两齿轮正常啮合时的中心距为142.5mm。

16. 已知一蜗杆传动，模数 $m=10\text{mm}$，蜗杆特性系数 $q=8$，蜗杆头数 $z_1=2$，蜗轮齿数 $z_2=40$。试计算蜗杆的分度圆直径 d_1、齿顶圆直径 d_{a1} 和蜗轮的分度圆直径 d_2、蜗轮与蜗杆的中心距 a。

解：蜗杆分度圆直径 $d_1=qm=8\times10=80\text{mm}$

蜗杆齿顶圆直径 $d_{a1}=m(q+2)=10\times(8+2)=100\text{mm}$

蜗轮分度圆直径 $d_2=z_2m=40\times10=400\text{mm}$

中心距 $a=\dfrac{d_1+d_2}{2}=\dfrac{80+400}{2}=240\text{mm}$

答：蜗杆的分度圆直径 d_1 为80mm，齿顶圆直径 d_{a1} 为100mm，蜗轮的分度圆直径 d_2 为400mm，蜗轮与蜗杆的中心距为240mm。

五、技能操作鉴定要素细目表（技师）

鉴定范围						鉴定点	
一级		二级		三级		代码	名称
代码	名称	代码	名称	代码	名称		
A	技能要求	B	绘图	A	绘图	001	简单零件图的电脑绘制
		C	机泵维修与安装	G	螺杆压缩机	001	螺杆压缩机异响的处理
						002	喷油螺杆压缩机启动负荷大的处理
						003	螺杆压缩机油温高的处理
						004	螺杆压缩机自动停机的处理
						005	螺杆压缩机能量调节机构不灵活的处理
				H	变速机	001	变速机齿轮轴垂直方向平行度的检测
						002	变速机噪音大的处理
				I	往复式压缩机	001	往复式压缩机缸套的更换
						002	往复式压缩机机体振动的处理
						003	往复式压缩机气缸异响的处理
						004	往复式压缩机连杆螺栓拉断的处理
				J	离心式压缩机	001	离心式压缩机试车验收
						002	离心式压缩机安装步骤
						003	离心式压缩机联轴器单表计算法找正
						004	离心式压缩机联合底座与变速机的接触调整

续表

鉴定范围						鉴定点	
一级		二级		三级		代码	名称
代码	名称	代码	名称	代码	名称		
						005	离心式压缩机组灌浆前的就位调整
						006	离心式压缩机螺旋槽端面密封的安装调整
						007	离心式压缩机润滑油压力下降的处理
						008	离心式压缩机浮环密封封油泄漏过大的处理
						009	运用状态监测技术对离心式压缩机转子不平衡故障的判断
				K	汽轮机	001	汽轮机的安装步骤
						002	汽轮机危急遮断器故障的处理
						003	汽轮机调节汽阀不正常工作的处理
						004	汽轮机速关阀不能开启的处理
						005	汽轮机危急保安装置故障的处理
						006	汽轮机转子轴向位移量过大的处理
						007	汽轮机轴瓦温度高的处理
						008	汽轮机滑销间隙超标的处理
						009	汽轮机凝汽器故障的处理
				L	烟气轮机	001	烟气轮机整体就位安装的调整
						002	烟气轮机推力轴瓦的装配
						003	烟气轮机径向轴承温度高的处理
						004	烟气轮机推力轴瓦温度高的处理

六、技能操作试题(技师)

试题1：应用AutoCAD2000(或更高版本)抄绘零件图

（考核时间：45min）

序号	考核内容	考核要点	配分	评分标准	检测结果	扣分	得分	备注
1	准备工作	工、量具准备	5	选择不正确扣5分				
2	基本设置	按要求设置图层	5	不符合要求每项扣1分				
		图框格式正确	2	不符合要求每项扣1分				
		标题栏格式、线型正确、项目填写齐全	3	不符合要求每项扣1分				
3	图形	图形完整、比例正确	35	不符合要求每项扣2分				
		图线所属图层正确	10	不符合要求每项扣2分				

续表

序号	考核内容	考核要点	配分	评分标准	检测结果	扣分	得分	备注
4	尺寸	正确设置标注样式	10	不符合要求每项扣1分				
		数值、位置要正确	10	数值或位置错每项扣1分				
5	字体	正确设置字体样式	5	不符合要求扣5分				
		字高符合要求	5	不符合要求扣5分				
6	图线	线型比例正确	5	不符合要求每项扣2分				
7	使用工、量具	使用工、量具	3	工、量具使用不正确扣3分				
		维护工、量具	2	工、量具乱摆乱放扣2分				
8	考试时限	在规定时间内完成		按规定时间完成，超时1min从总分中扣5分。超时3min停止操作			—	
合计			100					

试题2：螺杆压缩机异响的处理(现场模拟)

(考核时间：10min)

序号	考核内容	考核要点		配分	评分标准	检测结果	扣分	得分	备注
		故障	排除方法						
1	准备工作	穿戴劳保用品		3	不符合要求扣3分				
		工、量、器具准备		2	选择不正确扣2分				
2	故障及排除方法	机内有异物	解体检查、清除异物	20	达不到要求扣20分				
3		推力轴承磨损破裂或径向滚动轴承损坏	更换轴承	20	达不到要求扣20分				
4		滑动轴承磨损或转子与壳体摩擦	更换滑动轴承或对机组进行检修	20	达不到要求扣20分				
5		运转联接件松动	拆开检查并紧固	20	达不到要求扣20分				
6		吸入大量液体	调整操作或停机放液	10	未能提出排除方法扣10分				由有关工种人员完成
7	使用工、量、器具	使用工、量、器具		3	工、量、器具使用不正确扣3分				
		维护工、量、器具		2	工、量、器具乱摆乱放扣2分				

续表

序号	考核内容	考核要点	配分	评分标准	检测结果	扣分	得分	备注
8	安全及其他	按国家法规或企业规定		违规一次从总分扣5分；严重违规停止操作			—	
		在规定时间内完成		超时1min从总分中扣5分，超时3min停止操作			—	
合计			100					

否定项说明：若出现发生事故等情况，该题为零分。

试题3：喷油螺杆压缩机启动负荷大的处理(现场模拟)

（考核时间：8min）

序号	考核内容	考核要点		配分	评分标准	检测结果	扣分	得分	备注
		故障	排除方法						
1	准备工作	穿戴劳保用品		3	不符合要求扣3分				
		工、量、器具准备		2	选择不正确扣2分				
2	故障及排除方法	排气压力高	打开吸气止逆阀，使高压气回至低压系统，提高冷凝器冷凝能力	10	未能提出排除方法扣10分				由有关工种人员完成
3		滑阀未回零位	将能量指示调至零位	20	达不到要求扣20分				
4		机体内充满油和液体	用手盘动压缩机将液体排出	10	未能提出排除方法扣10分				由有关工种人员完成
5		转子部件磨损或烧坏	解体检修或更换配件	50	达不到要求扣50分				
6	使用工、量、器具	使用工、量、器具		3	工、量、器具使用不正确扣3分				
		维护工、量、器具		2	工、量、器具乱摆乱放扣2分				
7	安全及其他	按国家法规或企业规定			违规一次从总分扣5分；严重违规停止操作			—	
		在规定时间内完成			超时1min从总分中扣5分，超时3min停止操作			—	
合计				100					

否定项说明：若出现发生事故等情况，该题为零分。

试题4：螺杆压缩机自动停机的处理(现场模拟)

（考核时间：12min）

序号	考核内容	考核要点		配分	评分标准	检测结果	扣分	得分	备注
		故障	排除方法						
1	准备工作	穿戴劳保用品		3	不符合要求扣3分				
		工、量、器具准备		2	选择不正确扣2分				
2	故障及排除方法	电机故障	检查电机	10	未能提出排除方法扣10分				由有关工种人员完成
3		油温过高	检查清洗油冷器	10	达不到要求扣10分				
4		油压差过大	检查清洗油过滤器	10	达不到要求扣10分				
5		控制电路故障	检查、修理控制元件	10	未能提出排除方法扣10分				由有关工种人员完成
6		负荷过大	检查原因、减少负荷	20	达不到要求扣20分				
7		转子咬合	解体检查处理或更换零部件	30	达不到要求扣30分				
8	使用工、量、器具	使用工、量、器具		3	工、量、器具使用不正确扣3分				
		维护工、量、器具		2	工、量、器具乱摆乱放扣2分				
9	安全及其他	按国家法规或企业规定			违规一次从总分扣5分；严重违规停止操作			—	
		在规定时间内完成			超时1min从总分中扣5分，超时3min停止操作			—	
合计				100					

否定项说明：若出现发生事故等情况，该题为零分。

试题5：螺杆压缩机能量调节机构不灵活的处理(现场模拟)

（考核时间：10min）

序号	考核内容	考核要点		配分	评分标准	检测结果	扣分	得分	备注
		故障	排除方法						
1	准备工作	穿戴劳保用品		3	不符合要求扣3分				
		工、量、器具准备		2	选择不正确扣2分				
2	故障及排除方法	四通阀不畅通	检修或更换四通阀	15	达不到要求扣15分				

续表

序号	考核内容	考核要点		配分	评分标准	检测结果	扣分	得分	备注
		故　障	排除方法						
3		油管路不畅通	检修或吹扫油路系统	15	达不到要求扣15分				
4		油活塞间隙过大	检修或更换活塞和活塞环	20	达不到要求扣20分				
5		滑阀或油活塞卡死	检修处理	20	达不到要求扣20分				
6		指示器故障	检修或更换	10	达不到要求扣10分				
7		油压不够	调整油压	10	达不到要求扣10分				
8	使用工、量、器具	使用工、量、器具		3	工、量、器具使用不正确扣3分				
		维护工、量、器具		2	工、量、器具乱摆乱放扣2分				
9	安全及其他	按国家法规或企业规定			违规一次从总分扣5分；严重违规停止操作			—	
		在规定时间内完成			超时1min从总分中扣5分，超时3min停止操作			—	
合　计				100					

否定项说明：若出现发生事故等情况，该题为零分。

试题6：变速机齿轮轴垂直方向平行度的检测(实际操作)

(考核时间：3min)

序号	考核内容	考核要点		配分	评分标准	检测结果	扣分	得分	备注
		步　骤	技术要求						
1	准备工作	穿戴劳保用品		3	不符合要求扣3分				
		工、量、器具准备		2	选择不正确扣2分				
2	步骤及技术要求	基准点选择	拆卸两齿轮轴上瓦，以四个轴颈为测量水平的基准点	10	测量基准点不正确扣10分				
3		测量数据	用水平仪测量主动轴和从动轴的高低差值	20	水平仪使用方法不正确扣20分				
				20	测量每误差0.02mm/m扣10分				
4		水平度确定	以主动轴和从动轴两轴颈的高低差值，计算出每条轴的水平度	20	轴水平度计算错误扣20分				
5		平行度确定	通过两轴的水平度，确定两齿轮轴在垂直面上的相对平行度	20	相对平行度计算错误扣20分				
6	使用工、量、器具	使用工、量、器具		3	工、量、器具使用不正确扣3分				
		维护工、量、器具		2	工、量、器具乱摆乱放扣2分				

续表

序号	考核内容	考核要点		配分	评分标准	检测结果	扣分	得分	备注
		步　骤	技术要求						
7	安全及其他	按国家法规或企业规定			违规一次从总分扣5分；严重违规停止操作			—	
		在规定时间内完成			超时1min从总分中扣5分，超时3min停止操作			—	
合　计				100					

否定项说明：若出现发生事故等情况，该题为零分。

试题7：往复式压缩机缸套的更换(现场模拟)

(考核时间：15min)

序号	考核内容	考核要点		配分	评分标准	检测结果	扣分	得分	备注
		步　骤	技术要求						
1	准备工作	穿戴劳保用品		3	不符合要求扣3分				
		工、量、器具准备		2	选择不正确扣2分				
2	步骤及技术要求	拆卸旧缸套	方法正确，不损伤设备	10	拆卸方法不正确扣10分				
3		清洗检查、去毛刺	确认新缸套无裂纹、砂眼、沟槽等缺陷	5	达不到要求扣5分				
4		确定装配尺寸	测量、检查新缸套内外直径和缸体内径的圆度、圆柱度及长度尺寸	10	圆度每偏差0.02mm扣5分				
5		确定温度	根据过盈量及最小装配间隙，经过计算确定所需温差：缸套冷却温度和缸体加热温度	10	圆柱度每偏差0.02mm扣5分；长度尺寸每偏差1mm扣5分				
6		缸套冷却和缸体加热	用蒸汽加热缸体(温度计算决定)；将缸套划好方向标记，并用专用工具固定缸套，用液氮或干冰缓慢冷却缸套使其达到最小装配间隙0.15~0.20mm	25	加热温度达不到要求扣10分；冷却温度和装配间隙达不到要求扣15分				
7		装配	戴上防护手套将缸套按方向标记迅速装入缸体内	15	装配达不到要求扣15分				
8		检查尺寸	待缸套处于常温后，检测缸套内径的圆度、圆柱度符合要求	15	测量圆度每偏差0.02mm扣8分；圆柱度每偏差0.02mm扣8分				
9	使用工、量、器具	使用工、量、器具		3	工、量、器具使用不正确扣3分				
		维护工、量、器具		2	工、量、器具乱摆乱放扣2分				

续表

序号	考核内容	考核要点		配分	评分标准	检测结果	扣分	得分	备注
		步　骤	技术要求						
10	安全及其他	按国家法规或企业规定			违规一次从总分扣5分；严重违规停止操作			—	
		在规定时间内完成			超时1min从总分中扣5分，超时3min停止操作			—	
合　计				100					

否定项说明：若出现发生事故等情况，该题为零分。

试题8：往复式压缩机气缸异响的处理（现场模拟）

（考核时间：15min）

序号	考核内容	考核要点		配分	评分标准	检测结果	扣分	得分	备注
		故　障	排除方法						
1	准备工作	穿戴劳保用品		3	不符合要求扣3分				
		工、量、器具准备		2	选择不正确扣2分				
2	故障及排除方法	气阀有故障或松动	检修气阀或紧固螺丝	10	达不到要求扣10分				
3		气缸余隙太小	调整余隙	15	达不到要求扣15分				
4		气缸内有异物或进入液体	解体清理异物或处理液体	10	处理方法不正确扣10分				
5		气缸套松动或断裂	紧固螺栓或更换部件	20	达不到要求扣20分				
6		机体内联接螺栓松动或折断	解体紧固螺栓或更换螺栓	15	达不到要求扣15分				
7		主轴承、连杆大小头轴承、十字头滑道间隙过大或接触不良	检查并调整间隙或刮研轴承衬背	20	达不到要求扣20分				
8	使用工、量、器具	使用工、量、器具		3	工、量、器具使用不正确扣3分				
		维护工、量、器具		2	工、量、器具乱摆乱放扣2分				
9	安全及其他	按国家法规或企业规定			违规一次从总分扣5分；严重违规停止操作			—	
		在规定时间内完成			超时1min从总分中扣5分，超时3min停止操作			—	
合　计				100					

否定项说明：若出现发生事故等情况，该题为零分。

试题9：往复式压缩机连杆螺栓拉断的处理（现场模拟）

（考核时间：15min）

序号	考核内容	考核要点		配分	评分标准	检测结果	扣分	得分	备注
		故障	排除方法						
1	准备工作	穿戴劳保用品		3	不符合要求扣3分				
		工、量、器具准备		2	选择不正确扣2分				
2	故障及排除方法	装配时预紧力过大	用力矩扳手控制紧力或检查螺栓伸长量	15	达不到要求扣15分				
3		紧固时产生偏斜，致使载荷不均匀	检查接触面，使配合紧密	15	达不到要求扣15分				
4		连杆螺帽松动或轴瓦晃动，大致使连杆螺栓受过大的冲击	连杆螺栓装配后要加防松装置	15	措施不正确扣15分				
5		连杆轴承过热，超负荷运转时，连杆螺栓承受过大的应力	清除过载现象，排除连杆螺栓故障	20	处理方法不正确扣20分				
6		轴承的间隙过大，造成冲击振动，长期疲劳载荷	调整轴承间隙；更换连杆螺栓	20	达不到要求扣20分				
7		连杆螺栓材质不符或有裂纹	更换并着色检查	5	未能提出扣5分				由有关工种人员完成
8	使用工、量、器具	使用工、量、器具		3	工、量、器具使用不正确扣3分				
		维护工、量、器具		2	工、量、器具乱摆乱放扣2分				
9	安全及其他	按国家法规或企业规定			违规一次从总分扣5分；严重违规停止操作			—	
		在规定时间内完成			超时1min从总分中扣5分，超时3min停止操作			—	
合计				100					

否定项说明：若出现发生事故等情况，该题为零分。

试题10：离心式压缩机试车验收（现场模拟）

（考核时间：20min）

序号	考核内容	考核要点		配分	评分标准	检测结果	扣分	得分	备注
		步骤	技术要求						
1	准备工作	穿戴劳保用品		3	不符合要求扣3分				
		工、量、器具准备		2	选择不正确扣2分				

续表

序号	考核内容	考核要点		配分	评分标准	检测结果	扣分	得分	备注
		步　骤	技术要求						
2	步骤及技术要求	确认试运前应具备的条件	检修（安装）工作已全部结束，并有完善的检修安装记录；水、电、汽供应正常	5	按要求每少一项扣1分				
3		做好试运前的准备工作	准备好测振仪、测温仪及所需的量具、工具、消防器具等；准备好各种记录表格；现场应整洁并拉好警戒线；组织各相关部门进行会签	10	按要求每少一项扣2分				
4		油系统试运转	确认主油泵、辅助油泵、小透平运转正常；油总管压力、各轴承、齿轮箱入口压力符合使用说明书要求；确认油冲洗合格	20	确认每少一项扣5分				
5		电气、仪表试运转	电气和仪表的联锁系统调试符合要求	5	未能提出扣5分				由有关工种人员完成
6		压缩机试运转	确保各试运参数符合使用说明书要求。(1)压缩机：①进出口压力、温度，②各轴承温度，③各振动值，④轴位移；(2)润滑油系统：①主油泵、小透平的轴承温度，②润滑油总管压力，③各轴承入口压力，④各轴承润滑油温度，⑤油过滤器压差，⑥检查主油箱、高位油箱油位是否正常，各回油是否畅通	45	检查、记录每少一项扣5分				
7		办理中交手续	甲、乙方相关人员签字确认	5	未落实扣5分				
8	使用工、量、器具	使用工、量、器具		3	工、量、器具使用不正确扣3分				
		维护工、量、器具		2	工、量、器具乱摆乱放扣2分				
9	安全及其他	按国家法规或企业规定			违规一次从总分扣5分；严重违规停止操作			—	
		在规定时间内完成			超时1min从总分中扣5分，超时3min停止操作			—	
合　计				100					

否定项说明：若出现发生事故等情况，该题为零分。

试题11：离心式压缩机安装步骤(现场模拟)

(考核时间：20min)

序号	考核内容	考核要点：步骤	考核要点：技术要求	配分	评分标准	检测结果	扣分	得分	备注
1	准备工作	穿戴劳保用品		3	不符合要求扣3分				
		工、量、器具准备		2	选择不正确扣2分				
2	步骤及技术要求	开箱检验	齐全、完好	5	未按装箱单验收扣5分				
3		基础验收	基础尺寸、强度等符合要求	5	每少检查一项扣1分				
4		吊装就位、调整	标高：±1mm	5	每超差0.5mm扣2.5分				
			纵、横轴线±10mm	5	每超差1mm扣1分				
5		压缩机与另一联接机器轴端距的调整	符合图纸要求	5	每超差0.10mm扣1分				
6		水平度的调整	纵、横向0.10mm/m	10	每超差0.02mm扣5分				
7		压缩机与驱动机联轴器初对中	以驱动机为基准，调整压缩机	5	方法不正确扣5分				
			对中符合图纸要求	5	每超差0.01mm扣1分				
8		二次灌浆	跟踪灌浆	5	不到位扣5分				
9		解体清洗，检查压缩机各部件，记录数据，回装	符合要求	10	达不到要求扣10分				
10		压缩机与驱动机联轴器精对中	符合图纸要求	10	每超差0.02mm扣5分				
11		交附管道安装	跟踪机体移位变化情况	5	不到位扣5分				
12		压缩机与驱动机联轴器对中复核	符合图纸要求	5	达不到要求扣5分				
13		油运	合格	5	不合格扣5分				
14		试运验收	记录齐全，签字确认	5	试运记录每少一项扣1分				
15	使用工、量、器具	使用工、量、器具		3	工、量、器具使用不正确扣3分				
		维护工、量、器具		2	工、量、器具乱摆乱放扣2分				
16	安全及其他	按国家法规或企业规定			违规一次从总分扣5分；严重违规停止操作			—	
		在规定时间内完成			超时1min从总分中扣5分，超时3min停止操作			—	
合计				100					

否定项说明：若出现发生事故等情况，该题为零分。

试题 12：离心式压缩机联轴器单表计算法找正

（考核时间：25min）

序号	考核内容	考核要点		配分	评分标准	检测结果	扣分	得分	备注
		步　骤	技术要求						
1	准备工作	穿戴劳保用品		3	不符合要求扣 3 分				
		工、量、器具准备		2	选择不正确扣 2 分				
2	步骤及技术要求	作出两半联轴器四等分标志	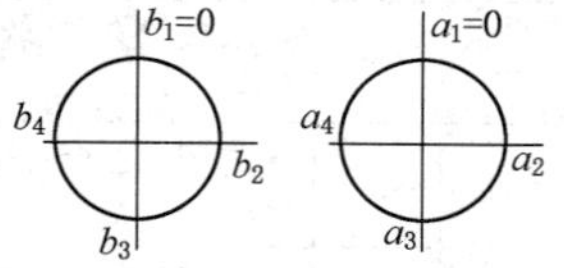	5	标志不明确扣 5 分				
3		测定 *A* 轴和 *B* 轴的圆度跳动值	在实测时应减去此偏差值	5	检查方法不正确扣 5 分				
4		分别测量 *A* 轴和 *B* 轴四等分的数值	$b_1=0$，$a_1=0$；$a_1+a_3=a_2+a$，$b_1+b_3=b_2+b_4$；误差值小于 0.02mm	15	测量每误差 0.01mm 扣 15 分				
5		确定调整量	确定支脚在垂直和水平方向的调整量和调整方向：计算法，作图法和填表法	15	调整量不正确扣 15 分				
6		水平调整	水平方向用调节顶丝调整	10	达不到要求扣 10 分				
7		计算法	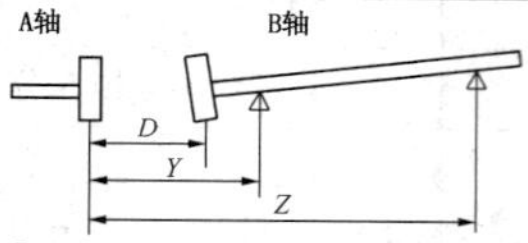①公式： $Ly=\frac{(a_3-a_1)+(b_3-b_1)}{2}\times\frac{Y}{D}-\frac{b_3-b_1}{2}$ $Lz=\frac{(a_3-a_1)+(b_3-b_1)}{2}\times\frac{Z}{D}-\frac{b_3-b_1}{2}$ ② 调整方法：正值时加垫，负值时减垫	30	未掌握计算方法扣 10 分；计算结果不正确扣 12 分；调整不正确扣 8 分				
8		检验数据	符合图纸要求	10	每超差 0.02mm 扣 5 分				
9	使用工、量、器具	使用工、量、器具		3	工、量、器具使用不正确扣 3 分				
		维护工、量、器具		2	工、量、器具乱摆乱放扣 2 分				
10	安全及其他	按国家法规或企业规定			违规一次从总分扣 5 分；严重违规停止操作			—	
		在规定时间内完成			超时 1min 从总分中扣 5 分，超时 3min 停止操作			—	
合　计				100					

否定项说明：若出现发生事故等情况，该题为零分。

试题 13：离心式压缩机组灌浆前的就位调整(现场模拟)

(考核时间：20min)

序号	考核内容	考核要点：步骤	考核要点：技术要求	配分	评分标准	检测结果	扣分	得分	备注
1	准备工作	穿戴劳保用品		3	不符合要求扣 3 分				
		工、量、器具准备		2	选择不正确扣 2 分				
2	步骤及技术要求	基础验收	应按图纸尺寸进行测量检验；应办理工序交接手续	5	达不到要求每项扣 2.5 分				
3		调整垫铁预埋	垫铁水平度允许偏差 2mm/m；各组垫铁高度允许偏差 3mm	5	达不到要求每项扣 2.5 分				
4		清理机组底座底面，调整底座顶丝露出底面	底座座面应无油污、锈蚀；调整顶丝露出底面长度一致，一般为 25mm	5	达不到要求每项扣 2.5 分				
5		按机组布置图，机组吊装就位	吊装部位应正确；机组放置方向符合要求	5	钳工监控不到位扣 2 分；就位方向错误扣 3 分				
6		调整机组标高	标高允许偏差值为±1mm	10	按标准每超差 0.5mm 扣 5 分				
7		调整机组纵、横轴线	纵、横轴线允许偏差值为±10mm	10	按标准每超差 1mm 扣 2.5 分				
8		调整确定机组轴端距	符合机组安装说明书技术要求	10	按标准每超差 0.10mm 扣 2.5 分				
9		调整机组水平度	水平度允许偏差符合机组安装说明书技术要求	25	水平仪放置不正确每部位扣 2 分；水平度调整每超差 0.02mm/m 扣 10 分				
10		机组进行初对中	以汽轮机或变速机为基准，对中符合技术要求	10	按规范每超差 0.05mm 扣 1 分				
11		机组交付灌浆	灌浆前水平度、初对中要确认	5	每少做一项扣 2.5 分				
12	使用工、量、器具	使用工、量、器具		3	工、量、器具使用不正确扣 3 分				
		维护工、量、器具		2	工、量、器具乱摆乱放扣 2 分				
13	安全及其他	按国家法规或企业规定			违规一次从总分扣 5 分；严重违规停止操作			—	
		在规定时间内完成			超时 1min 从总分中扣 5 分，超时 3min 停止操作			—	
合计				100					

否定项说明：若出现发生事故等情况，该题为零分。

试题 14：离心式压缩机螺旋槽端面密封的安装调整(现场模拟)

(考核时间：18min)

序号	考核内容	考核要点	配分	评分标准	检测结果	扣分	得分	备注
1	准备工作	穿戴劳保用品	3	不符合要求扣 3 分				
		工、量、器具准备	2	选择不正确扣 2 分				
2	步骤及技术要求	检查密封型号是否相符，各元件是否齐全，有无缺陷	5	型号选择不符扣 2 分；零件缺少或有缺陷未查出扣 3 分				
3		检查清洗轴、密封腔和密封各元件	5	达不到要求每项扣 1 分				
4		转子轴向调中	10	达不到要求扣 10 分				
5		调整定位调节垫的厚度，定好动静环位置	15	按要求调整每超差 0.02mm 扣 5 分				
6		装动环定位套	5	装配达不到要求扣 5 分				
7		装弹簧座(含静环)	10	装配达不到要求扣 10 分				
8		装动环	10	装配达不到要求扣 10 分				
9		装锁紧套	5	装配达不到要求扣 5 分				
10		装外弹簧座(含静环)	10	装配达不到要求扣 10 分				
11		装轴套	5	装配达不到要求扣 5 分				
12		装锁紧螺母	5	装配达不到要求扣 5 分				
13		装后置迷宫密封	5	装配达不到要求扣 5 分				
14	使用工、量、器具	使用工、量、器具	3	工、量、器具使用不正确扣 3 分				
		维护工、量、器具	2	工、量、器具乱摆乱放扣 2 分				
15	安全及其他	按国家法规或企业规定		违规一次从总分扣 5 分；严重违规停止操作			—	
		在规定时间内完成		超时 1min 从总分中扣 5 分，超时 3min 停止操作			—	
合计			100					

否定项说明：若出现发生事故等情况，该题为零分。

试题15：运用状态监测技术对离心式压缩机转子不平衡故障的判断

（考核时间：15min）

序号	考核内容	考核要点		配分	评分标准	检测结果	扣分	得分	备注
		故障现象及原因分析	得出结论						
1	准备工作	穿戴劳保用品		3	不符合要求扣3分				
		工、量、器具准备		2	选择不正确扣2分				
2	故障诊断	振动幅值趋势图上升，运行3个月后机组振动达到报警值	机组存在故障	5	判断不正确扣5分				
3		频谱图主要成分为1倍频(80%以上)	机组故障可能为滑动轴承间隙过大、转子不平衡、基础松动、轴弯曲、轴裂纹、轴颈和轴承偏心等	20	判断一项不正确扣3分，全部不正确扣20分				
4		1倍频极坐标图幅值上升、相位改变	转子不平衡、轴裂纹	15	一项不正确扣7分，全部不正确扣15分				
5		轴心轨迹图为近似圆	滑动轴承间隙过大、转子不平衡、轴弯曲	20	一项不正确扣6分，全部不正确扣20分				
6		离线数采仪监测，机组径向方向振动大，轴向方向振动小、基础振动小、在允许范围内	排除轴弯曲、基础松动	20	一项不正确扣10分，全部不正确扣20分				
7		根据以上振动分析	机组故障为转子不平衡故障	10	判断不正确扣10分				
8	使用工、量、器具	使用工、量、器具		3	工、量、器具使用不正确扣3分				
		维护工、量、器具		2	工、量、器具乱摆乱放扣2分				
9	安全及其他	按国家法规或企业规定			违规一次从总分扣5分；严重违规停止操作			—	
		在规定时间内完成			超时1min从总分中扣5分，超时3min停止操作			—	
合计				100					

否定项说明：若出现发生事故等情况，该题为零分。

试题16：汽轮机的安装步骤(现场模拟)

（考核时间：20min）

序号	考核内容	考核要点		配分	评分标准	检测结果	扣分	得分	备注
		步骤	技术要求						
1	准备工作	穿戴劳保用品		3	不符合要求扣3分				
		工、量、器具准备		2	选择不正确扣2分				

续表

序号	考核内容	考核要点		配分	评分标准	检测结果	扣分	得分	备注
		步　骤	技术要求						
2	步骤及技术要求	开箱检验	设备齐全、完好	5	未按装箱单验收扣5分				
3		基础验收	基础尺寸、强度等符合要求	5	每少检查一项扣1分				
4		汽轮机整体吊装就位	标高：±1mm	5	按规范每超差0.5mm扣2.5分				
5			纵横轴线：±10mm	5	按规范每超差1mm扣1分				
6		确定汽轮机轴端距	符合图纸要求	5	每超差0.10mm扣1分				
7		水平度的调整	纵横向小于：0.10mm/m	10	按规范每超差0.03mm/m扣5分				
8		联轴器初对中	符合图纸要求	10	对中每超差0.02mm扣2分				
9		二次灌浆	跟踪灌浆	5	不到位扣5分				
10		汽轮机轴承、错油门、猫爪的清洗及间隙检查	符合要求	10	每少检查一项扣2分				
11		联轴器精对中	符合图纸要求	10	对中每超差0.02mm扣5分				
12		交附配管	跟踪机体移动变化情况	5	不到位扣5分				
13		联轴器对中复核	符合图纸要求	5	每超差0.02mm扣5分				
14		油运	合格	5	过滤器或滤网不按规定时间清洗或更换扣5分				
15		机组试运验收	签字确认	5	试运记录每少一项扣1分				
16	使用工、量、器具	使用工、量、器具		3	工、量、器具使用不正确扣3分				
		维护工、量、器具		2	工、量、器具乱摆乱放扣2分				
17	安全及其他	按国家法规或企业规定			违规一次从总分扣5分；严重违规停止操作			—	
		在规定时间内完成			超时1min从总分中扣5分，超时3min停止操作			—	
合　计				100					

否定项说明：若出现发生事故等情况，该题为零分。

试题 17：汽轮机危急遮断器故障的处理(现场模拟)

(考核时间：12min)

序号	考核内容	考核要点		配分	评分标准	检测结果	扣分	得分	备注
		故　障	排除方法						
1	准备工作	穿戴劳保用品		3	不符合要求扣 3 分				
		工、量、器具准备		2	选择不正确扣 2 分				
2	故障及排除方法	遮断器部件结垢、卡涩	拆检清除结垢	30	达不到要求扣 30 分				
3		当汽轮机转速未达到连续转速时，危急保安器已动作	旋转螺纹套筒预调增加弹簧力，记好圈数或旋转角度作为弹簧力预调依据，通过超速试验，找出圈数或角度与转速比例关系；经多次调试，并要两次以上超速试验，转速要一致并符合要求	30	达不到要求扣 30 分				
4		当汽轮机转速超过最高连续转速的9%~11%，危急保安器未动作	旋转螺纹套筒预调减少弹簧力，记好圈数或角度作为弹簧力预调依据，通过超速试验，找出圈数或角度与转速比例关系，要经多次调试并要两次以上超速试验，转速要一致并符合要求	30	达不到要求扣 30 分				
5	使用工、量、器具	使用工、量、器具		3	工、量、器具使用不正确扣 3 分				
		维护工、量、器具		2	工、量、器具乱摆乱放扣 2 分				
6	安全及其他	按国家法规或企业规定			违规一次从总分扣 5 分；严重违规停止操作			—	
		在规定时间内完成			超时 1min 从总分中扣 5 分，超时 3min 停止操作			—	
合　计				100					

否定项说明：若出现发生事故等情况，该题为零分。

试题 18：汽轮机速关阀不能开启的处理(现场模拟)

(考核时间：15min)

序号	考核内容	考核要点		配分	评分标准	检测结果	扣分	得分	备注
		故　障	排除方法						
1	准备工作	穿戴劳保用品		3	不符合要求扣 3 分				
		工、量、器具准备		2	选择不正确扣 2 分				
2	故障及排除方法	阀体油缸活塞卡死	解体活塞、缸体，清除结垢，防止蒸汽窜入油中	10	达不到要求扣 10 分				
3		油泵出口压力低	调节油泵出口压力符合要求	10	达不到要求扣 10 分				

续表

序号	考核内容	考核要点		配分	评分标准	检测结果	扣分	得分	备注
		故　障	排除方法						
4	故障及排除方法	速关阀杆弯曲	解体检查，矫直阀杆或更换	15	达不到要求扣15分				
5		油缸活塞、活塞盘间隙过小或过大	检查处理活塞盘、活塞符合要求	15	达不到要求每项扣10分				
6		速关阀组装时各段体不对中	调整各段体中心线符合要求	15	达不到要求扣15分				
7		活塞盘贴合不良	消除活塞盘偏磨	15	达不到要求扣15分				
8		打开启动手轮速度过快	降低开启手轮速度	10	不符合要求扣10分				
9	使用工、量、器具	使用工、量、器具		3	工、量、器具使用不正确扣3分				
		维护工、量、器具		2	工、量、器具乱摆乱放扣2分				
10	安全及其他	按国家法规或企业规定			违规一次从总分扣5分；严重违规停止操作			—	
		在规定时间内完成			超时1min从总分中扣5分，超时3min停止操作			—	
合　计				100					

否定项说明：若出现发生事故等情况，该题为零分。

试题19：汽轮机转子轴向位移量过大的处理（现场模拟）

（考核时间：15min）

序号	考核内容	考核要点		配分	评分标准	检测结果	扣分	得分	备注
		故　障	排除方法						
1	准备工作	穿戴劳保用品		3	不符合要求扣3分				
		工、量、器具准备		2	选择不正确扣2分				
2	故障及排除方法	止推轴承磨损	调整或更换	15	按规范每超差0.02mm扣5分				
3		轴位移探头松动	检查调整	5	未能提出排除方法扣5分				由有关工种人员完成
4		超负荷运行	降低负荷运行	5	未能提出排除方法扣5分				
5		级间汽封磨损导致级间泄漏过大	更换级间汽封，并符合规范	25	按规范每超差0.05mm扣5分				
6		叶轮结垢	转子除垢处理	25	达不到要求扣25分				
7		水冲击	调整操作	5	未能提出排除方法扣5分				由有关工种人员完成
8		新蒸汽温度过低	调整新蒸汽操作温度	5	未能提出排除方法扣5分				

续表

序号	考核内容	考核要点：故障	考核要点：排除方法	配分	评分标准	检测结果	扣分	得分	备注
9		负荷增加过快	调整操作	5	未能提出排除方法扣5分				
10	使用工、量、器具	使用工、量、器具		3	工、量、器具使用不正确扣3分				
		维护工、量、器具		2	工、量、器具乱摆乱放扣2分				
11	安全及其他	按国家法规或企业规定			违规一次从总分扣5分；严重违规停止操作			—	
		在规定时间内完成			超时1min从总分中扣5分，超时3min停止操作			—	
合计				100					

否定项说明：若出现发生事故等情况，该题为零分。

试题20：汽轮机轴瓦温度高的处理（现场模拟）

（考核时间：12min）

序号	考核内容	考核要点：故障	考核要点：排除方法	配分	评分标准	检测结果	扣分	得分	备注
1	准备工作	穿戴劳保用品		3	不符合要求扣3分				
		工、量、器具准备		2	选择不正确扣2分				
2	故障及排除方法	轴承入口油温偏高	增大冷却水或清除冷却水管路堵塞	10	达不到要求扣10分				
3		机组负荷增大	适当降低机组负荷	5	未能提出排除方法扣5分				由有关工种人员完成
4		轴瓦间隙偏小或损坏	调整轴瓦间隙或更换	20	按规范每超差0.02mm扣10分				
5		油质变坏	更换合格的透平油	5	未能提出排除方法扣5分				由有关工种人员完成
6		振动增大	检查消除振动	25	达不到要求扣25分				
7		油压低或供油量不足	调整润滑油压力或增大油量	10	达不到要求扣10分				
8		轴颈与轴瓦的接触面积不符合要求	修刮轴瓦	15	达不到要求扣15分				
9	使用工、量、器具	使用工、量、器具		3	工、量、器具使用不正确扣3分				
		维护工、量、器具		2	工、量、器具乱摆乱放扣2分				

续表

序号	考核内容	考核要点	配分	评分标准	检测结果	扣分	得分	备注
10	安全及其他	按国家法规或企业规定		违规一次从总分扣5分；严重违规停止操作			—	
		在规定时间内完成		超时1min从总分中扣5分，超时3min停止操作			—	
合　计			100					

否定项说明：若出现发生事故等情况，该题为零分。

试题21：汽轮机滑销间隙超标的处理(现场模拟)

（考核时间：15min）

序号	考核内容	考核要点		配分	评分标准	检测结果	扣分	得分	备注
		步　骤	技术要求						
1	准备工作	穿戴劳保用品		3	不符合要求扣3分				
		工、量、器具准备		2	选择不正确扣2分				
2	步骤及技术要求	销子修复	销子补焊修复后的硬度不得低于销子本身的硬度；销子补焊后需经机加工后研刮而成；配制新销子，材料必须相同	25	不符合要求每项扣10分				
3		销槽修复	不允许用点焊、捻打或挤压的方法来修补间隙过大的销槽；受损的销槽必须更换	20	处理方法错误每项扣10分				
4		滑销修配	滑销间隙过小或有磨损、卡涩痕迹时，必须用刮刀进行研刮	20	不符合要求扣20分				
5		滑销装配	研刮后的滑销全长间隙要均匀，滑动表面粗糙度为*Ra*1.6，接触面积不少于80%	25	按规范间隙值每超差0.01mm扣5分；粗糙度每升高一个等级扣5分；接触面积每少5%扣5分				
6	使用工、量、器具	使用工、量、器具		3	工、量、器具使用不正确扣3分				
		维护工、量、器具		2	工、量、器具乱摆乱放扣2分				
7	安全及其他	按国家法规或企业规定			违规一次从总分扣5分；严重违规停止操作			—	
		在规定时间内完成			超时1min从总分中扣5分，超时3min停止操作			—	
合　计				100					

否定项说明：若出现发生事故等情况，该题为零分。

试题22：烟气轮机整体就位安装的调整(现场模拟)

(考核时间：20min)

序号	考核内容	考核要点		配分	评分标准	检测结果	扣分	得分	备注
		步骤	技术要求						
1	准备工作	穿戴劳保用品		3	不符合要求扣3分				
		工、量、器具准备		2	选择不正确扣2分				
2	步骤及技术要求	基础验收	应按图纸尺寸测量校验；应办理工序交接手续	5	达不到要求每项扣2.5分				
3		调整垫铁预埋	垫铁水平度允许偏差2mm/m；垫铁高度允许偏差3mm	5	达不到要求每项扣2.5分				
4		清理烟机底座底面，调整底座顶丝露出底面	底座面应无油污、锈蚀；调整顶丝露出底面长度一致，一般为25mm	5	达不到要求每项扣2.5分				
5		吊装就位	吊装部位应正确	5	钳工监控不到位扣5分				
6		调整烟机标高	标高允许偏差值为±1mm	10	每超差1mm扣5分				
7		调整烟机纵、横轴线	纵、横轴线允许偏差值为±10mm	10	每超差1mm扣5分				
8		确定并调整烟机轴端距	符合安装使用说明书要求	10	每超差0.10mm扣5分				
9		找水平及初对中	以轴承箱剖分面为基准测量水平	5	水平仪放置不正确扣5分				
			水平度允许偏差：纵向0.04mm/m，横向0.05mm/m	20	水平度每超差0.02mm/m扣10分				
			初对中符合技术要求	10	初对中调整每超差0.01mm扣1分				
10		烟机交付灌浆	灌浆前水平度、初对中要确认	5	每少做一项扣2.5分				
11	使用工、量、器具	使用工、量、器具		3	工、量、器具使用不正确扣3分				
		维护工、量、器具		2	工、量、器具乱摆乱放扣2分				
12	安全及其他	按国家法规或企业规定			违规一次从总分扣5分；严重违规停止操作			—	
		在规定时间内完成			超时1min从总分中扣5分，超时3min停止操作			—	
合计				100					

否定项说明：若出现发生事故等情况，该题为零分。

试题 23：烟气轮机推力轴瓦的装配（现场模拟）

（考核时间：15min）

序号	考核内容	考核要点		配分	评分标准	检测结果	扣分	得分	备注
		步骤	技术要求						
1	准备工作	穿戴劳保用品		3	不符合要求扣 3 分				
		工、量、器具准备		2	选择不正确扣 2 分				
2	步骤及技术要求	确定转子轴向定位位置	符合本机技术要求	5	达不到要求扣 5 分				
3		清洗检查瓦块和止推盘	瓦块和止推盘应无毛刺、锈蚀、变形、裂纹、气孔、脱落等缺陷	10	达不到要求每项扣 2 分				
4		测量各瓦块厚度	厚度偏差应小于 0.01mm	10	测量每误差 0.01mm 扣 5 分				
5		测量止推盘轴向圆跳动值	允许值≤0.015mm	5	测量每误差 0.01mm 扣 3 分				
6		组装止推瓦	瓦块摆动灵活	5	达不到要求扣 5 分				
7		检查瓦块与推力盘的接触情况	用涂色法检查	5	方法错误扣 5 分				
			接触面积大于 70%，接触点大于(2~3)点/cm^2	15	接触面积每少 5% 扣 10 分				
8		测量止推轴瓦间隙	装好止推轴承上压盖才允许测量	15	测量方法错误扣 15 分				
9		调整止推瓦间隙	调整垫片平行度允许偏差≤0.01mm	5	测量每误差 0.01mm 扣 3 分				
			止推间隙符合要求	15	每超差 0.02mm 扣 5 分				
10	使用工、量、器具	使用工、量、器具		3	工、量、器具使用不正确扣 3 分				
		维护工、量、器具		2	工、量、器具乱摆乱放扣 2 分				
11	安全及其他	按国家法规或企业规定			违规一次从总分扣 5 分；严重违规停止操作			—	
		在规定时间内完成			超时 1min 从总分中扣 5 分，超时 3min 停止操作			—	
合计				100					

否定项说明：若出现发生事故等情况，该题为零分。

试题 24：烟气轮机推力轴瓦温度高的处理（现场模拟）

（考核时间：12min）

序号	考核内容	考核要点		配分	评分标准	检测结果	扣分	得分	备注
		故障	排除方法						
1	准备工作	穿戴劳保用品		3	不符合要求扣 3 分				
		工、量、器具准备		2	选择不正确扣 2 分				

续表

序号	考核内容	考核要点 故障	考核要点 排除方法	配分	评分标准	检测结果	扣分	得分	备注
2	故障及排除方法	瓦块与推力盘接触面积过小	检查止推瓦间隙，刮研瓦块使其与止推盘间隙和接触面积达到规范要求	20	按规范接触面积每少5%扣10分				
3		烟机与联接机轴端距不符合技术要求	检查烟机及与其联接机体的轴端距，应符合技术要求	20	按规范轴端距每超差0.10mm扣10分				
4		润滑油进油量不足	加大轴承的进油量，满足使用要求	15	未满足使用要求扣15分				
5		轴瓦进油温偏高	清洗油冷却器，增加冷却水流量	15	达不到要求扣15分				
6		润滑油中带水或含有其他杂质	采取过滤措施，清除油中的水分和杂质，或更换新的合格油品	10	达不到要求扣10分				
7		推力盘表面粗糙度过高	打磨推力盘或更换推力盘	10	达不到要求扣10分				
8	使用工、量、器具	使用工、量、器具		3	工、量、器具使用不正确扣3分				
		维护工、量、器具		2	工、量、器具乱摆乱放扣2分				
9	安全及其他	按国家法规或企业规定			违规一次从总分扣5分；严重违规停止操作			—	
		在规定时间内完成			超时1min从总分中扣5分，超时3min停止操作			—	
合计				100					

否定项说明：若出现发生事故等情况，该题为零分。

七、技能操作鉴定要素细目表(高级技师)

鉴定范围 一级 代码	一级 名称	二级 代码	二级 名称	三级 代码	三级 名称	鉴定点 代码	鉴定点 名称
A	技能要求	B	绘图	A	绘图	001	电脑绘图
		C	机泵维修与安装	G	螺杆压缩机	001	干式螺杆压缩机同步齿轮的调整
						002	螺杆压缩机振动的处理
				H	变速机	001	变速机振动大的处理
				I	往复式压缩机	001	往复式压缩机机体损坏的处理
						002	往复式压缩机异响的处理
						003	往复式压缩机基础缺陷造成的重新安装

续表

鉴定范围						鉴定点	
一级		二级		三级		代码	名称
代码	名称	代码	名称	代码	名称		
				J	离心式压缩机	001	离心式压缩机隔板同轴度的调整
						002	离心式压缩机螺旋槽端面密封故障的处理
						003	离心式压缩机轴瓦油膜振荡的处理
						004	离心式压缩机振动的处理
						005	离心式压缩机组噪声的处理
						006	离心式压缩机轴位移反复变化的处理
						007	离心式压缩机转子不平衡故障的处理
						008	离心式压缩机密封油与润滑油互窜的处理
						009	运用状态监测技术对离心式压缩机组找正不良故障的判断
				K	汽轮机	001	汽轮机汽缸剖分面变形的修复
						002	汽轮机调节系统油动机故障的处理
						003	汽轮机无法提速的处理
						004	汽轮机振动的处理
						005	汽轮机隔板缺陷的处理
						006	汽轮机效率降低的处理
						007	汽轮机叶片断裂的处理
						008	汽轮机防止轴弯曲的措施
						009	汽轮机调节系统引起转速波动的处理
				L	烟气轮机	001	烟气轮机转子的检修
						002	烟气轮机转子与壳体定位圆的调整
						003	烟气轮机轴承箱振动大的处理
						004	烟气轮机转子振动的处理
						005	烟气轮机轴位移过大的处理
						006	运用状态监测技术对烟机滑动轴承油膜涡动故障的判断

八、技能操作试题(高级技师)

试题1：应用AutoCAD2000(或更高版本)抄画零件图的三个视图

(考核时间：120min)

序号	考核内容	考核要点	配分	评分标准	检测结果	扣分	得分	备注
1	准备工作	工、量具准备	5	选择不正确扣5分				

续表

序号	考核内容	考核要点	配分	评分标准	检测结果	扣分	得分	备注
2	基本设置	按要求设置图层	5	不符合要求每项扣1分				
		图框格式正确	2	不符合要求每项扣1分				
		标题栏格式、线型正确、项目填写齐全	3	不符合要求每项扣1分				
3	图形	图形完整、比例正确	35	不符合要求每项扣2分				
		图线所属图层正确	10	不符合要求每项扣2分				
4	尺寸	正确设置标注样式	10	不符合要求每项扣1分				
		数值、位置要正确	10	数值或位置不正确每项扣1分				
5	字体	正确设置字体样式	5	不符合要求扣5分				
		字高符合要求	5	不符合要求扣5分				
6	图线	线型比例正确	5	不符合要求每项扣2分				
7	使用工、量具	使用工、量具	3	工、量具使用不正确扣3分				
		维护工、量具	2	工、量具乱摆乱放扣2分				
8	考试时限	在规定时间内完成		按规定时间完成，超时1min从总分中扣5分。超时3min停止操作			—	
合计			100					

试题2：干式螺杆压缩机同步齿轮的调整

（考核时间：15min）

序号	考核内容	考核要点		配分	评分标准	检测结果	扣分	得分	备注
		步　骤	技术要求						
1	准备工作	穿戴劳保用品		3	不符合要求扣3分				
		工、量、器具准备		2	选择不正确扣2分				
2	步骤及技术要求	前期装配工作已完成	阴阳转子、径向轴承、止推轴承、密封等已装配定位	10	达不到要求扣10分				
3		清洗检查同步齿轮及齿轮轮毂	无毛刺、污物；装配尺寸符合图纸要求	15	达不到要求扣15分				
4		装配阴阳轮毂及齿轮	按原标记组装轮毂；按标记装齿轮	15	装配方法不正确每项扣8分				

续表

序号	考核内容	考核要点		配分	评分标准	检测结果	扣分	得分	备注
		步　　骤	技术要求						
5	步骤及技术要求	调整同步齿轮	主副螺杆推向入口端；齿轮主承力面接触时，螺杆正、反负荷侧间隙符合要求；同步齿轮啮合间隙符合要求；调整完毕后，紧固螺栓，打定位销固定	35	调整方法不正确扣15分；齿轮和螺杆啮合间隙每超差0.01mm扣10分				
6		校验同步齿轮、轴承、螺杆三者间隙	同步齿轮间隙<轴瓦间隙<螺杆间隙；三者间隙符合装配要求	15	达不到要求扣15分				
7	使用工、量、器具	使用工、量、器具		3	工、量、器具使用不正确扣3分				
		维护工、量、器具		2	工、量、器具乱摆乱放扣2分				
8	安全及其他	按国家法规或企业规定			违规一次从总分扣5分；严重违规停止操作			—	
		在规定时间内完成			超时1min从总分中扣5分，超时3min停止操作			—	
合　　计				100					

否定项说明：若出现发生事故等情况，该题为零分。

试题3：变速机振动大的处理(现场模拟)

(考核时间：10min)

序号	考核内容	考核要点		配分	评分标准	检测结果	扣分	得分	备注
		故　　障	排除方法						
1	准备工作	穿戴劳保用品		3	不符合要求扣3分				
		工、量、器具准备		2	选择不正确扣2分				
2	故障及排除方法	变速机对中不良	检查调整机组对中符合要求	20	对中数据每超差0.02mm扣10分				
3		齿轮箱体联接螺栓松动	紧固箱体联接螺栓	10	达不到要求扣10分				
4		箱体内联接组件松动，导致配合精度降低	揭盖检查紧固松动件，检查调整配合精度	15	达不到要求扣15分				
5		转子不平衡	检查转子动平衡	10	未能提出方法扣10分				由有关工种人员完成
6		齿轮啮合不良	修刮轴瓦或调整处理	20	达不到要求扣20分				
7		轴承间隙过大或损坏	调整间隙或更换轴承	15	达不到要求扣15分				

续表

序号	考核内容	考核要点	配分	评分标准	检测结果	扣分	得分	备注
8	使用工、量、器具	使用工、量、器具	3	工、量、器具使用不正确扣3分				
		维护工、量、器具	2	工、量、器具乱摆乱放扣2分				
9	安全及其他	按国家法规或企业规定		违规一次从总分扣5分；严重违规停止操作			—	
		在规定时间内完成		超时1min从总分中扣5分，超时3min停止操作			—	
合计			100					

否定项说明：若出现发生事故等情况，该题为零分。

试题4：往复式压缩机机体损坏的处理（现场模拟）

（考核时间：12min）

序号	考核内容	考核要点		配分	评分标准	检测结果	扣分	得分	备注
		故障	排除方法						
1	准备工作	穿戴劳保用品		3	不符合要求扣3分				
		工、量、器具准备		2	选择不正确扣2分				
2	故障及排除方法	滑道拉毛	油石手工打磨；用银或轴承合金修补；用机械加工修复降低表面粗糙度；更换	20	处理方法不正确扣20分				
3		滑道磨损	手工修复，用两个不同精度的磨具研磨；用机械加工修复；更换	20	处理方法不正确扣20分				
4		机体与基础脱层	拆卸重新安装	30	达不到要求扣30分				
5		机体局部产生裂纹	丝堵修复；盲板修补法；焊接修补；黏结剂黏接修复；更换	20	处理方法不正确扣20分				
6	使用工、量、器具	使用工、量、器具		3	工、量、器具使用不正确扣3分				
		维护工、量、器具		2	工、量、器具乱摆乱放扣2分				
7	安全及其他	按国家法规或企业规定			违规一次从总分扣5分；严重违规停止操作			—	
		在规定时间内完成			超时1min从总分中扣5分，超时3min停止操作			—	
合计				100					

否定项说明：若出现发生事故等情况，该题为零分。

试题 5：往复式压缩机基础缺陷造成的重新安装(现场模拟)

(考核时间：12min)

序号	考核内容	考核要点		配分	评分标准	检测结果	扣分	得分	备注
		故　障	排除方法						
1	准备工作	穿戴劳保用品		3	不符合要求扣 3 分				
		工、量、器具准备		2	选择不正确扣 2 分				
2	故障及排除方法	①基础下沉较严重或基础主要部位有裂纹且继续扩展，影响设备正常运行的情况；②机体边缘与基础脱离周长为全周长的 50%或垂直振动大于 0.25mm 的情况；③基础局部修理，其水平度变化较大，已超过 0.25~0.4mm/m 的情况	拆卸前对机体的水平度及主轴颈的纵向、横向水平度进行检查测量并记录	15	测量不准确扣 15 分				
3			以原基础或其他附近建筑物为基准，确定机体中的标高	5	标高确定不准确扣 5 分				
4			拆除时，将机体四周水泥表层铲除记下垫铁位置及高度	5	记录不准确扣 5 分				
5			用顶丝或千斤顶将机体顶松再用吊具吊起，移出垫稳	20	达不到要求扣 20 分				
6			用木架固定各地脚螺丝的相对位置，再铲除一定深度的水泥基础	15	跟踪配合不到位扣 15 分				
7			重新倒制混凝土，达到原来标高并保养	5	跟踪不到位扣 5 分				
8			机体各部件就位回装，找水平、找标高，找机身各部件的同轴度等	25	达不到要求每项扣 10 分				
9	使用工、量、器具	使用工、量、器具		3	工、量、器具使用不正确扣 3 分				
		维护工、量、器具		2	工、量、器具乱摆乱放扣 2 分				
10	安全及其他	按国家法规或企业规定			违规一次从总分扣 5 分；严重违规停止操作			—	
		在规定时间内完成			超时 1min 从总分中扣 5 分，超时 3min 停止操作			—	
合　计				100					

否定项说明：若出现发生事故等情况，该题为零分。

试题 6：离心式压缩机轴瓦油膜振荡的处理(现场模拟)

(考核时间：15min)

序号	考核内容	考核要点		配分	评分标准	检测结果	扣分	得分	备注
		故　障	排除方法						
1	准备工作	穿戴劳保用品		3	不符合要求扣 3 分				
		工、量、器具准备		2	选择不正确扣 2 分				
2	故障及排除方法	轴承选型不合理，使轴承稳定性差	采用可倾瓦、椭圆瓦、多油楔轴瓦，避免破坏油膜对轴的推动力	10	未能提出排除方法扣 10 分				

续表

序号	考核内容	考核要点		配分	评分标准	检测结果	扣分	得分	备注
		故　　障	排除方法						
3			在轴承瓦面中间开槽（圆周环槽）改变长径比 L/D，增加轴承的载荷系数	15	达不到要求扣 15 分				
4		轴承油压过低，使转子偏心率过小	调节油压符合技术要求	10	达不到要求扣 10 分				
5		轴瓦衬背与轴瓦压盖过盈量过小	适当加大轴瓦衬背与轴瓦压盖过盈量	20	按规范每超差 0. 02mm 扣 20 分				
6		轴承间隙过大，转子偏心率过小，形成油膜过厚，使转子刚度下降，临界转速降低，易引发振荡	调整轴承间隙在规范要求内	25	按规范每超差 0. 02mm 扣 10 分				
7		润滑油黏度过大，使转子偏心率过小	启动润滑油加热器，调节润滑油黏度	10	未能提出排除方法扣 10 分				由有关工种人员完成
8	使用工、量、器具	使用工、量、器具		3	工、量、器具使用不正确扣 3 分				
		维护工、量、器具		2	工、量、器具乱摆乱放扣 2 分				
9	安全及其他	按国家法规或企业规定			违规一次从总分扣 5 分；严重违规停止操作			—	
		在规定时间内完成			超时 1min 从总分中扣 5 分，超时 3min 停止操作			—	
合　计				100					

否定项说明：若出现发生事故等情况，该题为零分。

试题 7：离心式压缩机振动的处理（现场模拟）

（考核时间：18min）

序号	考核内容	考核要点		配分	评分标准	检测结果	扣分	得分	备注
		故　　障	排除方法						
1	准备工作	穿戴劳保用品		3	不符合要求扣 3 分				
		工、量、器具准备		2	选择不正确扣 2 分				
2	故障及排除方法	转子不平衡	校验动平衡	5	未能提出排除方法扣 5 分				由有关工种人员完成
3		机组联轴器对中不好	调整机组对中	10	按规范每超差 0. 02mm 扣 5 分				

续表

序号	考核内容	考核要点		配分	评分标准	检测结果	扣分	得分	备注
		故　障	排除方法						
4		转子与定子发生摩擦	停机解体检查，消除摩擦现象	10	达不到要求扣10分				
5		轴瓦间隙过大	调整轴瓦间隙或更换轴瓦	15	按规范每超差0.02mm扣5分				
6		轴承压盖松动	紧固轴承压盖	10	达不到要求扣10分				
7		底座刚度较差或松动	加强底座刚度或紧固底座	10	达不到要求扣10分				
8		径向轴承发生半速涡动或油膜振荡	改用抗振性较好的轴承，比如：可倾瓦、椭圆瓦等；改变润滑油黏度；改变轴承间隙	15	达不到要求扣15分				
9		管线应力过大	调整、紧固管线	10	达不到要求扣10分				
10		喘振	调节喘振阀	5	达不到要求扣5分				由有关工种人员完成
11	使用工、量、器具	使用工、量、器具		3	工、量、器具使用不正确扣3分				
		维护工、量、器具		2	工、量、器具乱摆乱放扣2分				
12	安全及其他	按国家法规或企业规定			违规一次从总分扣5分；严重违规停止操作			—	
		在规定时间内完成			超时1min从总分中扣5分，超时3min停止操作			—	
合　计				100					

否定项说明：若出现发生事故等情况，该题为零分。

试题8：离心式压缩机组噪声的处理(现场模拟)

(考核时间：18min)

序号	考核内容	考核要点		配分	评分标准	检测结果	扣分	得分	备注
		故　障	排除方法						
1	准备工作	穿戴劳保用品		3	不符合要求扣3分				
		工、量、器具准备		2	选择不正确扣2分				
2	故障及排除方法	变速机齿轮加工精度或啮合状况不好	检查齿轮啮合情况，通过调整齿轮轴的平行度，交叉度和中心距，使齿轮啮合达到标准要求，并通过跑合工艺提高齿轮精度，从而降低运行噪声	15	未能提出排除方法扣15分				由有关工种人员完成
3		机组支承或内部有焊缝开裂，在汽流作用下产生振动和噪声	解体检查机组各部件的焊缝情况，将焊缝开裂或支承松脱问题处理好	10	未能提出排除方法扣10分				

续表

序号	考核内容	考核要点：故　障	考核要点：排除方法	配分	评分标准	检测结果	扣分	得分	备注
4		机组联轴器对中偏差较大	重新调整机组对中	25	按规范每超差0.02mm扣10分				
5		机组轴承产生油膜振荡	通过对轴承的选型和调整轴瓦间隙，适当提高润滑油温度等措施来防止油膜振荡的产生	25	达不到要求扣25分				
6		机组流量达不到设计要求，致使产生喘振，并伴有强烈的吼叫声	调节防喘振阀，消除因喘振而产生的振动和噪声	10	未能提出排除方法扣10分				由有关工种人员完成
7		机组受管线外力太大至使机组在运行中产生振动，同时产生噪声	检查并解决出入口管联接法兰与机组出入口联接法兰错口问题，从而消除法兰联接给机组带来的附加力	5	未能提出排除方法扣5分				
8	使用工、量、器具	使用工、量、器具		3	工、量、器具使用不正确扣3分				
		维护工、量、器具		2	工、量、器具乱摆乱放扣2分				
9	安全及其他	按国家法规或企业规定			违规一次从总分扣5分；严重违规停止操作			—	
		在规定时间内完成			超时1min从总分中扣5分，超时3min停止操作			—	
合　计				100					

否定项说明：若出现发生事故等情况，该题为零分。

试题9：离心式压缩机轴位移反复变化的处理(现场模拟)

（考核时间：10min）

序号	考核内容	考核要点：故　障	考核要点：排除方法	配分	评分标准	检测结果	扣分	得分	备注
1	准备工作	穿戴劳保用品		3	不符合要求扣3分				
		工、量、器具准备		2	选择不正确扣2分				
2	故障及排除方法	推力瓦座与轴承座配合过于松动	调整推力瓦座与轴承座的配合符合要求	20	达不到要求扣20分				
3		止推轴承轴向间隙过大或烧瓦	解体检查，调整间隙或更换新瓦	15	达不到要求每项扣10分				
4		止推盘轴向跳动超标	上车床检查修复或更换	20	达不到要求扣20分				
5		止推盘表面粗糙度超标	上磨床修复或更换	15	达不到要求扣15分				

续表

序号	考核内容	考核要点		配分	评分标准	检测结果	扣分	得分	备注
		故　障	排除方法						
6		负荷不稳定，使转子轴向推力亦不稳定	进行工艺调整或在平衡管线上加球阀来控制	10	未能提出排除方法扣10分				由有关工种人员完成
7		轴位移探头安装误差	重新调整轴位移探头	10	未能提出排除方法扣10分				
8	使用工、量、器具	使用工、量、器具		3	工、量、器具使用不正确扣3分				
		维护工、量、器具		2	工、量、器具乱摆乱放扣2分				
9	安全及其他	按国家法规或企业规定			违规一次从总分扣5分；严重违规停止操作			—	
		在规定时间内完成			超时1min从总分中扣5分，超时3min停止操作			—	
合　计				100					

否定项说明：若出现发生事故等情况，该题为零分。

试题10：离心式压缩机密封油与润滑油互窜的处理(现场模拟)

（考核时间：18min）

序号	考核内容	考核要点		配分	评分标准	检测结果	扣分	得分	备注
		故　障	排除方法						
1	准备工作	穿戴劳保用品		3	不符合要求扣3分				
		工、量、器具准备		2	选择不正确扣2分				
2	故障及排除方法	润滑油压力高，油封间隙大，润滑油窜入密封油	调节润滑油压力，使其在操作范围内；检查油封间隙，如果超标，对其进行更换	5	润滑油压力调节达不到要求扣5分				
				15	按规范间隙每超差0.02mm扣5分				
3		润滑油油温高，黏度下降，润滑油窜入密封油	开大冷却器水阀，提高冷却水流量，降低油温	10	未能提出排除方法扣10分				由有关工种人员完成
4		润滑油回油系统阻塞，回流不畅，轴承箱油池液面过高，润滑油沿轴封间隙窜入密封油	检查回油系统，确保回流畅通无阻	10	达不到要求扣10分				
5		当封油压力过高，浮环间隙过大，封油窜入	调节封油压力，使其在操作范围内；检查浮环间隙，更换间隙超标的浮环	5	润滑油压力调节达不到要求扣5分；				
				15	按规范间隙每超差0.02mm扣5分				
6		封油回油系统阻塞，回油不畅，致使封油窜入润滑油	检查回油系统，确保回流畅通无阻	10	达不到要求扣10分				

续表

序号	考核内容	考核要点		配分	评分标准	检测结果	扣分	得分	备注
		故　　障	排除方法						
7		浮环卡住，未能形成密封油膜，密封气夹带封油，从油膜缺口处窜入润滑油	解体检查清洗浮环内杂物，使其能自由上下滑动	20	达不到要求扣20分				
8	使用工、量、器具	使用工、量、器具		3	工、量、器具使用不正确扣3分				
		维护工、量、器具		2	工、量、器具乱摆乱放扣2分				
9	安全及其他	按国家法规或企业规定			违规一次从总分扣5分；严重违规停止操作				—
		在规定时间内完成			超时1min从总分中扣5分，超时3min停止操作				—
合　　计				100					

否定项说明：若出现发生事故等情况，该题为零分。

试题11：运用状态监测技术对离心式压缩机组找正不良故障的判断

（考核时间：15min）

序号	考核内容	考核要点		配分	评分标准	检测结果	扣分	得分	备注
		故障现象及原因分析	得出结论						
1	准备工作	穿戴劳保用品		3	不符合要求扣3分				
		工、量、器具准备		2	选择不正确扣2分				
2	故障论断	检修后启动机组时，透平和压缩机低压缸运行正常，而高压缸振动较大（在允许范围内），一周后继续上升，与之相连的低压缸靠联轴节侧测点振动也明显上升，高压缸靠联轴接侧的点振动上升到超过允许范围	机组高压缸或低压缸可能存在故障	5	判断不正确扣5分				
3		轴心轨迹图为双环椭圆	油膜涡动、转子找正不良、轴横向裂纹	20	一项不正确扣6分，全部不正确扣20分				
4		频谱图主要成分为1倍频和2倍频，其中2倍频幅值较大	机组故障可能为转子找正不良、轴横向裂纹	20	判断一项不正确扣3分，全部不正确扣20分				
5		相位较稳定	排除轴横向裂纹	15	不正确扣15分				
6		离线数采仪监测，机组径向方向振动大，轴向方向振动也大	轴弯曲、转子找正不良	20	一项不正确扣10分，全部不正确扣20分				
7		根据以上振动分析，综合得出结论	机组故障为转子找正不良故障	10	判断不正确扣10分				

续表

<table>
<tr><td rowspan="2">序号</td><td rowspan="2">考核内容</td><td colspan="2">考核要点</td><td rowspan="2">配分</td><td rowspan="2">评分标准</td><td rowspan="2">检测结果</td><td rowspan="2">扣分</td><td rowspan="2">得分</td><td rowspan="2">备注</td></tr>
<tr><td>故障现象及原因分析</td><td>得出结论</td></tr>
<tr><td rowspan="2">8</td><td rowspan="2">使用工、量、器具</td><td colspan="2">使用工、量、器具</td><td>3</td><td>工、量、器具使用不正确扣3分</td><td></td><td></td><td></td><td></td></tr>
<tr><td colspan="2">维护工、量、器具</td><td>2</td><td>工、量、器具乱摆乱放扣2分</td><td></td><td></td><td></td><td></td></tr>
<tr><td rowspan="2">9</td><td rowspan="2">安全及其他</td><td colspan="2">按国家法规或企业规定</td><td rowspan="2"></td><td>违规一次从总分扣5分；严重违规停止操作</td><td></td><td></td><td>—</td><td></td></tr>
<tr><td colspan="2">在规定时间内完成</td><td>超时1min从总分中扣5分，超时3min停止操作</td><td></td><td></td><td>—</td><td></td></tr>
<tr><td colspan="4">合　计</td><td>100</td><td></td><td></td><td></td><td></td><td></td></tr>
</table>

否定项说明：若出现发生事故等情况，该题为零分。

试题12：汽轮机汽缸剖分面变形的修复(现场模拟)

(考核时间：15min)

<table>
<tr><td>序号</td><td>考核内容</td><td>考核要点</td><td>配分</td><td>评分标准</td><td>检测结果</td><td>扣分</td><td>得分</td><td>备注</td></tr>
<tr><td rowspan="2">1</td><td rowspan="2">准备工作</td><td>穿戴劳保用品</td><td>3</td><td>不符合要求扣3分</td><td></td><td></td><td></td><td></td></tr>
<tr><td>工、量、器具准备</td><td>2</td><td>选择不正确扣2分</td><td></td><td></td><td></td><td></td></tr>
<tr><td>2</td><td rowspan="5">步骤及技术要求</td><td>清扫干净汽缸结合面，涂上一层薄薄的红丹</td><td>5</td><td>结合面清扫不干净扣2分；红丹涂得不均匀扣3分</td><td></td><td></td><td></td><td></td></tr>
<tr><td>3</td><td>扣上上缸盖，将汽缸螺栓对称均匀地相隔紧固，用塞尺测量结合面间隙，将间隙值记在汽缸外壁和检修记录本上</td><td>20</td><td>螺栓紧固不正确扣5分；测量值与测量点不对应扣15分</td><td></td><td></td><td></td><td></td></tr>
<tr><td>4</td><td>根据红丹的痕迹，确定上下缸结合面应刮磨的位置及应刮去厚度，并用刮刀修出标点</td><td>20</td><td>刮磨点不准确扣20分</td><td></td><td></td><td></td><td></td></tr>
<tr><td>5</td><td>用刮刀刮研至底部标点为止，涂上红丹再扣缸盖检查结合面间隙，若间隙值不大于0.10mm，可按缸结合面的红丹印痕进行精刮</td><td>30</td><td>刮研标记不正确扣10分；间隙检查不准确扣10分；精刮方法不正确扣10分</td><td></td><td></td><td></td><td></td></tr>
<tr><td>6</td><td>结合面间隙值小于0.05mm时，再用油石磨光结合面</td><td>15</td><td>间隙值达不到要求扣15分</td><td></td><td></td><td></td><td></td></tr>
<tr><td rowspan="2">7</td><td rowspan="2">使用工、量、器具</td><td>使用工、量、器具</td><td>3</td><td>工、量、器具使用不正确扣3分</td><td></td><td></td><td></td><td></td></tr>
<tr><td>维护工、量、器具</td><td>2</td><td>工、量、器具乱摆乱放扣2分</td><td></td><td></td><td></td><td></td></tr>
<tr><td rowspan="2">8</td><td rowspan="2">安全及其他</td><td>按国家法规或企业规定</td><td rowspan="2"></td><td>违规一次从总分扣5分；严重违规停止操作</td><td></td><td></td><td>—</td><td></td></tr>
<tr><td>在规定时间内完成</td><td>超时1min从总分中扣5分，超时3min停止操作</td><td></td><td></td><td>—</td><td></td></tr>
<tr><td colspan="3">合　计</td><td>100</td><td></td><td></td><td></td><td></td><td></td></tr>
</table>

否定项说明：若出现发生事故等情况，该题为零分。

试题13：汽轮机无法提速的处理(现场模拟)

（考核时间：12min）

序号	考核内容	考核要点		配分	评分标准	检测结果	扣分	得分	备注
		故　障	排除方法						
1	准备工作	穿戴劳保用品		3	不符合要求扣3分				
		工、量、器具准备		2	选择不正确扣2分				
2	故障及排除方法	主蒸汽温度、压力低	调整蒸汽操作参数，达到操作指标	5	未能提出排除方法扣5分				由有关工种人员完成
3		蒸汽入口阀过滤网堵塞	解体清除异物	20	检查清理不彻底扣20分				
4		调速阀碟脱落	拆检调速阀，调整阀蝶或更换	20	达不到要求扣20分				
5		复水器真空度低	拆检抽汽器和复水器	20	每少检查一项扣10分				
6		汽轮机叶片结垢	拆检清除叶片污垢	20	达不到要求扣20分				
7		汽轮机超负荷运行	调整操作参数	5	未能提出排除方法扣5分				由有关工种人员完成
8	使用工、量、器具	使用工、量、器具		3	工、量、器具使用不正确扣3分				
		维护工、量、器具		2	工、量、器具乱摆乱放扣2分				
9	安全及其他	按国家法规或企业规定			违规一次从总分扣5分；严重违规停止操作			—	
		在规定时间内完成			超时1min从总分中扣5分，超时3min停止操作			—	
合　计				100					

否定项说明：若出现发生事故等情况，该题为零分。

试题14：汽轮机振动的处理(现场模拟)

(考核时间：18min)

序号	考核内容	考核要点		配分	评分标准	检测结果	扣分	得分	备注
		故障	排除方法						
1	准备工作	穿戴劳保用品		3	不符合要求扣3分				
		工、量、器具准备		2	选择不正确扣2分				
2	故障及排除方法	转子不平衡	校验动平衡	5	未能提出排除方法扣5分				由有关工种人员完成
3		原动机与从动机对中不良	调整机组对中，符合规范	15	按规范每超差0.02mm扣5分				
4		基础或紧固件松动	检查并紧固	5	达不到要求扣5分				
5		联轴器损坏	修复或更换	15	达不到要求扣5分				
6		轴承损坏或松动	修复紧固或更换	15	按规范间隙达不到要求扣5分；按规范过盈量达不到要求扣5分；瓦接触达不到要求扣5分				
7		叶片冲蚀或脱落	修复或更换叶片	5	未能提出排除方法扣5分				由有关工种人员完成
8		轴承的油温低或含水	调整润滑油温度或更换润滑油	5	未能提出排除方法扣5分				
9		滑销系统卡涩	清理结垢，调整间隙	10	达不到要求扣10分				
10		转子弯曲、变形	校直或更换	15	达不到要求扣15分				
11	使用工、量、器具	使用工、量、器具		3	工、量、器具使用不正确扣3分				
		维护工、量、器具		2	工、量、器具乱摆乱放扣2分				
12	安全及其他	按国家法规或企业规定			违规一次从总分扣5分；严重违规停止操作			—	
		在规定时间内完成			超时1min从总分中扣5分，超时3min停止操作			—	
合计				100					

否定项说明：若出现发生事故等情况，该题为零分。

试题 15：汽轮机隔板缺陷的处理(现场模拟)

（考核时间：15min）

序号	考核内容	考核要点		配分	评分标准	检测结果	扣分	得分	备注
		故　　障	排除方法						
1	准备工作	穿戴劳保用品		3	不符合要求扣 3 分				
		工、量、器具准备		2	选择不正确扣 2 分				
2	故障及排除方法	喷嘴片弯曲损坏，喷嘴片的通道表面和进出汽边也常被打弯，凹凸不平甚至出现缺口	对于被打弯或不平处可用仿照通道形状制作的垫块塞入通道，用小锤轻轻敲打喷嘴片，使其复原；对轻微的卷边和毛刺可用小锉锉平，严重时可用火烤适当加热再修复	30	修复后喷嘴片边损坏扣 15 分；对卷边和毛刺未清除扣 15 分				
3		由于隔板强度不够或热膨胀受阻，隔板易产生裂纹	为防止裂纹继续扩展，可以把裂纹磨掉或在裂纹两端钻防延孔，以减轻应力集中；铸钢隔板和焊接隔板的裂纹可进行补焊；铸铁隔板的焊接比较困难，裂纹严重时应更换	30	防裂纹扩展操作方法错误扣 15 分；补焊方法不正确扣 15 分				
4		隔板与转子发生摩擦	若发现隔板和转子发生严重磨损时，首先应查明原因，采取措施防止发生摩擦。同时应清除表面磨损部位的金属熔积层，仔细检查隔板裂纹和隔板的变形，可将变形凸出部位车去，以保证隔板与转子的间隙，同时检查转子与隔板同轴度。无法修复时，可更换隔板	30	每有一项处理不正确扣 15 分				
5	使用工、量、器具	使用工、量、器具		3	工、量、器具使用不正确扣 3 分				
		维护工、量、器具		2	工、量、器具乱摆乱放扣 2 分				
6	安全及其他	按国家法规或企业规定			违规一次从总分扣 5 分；严重违规停止操作				
		在规定时间内完成			超时 1min 从总分中扣 5 分，超时 3min 停止操作				
合　　计				100					

否定项说明：若出现发生事故等情况，该题为零分。

试题 16：汽轮机防止轴弯曲的措施(现场模拟)

（考核时间：15min）

序号	考核内容	考核要点		配分	评分标准	检测结果	扣分	得分	备注
		措　　施	技术要求						
1	准备工作	穿戴劳保用品		3	不符合要求扣 3 分				
		工、量、器具准备		2	选择不正确扣 2 分				

续表

序号	考核内容	考核要点		配分	评分标准	检测结果	扣分	得分	备注
		措施	技术要求						
2	措施及技术要求	控制好开停机的汽温，温升	温降速度应控制在（4～5）℃/min范围内；蒸汽过热度应保持在50～100℃	20	未能提出每项扣10分				由有关工种人员完成
3		上下汽缸保温应严密	保温层外表面温度控制在60℃左右；上下汽缸温差不应超过35℃，最高不得超过50℃	20	未能提出每项扣10分，未能掌握扣15分				
4		汽封块弹簧要有足够的压缩量	最少应有3mm退让间隙，汽封径向间隙配置要考虑到上下汽缸温差	15	未能掌握扣15分				
			猫爪结构和汽缸支撑部件要注意热膨胀的影响，一般定为上侧间隙小，下侧间隙大，两侧取中间值	15	未能掌握扣15分				
5		转子作全速动平衡试验	要求将临界转速动平衡与全速动平衡分开找。平衡精度达到规范要求	20	未能提出扣20分				由相关工种人员完成
6	使用工、量、器具	使用工、量、器具		3	工、量、器具使用不正确扣3分				
		维护工、量、器具		2	工、量、器具乱摆乱放扣2分				
7	安全及其他	按国家法规或企业规定			违规一次从总分扣5分；严重违规停止操作				
		在规定时间内完成			超时1min从总分中扣5分，超时3min停止操作				
合计				100					

否定项说明：若出现发生事故等情况，该题为零分。

试题17：汽轮机调节系统引起转速波动的处理（现场模拟）

（考核时间：15min）

序号	考核内容	考核要点		配分	评分标准	检测结果	扣分	得分	备注
		故障	排除方法						
1	准备工作	穿戴劳保用品		3	不符合要求扣3分				
		工、量、器具准备		2	选择不正确扣2分				
2	故障及排除方法	错油门滑阀卡住或径向油孔堵塞	拆检错油门滑阀，清除异物，检查疏通油孔	20	不符合要求扣20分				
3		主油泵出口油压波动	调整操作	10	未能提出排除方法扣10分				由有关工种人员完成

续表

序号	考核内容	考核要点		配分	评分标准	检测结果	扣分	得分	备注
		故　障	排除方法						
4		油动机与调节汽阀联接不当，油动机在全关位置时有的调节阀已提前提起	油动机活塞处于全关位置，并使调节汽阀全关	20	不符合要求扣20分				
5		迟缓率过大	检查调整或更换联接件	15	不符合要求扣15分				
6		规定负载时达不到设计转速	重新做静态调试，确认各调节杠杆的正确位置	10	不符合要求扣10分				
7		调速器故障	PG-PL型调速器内有空气进行排气；针型阀开度调整合适；缓冲弹簧弹力不够，更换	15	不符合要求扣15分				
8	使用工、量、器具	使用工、量、器具		3	工、量、器具使用不正确扣3分				
		维护工、量、器具		2	工、量、器具乱摆乱放扣2分				
9	安全及其他	按国家法规或企业规定			违规一次从总分扣5分；严重违规停止操作				
		在规定时间内完成			超时1min从总分中扣5分，超时3min停止操作				
合　计				100					

否定项说明：若出现发生事故等情况，该题为零分。

试题18：烟气轮机转子的检修(现场模拟)

(考核时间：20min)

序号	考核内容	考核要点		配分	评分标准	检测结果	扣分	得分	备注
		步　骤	技术要求						
1	准备工作	穿戴劳保用品		3	不符合要求扣3分				
		工、量、器具准备		2	选择不正确扣2分				
2	步骤及技术要求	检查动叶片磨损情况	叶片应无裂纹、冲蚀和折断现象	10	每少检查一项扣2分				
3		检查轮盘、拉杆螺栓、防松垫片是否完好	轮盘、拉杆螺栓无异常情况，防松垫片应完好无损	5	每少检查一项扣2分				
4		更换叶片	轮盘叶片槽中无污垢，并全部着色检查	10	达不到要求每项扣5分				
			叶片不允许强力推入轮槽中	10	装配不符合要求扣10分				
			叶片装入轮槽中后，叶片顶部应有0.38～1.98mm的摆动量	15	按要求每超差0.10mm扣5分				

续表

序号	考核内容	考核要点		配分	评分标准	检测结果	扣分	得分	备注
		步　骤	技术要求						
5		测量转子各部位圆跳动值	允许偏差应符合技术规范	15	测量每误差 0.01mm 扣 5 分				
6		测量轴颈的圆度、圆柱度	轴承轴径处允许偏差值 0.01mm，其他部位允许偏差值为 0.02mm。	15	圆度测量值误差 0.01mm 扣 2 分；圆柱度值确定不正确扣 5 分				
7		转子作着色检查	应无缺陷	5	未能正确提出扣 5 分				由有关工种人员完成
8		转子做动平衡	按 G2.5 级做动平衡校验	5	未能提出处理方法扣 5 分				
9	使用工、量、器具	使用工、量、器具		3	工、量、器具使用不正确扣 3 分				
		维护工、量、器具		2	工、量、器具乱摆乱放扣 2 分				
10	安全及其他	按国家法规或企业规定			违规一次从总分扣 5 分；严重违规停止操作				
		在规定时间内完成			超时 1min 从总分中扣 5 分，超时 3min 停止操作				
合　计				100					

否定项说明：若出现发生事故等情况，该题为零分。

试题 19：烟气轮机轴承箱振动大的处理(现场模拟)

(考核时间：18min)

序号	考核内容	考核要点		配分	评分标准	检测结果	扣分	得分	备注
		故　障	排除方法						
1	准备工作	穿戴劳保用品		3	不符合要求扣 3 分				
		工、量、器具准备		2	选择不正确扣 2 分				
2	故障及排除方法	轴承箱地脚螺栓松动	按螺栓规定的力矩拧紧轴承箱地脚螺栓	5	达不到要求扣 5 分				
3		轴承箱变形	检查消除变形或更换轴承箱	15	达不到要求扣 15 分				
4		轴承箱存在软脚	找出软脚加垫片消除	5	达不到要求扣 5 分				
5		转子与壳体同心度超差过大	重新调整找正	20	按规范每超差 0.02mm 扣 5 分				
6		转子不平衡	重新找动平衡	5	未能提出处理方法扣 5 分				由有关工种人员完成
7		机组对中不良	重新调整找正	10	达不到要求扣 10 分				

续表

序号	考核内容	考核要点		配分	评分标准	检测结果	扣分	得分	备注
		故　障	排除方法						
8		机壳热变形	加强冷却或防止热辐射；消除应力	5	未能提出扣5分				由有关工种人员完成
9		动、静部件碰摩	检查修理，消除摩擦部位	10	达不到要求扣10分				
10		轴承间隙过大或损坏	更换轴承	15	未能提出扣5分，达不到要求扣15分				
11	使用工、量、器具	使用工、量、器具		3	工、量、器具使用不正确扣3分				
		维护工、量、器具		2	工、量、器具乱摆乱放扣2分				
12	安全及其他	按国家法规或企业规定			违规一次从总分扣5分；严重违规停止操作				
		在规定时间内完成			超时1min从总分中扣5分，超时3min停止操作				
合　计				100					

否定项说明：若出现发生事故等情况，该题为零分。

试题20：烟气轮机转子振动的处理(现场模拟)

(考核时间：20min)

序号	考核内容	考核要点		配分	评分标准	检测结果	扣分	得分	备注
		故　障	排除方法						
1	准备工作	穿戴劳保用品		3	不符合要求扣3分				
		工、量、器具准备		2	选择不正确扣2分				
2	故障及排除方法	转子不平衡	清除转子轮盘或叶片上不均匀的沉积物	4	达不到要求扣4分				
			更换磨损的叶片	4	达不到要求扣4分				
			消除转子弯曲	4	达不到要求扣4分				
			消除部件松动	4	达不到要求扣4分				
			转子作动平衡校验，平衡精度达到技术要求	4	达不到要求扣4分				由有关工种人员完成
3		转子与壳体偏心	调整入口壳体导流组件和出口壳体，消除转子与壳体偏心	10	达不到要求每项扣5分				
4		壳体热变形	消除壳体上滑移支座或导向键的卡涩现象	4	达不到要求扣4分				
			调整支座螺栓预留热胀间隙符合规范	4	达不到要求扣4分				
			调整检查转子与壳体的同轴度，符合规范	4	达不到要求扣4分				

续表

序号	考核内容	考核要点		配分	评分标准	检测结果	扣分	得分	备注
		故　障	排除方法						
			按正确操作规程开机，避免壳体温升过快	4	达不到要求扣 4 分				
			烟机轮盘冷却蒸汽量要充足	4	达不到要求扣 4 分				
5		转子对中不良	按技术要求，重新调整轴系对中	10	每超差 0.02mm 扣 5 分				
6		转子支承系统联接松动	检查调整轴瓦间隙，瓦背紧力和轴瓦紧固螺栓，使其符合规范要求	15	每超差 0.02mm 扣 5 分				
7		动静碰磨	消除转子弯曲，测量修理各汽封、油封、轴承和叶片顶间隙，使其达到规范标准	15	达不到要求每项扣 5 分				
8	使用工、量、器具	使用工、量、器具		3	工、量、器具使用不正确扣 3 分				
		维护工、量、器具		2	工、量、器具乱摆乱放扣 2 分				
9	安全及其他	按国家法规或企业规定			违规一次从总分扣 5 分；严重违规停止操作				
		在规定时间内完成			超时 1min 从总分中扣 5 分，超时 3min 停止操作				
合　计				100					

否定项说明：若出现发生事故等情况，该题为零分。

试题 21：运用状态监测技术对烟机滑动轴承油膜涡动故障的判断

（考核时间：18min）

序号	考核内容	考核要点		配分	评分标准	检测结果	扣分	得分	备注
		故障现象及原因分析	得出结论						
1	准备工作	穿戴劳保用品		3	不符合要求扣 3 分				
		工、量、器具准备		2	选择不正确扣 2 分				
2	故障判断	某烟机运行期间，状态一直不稳定，大部分时间振值较小，但时常有短时强振发生，有时两端测点在一周内发生 20 余次振动报警现象，时间长者达半小时，短者仅 1min 左右，机组采用的是圆筒瓦轴承	该烟可能存在故障	10	判断不正确扣 10 分				

续表

序号	考核内容	考核要点		配分	评分标准	检测结果	扣分	得分	备注
		故障现象及原因分析	得出结论						
3		正常时，轴心轨迹图稳定为椭圆，强振时，轴心轨迹重复性明显变差，出现双环椭圆	正常时，无明显故障；强振时，可能为油膜涡动	20	一项不正确扣10分				
4		振动正常时，频谱图表现为1倍频，同时有低次谐频成分，并有不稳定的0.48倍频；振动异常时，频谱图主要成分为0.48倍频和1倍频，其中0.48倍频幅值较大	机组正常运行时存在轻微的动静碰磨，异常时可能为油膜涡动	20	判断一项不正确扣7分，全部不正确扣20分				
5		机组强振时，有时油温也明显升高	轴承出现油膜涡动	20	判断不正确扣20分				
6		根据以上振动分析，综合得出结论	机组故障为油膜涡动	20	判断不正确扣20分				
7	使用工、量、器具	使用工、量、器具		3	工、量、器具使用不正确扣3分				
		维护工、量、器具		2	工、量、器具乱摆乱放扣2分				
8	安全及其他	按国家法规或企业规定			违规一次从总分扣5分；严重违规停止操作				
		在规定时间内完成			超时1min从总分中扣5分，超时3min停止操作				
合计				100					

否定项说明：若出现发生事故等情况，该题为零分。